时滞奇异跳变系统
分析与控制

庄光明　徐胜元　夏建伟　著

科学出版社

北　京

内 容 简 介

本书主要研究网络化环境下和随机机制下的时滞奇异跳变系统反馈控制与滤波器设计问题,主要内容包括时滞奇异跳变系统容许性分析与状态反馈控制、时滞奇异跳变系统正常化设计、时滞奇异跳变系统观测器设计与异步反馈控制、时滞奇异跳变系统滤波器设计与故障检测、统一框架下时滞奇异跳变系统的扩展耗散分析与控制、时滞 Itô 随机奇异跳变系统容许性分析与反馈控制等.

本书可作为高等院校控制科学与工程及相关专业的高年级本科生、研究生的教学用书,也可供从事控制理论与控制工程领域研究的科研工作者参考使用.

图书在版编目(CIP)数据

时滞奇异跳变系统分析与控制/庄光明,徐胜元,夏建伟著.—北京:科学出版社,2024.4

ISBN 978-7-03-078059-1

Ⅰ.①时… Ⅱ.①庄… ②徐… ③夏… Ⅲ.①时滞系统–研究 Ⅳ.①TP13

中国国家版本馆 CIP 数据核字(2024)第 038755 号

责任编辑:朱英彪 纪四稳/责任校对:任苗苗
责任印制:赵 博/封面设计:陈 敬

科学出版社 出版
北京东黄城根北街 16 号
邮政编码:100717
http://www.sciencep.com

北京天宇星印刷厂印刷
科学出版社发行 各地新华书店经销
*
2024 年 4 月第 一 版 开本:720×1000 1/16
2025 年 1 月第二次印刷 印张:17
字数:343 000
定价:**138.00 元**
(如有印装质量问题,我社负责调换)

前　言

奇异系统, 也称为广义系统、约束系统、微分-代数系统、隐式系统、描述变量系统、退化系统、广义状态空间系统、半状态空间系统等. 这类系统由一组耦合的微分-代数方程表示, 不仅包括动态约束信息, 也包括静态约束信息. 奇异系统可以刻画大量的实际系统, 如电路系统、电力系统、社会经济系统、机器人系统、航空航天系统等, 具有重要的理论意义和实际应用价值.

除了有限的动态模态, 奇异系统还存在无限的动态模态和非动态模态. 在连续情况下, 无限动态模态会产生不期望的内部脉冲行为, 内部脉冲会破坏系统的稳定性; 在离散情况下, 输入和状态 (或输出) 之间存在复杂的非因果关系. 因此, 对奇异系统的研究比正常系统 (也称为状态空间系统、正则系统) 更加复杂, 不仅要考虑系统的稳定性, 还要考虑正则性和无内部脉冲性/因果性.

在工程实践中, 大量的动态控制系统不可避免地会遭受到外部环境或系统自身各类随机突变因素的影响, 致使系统结构或参数发生随机跳变, 从而产生了马尔可夫跳变系统. 马尔可夫跳变系统是一类重要的随机混杂系统, 此类系统可以清晰地描述系统结构或参数发生突变等现象, 如系统元件的随机故障与修复、内部互联的子系统之间连接方式的改变、非线性对象线性化之后操作点的改变、突然发生的外部环境扰动等. 当奇异系统经历马尔可夫跳变影响时, 备受关注的奇异马尔可夫跳变系统 (简称奇异跳变系统) 应运而生. 在过去的几十年里, 海内外学者对奇异跳变系统的分析和综合问题进行了深入研究, 此类混杂系统已被成功地应用于诸多实际领域, 如网络化控制系统、通信系统、经济系统、电力系统、制造系统等.

另外, 时滞 (时间延迟) 现象广泛存在于多种实际系统中, 如机械传输系统、化工系统、网络化控制系统等. 各种类型的时滞 (包括离散型、中立型、分布型等) 往往是动态系统性能变坏甚至造成系统不稳定的重要原因之一. 因此, 在网络化环境下和随机机制下研究各类时滞奇异跳变系统容许性及各种性能指标问题, 设计反馈控制器、滤波器、观测器、补偿器等, 使得时滞奇异跳变系统满足所期望的各种性能要求, 逐渐成为控制理论研究的前沿和热点课题.

本书主要研究网络化环境下和随机机制下的时滞奇异跳变系统反馈控制与滤波器设计问题. 全书共 7 章, 第 1 章主要介绍时滞奇异跳变系统的研究背景、研究内容和预备知识; 第 2 章主要研究时滞奇异跳变系统容许性分析与状态反馈控制; 第 3 章主要研究时滞奇异跳变系统正常化设计; 第 4 章主要研究时滞奇异跳变系统观测器设计与异步反馈控制; 第 5 章主要研究时滞奇异跳变系统滤波器设计与故障检测; 第 6 章主要研究统一框架下时滞奇异跳变系统的扩展耗散分析与控制; 第 7 章主要研究时滞 Itô 随机奇异跳变系统容许性分析与反馈控制.

期望本书的出版能为控制科学与工程及相关领域的科技工作者和学生的学习、科学研究提供有价值的参考, 并对控制理论与控制工程的学科发展起到一定的促进和推动作用.

本书的出版得到了国家自然科学基金项目 (面上项目 62173174、61773191, 创新研究群体项目 62221004)、山东省高等学校青年创新团队项目 (科技支持计划项目 2019KJI010、引育计划项目、发展计划项目 2022KJ108)、山东省 "泰山学者" 特聘专家项目 (tstp20230629)、山东省 "泰山学者" 青年专家项目 (tsqn202211174) 等的支持, 在此表示衷心感谢. 在此也向各位专家学者和同仁的大力支持及指导表示由衷的感谢, 同时向聊城大学和数学科学学院各级领导、老师的无私关爱和帮助表示诚挚的谢意.

由于作者水平有限, 书中难免存在不足或疏漏之处, 殷切期望诸位学者和同仁批评指正.

作 者

2024 年 1 月

目　录

主要符号表

符号	符号说明
$\in$	属于
$\Vert x \Vert$	向量 x 的欧几里得范数
$\Vert A \Vert$	矩阵 A 的谱范数 (欧几里得矩阵范数)
$\mathrm{sym}\,(A)$	$A + A^{\mathrm{T}}$
I_n	n 维单位矩阵
$\mathbb{R}$	实数集
$\mathbb{R}_+$	非负实数集
$\mathbb{R}^n$	n 维实向量集合
$\mathbb{R}^{n \times m}$	n 行 m 列实值矩阵集合
$\mathrm{diag}\{A, B\}$	以矩阵 A、B 为元素的对角矩阵
$\max\{\cdot\}/\min\{\cdot\}$	最大值/最小值
$\mathbb{N}$	非负整数集
$\sup\{\cdot\}/\inf\{\cdot\}$	上确界/下确界
A^{-1}	矩阵 A 的逆
A^{T}	矩阵 A 的转置
$A > 0/A < 0$	对称矩阵 A 正定/负定
$\mathcal{E}\{X\}$	随机变量 X 的数学期望
$\mathcal{L}_2[0, +\infty)$	平方可积向量函数在 $[0, +\infty)$ 上的空间
$\mathrm{rank}(A)$	矩阵 A 的秩
$\mathrm{ker}(A)$	矩阵 A 的核

第 1 章 绪　　论

1.1　时滞奇异跳变系统研究综述

1.1.1　研究背景

奇异系统起源于 20 世纪 70 年代, 也称为广义系统、约束系统、微分-代数系统、隐式系统、描述变量系统、退化系统、广义状态空间系统、半状态系统等. 相对于正常系统, 奇异系统是一类更具一般性和广泛形式的动力系统, 不仅能体现和保持实际系统结构, 也能描绘出系统动态和静态状态变量间的代数约束, 从而能更有效地刻画大量的实际工程系统[1-3]. 现实世界中很多系统都可以建模为奇异系统, 如社会经济系统、电力系统、电路系统、化工系统、航天系统、机器人系统、时间序列分析系统等. 其中, 多机器人主体协作动力模型、Leontief 动态投入产出模型、具有非线性负载的电力系统等都可视为典型的奇异系统[4,5].

奇异系统有三种模态, 即有限动态模态、无限动态模态和非动态模态, 其中无限动态模态在连续情形下会产生脉冲行为 (在离散情形下会产生非因果行为), 强烈的内部脉冲行为会使状态响应饱和, 甚至会导致系统崩溃. 相对于正常系统 (正则系统), 奇异系统被赋予了若干特殊特征, 如状态响应中的脉冲项和输入导数、传递矩阵的非适当性、输入和状态 (或输出) 之间的非因果关系等[6,7]. 同时, 在系统结构参数扰动下, 奇异系统通常不再具有结构稳定性[8-10]. 因此, 对奇异系统的研究比正常系统要复杂很多, 不仅要考虑系统的稳定性问题, 而且还要考虑正则性、无脉冲性 (连续情形)/因果性 (离散情形). 稳定性、正则性、无脉冲性/因果性合称为奇异系统的容许性[11]. 奇异系统容许性分析、设计与控制是控制学界的研究热点和难点之一, 众多学者一直致力于奇异系统分析与设计综合这一前沿问题的研究与探索, 并取得了一定的成果[12,13].

奇异系统控制理论一直处于不断完善、不断发展之中, 经过 50 多年的理论和实践积淀, 对奇异系统控制理论的研究已由基础向纵深发展[14-18], 涉及从连续时间到离散时间, 从无时滞到定常时滞和时变时滞, 从离散型时滞到中立型、分布型时滞, 从确定到随机跳变/切换, 从简单到复杂/混杂等发展趋势[19-23].

时滞 (时间延迟) 现象广泛存在于多种实际动态系统中, 如网络化控制系统、机械传输系统、化工系统等. 各种类型时滞 (包括离散型、中立型和分布型等) 的存在往往是动态系统性能变坏甚至造成系统不稳定的重要原因之一[24-27]. 因此,研究时滞对奇异系统容许性的影响以及在时滞存在的情况下设计反馈控制器、滤波器, 使得奇异控制系统满足容许性和期望的性能要求, 逐渐成为控制理论研究的一个重要方向, 引起了众多控制界同仁的研究兴趣[28,29].

随机性普遍存在于现实世界的各个领域, 如信号处理、网络化控制、数理金融、航空航天、生物工程等. 随机控制一直是现代控制理论的一个极其重要的研究领域. 由于随机数学等学科的大力推动, 经过近几十年的逐步发展, 基于日本数学家 Itô 所提出的 Itô 微分方程的随机系统已经成为随机控制领域极为重要的研究方向[30-34]. 但是, 如何获得 Itô 随机奇异系统正则性、无脉冲性条件, 如何消除 Wiener 过程对 Itô 随机奇异系统脉冲解的影响, 提出 Itô 随机奇异系统正则性、无脉冲性的普适性定义, 目前仍然是开放性且充满挑战的前沿热点课题.

由于工程实践中的现实情况通常是复杂的, 研究奇异系统时不得不考虑各种复杂因素的影响, 如随机跳变/切换[35-40]、数字化特征[41,42]、网络化特征[43]、时滞现象[44-46]、外部干扰[47-56] 等. 现代控制结构中普遍涉及数字控制和网络化问题, 为了减少通信量、计算量和执行更新量, 节约能源和网络带宽, 采样控制逐渐成为控制领域的前沿问题[57,58]. 实际混杂系统中采样时刻、系统模态切换/跳变时刻、外部脉冲发生时刻实际上往往会有所不同; 同时, 由于时滞、网络化机制、量测误差等因素的影响, 控制器、滤波器、观测器模态往往与受控对象模态不一致, 因此异步控制问题不可回避[59,60].

近年来, 网络化环境下的周期采样和非周期采样先后被深入研究, 其中基于事件驱动/触发策略的非周期采样控制逐渐成为研究前沿和热点[61]. 事件触发策略可以有效减少采样量和通信量, 降低计算量和执行更新量, 节约网络带宽和能源, 实现异步远程通信, 同时能保持系统的各类性能[62]. 继 Donkers 等[57,58] 众多杰出研究工作之后, 各类事件触发和自触发策略被陆续提出[63,64]. 在采样机制下如何设计状态反馈控制器、观测器、动态补偿器、滤波器、反卷积滤波器, 实现状态已知/未知时奇异系统的容许性分析、异步反馈、状态估计、故障检测与容错控制等问题具有深远的理论意义与实际价值[65,66].

随着现代控制理论和实际工程应用的逐步发展, 人们已经认识到外部环境干扰、系统自身参数和/或结构突变、网络丢包和攻击影响、随机机制影响等各种各样的不确定性普遍存在于实际动态系统中[67]. 经过控制界学者多年的努力, 目前已经建立和发展了鲁棒控制理论来分析和解决不确定性问题[68,69]. 随着鲁棒控制理论的不断发展和完善, 奇异系统的鲁棒容许性分析、鲁棒设计与鲁棒控制因其深刻的实际背景而受到了广泛关注, 在状态估计、反馈控制、跟踪控制、故障检测等方面都取得了丰硕的研究成果[70-74].

另外, 在工程实践中大量的动态控制系统会不可避免地遭受到外部环境和/或系统自身各类随机突变因素的影响, 致使系统结构和/或参数发生随机跳变, 从而产生了马尔可夫跳变系统[14,67,68,71]. 马尔可夫跳变系统是一类重要的随机混杂系统, 此类系统可以清晰地刻画系统结构和/或参数发生突变等现象, 如系统元件的随机故障与修复、内部互联的子系统之间连接方式的改变、非线性对象线性化之后操作点的改变、突然发生的外部环境扰动等.

1.1.2 研究意义与研究内容

当奇异系统经历马尔可夫跳变影响时, 奇异马尔可夫跳变系统 (简称奇异跳变系统) 应运而生[9,73]. 奇异跳变系统充分地考虑了系统内部突变和/或外部环境干扰对系统状态的影响, 能准确地反映事物本身的变化规律和特点, 从而能更有效地刻画电力系统、电路系统、网络化控制系统等诸多实际系统. 因此, 开展和加强对奇异跳变系统控制理论的研究具有深远的实际意义和巨大的应用价值.

对时滞奇异跳变系统的分析与综合已经得到了控制领域众多学者的广泛关注, 并且取得了一定的研究成果. 时滞奇异跳变系统的容许性分析、反馈控制与滤波具有广泛的应用前景.

本书以连续时间的时滞奇异跳变系统为研究对象, 旨在在网络化环境下和随机机制下提出有效的容许性分析与控制器、滤波器设计方法, 深入研究各类时滞奇异跳变系统的容许性和控制器、滤波器设计等一系列问题. 本书主要研究:

(1) 时滞奇异跳变系统容许性分析与状态反馈控制;

(2) 时滞奇异跳变系统正常化设计;

(3) 基于事件触发机制的时滞奇异跳变系统观测器设计和基于隐马尔可夫模型策略的时滞奇异跳变系统异步反馈控制;

(4) 时滞奇异跳变系统滤波器设计 (包括异步 H_∞ 滤波、H_∞ 反卷积滤波) 与基于异步滤波的故障检测;

(5) 统一框架下时滞奇异跳变系统的扩展耗散分析与控制;

(6) 时滞 Itô 随机奇异跳变系统容许性分析与反馈控制.

本书内容无论从理论分析还是工程实践上都具有较大的现实意义, 很多问题都是开放性的前沿和热点问题, 极富挑战性. 本书将为奇异跳变系统在实际问题中的应用提供新颖合理的研究方法和切实有效的控制途径, 以期对奇异跳变系统控制理论的丰富和发展以及在工程实践中的应用起到积极的促进和推动作用.

1.2 预 备 知 识

定义 1.1[9] 考虑奇异跳变系统

$$E\dot{x}(t) = A(r_t)x(t) \tag{1.1}$$

其中, $x(t) \in \mathbb{R}^n$ 为状态向量; $\mathrm{rank}(E) = r < n$; $\{r_t\}$ 代表马尔可夫过程, $r_t \in \mathcal{S} = \{1, 2, \cdots, N\}$. 对于模态 $i, j \in \mathcal{S}$, 转移率矩阵 $\Pi = [\pi_{ij}]$ 满足:

$$P\{r_{t+\Delta t} = j \,|\, r_t = i\} = \begin{cases} \pi_{ij}\Delta t + o(\Delta t), & i \neq j \\ 1 + \pi_{ii}\Delta t + o(\Delta t), & i = j \end{cases} \tag{1.2}$$

其中, $\Delta t > 0$, $\lim\limits_{\Delta t \to 0} \dfrac{o(\Delta t)}{\Delta t} = 0$, 当 $i \neq j$ 时, $\pi_{ij} \geqslant 0$, $\pi_{ii} \leqslant 0$ 且满足:

$$\pi_{ii} + \sum_{j=1, j \neq i}^{N} \pi_{ij} = 0 \tag{1.3}$$

(1) 如果对于每一个 $i \in \mathcal{S}$, 有 $\det(sE - A_i)$ 不恒为零, 则称奇异跳变系统 (1.1) 是正则的;

(2) 如果对于每一个 $i \in \mathcal{S}$, 有 $\deg(\det(sE - A_i)) = \mathrm{rank}(E)$, 则称奇异跳变系统 (1.1) 是无脉冲的;

(3) 如果存在一个标量 $\mathcal{B}(r_0, x(\cdot)) > 0$, 使得

$$\lim_{T \to \infty} \mathcal{E}\left\{\int_0^T |x(t)|^2 \, \mathrm{d}t \,\Big|\, r_0, x(s), s \in [-\tau, \, 0]\right\} \leqslant \mathcal{B}(r_0, x(\cdot)) \tag{1.4}$$

成立, 则称奇异跳变系统 (1.1) 是随机稳定的;

(4) 如果奇异跳变系统 (1.1) 是正则、无脉冲、随机稳定的, 那么它是随机容许的.

定义 1.2[9]   (1) 无外部输入的中立型时滞奇异跳变系统

$$\begin{cases} E\dot{x}(t) - D\dot{x}(t - \tau) = A(r_t)x(t) + A_d(r_t)x(t - \tau(t)) \\ x(t) = \psi(t), \quad \forall\, t \in [-\tau, \, 0] \end{cases} \tag{1.5}$$

为正则、无脉冲的, 如果对于每个 $r_t = i \in \mathcal{S}$, $(E, \, D, \, A_i)$ 分别是正则、无脉冲的;

(2) 无外部输入的中立型时滞奇异跳变系统 (1.5) 为随机容许的, 如果它是正则、无脉冲、随机稳定的.

定义 1.3[71]   考虑如下时滞奇异跳变系统:

$$\begin{cases} E\dot{x}(t) = A(r_t)x(t) + A_d(r_t)x(t - \tau(t)) + B(r_t)\omega(t) \\ \tilde{z}(t) = C(r_t)x(t) + C_d(r_t)x(t - \tau(t)) + F(r_t)\omega(t) \\ x(t) = \varphi(t), \quad t \in [-\tau, \, 0] \end{cases} \tag{1.6}$$

时滞奇异跳变系统 (1.6) 满足扩展耗散性, 如果存在标量 ϱ, 对所有非零的 $\omega(t) \in \mathcal{L}_2[0, \infty)$ 和任意的 t_T, 满足:

$$J(\omega, \tilde{z}, t_T) - \sup_{0 \leqslant t \leqslant t_T} \mathcal{E}\{\tilde{z}^{\mathrm{T}}(t)\Phi\tilde{z}(t)\} \geqslant \varrho \tag{1.7}$$

其中, $J(\omega, \tilde{z}, t_T)$ 是能量供给函数, 具体描述为

$$J(\omega, \tilde{z}, t_T) = \mathcal{E}\langle \tilde{z}, \Psi_1 \tilde{z}\rangle_{t_T} + 2\mathcal{E}\langle \tilde{z}, \Psi_2 \omega\rangle_{t_T} + \mathcal{E}\langle \omega, \Psi_3 \omega\rangle_{t_T} \tag{1.8}$$

这里 $\langle \tilde{z}, \omega\rangle_{t_T} = \displaystyle\int_0^{t_T} \tilde{z}(s)\omega(s)\mathrm{d}s$, 对称矩阵 Ψ_1、Ψ_3、Φ 和矩阵 Ψ_2 满足下列条件:

$$\Psi_1 \leqslant 0, \quad \Phi \geqslant 0, \quad \Psi_3 = \Psi_3^{\mathrm{T}} \tag{1.9}$$

$$\|F_i\| \cdot \|\Phi\| = 0, \quad \forall\, i \in \mathcal{S} \tag{1.10}$$

$$(\|\Psi_1\| + \|\Psi_2\|) \cdot \|\Phi\| = 0 \tag{1.11}$$

引理 1.1 [9] (1) (慢快分解技术) 奇异跳变系统 (1.1) 是正则、无脉冲的, 当且仅当存在可逆矩阵 M_1 和 N_1, 使得对 $\forall\, r_t = i \in \mathcal{S}$, 有

$$M_1 E N_1 = \begin{bmatrix} I & 0 \\ 0 & 0 \end{bmatrix}, \quad M_1 A_i N_1 = \begin{bmatrix} \check{A}_i & 0 \\ 0 & I \end{bmatrix} \tag{1.12}$$

(2) (奇异值分解技术) 奇异跳变系统 (1.1) 是正则、无脉冲的, 当且仅当存在可逆矩阵 M_2 和 N_2, 使得对 $\forall\, r_t = i \in \mathcal{S}$, 有

$$M_2 E N_2 = \begin{bmatrix} I & 0 \\ 0 & 0 \end{bmatrix}, \quad M_2 A_i N_2 = \begin{bmatrix} A_{1i} & A_{2i} \\ A_{3i} & A_{4i} \end{bmatrix} \tag{1.13}$$

其中, A_{4i} 是非奇异矩阵.

引理 1.2 [9] 奇异跳变系统 (1.1) 是随机容许的, 当且仅当存在矩阵 P_i, $i \in \mathcal{S} = \{1, 2, \cdots, N\}$, 使得下列不等式成立:

$$P_i^{\mathrm{T}} E = E^{\mathrm{T}} P_i \geqslant 0 \tag{1.14}$$

$$\sum_{j=1}^{N} \pi_{ij} E^{\mathrm{T}} P_j + P_i^{\mathrm{T}} A_i + A_i^{\mathrm{T}} P_i < 0 \tag{1.15}$$

引理 1.3[26,27](交互凸积分不等式) 对于标量 $h > 0$ 和矩阵 $\mathcal{Z}$、$\mathcal{M}$ 满足 $\begin{bmatrix} \mathcal{Z} & \mathcal{M} \\ * & \mathcal{Z} \end{bmatrix} \geqslant 0$, 如果存在可微函数 $\varsigma : [t-h,\, t] \to \mathbb{R}^n$ 使得 $\int_{t-h}^{t} \dot{\varsigma}^{\mathrm{T}}(s)\mathcal{Z}\dot{\varsigma}(s)\mathrm{d}s$ 成立, 那么

$$-h\int_{t-h}^{t} \dot{\varsigma}^{\mathrm{T}}(s)\mathcal{Z}\dot{\varsigma}(s)\mathrm{d}s \leqslant \eta^{\mathrm{T}}(t)\Lambda\eta(t)$$

其中

$$\eta(t) = \begin{bmatrix} \varsigma^{\mathrm{T}}(t) & \varsigma^{\mathrm{T}}(t-\tau(t)) & \varsigma^{\mathrm{T}}(t-h) \end{bmatrix}^{\mathrm{T}}$$

$$\Lambda = \begin{bmatrix} -\mathcal{Z} & \mathcal{Z}-\mathcal{M} & \mathcal{M} \\ * & -2\mathcal{Z}+\mathcal{M}+\mathcal{M}^{\mathrm{T}} & \mathcal{Z}-\mathcal{M} \\ * & * & -\mathcal{Z} \end{bmatrix}$$

$*$ 是对称阵中的对称项.

引理 1.4[33,34] (Barbalat 引理) (1) 如果函数 $\psi(t) : \mathbb{R}_+ \to \mathbb{R}^n$ 是一致连续的, $\lim\limits_{t\to\infty} \int_{0}^{t} \psi(s)\mathrm{d}s$ 存在且有限, 则 $\lim\limits_{t\to\infty} \psi(t) = 0$.

(2) 如果适当的连续随机过程 $\psi(t,e) : \mathbb{R}_+ \times \Omega \to \mathbb{R}^n$ 一致连续且 $\mathcal{E}\left(\int_{0}^{+\infty} \psi(s)\mathrm{d}s\right) < +\infty$, 那么 $\lim\limits_{t\to\infty} \psi(t) = 0$.

引理 1.5[9] 给定具有适当维数的实方阵 χ, 矩阵测度 $\mu(\chi) = \lim\limits_{\theta\to0^+} \dfrac{\|I+\theta\chi\|-1}{\theta}$ 具有如下性质:

(1) $-\|\chi\| \leqslant \alpha(\chi) \leqslant \mu(\chi) \leqslant \|\chi\|$;

(2) $\mu(\chi) = \dfrac{1}{2}\lambda_{\max}(\chi+\chi^{\mathrm{T}}) = \dfrac{1}{2}\alpha(\chi+\chi^{\mathrm{T}})$.

其中, $\alpha(A) = \alpha(I,\, A) = \max\limits_{\lambda\in\{s|\det(sI-A)=0\}} \mathrm{Re}(\lambda)$.

引理 1.6[46] 给定适当维数的矩阵 Σ_1、Σ_2 和 Σ_3, 其中 $\Sigma_1^{\mathrm{T}} = \Sigma_1$, 则

$$\Sigma_1 + \Sigma_3\Lambda(t)\Sigma_2 + \Sigma_2^{\mathrm{T}}\Lambda^{\mathrm{T}}(t)\Sigma_3^{\mathrm{T}} < 0 \tag{1.16}$$

对于所有满足 $\Lambda^{\mathrm{T}}(t)\Lambda(t) \leqslant I$ 的 $\Lambda(t)$ 都成立, 当且仅当对于 $\forall \varepsilon > 0$, 有

$$\Sigma_1 + \varepsilon^{-1}\Sigma_3\Sigma_3^{\mathrm{T}} + \varepsilon\Sigma_2^{\mathrm{T}}\Sigma_2 < 0$$

引理 1.7[45] 时滞奇异马尔可夫跳变系统

$$E(r_t)\dot{x}(t) = A(r_t)x(t) + A_d(r_t)x(t-\tau(t)) \tag{1.17}$$

满足正则随机稳定, 如果 $\forall \, r_t = i \in \mathcal{S}$, E_i 可逆 ($\mathrm{rank}(E_i) = n$) 且存在矩阵 $P_i > 0$、$Q > 0$ 使得

$$\Lambda_i = \begin{bmatrix} \Lambda_{1i} & P_i(E_i^{-1}A_{di}) \\ * & -(1-\mu)Q \end{bmatrix} < 0 \tag{1.18}$$

其中, $\Lambda_{1i} = \mathrm{sym}((E_i^{-1}A_i)^{\mathrm{T}}P_i) + \sum\limits_{j=1}^{N} \pi_{ij}P_j + Q$.

引理 1.8 [45] 时滞奇异跳变系统 (1.17) 满足随机容许性, 如果 $\forall \, r_t = i \in \mathcal{S}$, 存在矩阵 $Q > 0$、P_i 使得

$$E_i^{\mathrm{T}}P_i = P_i^{\mathrm{T}}E_i \geqslant 0 \tag{1.19}$$

$$\Pi_i = \begin{bmatrix} \Pi_{1i} & P_i^{\mathrm{T}}A_{di} \\ * & -(1-\mu)Q \end{bmatrix} < 0 \tag{1.20}$$

其中, $\Pi_{1i} = \mathrm{sym}(A_i^{\mathrm{T}}P_i) + \sum\limits_{j=1}^{N} \pi_{ij}E_j^{\mathrm{T}}P_j + Q$.

引理 1.9 [72] 设 $\mathcal{A}$、$\mathcal{B}$ 和 $\mathcal{C}$ 为对称矩阵, 且 $h(t)$ 是满足 $0 \leqslant h(t) \leqslant 1$ 的实值函数, 则

$$\mathcal{A} + h(t)\mathcal{B} + (1-h(t))\mathcal{C} < 0$$

等价于 $\mathcal{A} + \mathcal{B} < 0$ 和 $\mathcal{A} + \mathcal{C} < 0$.

引理 1.10 [65] 如果存在标量 $\tilde{\zeta} > 0$ 和矩阵 Δ、W_l、V_l、U_l ($l = 1, 2, \cdots, \mathcal{M}$), 使得

$$\begin{bmatrix} \Delta & U_1 + \tilde{\zeta}V_1 & \cdots & U_{\mathcal{M}} + \tilde{\zeta}V_{\mathcal{M}} \\ * & \mathrm{diag}\{-\tilde{\zeta}W_1 - \tilde{\zeta}W_1^{\mathrm{T}}, \cdots, -\tilde{\zeta}W_{\mathcal{M}} - \tilde{\zeta}W_{\mathcal{M}}^{\mathrm{T}}\} \end{bmatrix} < 0 \tag{1.21}$$

则

$$\Delta + \sum\limits_{l=1}^{\mathcal{M}} \mathrm{sym}(U_l W_l^{-1} V_l^{\mathrm{T}}) < 0 \tag{1.22}$$

引理 1.11 [66] 对于任意矩阵 $X > 0$ 和 Y, 有下述不等式成立:

$$YX^{-1}Y^{\mathrm{T}} \geqslant Y + Y^{\mathrm{T}} - X$$

引理 1.12 [66] 若 $TE + DL$ 是非奇异矩阵, 其中 $\mathrm{rank}(E) = \sigma \leqslant n$, $T > 0$, D 是一个列满秩矩阵且 $E^{\mathrm{T}}D = 0$, 则存在矩阵 $\bar{T} > 0$ 和 $\bar{L}$ 使得

$$(TE + DL)^{-1} = \bar{T}E^{\mathrm{T}} + \bar{D}\bar{L}$$

其中, $E\bar{D} = 0$, $\bar{D} \in \mathbb{R}^{n \times (n-\sigma)}$ 是一个列满秩矩阵.

引理 1.13[32](广义 Itô 公式)   对于非线性 Itô 随机马尔可夫跳变系统

$$\mathrm{d}x(t) = f(x(t), t, r_t)\,\mathrm{d}t + g(x(t), t, r_t)\,\mathrm{d}\varpi(t) \tag{1.23}$$

其中, $f : \mathbb{R}^n \times \mathbb{R}_+ \times \mathcal{S} \to \mathbb{R}^n$, $g : \mathbb{R}^n \times \mathbb{R}_+ \times \mathcal{S} \to \mathbb{R}^{n \times m}$, $t \geqslant t_0 \geqslant 0$. 设 $V(x, t, r_t) \in C^{2,1}(\mathbb{R}^n \times \mathbb{R}_+ \times \mathcal{S}; \mathbb{R}_+)^{①}$, 则它沿系统 (1.23) 的随机微分由下面公式给出:

$$\mathrm{d}V(x, t, r_t = i) = \mathcal{L}V(x, t, r_t = i)\mathrm{d}t + V_x(x, t, r_t = i)g(x, t, r_t = i)\mathrm{d}\varpi(t)$$

其中, 算子 $\mathcal{L}V(x, t, r_t = i)$ 定义为

$$\mathcal{L}V(x, t, r_t = i) = V_t(x, t, i) + V_x(x, t, i)f(x, t, i)$$

$$+ \frac{1}{2}\mathrm{tr}(g^{\mathrm{T}}(x, t, i)V_{xx}(x, t, i)g(x, t, i)) + \sum_{j=1}^{N}\pi_{ij}V(x, t, j) \tag{1.24}$$

从而有

$$\mathrm{d}V(x, t, r_t = i) = V_t(x, t, i)\mathrm{d}t + V_x(x, t, i)\mathrm{d}x(t) + \frac{1}{2}\mathrm{d}x^{\mathrm{T}}(t)V_{xx}(x, t, i)\mathrm{d}x(t)$$

$$+ \sum_{j=1}^{N}\pi_{ij}V(x, t, j)\mathrm{d}t \tag{1.25}$$

只要所涉及的积分存在并且是有限的, 则对任意终止时刻 $0 \leqslant t_1 \leqslant t_2 < \infty$, 有

$$E\{V(x, t_2, r_{t2})\} = E\{V(x, t_1, r_{t1})\} + E\left\{\int_{t_1}^{t_2}\mathcal{L}V(x, t, r_t)\mathrm{d}t\right\}$$

参 考 文 献

[1] 杨冬梅, 张庆灵, 姚波. 广义系统[M]. 北京: 科学出版社, 2004.

[2] 段广仁, 于海华, 吴爱国, 等. 广义线性系统的分析与设计[M]. 北京: 科学出版社, 2012.

[3] 鲁仁全, 苏宏业, 薛安克, 等. 奇异系统的鲁棒控制理论[M]. 北京: 科学出版社, 2008.

[4] 邹云, 王为群, 徐胜元. 2-D 奇异系统理论[M]. 北京: 科学出版社, 2012.

[5] 王振华, 沈毅, 郭胜辉. 线性广义系统的区间观测器设计[J]. 控制理论与应用, 2018, 35(7): 956-962.

[6] Shereh B, Aliakbar J, Ali K S. H_∞ filtering for descriptor systems with strict LMI conditions[J]. Automatica, 2017, 80: 88-94.

---

① $C^{2,1}(\mathbb{R}^n \times \mathbb{R}_+ \times \mathcal{S}; \mathbb{R}_+)$ 为定义在 $\mathbb{R}^n \times \mathbb{R}_+ \times \mathcal{S}$ 上的非负值函数 $V(x, t, r_t)$ 所构成的一个函数族, 此类函数关于 $x \in \mathbb{R}^n$ 二阶连续可导, 关于 $t \in \mathbb{R}_+$ 一阶可导, $r_t \in \mathcal{S}$.

[7] Zhang L Q, Huang B, Lam J. LMI synthesis of H_2 and mixed H_2/H_∞ controllers for singular systems[J]. IEEE Transactions on Circuits and Systems II: Analog and Digital Signal Processing, 2003, 50(9): 615-626.

[8] Yue D, Han Q L. Robust H_∞ filter design of uncertain descriptor systems with discrete and distributed delays[J]. IEEE Transactions on Signal Processing, 2004, 52(11): 3200-3212.

[9] Xu S Y, Lam J. Robust Control and Filtering of Singular Systems[M]. Berlin: Springer, 2006.

[10] Lin C, Wang Q G, Lee T H. Robust normalization and stabilization of uncertain descriptor systems with norm-bounded perturbations[J]. IEEE Transactions on Automatic Control, 2005, 50(4): 515-520.

[11] Dai L Y. Singular Control Systems[M]. Berlin: Springer, 1989.

[12] Shi P, Wang H J, Lim C C. Network-based event-triggered control for singular systems with quantizations[J]. IEEE Transactions on Industrial Electronics, 2016, 63(2): 1230-1238.

[13] Zhuang G M, Sun W, Su S F, et al. Asynchronous feedback control for delayed fuzzy degenerate jump systems under observer-based event-driven characteristic[J]. IEEE Transactions on Fuzzy Systems, 2021, 29(12): 3754-3768.

[14] Zhang L X, Boukas E K. Brief pager: Mode-dependent H_∞ filtering for discrete-time Markovian jump linear systems with partly unknown transition probabilities[J]. Automatica, 2009, 45(6): 1462-1467.

[15] Zong G D, Li Y K, Sun H B. Composite anti-disturbance resilient control for Markovian jump nonlinear systems with general uncertain transition rate[J]. Science China Information Sciences, 2019, 62(2): 22205.

[16] Dong S L, Wu Z G, Su H Y, et al. Asynchronous control of continuous-time nonlinear Markov jump systems subject to strict dissipativity[J]. IEEE Transactions on Automatic Control, 2019, 64(3): 1250-1256.

[17] Yang D, Li X D, Qiu J L. Output tracking control of delayed switched systems via state dependent switching and dynamic output feedback[J]. Nonlinear Analysis: Hybrid Systems, 2019, 32: 294-305.

[18] Song J, Niu Y G, Xu J. An event-triggered approach to sliding mode control of Markovian jump Lur'e systems under hidden mode detections[J]. IEEE Transactions on Systems, Man, and Cybernetics: Systems, 2020, 50(4): 1514-1525.

[19] Xia Y Q, Boukas E K, Shi P, et al. Stability and stabilization of continuous time singular hybrid systems[J]. Automatica, 2009, 45(6): 1504-1509.

[20] Chávez-Fuentes J R, Costa E F, Mayta J E, et al. Regularity and stability analysis of discrete-time Markov jump linear singular systems[J]. Automatica, 2017, 76: 32-40.

[21] Long S H, Zhong S M, Liu Z J. Robust stochastic stability for a class of singular systems with uncertain Markovian jump and time-varying delay[J]. Asian Journal of Control, 2013, 15(4): 1102-1111.

[22] Xiao X Q, Park J H, Zhou L, et al. New results on stability analysis of Markovian switching singular systems[J]. IEEE Transactions on Automatic Control, 2019, 64(5): 2084-2091.

[23] Lv H, Zhang Q L, Yan X G. Robust normalization and guaranteed cost control for a class of uncertain singular Markovian jump systems via hybrid impulsive control[J]. International Journal of Robust and Nonlinear Control, 2015, 25(7): 987-1006.

[24] Fridman E. New Lyapunov-Krasovskii functionals for stability of linear retarded and neutral type systems[J]. Systems & Control Letters, 2001, 43(4): 309-319.

[25] Gu K Q, Chen J, Kharitonov V L. Stability of Time-Delay Systems[M]. Boston: Birkhäuser, 2003.

[26] Park P, Ko J W, Jeong C. Reciprocally convex approach to stability of systems with time-varying delays[J]. Automatica, 2011, 47(1): 235-238.

[27] Wu Z G, Lam J, Su H Y, et al. Stability and dissipativity analysis of static neural networks with time delay[J]. IEEE Transactions on Neural Networks and Learning Systems, 2012, 23(2): 199-210.

[28] Xu S Y, Shi P, Chu Y M, et al. Robust stochastic stabilization and H_∞ control of uncertain neutral stochastic time-delay systems[J]. Journal of Mathematical Analysis and Applications, 2006, 314(1): 1-16.

[29] Chen W M, Xu S Y, Zou Y. Stabilization of hybrid neutral stochastic differential delay equations by delay feedback control[J]. Systems & Control Letters, 2016, 88: 1-13.

[30] Chen Y, Zheng W X. Stability analysis and control for switched stochastic delayed systems[J]. International Journal of Robust and Nonlinear Control, 2016, 26(2): 303-328.

[31] Huang L R, Mao X R. Stability of singular stochastic systems with Markovian switching[J]. IEEE Transactions on Automatic Control, 2011, 56(2): 424-429.

[32] Øksendal B K. Stochastic Differential Equations: An Introduction with Applications[M]. 5th ed. Berlin: Springer, 1998.

[33] Yu X, Wu Z J. Corrections to stochastic Barbalat's lemma and its applications[J]. IEEE Transactions on Automatic Control, 2014, 59(5): 1386-1390.

[34] Wu Z J, Xia Y Q, Xie X J. Stochastic Barbalat's lemma and its applications[J]. IEEE Transactions on Automatic Control, 2012, 57(6): 1537-1543.

[35] Kao Y G, Xie J, Wang C H, et al. Stabilization of singular Markovian jump systems with generally uncertain transition rates[J]. IEEE Transactions on Automatic Control, 2014, 59(9): 2604-2610.

[36] Wang J R, Wang H J, Xue A K, et al. Delay-dependent H_∞ control for singular Markovian jump systems with time delay[J]. Nonlinear Analysis: Hybrid Systems, 2013, 8: 1-12.

[37]　Li F B, Du C L, Yang C H, et al. Passivity-based asynchronous sliding mode control for delayed singular Markovian jump systems[J]. IEEE Transactions on Automatic Control, 2018, 63(8): 2715-2721.

[38]　Feng Z G, Shi P. Sliding mode control of singular stochastic Markov jump systems[J]. IEEE Transactions on Automatic Control, 2017, 62(8): 4266-4273.

[39]　Wu L G, Su X J, Shi P. Sliding mode control with bounded L_2 gain performance of Markovian jump singular time-delay systems[J]. Automatica, 2012, 48(8): 1929-1933.

[40]　Zhuang G M, Su S F, Xia J W, et al. HMM-based asynchronous H_∞ filtering for fuzzy singular Markovian switching systems with retarded time-varying delays[J]. IEEE Transactions on Cybernetics, 2021, 51(3): 1189-1203.

[41]　Zong G D, Ren H L, Karimi H R. Event-triggered communication and annular finite-time H_∞ filtering for networked switched systems[J]. IEEE Transactions on Cybernetics, 2021, 51(1): 309-317.

[42]　Li T F, Fu J, Deng F, et al. Stabilization of switched linear neutral systems: An event-triggered sampling control scheme[J]. IEEE Transactions on Automatic Control, 2018, 63(10): 3537-3544.

[43]　Chen G L, Xia J W, Park J H, et al. Sampled-data synchronization of stochastic Markovian jump neural networks with time-varying delay[J]. IEEE Transactions on Neural Networks and Learning Systems, 2022, 33(8): 3829-3841.

[44]　Zhang B Y, Xu S Y, Ma Q, et al. Output-feedback stabilization of singular LPV systems subject to inexact scheduling parameters[J]. Automatica, 2019, 104(C): 1-7.

[45]　Zhuang G M, Xia J W, Zhang W H, et al. Normalisation design for delayed singular Markovian jump systems based on system transformation technique[J]. International Journal of Systems Science, 2018, 49(8): 1603-1614.

[46]　Feng Z G, Lam J, Gao H J. Delay-dependent robust H_∞ controller synthesis for discrete singular delay systems[J]. International Journal of Robust and Nonlinear Control, 2011, 21(16): 1880-1902.

[47]　Bainov D D, Simeonov P S. Systems with Impulse Effect: Stability Theory and Applications[M]. New York: Halsted, 1989.

[48]　Xu S Y, Chen T W. Robust H_∞ filtering for uncertain impulsive stochastic systems under sampled measurements[J]. Automatica, 2003, 39(3): 509-516.

[49]　Li X D, Yang X Y, Cao J D. Event-triggered impulsive control for nonlinear delay systems[J]. Automatica, 2020, 117: 108981.

[50]　Li P, Li X D, Lu J Q. Input-to-state stability of impulsive delay systems with multiple impulses[J]. IEEE Transactions on Automatic Control, 2021, 66(1): 362-368.

[51]　Chen W H, Chen J L, Zheng W X. Delay-dependent stability and hybrid $L_2 \times l_2$-gain analysis of linear impulsive time-delay systems: A continuous timer-dependent Lyapunov-like functional approach[J]. Automatica, 2020, 120: 109119.

[52] Chen W H, Zheng W X, Lu X M. Impulsive stabilization of a class of singular systems with time-delays[J]. Automatica, 2017, 83: 28-36.

[53] Guan Z H, Yao J, Hill D J. Robust H_∞ control of singular impulsive systems with uncertain perturbations[J]. IEEE Transactions on Circuits and Systems II: Express Briefs, 2005, 52(6): 293-298.

[54] Yao J, Guan Z H, Chen G R, et al. Stability, robust stabilization and H_∞ control of singular-impulsive systems via switching control[J]. Systems & Control Letters, 2006, 55(11): 879-886.

[55] Feng G Z, Cao J D. Stability analysis of impulsive switched singular systems[J]. IET Control Theory & Applications, 2015, 9(6): 863-870.

[56] Lv H, Zhang Q L, Ren J C. Reliable dissipative control for a class of uncertain singular Markovian jump systems via hybrid impulsive control[J]. Asian Journal of Control, 2016, 18(2): 539-548.

[57] Donkers M C F, Heemels W P M H. Output-based event-triggered control with guaranteed L_∞-gain and improved and decentralized event-triggering[J]. IEEE Transactions on Automatic Control, 2012, 57(6): 1362-1376.

[58] Gabriel G W, Geromel J C, Grigoriadis K M. Optimal H_∞ state feedback sampled-data control design for Markov jump linear systems[J]. International Journal of Control, 2018, 91(7): 1609-1619.

[59] Xing L T, Wen C Y, Liu Z T, et al. Event-triggered output feedback control for a class of uncertain nonlinear systems[J]. IEEE Transactions on Automatic Control, 2019, 64(1): 290-297.

[60] Zhuang G M, Xia J W, Feng J E, et al. Admissibilization for implicit jump systems with mixed retarded delays based on reciprocally convex integral inequality and Barbalat's lemma[J]. IEEE Transactions on Systems, Man, and Cybernetics: Systems, 2021, 51(11): 6808-6818.

[61] Fu J, Li T F, Chai T Y, et al. Sampled-data-based stabilization of switched linear neutral systems[J]. Automatica, 2016, 72: 92-99.

[62] Luo S X, Deng F Q, Chen W H. Dynamic event-triggered control for linear stochastic systems with sporadic measurements and communication delays[J]. Automatica, 2019, 107: 86-94.

[63] Zhang J H, Feng G. Event-driven observer-based output feedback control for linear systems[J]. Automatica, 2014, 50(7): 1852-1859.

[64] Peng C, Zhang J. Event-triggered output-feedback H_∞ control for networked control systems with time-varying sampling[J]. IET Control Theory & Applications, 2015, 9(9): 1384-1391.

[65] Zhou J P, Park J H, Ma Q. Non-fragile observer-based H_∞ control for stochastic time-delay systems[J]. Applied Mathematics and Computation, 2016, 291(C): 69-83.

[66] Zhang B Y, Zhuang G M. Extended dissipative control and filtering for singular time-delay systems with Markovian jumping parameters[J]. Stability, Control and Application of Time-delay Systems, 2019: 227-255.

[67] Boukas E K. Stochastic Switching Systems: Analysis and Design[M]. Boston: Birkhäuser, 2006.

[68] Mao X R, Yuan C G. Stochastic Differential Equations with Markovian Switching[M]. London: Imperial College Press, 2006.

[69] Wu Z J, Cui M Y, Shi P, et al. Stability of stochastic nonlinear systems with state-dependent switching[J]. IEEE Transactions on Automatic Control, 2013, 58(8): 1904-1918.

[70] Shen H, Xu S Y, Zhou J P, et al. Fuzzy H_∞ filtering for nonlinear Markovian jump neutral systems[J]. International Journal of Systems Science, 2011, 42(5): 767-780.

[71] Zhang B Y, Zheng W X, Xu S Y. Filtering of Markovian jump delay systems based on a new performance index[J]. IEEE Transactions on Circuits and Systems I: Regular Papers, 2013, 60(5): 1250-1263.

[72] Chen B, Zhang H G, Lin C. Observer-based adaptive neural network control for nonlinear systems in nonstrict-feedback form[J]. IEEE Transactions on Neural Networks and Learning Systems, 2016, 27(1): 89-98.

[73] Kwon N K, Park I S, Park P, et al. Dynamic output-feedback control for singular Markovian jump system: LMI approach[J]. IEEE Transactions on Automatic Control, 2017, 62(10): 5396-5400.

[74] Chen Y, Zheng W X. Stability analysis and control for switched stochastic delayed systems[J]. International Journal of Robust and Nonlinear Control, 2016, 26(2): 303-328.

第 2 章　时滞奇异跳变系统容许性分析
与状态反馈控制

各种实际动态系统往往会受到时滞 (时间延迟) 的影响, 时滞会严重影响动态系统的性能, 甚至会破坏系统的稳定性[1-7]. 近年来, 对时滞奇异系统的分析、设计与控制综合研究备受广大学者的关注. 文献 [8] 研究了具有定常时滞 (时不变延迟) 的奇异跳变系统鲁棒控制和滤波器设计问题. 如何实现具有外部输入的时变时滞奇异系统的容许性是一个非常棘手的问题. 文献 [9]～[11] 采用了基于 Wirtinger 不等式的中立型时滞系统方法来研究奇异系统容许性, 文献 [12] 给出了一类具有时变时滞的线性奇异系统的容许性条件, 但不能直接用于设计控制器.

反馈控制可以有效地抑制动态系统内部参数变化和外部环境的影响. 因此, 在过去的几十年中, 状态反馈控制和输出反馈控制引起了学者的广泛关注[13-20]. 时滞奇异跳变系统容许性分析与反馈控制的关键困难在于, 不仅要实现反馈镇定, 还要确保闭环奇异系统的容许性[21-29]. 截至目前, 对时滞奇异跳变系统容许性分析与反馈控制的研究仍然是具有开放性和挑战性的前沿热点课题[30,31].

同时, 在许多实际系统中, 被控对象、传感器、执行器、控制器或滤波器很难位于同一位置, 这些部件通常通过网络连接, 信号从一处传输到另一处, 这就形成了非常前沿的网络化控制系统[32-38]. 网络化控制系统具有安装维护简单、可靠性高、成本低等优点. 然而, 网络化也面临着许多挑战, 如网络诱导信号传输延迟、数据包丢失、量测量化等[39-45]. 另外, 由于外部环境干扰、量测误差、控制器参数改变等, 在工程实践中很难得到精确的控制器, 实际问题中所设计的控制器往往存在一定程度的误差, 有时需要考虑性能恢复问题, 这就导致了非脆弱/弹性问题[46-48]. 文献 [46] 研究了离散奇异系统的非脆弱控制器设计问题; 文献 [47] 研究了一类不确定奇异系统的非脆弱 H_∞ 保成本控制; 文献 [48] 考虑了不确定时变时滞离散奇异系统的非脆弱鲁棒 H_∞ 控制. 鉴于非脆弱/弹性问题的现实意义, 设计非脆弱/弹性反馈控制器从而实现鲁棒镇定、跟踪控制、主从同步等具有重要的理论和实践价值.

迄今为止, 关于时滞奇异跳变系统容许性分析与反馈控制的研究还很不成熟, 在网络化环境下对具有时变时滞和不确定参数的奇异跳变系统非脆弱/弹性反馈控制器设计的研究鲜有报道. 时滞奇异跳变系统容许性分析、镇定和非脆弱/弹性 H_∞ 状态反馈控制和跟踪控制等前沿热点问题亟须进行深入研究.

本章针对具有离散型和分布型时滞的奇异跳变系统、具有中立型时变时滞的奇异跳变系统、具有网络化特征的时变时滞不确定奇异跳变系统, 分别研究容许性分析、镇定问题和非脆弱 H_∞ 输出跟踪控制问题, 主要目标是设计模态相关状态反馈控制器, 以实现时滞奇异跳变系统的容许性和鲁棒控制, 具体工作如下:

(1) 利用交互凸积分不等式技术和 Barbalat 引理研究时滞奇异跳变系统容许性分析问题; 通过矩阵变换技术设计状态反馈控制器, 以实现闭环时滞奇异跳变系统的鲁棒镇定.

(2) 设计模态相关状态反馈控制器, 实现中立型时滞奇异跳变系统容许性和反馈控制.

(3) 基于控制器增益扰动和有界模态转移率, 设计模态相关的非脆弱状态反馈控制器, 实现闭环奇异跳变系统非脆弱 H_∞ 输出跟踪控制.

2.1 基于 Barbalat 引理的混合时滞奇异跳变系统容许性分析与反馈镇定

本节研究时滞奇异跳变系统的容许性分析和反馈镇定问题. 利用交互凸积分不等式技术和 Barbalat 引理研究无外部输入的时滞奇异跳变系统容许性分析问题; 利用矩阵变换技术设计状态反馈控制器, 以实现时滞闭环奇异跳变系统的镇定. 通过构建体现马尔可夫跳变模态和时滞信息的 Lyapunov-Krasovskii (L-K) 泛函, 在线性矩阵不等式框架下实现容许性条件和状态反馈控制器增益. 利用直流电机控制的倒立摆仿真算例验证设计方法的有效性和实用性.

本节的主要贡献和创新点概括如下:

(1) 同时考虑了离散和分布时滞, 构建了一个体现马尔可夫跳变模态信息和状态时滞信息的随机 L-K 泛函, 利用交互凸积分不等式技术证明了混合时滞奇异跳变系统的随机稳定性;

(2) 基于奇异值分解和矩阵变换技术, 在线性矩阵不等式框架下实现了混合时滞奇异跳变系统容许性条件和反馈控制器增益;

(3) 利用慢快分解技术和 Barbalat 引理证明了 $\tau(t) = \tau$ 时定常时滞奇异跳变系统的渐近容许性.

2.1.1 问题描述

给定概率空间 $(\Omega, \mathfrak{F}, \mathcal{P})$, 考虑以下具有离散时滞和分布时滞的奇异跳变系统:

$$\begin{cases} E\dot{x}(t) = A\left(r_t\right)x(t) + B\left(r_t\right)u(t) + A_d\left(r_t\right)x\left(t - \tau\left(t\right)\right) + C(r_t)\displaystyle\int_{t-\tau}^t x(s)\mathrm{d}s \\ x(t) = \phi(t), \quad t \in [-\tau, 0] \end{cases}$$

$$(2.1)$$

其中, $x(t) \in \mathbb{R}^n$ 为状态向量; $\phi(t)$ 为定义在区间 $[-\tau,\ 0]$ 上的连续初始函数; $u(t) \in \mathbb{R}^p$ 为控制输入; $E \in \mathbb{R}^{n \times n}$ 并且 $\mathrm{rank}(E) = r < n$.

令 $\{r_t\}$ 代表马尔可夫过程, 其中, $r_t \in \mathcal{S} = \{1, 2, \cdots, N\}$. 对于模态 $i, j \in \mathcal{S}$, 转移率矩阵 $\Pi = [\pi_{ij}]$ 满足:

$$P\left\{r_{t+\Delta t} = j \,|\, r_t = i\right\} = \begin{cases} \pi_{ij}\Delta t + o\left(\Delta t\right), & i \neq j \\ 1 + \pi_{ii}\Delta t + o\left(\Delta t\right), & i = j \end{cases}$$

$$(2.2)$$

其中, $\Delta t > 0$, $\lim\limits_{\Delta t \to 0} \dfrac{o\left(\Delta t\right)}{\Delta t} = 0$, 当 $i \neq j$ 时, $\pi_{ij} \geqslant 0$, 且满足:

$$\pi_{ii} + \sum_{j=1, j\neq i}^{N} \pi_{ij} = 0 \tag{2.3}$$

$\tau\left(t\right)$ 代表具有以下特征的时变时滞:

$$0 \leqslant \tau\left(t\right) \leqslant \tau < \infty, \quad \dot{\tau}\left(t\right) \leqslant \mu < 1 \tag{2.4}$$

本节的主要目的是设计模态相关状态反馈控制器:

$$u(t) = K(r_t)x(t) \tag{2.5}$$

其中, $K(r_t) \in \mathbb{R}^{p \times n}$ 是具有适当维数的控制器参数.

将式 (2.5) 代入式 (2.1), 得到如下所示的闭环时滞奇异跳变系统:

$$E\dot{x}(t) = (A(r_t) + B(r_t)K(r_t))x(t) + A_d\left(r_t\right)x\left(t - \tau\left(t\right)\right) + C(r_t)\int_{t-\tau}^t x(s)\mathrm{d}s \tag{2.6}$$

马尔可夫过程 $\{r_t\}$ 的轨迹是在有限模态上取值的右连续阶跃函数, r_t 在每个驻留区间 $[t_0,\ t_1)$ 内取随机常数, 这意味着在 $t_0 \leqslant t < t_1$ 区间内 $r_t = r_{t_0}$. 那么, 时滞奇异跳变系统 (2.1) 可以视为 N 个子系统

$$E\dot{x}(t) = A_i x(t) + B_i u(t) + A_{di}x\left(t - \tau\left(t\right)\right) + C_i\int_{t-\tau}^t x(s)\mathrm{d}s, \quad r_t = i \in \mathcal{S} \tag{2.7}$$

基于马尔可夫过程在不同的驻留间隔上从一个子系统切换/跳变到其他子系统的渐变结果[37]. 因此, 每个子系统都是一个具有随机初值的随机系统, 下一个驻留区间 $[t_1, t_2)$ 上的系统状态 $x(t)$ 所构成的 $\{x(t), r_t\}$ 仍然是具有随机初始数据 $x(t_1)$ 和 r_{t_1} 的随机过程 (见文献 [34] 和 [36]).

注 2.1　(E, A_i) 是正则、无脉冲的, 可以确保 (E, A_i, A_{di}) 是正则、无脉冲的. 幂零矩阵退化为零矩阵时的结论已经在文献 [9]、[22]、[27] 中提及, 这是通过慢快分解和奇异值分解技术[21] 证明的.

2.1.2　主要结论

现在首先证明无外部输入的时滞奇异跳变系统 (2.1) 的正则性和无脉冲性.

定理 2.1　无外部输入的时滞奇异跳变系统 (2.1) 是正则、无脉冲的, 如果对所有的 $i \in \mathcal{S}$, 存在矩阵 $\mathcal{Z} \geqslant 0$ 和 P_i, 使得下列线性矩阵不等式成立:

$$E^{\mathrm{T}} P_i = P_i^{\mathrm{T}} E \geqslant 0 \tag{2.8}$$

$$\mathrm{sym}(P_i^{\mathrm{T}} A_i) + \sum_{j=1}^{N} \pi_{ij} E^{\mathrm{T}} P_j - E^{\mathrm{T}} \mathcal{Z} E < 0 \tag{2.9}$$

证明　根据引理 1.1, 存在可逆矩阵 M_2 和 N_2 满足式 (1.13), 记

$$M_2^{-\mathrm{T}} P_i N_2 = \begin{bmatrix} P_{1i} & P_{2i} \\ P_{3i} & P_{4i} \end{bmatrix}, \quad M_2^{-\mathrm{T}} \mathcal{Z} M_2^{-1} = \begin{bmatrix} \mathcal{Z}_{11} & \mathcal{Z}_{12} \\ \mathcal{Z}_{13} & \mathcal{Z}_{14} \end{bmatrix} \tag{2.10}$$

由式 (2.8) 可以得出 $P_{2i} = 0$. 式 (2.9) 两边都分别左乘 N_2^{T}、右乘 N_2, 得到

$$\begin{bmatrix} \star & \star \\ \star & P_{4i}^{\mathrm{T}} A_{4i} + A_{4i}^{\mathrm{T}} P_{4i} \end{bmatrix} < 0 \tag{2.11}$$

其中, $\star$ 表示在后续证明中不会使用到的矩阵或元素.

由式 (2.11) 可得 A_{4i} 是可逆的, 这意味着根据引理 1.1 和定义 1.1 可以得到无外部输入的时滞奇异跳变系统 (2.1) 是正则、无脉冲的.　□

注 2.2　由

$$N_2^{\mathrm{T}} E^{\mathrm{T}} P_j N_2 = N_2^{\mathrm{T}} E^{\mathrm{T}} M_2^{\mathrm{T}} M_2^{-\mathrm{T}} P_j N_2$$

$$= \begin{bmatrix} I & 0 \\ 0 & 0 \end{bmatrix} \begin{bmatrix} P_{1j} & 0 \\ P_{3j} & P_{4j} \end{bmatrix} = \begin{bmatrix} P_{1j} & 0 \\ 0 & 0 \end{bmatrix}$$

$$N_2^{\mathrm{T}} E^{\mathrm{T}} \mathcal{Z} E N_2 = N_2^{\mathrm{T}} E^{\mathrm{T}} M_2^{\mathrm{T}} M_2^{-\mathrm{T}} \mathcal{Z} M_2^{-1} M_2 E N_2$$

$$= \begin{bmatrix} I & 0 \\ 0 & 0 \end{bmatrix} \begin{bmatrix} \mathcal{Z}_{11} & \mathcal{Z}_{12} \\ \mathcal{Z}_{13} & \mathcal{Z}_{14} \end{bmatrix} \begin{bmatrix} I & 0 \\ 0 & 0 \end{bmatrix} = \begin{bmatrix} \mathcal{Z}_{11} & 0 \\ 0 & 0 \end{bmatrix}$$

可知, $\sum\limits_{j=1}^{N} \pi_{ij} E^{\mathrm{T}} P_j$、$E^{\mathrm{T}} \mathcal{Z} E$ 在 $P_{4i}^{\mathrm{T}} A_{4i} + A_{4i}^{\mathrm{T}} P_{4i} < 0$ 的证明中没有负面影响, 此外, $E^{\mathrm{T}} \mathcal{Z} E$ 将用来处理后续中的时变时滞.

定理 2.2 无外部输入的时滞奇异跳变系统 (2.1) 是随机容许的, 如果对于任意的 $i \in \mathcal{S}$, 存在矩阵 $Q > 0$、$R > 0$、$S > 0$、$\mathcal{Z} \geqslant 0$、P_i 和 $\mathcal{M}$, 使得线性矩阵不等式 (2.8)、(2.12) 和 (2.13) 成立, 即

$$\begin{bmatrix} E^{\mathrm{T}} \mathcal{Z} E & \mathcal{M} \\ * & E^{\mathrm{T}} \mathcal{Z} E \end{bmatrix} \geqslant 0 \tag{2.12}$$

$$\Sigma_i = \begin{bmatrix} \Sigma_{11i} & \Sigma_{12i} & \Sigma_{13i} & \Sigma_{14i} \\ * & \Sigma_{22i} & \Sigma_{23i} & 0 \\ * & * & \Sigma_{33i} & 0 \\ * & * & * & -R \end{bmatrix} + \Gamma_i^{\mathrm{T}} \Delta \Gamma_i < 0 \tag{2.13}$$

其中

$$\Sigma_{11i} = \mathrm{sym}(P_i^{\mathrm{T}} A_i) + \sum_{j=1}^{N} \pi_{ij} E^{\mathrm{T}} P_j + S + Q + \tau^2 R - E^{\mathrm{T}} \mathcal{Z} E$$

$$\Sigma_{12i} = P_i^{\mathrm{T}} A_{di} + E^{\mathrm{T}} \mathcal{Z} E - \mathcal{M}$$

$$\Sigma_{13i} = \mathcal{M}, \quad \Sigma_{14i} = P_i^{\mathrm{T}} C_i$$

$$\Sigma_{22i} = (\mu - 1)Q - 2E^{\mathrm{T}} \mathcal{Z} E + \mathcal{M} + \mathcal{M}^{\mathrm{T}}$$

$$\Sigma_{23i} = E^{\mathrm{T}} \mathcal{Z} E - \mathcal{M}, \quad \Sigma_{33i} = -S - E^{\mathrm{T}} \mathcal{Z} E$$

$$\Delta = \tau^2 \mathcal{Z}, \quad \Gamma_i = \begin{bmatrix} A_i & A_{di} & 0 & C_i \end{bmatrix}$$

证明 由式 (2.13), 可以得到 $\Sigma_{11i} < 0$, 这意味着

$$\mathrm{sym}(P_i^{\mathrm{T}} A_i) + \sum_{j=1}^{N} \pi_{ij} E^{\mathrm{T}} P_j - E^{\mathrm{T}} \mathcal{Z} E < 0$$

从而, 定理 2.1 和定义 1.1 确保了当 $u(t) = 0$ 时, 时滞奇异跳变系统 (2.1) 的正则性和无脉冲性.

定义 $\{x_t = x(t + \theta), \ -\tau \leqslant \theta \leqslant 0\}$ 并选择如下 L-K 泛函:

$$V(x_t, r_t) = V_1(x_t, r_t) + V_2(x_t) + V_3(x_t) + V_4(x_t) + V_5(x_t) \tag{2.14}$$

其中

$$V_1(x_t, r_t) = x^{\mathrm{T}}(t)E^{\mathrm{T}}P(r_t)x(t)$$

$$V_2(x_t) = \int_{t-\tau}^{t} x^{\mathrm{T}}(s)Sx(s)\mathrm{d}s$$

$$V_3(x_t) = \int_{t-\tau(t)}^{t} x^{\mathrm{T}}(s)Qx(s)\mathrm{d}s$$

$$V_4(x_t) = \tau \int_{-\tau}^{0} \int_{t+\theta}^{t} x^{\mathrm{T}}(s)Rx(s)\mathrm{d}s\mathrm{d}\theta$$

$$V_5(x_t) = \tau \int_{-\tau}^{0} \int_{t+\theta}^{t} \dot{x}^{\mathrm{T}}(s)E^{\mathrm{T}}\mathcal{Z}E\dot{x}(s)\mathrm{d}s\mathrm{d}\theta$$

根据文献 [34] 和 [36], 定义随机过程 $\{x_t, r_t\}$ 作用于 $V(\cdot)$ 上的弱无穷小算子:

$$\mathcal{L}V(x_t, r_t = i) = \lim_{h \to 0} \frac{\mathcal{E}\{V(x_{t+h}, r_{t+h}) \,|\, x_t, r_t = i\} - V(x_t, r_t = i)}{h} \tag{2.15}$$

则有

$$\mathcal{L}V_1(x_t, r_t = i) = 2x^{\mathrm{T}}(t)P_i^{\mathrm{T}}\left[A_i x(t) + A_{di}x(t - \tau(t))\right.$$

$$\left. + C_i \int_{t-\tau}^{t} x(s)\mathrm{d}s\right] + x^{\mathrm{T}}(t)\sum_{j=1}^{N}\pi_{ij}E^{\mathrm{T}}P_j x(t) \tag{2.16}$$

$$\mathcal{L}V_2(x_t) = x^{\mathrm{T}}(t)Sx(t) - x^{\mathrm{T}}(t - \tau)Sx(t - \tau)$$

$$\mathcal{L}V_3(x_t) \leqslant x^{\mathrm{T}}(t)Qx(t) - (1 - \mu)x^{\mathrm{T}}(t - \tau(t))Qx(t - \tau(t))$$

$$\mathcal{L}V_4(x_t) = \tau^2 x^{\mathrm{T}}(t)Rx(t) - \tau \int_{t-\tau}^{t} x^{\mathrm{T}}(s)Rx(s)\mathrm{d}s \tag{2.17}$$

$$\mathcal{L}V_5(x_t) = \tau^2 \dot{x}^{\mathrm{T}}(t)E^{\mathrm{T}}\mathcal{Z}E\dot{x}(t) - \tau \int_{t-\tau}^{t} \dot{x}^{\mathrm{T}}(s)E^{\mathrm{T}}\mathcal{Z}E\dot{x}(s)\mathrm{d}s$$

由 Jensen 不等式, 得到

$$-\tau \int_{t-\tau}^{t} x^{\mathrm{T}}(s) R x(s) \mathrm{d}s \leqslant -\left(\int_{t-\tau}^{t} x(s)\mathrm{d}s\right)^{\mathrm{T}} R \int_{t-\tau}^{t} x(s)\mathrm{d}s \qquad (2.18)$$

根据引理 1.3, 可得

$$-\tau \int_{t-\tau}^{t} \dot{x}^{\mathrm{T}}(s) E^{\mathrm{T}} \mathcal{Z} E \dot{x}(s)\mathrm{d}s \leqslant \chi^{\mathrm{T}}(t)\bar{\Lambda}\chi(t) \qquad (2.19)$$

其中

$$\chi(t) = \begin{bmatrix} x^{\mathrm{T}}(t) & x^{\mathrm{T}}(t-\tau(t)) & x^{\mathrm{T}}(t-\tau) \end{bmatrix}^{\mathrm{T}}$$

$$\bar{\Lambda} = \begin{bmatrix} -E^{\mathrm{T}}\mathcal{Z}E & E^{\mathrm{T}}\mathcal{Z}E - \mathcal{M} & \mathcal{M} \\ * & -2E^{\mathrm{T}}\mathcal{Z}E + \mathcal{M} + \mathcal{M}^{\mathrm{T}} & E^{\mathrm{T}}\mathcal{Z}E - \mathcal{M} \\ * & * & -E^{\mathrm{T}}\mathcal{Z}E \end{bmatrix}$$

结合式 (2.16) ∼ 式 (2.19), 得出

$$\mathcal{L}V(x_t, r_t = i) \leqslant \bar{\chi}^{\mathrm{T}}(t)\Sigma_i\bar{\chi}(t) < 0 \qquad (2.20)$$

其中

$$\bar{\chi}(t) = \begin{bmatrix} x^{\mathrm{T}}(t) & x^{\mathrm{T}}(t-\tau(t)) & x^{\mathrm{T}}(t-\tau) & \left(\int_{t-\tau}^{t} x(s)\mathrm{d}s\right)^{\mathrm{T}} \end{bmatrix}^{\mathrm{T}}$$

此外, 对于任意的 $x(t) \neq 0$, 存在标量 $\delta > 0$, 使得

$$\mathcal{L}V(x_t, r_t = i) \leqslant -\delta x^{\mathrm{T}}(t)x(t) \qquad (2.21)$$

根据广义 Itô 公式和 Dynkin 公式 (见文献 [31]、[34]、[36] 和 [37]), 对于 $0 < t_1 < t$, 有

$$\mathcal{E}\{V(x_t, r_{t_1})\} - \mathcal{E}\{V(x_0, r_0)\} \leqslant -\delta\mathcal{E}\left\{\int_0^{t_1} x^{\mathrm{T}}(s)x(s)\mathrm{d}s\right\}$$

$$\mathcal{E}\{V(x_t, r_t)\} - \mathcal{E}\{V(x_t, r_{t_1})\} \leqslant -\delta\mathcal{E}\left\{\int_{t_1}^{t} x^{\mathrm{T}}(s)x(s)\mathrm{d}s\right\}$$

从而得到

$$\mathcal{E}\left\{\int_0^t x^{\mathrm{T}}(s)x(s)\mathrm{d}s\right\} \leqslant \delta^{-1}\mathcal{E}\{V(x_0, r_0)\} \qquad (2.22)$$

根据文献 [27], 无外部输入的时滞奇异跳变系统 (2.1) 是随机稳定的. 前面已经证明了无外部输入的时滞奇异跳变系统 (2.1) 是正则、无脉冲的. 因此, 无外部输入的时滞奇异跳变系统 (2.1) 是随机容许的. $\qquad\square$

定理 2.3　基于状态反馈控制器 (2.5) 的闭环时滞奇异跳变系统 (2.6) 是随机容许的, 如果对 $\forall i \in \mathcal{S}$ 和给定的矩阵 $\tilde{S}$、标量 μ, 存在矩阵 $\bar{P}_i \geqslant 0$、$\mathcal{Z} \geqslant 0$、$Q > 0$、$R > 0$、$S > 0$、Y_i、$\tilde{Q}_i$, 使得线性矩阵不等式 (2.12) 和 (2.23) 成立, 即

$$
\Phi_i = \begin{bmatrix}
\Phi_{11i} & \Phi_{12i} & \Phi_{13i} & \Phi_{14i} & \Phi_{15i} \\
* & \Phi_{22i} & \Phi_{23i} & 0 & \Phi_{25i} \\
* & * & \Phi_{33i} & \Phi_{34i} & 0 \\
* & * & * & \Phi_{44i} & 0 \\
* & * & * & * & -R
\end{bmatrix} < 0 \tag{2.23}
$$

其中

$$
\Phi_{11i} = \sum_{j=1}^{N} \pi_{ij} E\bar{P}_j E^{\mathrm{T}} + S + Q + \tau^2 R - E\mathcal{Z}E^{\mathrm{T}} + \mathrm{sym}(A_i \bar{P}_i E^{\mathrm{T}}
$$
$$
+ A_i \tilde{S}\tilde{Q}_i) + \mathrm{sym}(B_i Y_i)
$$

$$
\Phi_{12i} = A_i \bar{P}_i E^{\mathrm{T}} + A_i \tilde{S}\tilde{Q}_i + B_i Y_i, \quad \Phi_{13i} = E\bar{P}_i A_{di}^{\mathrm{T}} + \tilde{Q}_i^{\mathrm{T}} \tilde{S}^{\mathrm{T}} A_{di}^{\mathrm{T}} + E\mathcal{Z}E^{\mathrm{T}} - \mathcal{M}
$$

$$
\Phi_{14i} = \mathcal{M}, \quad \Phi_{15i} = E\bar{P}_i C_i^{\mathrm{T}} + \tilde{Q}_i^{\mathrm{T}} \tilde{S}^{\mathrm{T}} C_i^{\mathrm{T}}, \quad \Phi_{22i} = -\mathrm{sym}(\bar{P}_i E^{\mathrm{T}} + \tilde{S}\tilde{Q}_i) + \tau^2 \mathcal{Z}
$$

$$
\Phi_{23i} = E\bar{P}_i A_{di}^{\mathrm{T}} + \tilde{Q}_i^{\mathrm{T}} \tilde{S}^{\mathrm{T}} A_{di}^{\mathrm{T}}, \quad \Phi_{25i} = E\bar{P}_i C_i^{\mathrm{T}} + \tilde{Q}_i^{\mathrm{T}} \tilde{S}^{\mathrm{T}} C_i^{\mathrm{T}}
$$

$$
\Phi_{33i} = (\mu - 1)Q - 2E\mathcal{Z}E^{\mathrm{T}} + \mathcal{M} + \mathcal{M}^{\mathrm{T}}, \quad \Phi_{34i} = E\mathcal{Z}E^{\mathrm{T}} - \mathcal{M}
$$

$$
\Phi_{44i} = -S - E\mathcal{Z}E^{\mathrm{T}}
$$

此时, 状态反馈控制器 (2.5) 可以通过式 (2.24) 实现:

$$
K_i = Y_i(\bar{P}_i E^{\mathrm{T}} + \tilde{S}\tilde{Q}_i)^{-1} \tag{2.24}
$$

证明　根据文献 [27], (E, A_i) 和 $(E^{\mathrm{T}}, A_i^{\mathrm{T}})$ 的容许性是等价的. 因此, 为了实现状态反馈控制器 (2.5) 使得闭环时滞奇异跳变系统 (2.6) 是随机容许的, 定理 2.1 中式 (2.8) 和定理 2.2 中式 (2.13) 的条件可以分别表述为

$$
EP_i = P_i^{\mathrm{T}} E^{\mathrm{T}} \geqslant 0 \tag{2.25}
$$

$$\tilde{\Sigma}_i = \begin{bmatrix} \tilde{\Sigma}_{11i} & \tilde{\Sigma}_{12i} & \tilde{\Sigma}_{13i} & \tilde{\Sigma}_{14i} \\ * & \tilde{\Sigma}_{22i} & \tilde{\Sigma}_{23i} & 0 \\ * & * & \tilde{\Sigma}_{33i} & 0 \\ * & * & * & -R \end{bmatrix} + \tilde{\Gamma}_i^{\mathrm{T}} \Delta \tilde{\Gamma}_i < 0 \tag{2.26}$$

其中

$$\tilde{\Sigma}_{11i} = \mathrm{sym}(P_i^{\mathrm{T}} \tilde{A}_i^{\mathrm{T}}) + \sum_{j=1}^{N} \pi_{ij} E P_j + S + Q + \tau^2 R - E \mathcal{Z} E^{\mathrm{T}}$$

$$\tilde{\Sigma}_{12i} = P_i^{\mathrm{T}} A_{di}^{\mathrm{T}} + E \mathcal{Z} E^{\mathrm{T}} - \mathcal{M}, \quad \tilde{\Sigma}_{13i} = \mathcal{M}, \quad \tilde{\Sigma}_{14i} = P_i^{\mathrm{T}} C_i^{\mathrm{T}}$$

$$\tilde{\Sigma}_{22i} = (\mu - 1)Q - 2 E \mathcal{Z} E^{\mathrm{T}} + \mathcal{M} + \mathcal{M}^{\mathrm{T}}$$

$$\tilde{\Sigma}_{23i} = E \mathcal{Z} E^{\mathrm{T}} - \mathcal{M}, \quad \tilde{\Sigma}_{33i} = -S - E \mathcal{Z} E^{\mathrm{T}}, \quad \Delta = \tau^2 \mathcal{Z}$$

$$\tilde{\Gamma}_i = \begin{bmatrix} \tilde{A}_i^{\mathrm{T}} & A_{di}^{\mathrm{T}} & 0 & C_i^{\mathrm{T}} \end{bmatrix}, \quad \tilde{A}_i = A_i + B_i K_i$$

令 $P_i = \bar{P}_i E^{\mathrm{T}} + \tilde{S} \tilde{Q}_i$, 其中 $E\tilde{S} = 0$, $\tilde{S} \in \mathbb{R}^{n \times (n-r)}$, 那么式 (2.25) 显然成立. 同时, 令

$$\Psi_i = \begin{bmatrix} I & \tilde{A}_i & 0 & 0 & 0 \\ 0 & A_{di} & I & 0 & 0 \\ 0 & 0 & 0 & I & 0 \\ 0 & C_i & 0 & 0 & I \end{bmatrix}$$

将式 (2.23) 中的 Φ_i 分别左乘 Ψ_i、右乘 Ψ_i^{T}, 得到 $\tilde{\Sigma}_i$ 和 $Y_i = K_i(\bar{P}_i E^{\mathrm{T}} + \tilde{S} \tilde{Q}_i)$. 因此, $\Phi_i \leqslant 0$, 则 $\tilde{\Sigma}_i \leqslant 0$. 根据定理 2.2, 可以证得闭环时滞奇异跳变系统 (2.6) 的随机容许性并且状态反馈控制器 (2.5) 的增益为 $K_i = Y_i(\bar{P}_i E^{\mathrm{T}} + \tilde{S} \tilde{Q}_i)^{-1}$. □

注 2.3 (E, A_i) 和 $(E^{\mathrm{T}}, A_i^{\mathrm{T}})$ 的容许性是等价的, 此结论来自文献 [27]. 结合式 (2.27) 和式 (2.28), 此结论可以由文献 [27] 中引理 1.1 证得.

$$N_1^{\mathrm{T}} E^{\mathrm{T}} M_1^{\mathrm{T}} = \begin{bmatrix} I & 0 \\ 0 & 0 \end{bmatrix}, \quad N_1^{\mathrm{T}} A_i^{\mathrm{T}} M_1^{\mathrm{T}} = \begin{bmatrix} \breve{A}_i^{\mathrm{T}} & 0 \\ 0 & I \end{bmatrix} \tag{2.27}$$

$$N_2^{\mathrm{T}} E^{\mathrm{T}} M_2^{\mathrm{T}} = \begin{bmatrix} I & 0 \\ 0 & 0 \end{bmatrix}, \quad N_2^{\mathrm{T}} A_i^{\mathrm{T}} M_2^{\mathrm{T}} = \begin{bmatrix} A_{1i}^{\mathrm{T}} & A_{3i}^{\mathrm{T}} \\ A_{2i}^{\mathrm{T}} & A_{4i}^{\mathrm{T}} \end{bmatrix} \tag{2.28}$$

值得注意的是, 矩阵 E 在一些实际系统中可能依赖于马尔可夫跳变模态. 此时, 时滞奇异跳变系统可以描述为

$$E(r_t)\dot{x}(t) = A(r_t)x(t) + B(r_t)u(t) + A_d(r_t)x(t-\tau(t)) + C(r_t)\int_{t-\tau}^{t} x(s)\mathrm{d}s$$

$$(2.29)$$

那么, 时滞奇异跳变系统 (2.29) 的容许性分析以及状态反馈控制器可以由下面的定理来实现.

定理 2.4　基于状态反馈控制器 (2.5) 的闭环时滞奇异跳变系统 (2.29) 是随机容许的, 如果对 $\forall\, i \in \mathcal{S}$ 和给定的矩阵 $\tilde{S}$、标量 μ, 存在矩阵 $\bar{P}_i \geqslant 0$、$Q > 0$、$S > 0$、$R > 0$、Y_i、$\tilde{Q}_i$, 使得严格线性矩阵不等式 (2.30) 成立:

$$\Pi_i = \begin{bmatrix} \Pi_{11i} & \Pi_{12i} & 0 & \Pi_{13i} \\ * & \Pi_{22i} & 0 & 0 \\ * & * & -S & 0 \\ * & * & * & -R \end{bmatrix} < 0 \qquad (2.30)$$

其中

$$\Pi_{11i} = \sum_{j=1}^{N} \pi_{ij} E_j \bar{P}_j E_j^{\mathrm{T}} + Q + S + \tau^2 R + \mathrm{sym}(A_i \bar{P}_i E_i^{\mathrm{T}} + A_i \tilde{S}_i \tilde{Q}_i) + \mathrm{sym}(B_i Y_i)$$

$$\Pi_{12i} = E_i \bar{P}_i A_{di}^{\mathrm{T}} + \tilde{Q}_i^{\mathrm{T}} \tilde{S}_i^{\mathrm{T}} A_{di}^{\mathrm{T}}, \quad \Pi_{13i} = E_i \bar{P}_i C_i^{\mathrm{T}} + \tilde{Q}_i^{\mathrm{T}} \tilde{S}_i^{\mathrm{T}} C_i^{\mathrm{T}}, \quad \Pi_{22i} = (\mu - 1)Q$$

状态反馈控制器 (2.5) 可以通过式 (2.31) 实现:

$$K_i = Y_i(\bar{P}_i E_i^{\mathrm{T}} + \tilde{S}_i \tilde{Q}_i)^{-1} \qquad (2.31)$$

证明　选择如下 L-K 泛函:

$$V(x_t, r_t) = x^{\mathrm{T}}(t) E^{\mathrm{T}}(r_t) P(r_t) x(t) + \int_{t-\tau}^{t} x^{\mathrm{T}}(s) S x(s)\mathrm{d}s$$

$$+ \int_{t-\tau(t)}^{t} x^{\mathrm{T}}(s) Q x(s)\mathrm{d}s + \tau \int_{-\tau}^{0} \int_{t+\theta}^{t} x^{\mathrm{T}}(s) R x(s)\mathrm{d}s\mathrm{d}\theta \qquad (2.32)$$

当 $r_t = i \in \mathcal{S}$ 时, 令 $P_i = \bar{P}_i E_i^{\mathrm{T}} + \tilde{S}_i \tilde{Q}_i$, 其中 $E_i \tilde{S}_i = 0$, $\tilde{S}_i \in \mathbb{R}^{n \times (n-r)}$. 根据定理 2.1 ~ 定理 2.3, 可以证明该定理.　□

注 2.4　N_1、N_2 可以依赖于马尔可夫跳变模态. 注意到 $\pi_{ij} \geqslant 0$ $(i \neq j)$ 与 $E_i^{\mathrm{T}} P_i = P_i^{\mathrm{T}} E_i \geqslant 0$, 可知 $\mathrm{sym}(P_i^{\mathrm{T}} A_i) + \sum\limits_{j=1}^{N} \pi_{ij} E_j^{\mathrm{T}} P_j < 0$ 意味着 $\mathrm{sym}(P_i^{\mathrm{T}} A_i) +$

$\pi_{ii}E_i^{\mathrm{T}}P_i < 0$. 将 $\mathrm{sym}(P_i^{\mathrm{T}}A_i) + \pi_{ii}E_i^{\mathrm{T}}P_i$ 分别左乘 N_{2i}^{T}、右乘 N_{2i}, 无外部控制输入的时滞奇异跳变系统 (2.29) 的正则性和无脉冲性可以通过定理 2.1 来证得.

在定理 2.1 ~ 定理 2.3 中, 为了避免 $\sum\limits_{j=1}^{N}\pi_{ij}V(r_t = j)$ 所带来的复杂运算, 让

矩阵 E 独立于马尔可夫跳变模态. 这是因为 $\tau\int_{-\tau}^{0}\int_{t+\theta}^{t}\dot{x}^{\mathrm{T}}(s)E_j^{\mathrm{T}}\mathcal{Z}E_j\dot{x}(s)\mathrm{d}s\mathrm{d}\theta$

导致 $\sum\limits_{j=1}^{N}\pi_{ij}V(r_t = j)$ 的运算非常复杂, 这在奇异系统领域中仍然是一个棘手的问题.

现在来阐述无外部控制输入的时滞奇异跳变系统 (2.1) 和 (2.29) 的渐近容许条件. 首先, 讨论无外部控制输入的时滞奇异跳变系统 (2.1) 几乎处处渐近稳定的条件. 通过引理 1.1 和上述分析, 存在可逆矩阵 M_2 和 N_2, 使得式 (1.13) 和以下公式成立:

$$M_2 A_{di} N_2 = \begin{bmatrix} A_{di1} & A_{di2} \\ A_{di3} & A_{di4} \end{bmatrix}, \quad M_2 C_i N_2 = \begin{bmatrix} C_{i1} & C_{i2} \\ C_{i3} & C_{i4} \end{bmatrix} \tag{2.33}$$

令 $\xi(t) = N_2^{-1}x(t) = \begin{bmatrix} \xi_1^{\mathrm{T}}(t) & \xi_2^{\mathrm{T}}(t) \end{bmatrix}^{\mathrm{T}}$, 其中, $\xi_1(t) \in \mathbb{R}^r$, $\xi_2(t) \in \mathbb{R}^{n-r}$, 那么时滞奇异跳变系统 (2.1) 在无外部输入时可以转换为以下形式:

$$\begin{cases} \dot{\xi}_1(t) = A_{1i}\xi_1(t) + A_{2i}\xi_2(t) + A_{di1}\xi_1(t-\tau(t)) \\ \qquad + A_{di2}\xi_2(t-\tau(t)) + C_{i1}\int_{t-\tau}^{t}\xi_1(s)\mathrm{d}s + C_{i2}\int_{t-\tau}^{t}\xi_2(s)\mathrm{d}s \\ 0 = A_{3i}\xi_1(t) + A_{4i}\xi_2(t) + A_{di3}\xi_1(t-\tau(t)) \\ \qquad + A_{di4}\xi_2(t-\tau(t)) + C_{i3}\int_{t-\tau}^{t}\xi_1(s)\mathrm{d}s + C_{i4}\int_{t-\tau}^{t}\xi_2(s)\mathrm{d}s \end{cases} \tag{2.34}$$

如果无外部输入的时滞奇异跳变系统 (2.1) 满足正则性和无脉冲性, 那么根据引理 1.1 可以知道 A_{4i} 是非奇异的. 考虑算子 $D : C_{n-r}[-\tau, 0] \longrightarrow \mathbb{R}^{n-r}$ 和

$$D(\xi_{2t}) = \xi_2(t) + A_{4i}^{-1}A_{di4}\xi_2(t-\tau(t)) + A_{4i}^{-1}C_{i4}\int_{t-\tau}^{t}\xi_2(s)\mathrm{d}s \tag{2.35}$$

为了确保这个算子 D 是稳定的, 给出以下假设.

假设 2.1

$$|A_{4i}^{-1}A_{di4}| + \tau|A_{4i}^{-1}C_{i4}| < 1 \tag{2.36}$$

令

$$h(t) = -A_{4i}^{-1}A_{3i}\xi_1(t) - A_{4i}^{-1}A_{di3}\xi_1(t - \tau(t)) - A_{4i}^{-1}C_{i3}\int_{t-\tau}^{t}\xi_1(s)\mathrm{d}s \qquad (2.37)$$

结合式 (2.34)、式 (2.35) 和式 (2.37), 有

$$D(\xi_{2t}) = h(t) \qquad (2.38)$$

注 2.5 文献 [33] 指出, 如果 $x(t) = \lambda x(t - \tau(t))$, 其中, $0 < \lambda < 1$, 那么 $|x(t)|$ 是有界的. de Avellar 和 Marconato 在文献 [11] 中、Hale 和 Lunel 在文献 [10] 中都提出了文献 [33] 中的结果在 $\tau(t) = \tau$ 时是正确的, 文献 [33] 中仅将时变时滞适用于标量系统. 具有时变时滞的算子 D 的稳定性问题在式 (2.35) 中依旧是一个充满挑战的问题. 因此, 在以下讨论中, 总是令 $\tau(t) = \tau$, 且条件 (2.36) 可以保证算子 D 在式 (2.35) 中是稳定的. 在未来的工作中, 作者将致力于研究式 (2.35) 中具有时变时滞的算子 D 的稳定性问题.

定理 2.5 当 $\tau(t) = \tau$ 时, 如果对 $\forall\, i \in \mathcal{S}$, 存在矩阵 $R > 0$、$S > 0$、P_i 使得线性矩阵不等式 (2.39) 和 (2.40) 在假设 2.1 下成立, 那么无外部输入的时滞奇异跳变系统 (2.1) 是渐近容许的.

$$EP_i = P_i^{\mathrm{T}}E^{\mathrm{T}} \geqslant 0 \qquad (2.39)$$

$$\hat{\Sigma}_i = \begin{bmatrix} \hat{\Sigma}_{11i} & \hat{\Sigma}_{12i} & \hat{\Sigma}_{13i} \\ * & -S & 0 \\ * & * & -R \end{bmatrix} < 0 \qquad (2.40)$$

其中

$$\hat{\Sigma}_{11i} = \mathrm{sym}(P_i^{\mathrm{T}}A_i) + \sum_{j=1}^{N}\pi_{ij}E^{\mathrm{T}}P_j + S + \tau^2 R$$

$$\hat{\Sigma}_{12i} = P_i^{\mathrm{T}}A_{di}, \quad \hat{\Sigma}_{13i} = P_i^{\mathrm{T}}C_i$$

证明 根据定理 2.1 ∼ 定理 2.2, $\hat{\Sigma}_{11i} < 0$ 确保了时滞奇异跳变系统 (2.1) 的正则性和无脉冲性.

选定如下 L-K 泛函:

$$V(x_t, r_t) = x^{\mathrm{T}}(t)E^{\mathrm{T}}P(r_t)x(t) + \int_{t-\tau}^{t}x^{\mathrm{T}}(s)Sx(s)\mathrm{d}s$$

$$+ \tau \int_{-\tau}^{0} \int_{t+\theta}^{t} x^{\mathrm{T}}(s) R x(s) \mathrm{d}s \mathrm{d}\theta \tag{2.41}$$

类似于定理 2.2 的证明方法, 根据弱无穷小算子即式 (2.15), 有

$$\mathcal{L}V(x_t, r_t = i) \leqslant \hat{\chi}^{\mathrm{T}}(t) \hat{\Sigma}_i \hat{\chi}(t) < 0 \tag{2.42}$$

其中

$$\hat{\chi}(t) = \begin{bmatrix} x^{\mathrm{T}}(t) & x^{\mathrm{T}}(t-\tau) & \left(\int_{t-\tau}^{t} x(s)\,\mathrm{d}s \right)^{\mathrm{T}} \end{bmatrix}^{\mathrm{T}}$$

根据文献 [27], 无外部输入的时滞奇异跳变系统 (2.1) 是随机稳定的.

注意到式 (2.22) 和 $\xi(t) = N_2^{-1} x(t) = \begin{bmatrix} \xi_1^{\mathrm{T}}(t) & \xi_2^{\mathrm{T}}(t) \end{bmatrix}^{\mathrm{T}}$, 有

$$V_1(x_t, r_t = i) = x^{\mathrm{T}}(t) E^{\mathrm{T}} P_i x(t)$$

$$= \xi^{\mathrm{T}}(t) N_2^{\mathrm{T}} E^{\mathrm{T}} M_2^{\mathrm{T}} M_2^{-\mathrm{T}} P_i N_2 \xi(t) = \xi_1^{\mathrm{T}}(t) P_{1i} \xi_1(t) \tag{2.43}$$

因此存在标量 $\alpha_1 \geqslant 0$、$\alpha_2 > 0$, 使得

$$\alpha_1 \mathcal{E}\{|\xi_1(t)|^2\} - \mathcal{E}\{V(x_0, r_0)\}$$

$$\leqslant \mathcal{E}\{\xi_1^{\mathrm{T}}(t) P_{1i} \xi_1(t)\} - \mathcal{E}\{V(x_0, r_0)\}$$

$$\leqslant \mathcal{E}\{V(x_t, r_t)\} - \mathcal{E}\{V(x_0, r_0)\}$$

$$= \mathcal{E}\left\{ \int_0^t \mathcal{L}V(x_s, r_s)\,\mathrm{d}s \right\} \leqslant -\alpha_2 \mathcal{E}\left\{ \int_0^t |\xi_1(s)|^2 \mathrm{d}s \right\} < 0 \tag{2.44}$$

即

$$\alpha_1 \mathcal{E}\{|\xi_1(t)|^2\} + \alpha_2 \int_0^t \mathcal{E}\{|\xi_1(s)|^2\} \mathrm{d}s < \mathcal{E}\{V(x_0, r_0)\} \tag{2.45}$$

因此, 对于较小的 ϕ, $\xi_1(t)$ 有界且较小. 根据式 (2.35), 可以知道 $\xi_2(t)$ 是 $D(\xi_{2t}) = h(t)$ 的一个解, 其中式 (2.37) 中的 $h(t)$ 对于较小的 ϕ 是有界的. 文献 [9]、[10]、[37] 指出, 当 $\tau(t) = \tau$ 时, 在假设 2.1 下, $\xi_2(t)$ 对于较小的 ϕ 是有界的且较小.

接下来, 由式 (2.34) 可以得出, $\dot{\xi}_1(t)$ 是有界的, 那么 $\xi_1(t)$ 在 $[0, +\infty)$ 上是强一致连续的[37]. 同时考虑到式 (2.45) 并且应用引理 1.4 (Barbalat 引理), 有 $\lim_{t \to \infty} \xi_1(t) = 0$, 则 $\xi_1(t)$ 几乎处处渐近稳定.

另外, $\xi_2(t)$ 是式 (2.38) 的一个有界解, $h(t)$ 是一致连续且有界的. 注意到式 (2.1), 那么根据文献 [9]、[10] 和 [37], 可以得出 $\lim_{t \to \infty} \xi_2(t) = 0$, 则 $\xi_2(t)$ 是几乎处处渐近稳定的.

记 $\xi(t) = N_2^{-1}x(t) = \begin{bmatrix} \xi_1^{\mathrm{T}}(t) & \xi_2^{\mathrm{T}}(t) \end{bmatrix}^{\mathrm{T}}$, 得到 $\lim\limits_{t\to\infty} x(t) = 0$, 这意味着无外部输入的时滞奇异跳变系统 (2.1) 几乎处处渐近稳定. 目前已经证明了无外部输入的时滞奇异跳变系统 (2.1) 是正则、无脉冲、几乎处处渐近稳定的. 因此, 根据定义 1.1, 无外部输入的时滞奇异跳变系统 (2.1) 是渐近容许的. □

注 2.6　式 (2.42) 提供的方法可以在不需要 Barbalat 引理和假设 2.1 的情况下证明无外部输入的时滞奇异跳变系统 (2.1) 是随机稳定的. 此外, 当时变时滞变为定常时滞时, 通过 Barbalat 引理证明了无外部输入的时滞奇异跳变系统 (2.1) 几乎处处渐近稳定, 并且这个方法可以用来证明无外部输入的时滞奇异跳变系统 (2.29) 是几乎处处渐近稳定的.

定理 2.6　当 $\tau(t) = \tau$ 时, 如果对 $\forall\, i \in \mathcal{S}$ 和给定的矩阵 $\tilde{S}$, 存在矩阵 $\bar{P}_i \geqslant 0$、$S > 0$、$R > 0$、Y_i、$\tilde{Q}_i$ 使得严格线性矩阵不等式 (2.46) 在假设 2.1 下成立, 则基于状态反馈控制器 (2.5) 的闭环时滞奇异跳变系统 (2.1) 是渐近容许的.

$$\tilde{\Pi}_i = \begin{bmatrix} \tilde{\Pi}_{11i} & \tilde{\Pi}_{12i} & \tilde{\Pi}_{13i} \\ * & -S & 0 \\ * & * & -R \end{bmatrix} < 0 \tag{2.46}$$

其中

$$\tilde{\Pi}_{11i} = \sum_{j=1}^{N} \pi_{ij} E\bar{P}_j E^{\mathrm{T}} + S + \tau^2 R + \mathrm{sym}(A_i\bar{P}_i E^{\mathrm{T}} + A_i\tilde{S}_i\tilde{Q}_i) + \mathrm{sym}(B_i Y_i)$$

$$\tilde{\Pi}_{12i} = E\bar{P}_i A_{di}^{\mathrm{T}} + \tilde{Q}_i^{\mathrm{T}}\tilde{S}_i^{\mathrm{T}} A_{di}^{\mathrm{T}}, \quad \tilde{\Pi}_{13i} = E\bar{P}_i C_i^{\mathrm{T}} + \tilde{Q}_i^{\mathrm{T}}\tilde{S}_i^{\mathrm{T}} C_i^{\mathrm{T}}$$

此时, 状态反馈控制器 (2.5) 可以通过式 (2.47) 来实现:

$$K_i = Y_i(\bar{P}_i E^{\mathrm{T}} + \tilde{S}_i\tilde{Q}_i)^{-1} \tag{2.47}$$

证明　令 $P_i = \bar{P}_i E^{\mathrm{T}} + \tilde{S}_i\tilde{Q}_i$, 其中 $E\tilde{S}_i = 0$, $\tilde{S}_i \in \mathbb{R}^{n\times(n-r)}$. 根据定理 2.1 ~ 定理 2.5, 可以得到此定理的证明. □

2.1.3　仿真算例

例 2.1　考虑一个由直流电机系统控制倒立摆的实际模型[43], 如图 2.1 所示. 直流电机系统可以用时滞奇异跳变系统 (2.1) 来描述, 本例中使用的相应数据来自文献 [43].

$$A_1 = \begin{bmatrix} 0 & 1 & 0 \\ 9.8 & 0 & 1 \\ -20 & -3 & -2 \end{bmatrix}, \quad A_2 = \begin{bmatrix} 0 & 1 & 0 \\ 9.8 & 0 & 1 \\ -20 & -3 & -2.5 \end{bmatrix}, \quad A_{d1} = \begin{bmatrix} 0.15 & 0.03 & 0 \\ 0.05 & 0.11 & 0 \\ -0.07 & 0 & 0.13 \end{bmatrix}$$

$$A_{d2} = \begin{bmatrix} -0.16 & 0.02 & 0 \\ -0.03 & 0.13 & 0 \\ -0.06 & 0 & -0.12 \end{bmatrix}, \quad E = \begin{bmatrix} 2 & 0 & 0 \\ 0 & 2 & 0 \\ 0 & 0 & 0 \end{bmatrix}, \quad S = \begin{bmatrix} 0 \\ 0 \\ 2 \end{bmatrix}$$

$$B_1 = \begin{bmatrix} 0.42 \\ -0.3 \\ -0.5 \end{bmatrix}, \quad B_2 = \begin{bmatrix} -1.2 \\ 0.5 \\ -0.2 \end{bmatrix}, \quad C_1 = \begin{bmatrix} 0.02 & 0.03 & 0.04 \\ 0.04 & -0.01 & 0 \\ -0.01 & 0.04 & 0.03 \end{bmatrix}$$

$$C_2 = \begin{bmatrix} 0.05 & 0.02 & 0.01 \\ 0.01 & 0 & 0.03 \\ 0.02 & 0.02 & -0.02 \end{bmatrix}, \quad \Pi = \begin{bmatrix} -0.6 & 0.6 \\ 1.8 & -1.8 \end{bmatrix}$$

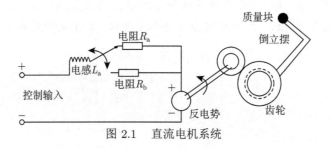

图 2.1   直流电机系统

取 $\mu = 0.8$, $\tau = 3$, 解定理 2.2 和定理 2.3 中的线性矩阵不等式 (2.12) 和 (2.23), 则状态反馈控制器 (2.5) 的增益为

$$K_1 = \begin{bmatrix} -5.0496 & -2.6349 & -0.0700 \end{bmatrix}, \quad K_2 = \begin{bmatrix} 1.0716 & 0.7954 & -0.0345 \end{bmatrix}$$

令初始条件为 $x_{t_0} = \begin{bmatrix} 0.1 & 0.5 & -1.3 \end{bmatrix}^{\mathrm{T}}$, $r_0 = 1$ 并且 $r_t \in \{1, 2\}$. 图 2.2 描述了直流电机系统在 $\mu = 0.8$、$\tau = 3$ 时的状态轨迹. 不同的 μ 可以得到相应的最大时滞 τ, 具体数据如表 2.1 所示.

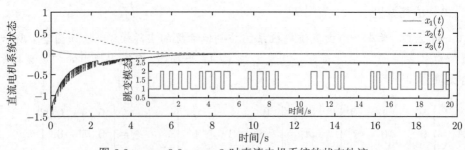

图 2.2 $\mu = 0.8$、$\tau = 3$ 时直流电机系统的状态轨迹

表 2.1 不同的 μ 对应的最大时滞 $\tau_{\max}$

μ	-1.0	0.0	0.15	0.25	0.45	0.65	0.85	0.99
$\tau_{\max}$	8.356	7.822	7.649	7.499	7.043	6.164	5.500	1.588

2.2 中立型时滞奇异跳变系统容许性分析与反馈镇定

本节主要研究中立型时滞奇异跳变系统的容许性分析和反馈镇定问题, 主要目标是设计模态相关状态反馈控制器, 实现闭环中立型时滞奇异跳变系统容许性分析. 利用部分元件等效电路 (PEEC) 仿真算例验证设计方法的有效性和实用性.

本节的主要贡献和创新点概括如下:

(1) 针对具有中立型时变时滞的奇异跳变系统, 设计比例状态反馈控制器, 在奇异系统框架下实现了中立型时滞奇异跳变系统容许性分析和镇定;

(2) 同时考虑中立型时滞和时变时滞, 将时变时滞条件 $\dot{h}(t) \leqslant h < 1$ 拓展到 $\dot{h}(t) \leqslant h$, 取消了 $h < 1$ 的严格限制;

(3) 本节的方法可用于处理中立型时变时滞奇异跳变系统输出反馈、跟踪控制和滤波器设计.

2.2.1 问题描述

给定概率空间 $(\Omega, \mathfrak{F}, \mathcal{P})$, 讨论如下中立型时变时滞奇异跳变系统:

$$\begin{cases} H\dot{z}(t) - D\dot{z}(t - h) = \mathcal{A}(r_t)z(t) + \mathcal{A}_d(r_t)z(t - h(t)) + \mathcal{B}(r_t)u(t, r_t) \\ z(t) = \psi(t), \quad \forall\, t \in [-h,\, 0] \end{cases}$$

$$(2.48)$$

其中, $z(t) \in \mathbb{R}^n$ 为系统状态; $H \in \mathbb{R}^{n \times n}$ 为奇异的并且 $\operatorname{rank}(H) = s < n$; $u(\cdot) \in \mathbb{R}^p$ 为控制输入; $\psi(t)$ 为连续初始函数.

$\{r_t\}$ 是具有右连续轨迹的连续时间马尔可夫过程, 并在有限集合 $\mathcal{S} = \{1, 2, \cdots, N\}$ 中取值, 具体性质详见 2.1 节.

$h(t)$ 表示具有下列性质的时变时滞:

$$0 \leqslant h(t) \leqslant h < \infty, \quad \dot{h}(t) \leqslant \nu \qquad (2.49)$$

其中, h、ν 是已知常量. 本节的主要目的是设计下列状态反馈控制器:

$$u(t, r_t) = \mathcal{K}(r_t)z(t), \quad r_t \in \mathcal{S} \qquad (2.50)$$

其中, $\mathcal{K}(r_t) \in \mathbb{R}^{p \times n}$ 是期望实现的模态相关控制器增益.

将式 (2.50) 代入式 (2.48), 得到如下闭环中立型时滞奇异跳变系统:

$$Hż(t) - D\dot{z}(t-h) = (\mathcal{A}(r_t) + \mathcal{B}(r_t)\mathcal{K}(r_t))z(t) + \mathcal{A}_d(r_t) z(t-h(t)) \qquad (2.51)$$

方便起见, 当 $r_t = i \in \mathcal{S}$ 时, 将 $\mathcal{A}(r_t)$ 记为 $\mathcal{A}_i$, $\mathcal{A}_d(r_t)$ 记为 $\mathcal{A}_{di}$, $\mathcal{B}(r_t)$ 记为 $\mathcal{B}_i$. 系统 (2.48) 和系统 (2.51) 中的实常数矩阵 H、D、$\mathcal{A}_i$、$\mathcal{A}_{di}$ 和 $\mathcal{B}_i$ 是具有适当维数的已知矩阵.

注 2.7 反馈控制可以实现被控动态系统的在线调整, 比例反馈、导数反馈和比例-导数反馈控制在过去的几十年中受到了学者的广泛关注. 虽然导数反馈对提高系统性能至关重要, 但文献 [21] 指出, 通过导数反馈正常化的奇异系统有局限性, H 和 $\mathcal{B}_i$ 的秩必须等于系统的状态维数 n, 也就是说, rank$(H, \mathcal{B}_i)$ 必须等于 n, 这严重限制了其应用范围. 因此, 本节设计比例状态反馈控制器, 在奇异系统框架下实现中立型时滞奇异跳变系统 (2.48) 的容许性分析和镇定问题.

假设 2.2 对于 $\forall i \in \mathcal{S}$, 存在非奇异矩阵 U 和 V 使得

$$UHV = \begin{bmatrix} I & 0 \\ 0 & 0 \end{bmatrix}, \quad UDV = \begin{bmatrix} D_1 & 0 \\ 0 & 0 \end{bmatrix} \qquad (2.52)$$

$$U\mathcal{A}_iV = \begin{bmatrix} \mathcal{A}_{i1} & \mathcal{A}_{i2} \\ \mathcal{A}_{i3} & \mathcal{A}_{i4} \end{bmatrix}, \quad U\mathcal{A}_{di}V = \begin{bmatrix} \mathcal{A}_{di1} & \mathcal{A}_{di2} \\ \mathcal{A}_{di3} & \mathcal{A}_{di4} \end{bmatrix} \qquad (2.53)$$

其中, $|D_1| < 1$.

注 2.8 文献 [45] 的条件: 总存在非奇异矩阵 M、N, 使得

$$MHN = \begin{bmatrix} H_1 & 0 \\ 0 & 0 \end{bmatrix}, \quad MDN = \begin{bmatrix} D_1 & 0 \\ 0 & D_2 \end{bmatrix} \qquad (2.54)$$

并且当 $|H_1^{-1}D_1| < 1$ 时, $|D_2| \neq 0$, 下列算子是稳定的:

$$\mathcal{F}(z_t) = Hz(t) - Dz(t-h) \qquad (2.55)$$

上述条件保证了中立型时滞奇异跳变系统的稳定性. 遗憾的是, 到目前为止, 文献 [45] 中的条件 (2.54) 还不能有效地用来设计反馈控制器. 为此, 提出了假设 2.2 来实现对中立型时变时滞奇异跳变系统的比例状态反馈控制, 而 $|D_1| < 1$ 是正常化中立型时滞奇异跳变系统稳定性和解的存在唯一性的必要条件[36].

2.2.2 主要结论

定理 2.7 基于假设 2.2, 无外部输入的中立型时滞奇异跳变系统 (2.48) 是随机容许的, 如果对于 $\forall i \in \mathcal{S}$, 存在 $\mathcal{Q} \geq 0$、$\mathcal{R} > 0$、$\mathcal{S} \geq 0$、$\mathcal{W} \geq 0$、$\mathcal{P}_i$、$\mathfrak{M}$, 使得式 (1.14) 和以下线性矩阵不等式成立:

$$\begin{bmatrix} H^{\mathrm{T}}\mathcal{W}H & \mathfrak{M} \\ * & H^{\mathrm{T}}\mathcal{W}H \end{bmatrix} \geq 0 \qquad (2.56)$$

$$\Phi_{11i} + \mathcal{A}_i^{\mathrm{T}}(\tau^2 \mathcal{W} + S)\mathcal{A}_i < 0 \tag{2.57}$$

$$\Phi_i = \begin{bmatrix} \Phi_{11i} & \Phi_{12i} & \Phi_{13i} & \Phi_{14i} \\ * & \Phi_{22i} & \Phi_{23i} & 0 \\ * & * & \Phi_{33i} & 0 \\ * & * & * & -H^{\mathrm{T}}\mathcal{S}H \end{bmatrix} + \Sigma_i^{\mathrm{T}} \Lambda \Sigma_i \leqslant 0 \tag{2.58}$$

其中

$$\Phi_{11i} = \mathrm{sym}(\mathcal{A}_i^{\mathrm{T}}\mathcal{P}_i) + \sum_{j=1}^{N} \pi_{ij} H^{\mathrm{T}}\mathcal{P}_j + \mathcal{Q} + h\mathcal{R} - H^{\mathrm{T}}\mathcal{W}H$$

$$\Phi_{12i} = \mathcal{P}_i^{\mathrm{T}}\mathcal{A}_{di} + H^{\mathrm{T}}\mathcal{W}H - \mathfrak{M}, \quad \Phi_{13i} = \mathfrak{M}, \quad \Phi_{14i} = \mathcal{P}_i^{\mathrm{T}}D$$

$$\Phi_{22i} = (\nu - 1)\mathcal{Q} - 2H^{\mathrm{T}}\mathcal{W}H + \mathfrak{M} + \mathfrak{M}^{\mathrm{T}}, \quad \Phi_{23i} = H^{\mathrm{T}}\mathcal{W}H - \mathfrak{M}$$

$$\Phi_{33i} = -h\mathcal{R} - H^{\mathrm{T}}\mathcal{W}H, \quad \Lambda = h^2\mathcal{W} + S, \quad \Sigma_i = \begin{bmatrix} \mathcal{A}_i & \mathcal{A}_{di} & 0 & D \end{bmatrix}$$

证明　根据假设 2.2, 存在非奇异矩阵 U 和 V 使得式 (2.52) 和式 (2.53) 成立. 令 $\varphi(t) = V^{-1}z(t) = \begin{bmatrix} \varphi_1^{\mathrm{T}}(t) & \varphi_2^{\mathrm{T}}(t) \end{bmatrix}^{\mathrm{T}}$, 其中, $\varphi_1(t) \in \mathbb{R}^r$, $\varphi_2(t) \in \mathbb{R}^{n-r}$, 那么当 $r_t = i$ 时, 中立型时滞奇异跳变系统 (2.48) 的无外部输入的子系统可以表示为

$$\begin{cases} \dot{\varphi}_1(t) - D_1 \dot{\varphi}_1(t - h) = \mathcal{A}_{i1}\varphi_1(t) + \mathcal{A}_{i2}\varphi_2(t) \\ \qquad\qquad\qquad\qquad + \mathcal{A}_{di1}\varphi_1(t - h(t)) + \mathcal{A}_{di2}\varphi_2(t - h(t)) \\ 0 = \mathcal{A}_{i3}\varphi_1(t) + \mathcal{A}_{i4}\varphi_2(t) \\ \qquad\qquad\qquad + \mathcal{A}_{di3}\varphi_1(t - h(t)) + \mathcal{A}_{di4}\varphi_2(t - h(t)) \end{cases} \tag{2.59}$$

记

$$U^{-\mathrm{T}}\mathcal{P}_i V = \begin{bmatrix} \mathcal{P}_{1i} & \mathcal{P}_{2i} \\ \mathcal{P}_{3i} & \mathcal{P}_{4i} \end{bmatrix}, \quad U^{-\mathrm{T}}\mathcal{W}U^{-1} = \begin{bmatrix} \mathcal{W}_{11} & \mathcal{W}_{12} \\ \mathcal{W}_{21} & \mathcal{W}_{22} \end{bmatrix} \tag{2.60}$$

根据式 (1.14), 对于所有的 $i \in \mathcal{S}$, 得到 $\mathcal{P}_{2i} = 0$. 在式 (1.15) 两边都分别左乘 V^{T}、右乘 V, 得到

$$\begin{bmatrix} \star & \star \\ \star & \mathcal{P}_{4i}^{\mathrm{T}}\mathcal{A}_{i4} + \mathcal{A}_{i4}^{\mathrm{T}}\mathcal{P}_{4i} \end{bmatrix} < 0 \tag{2.61}$$

根据式 (2.61), 对于任意的 $i \in \mathcal{S}$, $\mathcal{A}_{i4}$ 是非奇异的, 根据文献 [21] 和 [27], 这意味着 $(H, \mathcal{A}_i)$ 是正则、无脉冲的. 考虑式 (2.59) 和 $|D_1| < 1$, 那么 $(H, D, \mathcal{A}_i)$ 是

正则、无脉冲的. 通过定义 1.2、文献 [21] 和 [27], 无外部输入的中立型时滞奇异跳变系统 (2.48) 是正则、无脉冲的.

根据式 (2.57) 可以知道 $\Phi_{11i} < 0$, 则有

$$\mathrm{sym}(\mathcal{A}_i^{\mathrm{T}}\mathcal{P}_i) + \sum_{j=1}^{N} \pi_{ij} H^{\mathrm{T}}\mathcal{P}_j - H^{\mathrm{T}}\mathcal{W}H < 0$$

根据引理 1.2 和定义 1.2, 无外部输入的中立型时滞奇异跳变系统 (2.48) 是正则、无脉冲的.

定义 $\{z_t = z(t+\vartheta),\ -h \leqslant \vartheta \leqslant 0\}$, 那么 $\{(z_t,\ r_t),\ t \geqslant h\}$ 是初始状态为 $(\psi(\cdot),\ r_0)$ 的马尔可夫过程. 对于无外部输入的中立型时滞奇异跳变系统 (2.48), 选择如下 L-K 泛函:

$$\mathcal{V}(z_t, r_t) = \mathcal{V}_1(z_t, r_t) + \mathcal{V}_2(z_t) + \mathcal{V}_3(z_t) + \mathcal{V}_4(z_t) + \mathcal{V}_5(z_t) \tag{2.62}$$

其中

$$\mathcal{V}_1(z_t, r_t) = z^{\mathrm{T}}(t)H^{\mathrm{T}}\mathcal{P}(r_t)z(t), \quad \mathcal{V}_2(z_t) = \int_{t-h(t)}^{t} z^{\mathrm{T}}(s)\,\mathcal{Q}z(s)\mathrm{d}s$$

$$\mathcal{V}_3(z_t) = h\int_{t-h}^{t} z^{\mathrm{T}}(s)\,\mathcal{R}z(s)\mathrm{d}s, \quad \mathcal{V}_4(z_t) = \int_{t-h}^{t} \dot{z}^{\mathrm{T}}(s)\,H^{\mathrm{T}}SH\dot{z}(s)\mathrm{d}s$$

$$\mathcal{V}_5(z_t) = h\int_{-h}^{0}\int_{t+\theta}^{t} \dot{z}^{\mathrm{T}}(s)\,H^{\mathrm{T}}\mathcal{W}H\dot{z}(s)\mathrm{d}s\mathrm{d}\theta$$

令 $\mathcal{L}\mathcal{V}$ 为随机过程 $\{z_t,\ r_t\}$ 作用在 $\mathcal{V}(\cdot)$ 上的弱无穷小算子, 则有

$$\begin{cases} \mathcal{L}\mathcal{V}_1(z_t, r_t = i) = 2z^{\mathrm{T}}(t)\mathcal{P}_i^{\mathrm{T}}[\mathcal{A}_i z(t) + \mathcal{A}_{di}z(t-h(t)) \\ \qquad\qquad + D\dot{z}(t-h)] + z^{\mathrm{T}}(t)\sum_{j=1}^{N}\pi_{ij}H^{\mathrm{T}}\mathcal{P}_j z(t) \\ \mathcal{L}\mathcal{V}_2(z_t) \leqslant z^{\mathrm{T}}(t)\mathcal{Q}z(t) - (1-\nu)z^{\mathrm{T}}(t-h(t))\,\mathcal{Q}z(t-h(t)) \\ \mathcal{L}\mathcal{V}_3(z_t) = hz^{\mathrm{T}}(t)\mathcal{R}z(t) - hz^{\mathrm{T}}(t-h)\,\mathcal{R}z(t-h) \\ \mathcal{L}\mathcal{V}_4(z_t) = \dot{z}^{\mathrm{T}}(t)H^{\mathrm{T}}SH\dot{z}(t) - \dot{z}^{\mathrm{T}}(t-h)\,H^{\mathrm{T}}SH\dot{z}(t-h) \\ \mathcal{L}\mathcal{V}_5(z_t) = h^2\dot{z}^{\mathrm{T}}(t)H^{\mathrm{T}}\mathcal{W}H\dot{z}(t) - h\int_{t-h}^{t}\dot{z}^{\mathrm{T}}(s)\,H^{\mathrm{T}}\mathcal{W}H\dot{z}(s)\mathrm{d}s \end{cases} \tag{2.63}$$

根据引理 1.3, 可得

$$-h \int_{t-h}^{t} \dot{z}^{\mathrm{T}}(s) H^{\mathrm{T}} \mathcal{W} H \dot{z}(s) \, \mathrm{d}s \leqslant \eta^{\mathrm{T}}(t) \hat{\Xi} \eta(t) \tag{2.64}$$

其中

$$\eta(t) = \left[\begin{array}{ccc} z^{\mathrm{T}}(t) & z^{\mathrm{T}}(t-h(t)) & z^{\mathrm{T}}(t-h) \end{array} \right]^{\mathrm{T}}$$

$$\hat{\Xi} = \left[\begin{array}{ccc} -H^{\mathrm{T}} \mathcal{W} H & H^{\mathrm{T}} \mathcal{W} H - \mathfrak{M} & \mathfrak{M} \\ * & -2 H^{\mathrm{T}} \mathcal{W} H + \mathfrak{M} + \mathfrak{M}^{\mathrm{T}} & H^{\mathrm{T}} \mathcal{W} H - \mathfrak{M} \\ * & * & -H^{\mathrm{T}} \mathcal{W} H \end{array} \right]$$

结合式 (2.63) 和式 (2.64), 得到

$$\mathcal{L} \mathcal{V}(z_t, r_t = i) \leqslant \bar{\eta}^{\mathrm{T}}(t) \Phi_i \bar{\eta}(t) \leqslant 0 \tag{2.65}$$

其中

$$\bar{\eta}(t) = \left[\begin{array}{cccc} z^{\mathrm{T}}(t) & z^{\mathrm{T}}(t-h(t)) & z^{\mathrm{T}}(t-h) & \dot{z}^{\mathrm{T}}(t-h) \end{array} \right]^{\mathrm{T}}$$

根据文献 [36], 无外部输入的中立型时滞奇异跳变系统 (2.48) 是随机稳定的. 现在已经证明了无外部输入的中立型时滞奇异跳变系统 (2.48) 是随机容许的. □

注 2.9 文献 [45] 中中立型时滞奇异跳变系统的 Lyapunov 泛函被选为如下形式:

$$\mathcal{V}(z(t)) = [Hz(t) - Dz(t-h)]^{\mathrm{T}} \mathcal{P} [Hz(t) - Dz(t-h)] \tag{2.66}$$

上述 Lyapunov 泛函可用于中立型时滞奇异跳变系统的稳定性分析, 但不适合用于反馈控制器的设计. 迄今为止, 中立型时滞奇异跳变系统的反馈控制仍然是一个尚未完全解决的前沿问题. 除了容许性分析, 本节通过构造 L-K 泛函 (2.62), 设计比例状态反馈控制器, 在奇异系统框架下成功地解决了具有时变时滞的中立型时滞奇异跳变系统的反馈控制问题.

注 2.10 对于没有 $\nu < 1$ 这一时滞导数约束的时变时滞奇异跳变系统的状态反馈控制依旧是一个非常困难的问题. 由于当 H 是奇异矩阵并且 $\mathcal{Q} > 0$ 时, $(\nu - 1)\mathcal{Q} + \mathcal{X}H < 0$ 仍然需要 $\nu < 1$, 因此文献 [3] 中提到的自由权矩阵方法不能推广到本书 $\nu \geqslant 1$ 的情形. 幸运的是, 矩阵 $H^{\mathrm{T}} \mathcal{W} H$ 确保了 $\mathcal{P}_{4i}^{\mathrm{T}} \mathcal{A}_{4i} + \mathcal{A}_{4i}^{\mathrm{T}} \mathcal{P}_{4i} < 0$, 并且引理 1.3 保证了约束条件 $\dot{h}(t) \leqslant \nu < 1$ 可以扩展到 $\dot{h}(t) \leqslant \nu$.

定理 2.8 基于假设 2.2, $(H, D, \mathcal{A}(r_t) \mathcal{A}_d(r_t))$ (无外部输入的中立型时滞奇异跳变系统 (2.48)) 是随机容许的, 当且仅当 $(H^{\mathrm{T}}, D^{\mathrm{T}}, \mathcal{A}^{\mathrm{T}}(r_t), \mathcal{A}_d^{\mathrm{T}}(r_t))$ 是随机容许的.

证明   根据文献 [27], 对任意的 $r_t = i \in \mathcal{S}$, $(H, \mathcal{A}_i)$ 是容许的, 当且仅当 $(H^{\mathrm{T}}, \mathcal{A}_i^{\mathrm{T}})$ 是容许的. 在假设 2.2 下, 存在非奇异的 U 和 V, 使得

$$V^{\mathrm{T}}H^{\mathrm{T}}U^{\mathrm{T}} = \begin{bmatrix} I & 0 \\ 0 & 0 \end{bmatrix}, \quad V^{\mathrm{T}}D^{\mathrm{T}}U^{\mathrm{T}} = \begin{bmatrix} D_1^{\mathrm{T}} & 0 \\ 0 & 0 \end{bmatrix} \tag{2.67}$$

$$V^{\mathrm{T}}\mathcal{A}_i^{\mathrm{T}}U^{\mathrm{T}} = \begin{bmatrix} \mathcal{A}_{i1}^{\mathrm{T}} & \mathcal{A}_{i3}^{\mathrm{T}} \\ \mathcal{A}_{i2}^{\mathrm{T}} & \mathcal{A}_{i4}^{\mathrm{T}} \end{bmatrix}, \quad V^{\mathrm{T}}\mathcal{A}_{di}^{\mathrm{T}}U^{\mathrm{T}} = \begin{bmatrix} \mathcal{A}_{di1}^{\mathrm{T}} & \mathcal{A}_{di3}^{\mathrm{T}} \\ \mathcal{A}_{di2}^{\mathrm{T}} & \mathcal{A}_{di4}^{\mathrm{T}} \end{bmatrix} \tag{2.68}$$

根据引理 1.2 和定理 2.7, 可以证得定理 2.8.   □

定理 2.9   在假设 2.2 的条件下, 基于状态反馈控制器 (2.50) 的闭环中立型时滞奇异跳变系统 (2.51) 是随机容许的, 如果对于 $\forall\, i \in \mathcal{S}$ 和给定的 $\mathcal{X}_i$, 存在 $\hat{\mathcal{P}}_i \geq 0$、$\mathcal{Q} \geq 0$、$\mathcal{R} > 0$、$S \geq 0$、$\mathcal{W} \geq 0$、$\mathfrak{M}$、$\mathcal{Z}_i$、$\mathcal{Y}_i$, 使得式 (2.56) 和如下线性矩阵不等式成立:

$$\begin{bmatrix} \Psi_{11i} & \mathcal{A}_i\hat{\mathcal{P}}_iH^{\mathrm{T}} + \mathcal{A}_i\mathcal{X}_i\mathcal{Y}_i + \mathcal{B}_i\mathcal{Z}_i \\ * & h^2\mathcal{W} + S - \mathrm{sym}(\hat{P}_iH^{\mathrm{T}} + \mathcal{X}_i\mathcal{Y}_i) \end{bmatrix} < 0 \tag{2.69}$$

$$\Psi_i = \begin{bmatrix} \Psi_{11i} & \Psi_{12i} & \Psi_{13i} & \Psi_{14i} & \Psi_{15i} \\ * & \Psi_{22i} & \Psi_{23i} & 0 & \Psi_{25i} \\ * & * & \Psi_{33i} & \Psi_{34i} & 0 \\ * & * & * & \Psi_{44i} & 0 \\ * & * & * & * & -HSH^{\mathrm{T}} \end{bmatrix} \leq 0 \tag{2.70}$$

其中

$$\Psi_{11i} = \sum_{j=1}^{N} \pi_{ij} H\hat{\mathcal{P}}_j H^{\mathrm{T}} + \mathcal{Q} + h\mathcal{R} - HWH^{\mathrm{T}}$$

$$\qquad + \mathrm{sym}(\mathcal{A}_i\hat{\mathcal{P}}_iH^{\mathrm{T}} + \mathcal{A}_i\mathcal{X}_i\mathcal{Y}_i) + \mathrm{sym}(\mathcal{B}_i\mathcal{Z}_i)$$

$$\Psi_{12i} = \mathcal{A}_i\hat{\mathcal{P}}_iH^{\mathrm{T}} + \mathcal{A}_i\mathcal{X}_i\mathcal{Y}_i + \mathcal{B}_i\mathcal{Z}_i, \quad \Psi_{13i} = H\hat{\mathcal{P}}_i\mathcal{A}_{di}^{\mathrm{T}} + \mathcal{Y}_i^{\mathrm{T}}\mathcal{X}_i^{\mathrm{T}}\mathcal{A}_{di}^{\mathrm{T}} + HWH^{\mathrm{T}} - \mathfrak{M}$$

$$\Psi_{14i} = \mathfrak{M}, \quad \Psi_{15i} = H\hat{\mathcal{P}}_iD^{\mathrm{T}} + \mathcal{Y}_i^{\mathrm{T}}\mathcal{X}_i^{\mathrm{T}}D^{\mathrm{T}}$$

$$\Psi_{22i} = -\mathrm{sym}(\hat{\mathcal{P}}_iH^{\mathrm{T}} + \mathcal{X}_i\mathcal{Y}_i) + h^2\mathcal{W} + S$$

$$\Psi_{23i} = H\hat{\mathcal{P}}_i\mathcal{A}_{di}^{\mathrm{T}} + \mathcal{Y}_i^{\mathrm{T}}\mathcal{X}_i^{\mathrm{T}}\mathcal{A}_{di}^{\mathrm{T}}, \quad \Psi_{25i} = H\hat{\mathcal{P}}_iD^{\mathrm{T}} + \mathcal{Y}_i^{\mathrm{T}}\mathcal{X}_i^{\mathrm{T}}D^{\mathrm{T}}$$

$$\Psi_{33i} = (\nu - 1)\mathcal{Q} - 2HWH^{\mathrm{T}} + \mathfrak{M} + \mathfrak{M}^{\mathrm{T}}, \quad \Psi_{34i} = HWH^{\mathrm{T}} - \mathfrak{M}$$

$$\Psi_{44i} = -h\mathcal{R} - HWH^{\mathrm{T}}$$

此时, 状态反馈控制器 (2.50) 的增益为

$$\mathcal{K}_i = \mathcal{Z}_i(\hat{\mathcal{P}}_i H^{\mathrm{T}} + \mathcal{X}_i \mathcal{Y}_i)^{-1} \tag{2.71}$$

证明　根据定理 2.8, 在假设 2.2 下, $(H,\ D,\ \mathcal{A}(r_t)\ \mathcal{A}_d(r_t))$ 是随机容许的, 当且仅当 $(H^{\mathrm{T}},\ D^{\mathrm{T}},\ \mathcal{A}^{\mathrm{T}}(r_t),\ \mathcal{A}_d^{\mathrm{T}}(r_t))$ 是随机容许的. 为了实现状态反馈控制器 (2.50) 并且证明闭环中立型时滞奇异跳变系统 (2.51) 是随机容许的, 将定理 2.7 中的条件 (2.57) 和 (2.58), 以及条件 (1.14), 分别替换为如下条件:

$$\begin{bmatrix} \tilde{\Phi}_{11i} & \tilde{\mathcal{A}}_i \mathcal{P}_i \\ * & h^2 \mathcal{W} + S - \mathcal{P}_i^{\mathrm{T}} - \mathcal{P}_i \end{bmatrix} < 0 \tag{2.72}$$

$$\tilde{\Phi}_i = \begin{bmatrix} \tilde{\Phi}_{11i} & \tilde{\Phi}_{12i} & \tilde{\Phi}_{13i} & \tilde{\Phi}_{14i} \\ * & \tilde{\Phi}_{22i} & \tilde{\Phi}_{23i} & 0 \\ * & * & \tilde{\Phi}_{33i} & 0 \\ * & * & * & -HSH^{\mathrm{T}} \end{bmatrix} + \tilde{\Sigma}_i^{\mathrm{T}} \Lambda \tilde{\Sigma}_i \leqslant 0 \tag{2.73}$$

$$H\mathcal{P}_i = \mathcal{P}_i^{\mathrm{T}} H^{\mathrm{T}} \geqslant 0 \tag{2.74}$$

其中

$$\tilde{\Phi}_{11i} = \mathrm{sym}(\tilde{\mathcal{A}}_i \mathcal{P}_i) + \sum_{j=1}^{N} \pi_{ij} H \mathcal{P}_j + \mathcal{Q} + h\mathcal{R} - H\mathcal{W}H^{\mathrm{T}}$$

$$\tilde{\Phi}_{12i} = \mathcal{P}_i^{\mathrm{T}} \mathcal{A}_{di}^{\mathrm{T}} + H\mathcal{W}H^{\mathrm{T}} - \mathfrak{M}, \quad \tilde{\Phi}_{13i} = \mathfrak{M}, \quad \tilde{\Phi}_{14i} = \mathcal{P}_i^{\mathrm{T}} D^{\mathrm{T}}$$

$$\tilde{\Phi}_{22i} = (\nu - 1)\mathcal{Q} - 2H\mathcal{W}H^{\mathrm{T}} + \mathfrak{M} + \mathfrak{M}^{\mathrm{T}}, \quad \tilde{\Phi}_{23i} = H\mathcal{W}H^{\mathrm{T}} - \mathfrak{M}$$

$$\tilde{\Phi}_{33i} = -h\mathcal{R} - H\mathcal{W}H^{\mathrm{T}}, \quad \Lambda = h^2 \mathcal{W} + S$$

$$\tilde{\Sigma}_i = \begin{bmatrix} \tilde{\mathcal{A}}_i^{\mathrm{T}} & \mathcal{A}_{di}^{\mathrm{T}} & 0 & D^{\mathrm{T}} \end{bmatrix}, \quad \tilde{\mathcal{A}}_i = \mathcal{A}_i + \mathcal{B}_i \mathcal{K}_i$$

令 $\mathcal{P}_i = \hat{\mathcal{P}}_i H^{\mathrm{T}} + \mathcal{X}_i \mathcal{Y}_i,\ H\mathcal{X}_i = 0$ 并且 $\mathcal{X}_i \in \mathbb{R}^{n \times (n-r)}$ 为列满秩矩阵, 则式 (2.74) 成立. 由于

$$\begin{bmatrix} I & \tilde{\mathcal{A}}_i \end{bmatrix} \begin{bmatrix} \tilde{\Phi}_{11i} & \tilde{\mathcal{A}}_i \mathcal{P}_i \\ * & h^2 \mathcal{W} + S - \mathcal{P}_i^{\mathrm{T}} - \mathcal{P}_i \end{bmatrix} \begin{bmatrix} I \\ \tilde{\mathcal{A}}_i^{\mathrm{T}} \end{bmatrix}$$

$$= \tilde{\Phi}_{11i} + \tilde{\mathcal{A}}_i(h^2 \mathcal{W} + S)\tilde{\mathcal{A}}_i^{\mathrm{T}} \tag{2.75}$$

则式 (2.72) 表示 $\tilde{\Phi}_{11i} + \tilde{\mathcal{A}}_i(h^2\mathcal{W} + S)\tilde{\mathcal{A}}_i^{\mathrm{T}} < 0$, 并且由式 (2.69) 可以推出式 (2.72), 其中, $\mathcal{P}_i = \hat{\mathcal{P}}_i H^{\mathrm{T}} + \mathcal{X}_i \mathcal{Y}_i$.

令

$$
\Upsilon_i = \begin{bmatrix} I & \tilde{\mathcal{A}}_i & 0 & 0 & 0 \\ 0 & \mathcal{A}_{di} & I & 0 & 0 \\ 0 & 0 & 0 & I & 0 \\ 0 & D & 0 & 0 & I \end{bmatrix}
$$

将式 (2.70) 中的 Ψ_i 分别左乘 Υ_i、右乘 Υ_i^{T}, 则有 $\tilde{\Phi}_i$ 和 $\mathcal{Z}_i = \mathcal{K}_i(\hat{\mathcal{P}}_i H^{\mathrm{T}} + \mathcal{X}_i \mathcal{Y}_i)$. 因此, $\Psi_i \leqslant 0$ 意味着 $\tilde{\Phi}_i \leqslant 0$. 根据定理 2.7, 闭环中立型时滞奇异跳变系统 (2.51) 是随机容许的并且状态反馈控制器 (2.50) 可以由 $\mathcal{K}_i = \mathcal{Z}_i(\hat{\mathcal{P}}_i H^{\mathrm{T}} + \mathcal{X}_i \mathcal{Y}_i)^{-1}$ 实现. □

当时变时滞约束变为 $\dot{h}(t) \leqslant \nu < 1$ 时, 中立型时滞奇异跳变系统 (2.48) 的容许性可由推论 2.1 实现.

推论 2.1 在假设 2.2 和 $\dot{h}(t) \leqslant \nu < 1$ 的条件下, 基于状态反馈控制器 (2.50) 的闭环中立型时滞奇异跳变系统 (2.51) 是随机容许的, 如果对于所有的 $i \in \mathcal{S}$ 和给定的 $\mathcal{X}_i$, 存在 $\hat{\mathcal{P}}_i \geqslant 0$、$\mathcal{Q} > 0$、$\mathcal{R} > 0$、$S \geqslant 0$、$\mathcal{Z}_i$、$\mathcal{Y}_i$, 使得如下线性矩阵不等式成立:

$$
\begin{bmatrix} \hat{\Psi}_{11i} & \mathcal{A}_i \hat{\mathcal{P}}_i H^{\mathrm{T}} + \mathcal{A}_i \mathcal{X}_i \mathcal{Y}_i + \mathcal{B}_i \mathcal{Z}_i \\ * & S - \mathrm{sym}(\hat{\mathcal{P}}_i H^{\mathrm{T}} + \mathcal{X}_i \mathcal{Y}_i) \end{bmatrix} < 0 \tag{2.76}
$$

$$
\hat{\Psi}_i = \begin{bmatrix} \hat{\Psi}_{11i} & \hat{\Psi}_{12i} & \hat{\Psi}_{13i} & \hat{\Psi}_{14i} & \hat{\Psi}_{15i} \\ * & \hat{\Psi}_{22i} & \hat{\Psi}_{23i} & 0 & \hat{\Psi}_{25i} \\ * & * & \hat{\Psi}_{33i} & \hat{\Psi}_{34i} & 0 \\ * & * & * & \hat{\Psi}_{44i} & 0 \\ * & * & * & * & -HSH^{\mathrm{T}} \end{bmatrix} \leqslant 0 \tag{2.77}
$$

其中

$$
\hat{\Psi}_{11i} = \sum_{j=1}^{N} \pi_{ij} H \hat{\mathcal{P}}_j H^{\mathrm{T}} + \mathcal{Q} + h\mathcal{R} + \mathrm{sym}(\mathcal{A}_i \hat{\mathcal{P}}_i H^{\mathrm{T}} + \mathcal{A}_i \mathcal{X}_i \mathcal{Y}_i) + \mathrm{sym}(\mathcal{B}_i \mathcal{Z}_i)
$$

$$
\hat{\Psi}_{12i} = \mathcal{A}_i \hat{\mathcal{P}}_i H^{\mathrm{T}} + \mathcal{A}_i \mathcal{X}_i \mathcal{Y}_i + \mathcal{B}_i \mathcal{Z}_i, \quad \hat{\Psi}_{13i} = H \hat{\mathcal{P}}_i \mathcal{A}_{di}^{\mathrm{T}} + \mathcal{Y}_i^{\mathrm{T}} \mathcal{X}_i^{\mathrm{T}} \mathcal{A}_{di}^{\mathrm{T}}, \quad \hat{\Psi}_{14i} = 0
$$

$$
\hat{\Psi}_{15i} = H \hat{\mathcal{P}}_i D^{\mathrm{T}} + \mathcal{Y}_i^{\mathrm{T}} \mathcal{X}_i^{\mathrm{T}} D^{\mathrm{T}}, \quad \hat{\Psi}_{22i} = -\mathrm{sym}(\hat{\mathcal{P}}_i H^{\mathrm{T}} + \mathcal{X}_i \mathcal{Y}_i) + S
$$

$$
\hat{\Psi}_{23i} = H \hat{\mathcal{P}}_i \mathcal{A}_{di}^{\mathrm{T}} + \mathcal{Y}_i^{\mathrm{T}} \mathcal{X}_i^{\mathrm{T}} \mathcal{A}_{di}^{\mathrm{T}}, \quad \hat{\Psi}_{25i} = H \hat{\mathcal{P}}_i D^{\mathrm{T}} + \mathcal{Y}_i^{\mathrm{T}} \mathcal{X}_i^{\mathrm{T}} D^{\mathrm{T}}
$$

$$
\hat{\Psi}_{33i} = (\nu - 1)\mathcal{Q}, \quad \hat{\Psi}_{34i} = 0, \quad \hat{\Psi}_{44i} = -h\mathcal{R}
$$

此时, 状态反馈控制器 (2.50) 的增益为

$$\mathcal{K}_i = \mathcal{Z}_i(\hat{\mathcal{P}}_i H^{\mathrm{T}} + \mathcal{X}_i \mathcal{Y}_i)^{-1} \tag{2.78}$$

证明　选取中立型时滞奇异跳变系统 (2.48) 的 L-K 泛函为

$$\mathcal{V}(z_t, r_t) = \mathcal{V}_1(z_t, r_t) + \mathcal{V}_2(z_t) + \mathcal{V}_3(z_t) + \mathcal{V}_4(z_t) \tag{2.79}$$

其中

$$\mathcal{V}_1(z_t, r_t) = z^{\mathrm{T}}(t) H^{\mathrm{T}} \mathcal{P}(r_t) z(t), \quad \mathcal{V}_2(z_t) = \int_{t-h(t)}^{t} z^{\mathrm{T}}(s) \mathcal{Q} z(s) \mathrm{d}s$$

$$\mathcal{V}_3(z_t) = h \int_{t-h}^{t} z^{\mathrm{T}}(s) \mathcal{R} z(s) \mathrm{d}s, \quad \mathcal{V}_4(z_t) = \int_{t-h}^{t} \dot{z}^{\mathrm{T}}(s) H^{\mathrm{T}} S H \dot{z}(s) \mathrm{d}s$$

令 $\mathcal{P}_i = \hat{\mathcal{P}}_i H^{\mathrm{T}} + \mathcal{X}_i \mathcal{Y}_i$, $H \mathcal{X}_i = 0$ 并且 $\mathcal{X}_i \in \mathbb{R}^{n \times (n-r)}$ 为列满秩矩阵. 该推论可以由定理 2.9 证得. □

2.2.3　仿真算例

例 2.2　考虑到文献 [35] 提到的带有控制输入 $u(t)$ 的 PEEC 模型 (详细数据来源于文献 [35]), 可以用中立型时滞奇异跳变系统 (2.48) 来描述 PEEC 模型, 其参数如下:

$$H = \begin{bmatrix} 1 & 0 & 0 & 0 & 0 & 0 \\ 0 & 1 & 0 & 0 & 0 & 0 \\ 0 & 0 & 1 & 0 & 0 & 0 \\ 0 & 0 & 0 & 0 & 0 & 0 \\ 0 & 0 & 0 & 0 & 0 & 0 \\ 0 & 0 & 0 & 0 & 0 & 0 \end{bmatrix}, \quad D = \begin{bmatrix} -0.0139 & 0.0694 & 0.0267 & 0 & 0 & 0 \\ 0.0560 & 0 & 0.0417 & 0 & 0 & 0 \\ -0.0267 & 0.0560 & 0.0139 & 0 & 0 & 0 \\ 0 & 0 & 0 & 0 & 0 & 0 \\ 0 & 0 & 0 & 0 & 0 & 0 \\ 0 & 0 & 0 & 0 & 0 & 0 \end{bmatrix}$$

$$\varPi = \begin{bmatrix} -0.7 & 0.4 & 0.3 \\ 0.7 & -1.9 & 1.2 \\ 1.1 & 0.6 & -1.7 \end{bmatrix}, \quad \mathcal{A}_1 = \begin{bmatrix} 0.7 & 0.1 & 0.2 & 0 & 0 & 0 \\ 0.3 & -0.9 & 0 & 0 & 0 & 0 \\ 0.1 & 0.2 & -0.6 & 0 & 0 & 0 \\ -0.7 & 0 & 0 & -0.7 & 0 & 0 \\ 0 & -0.7 & 0 & 0 & -0.7 & 0 \\ 0 & 0 & -0.7 & 0 & 0 & -0.7 \end{bmatrix}$$

$$\mathcal{A}_2 = \begin{bmatrix} 0.8 & 0.1 & 0.2 & 0 & 0 & 0 \\ 0.3 & -0.9 & 0 & 0 & 0 & 0 \\ 0.1 & 0.2 & -0.6 & 0 & 0 & 0 \\ -0.7 & 0 & 0 & -0.7 & 0 & 0 \\ 0 & -0.7 & 0 & 0 & -0.7 & 0 \\ 0 & 0 & -0.7 & 0 & 0 & -0.7 \end{bmatrix}$$

$$\mathcal{A}_3 = \begin{bmatrix} 0.9 & 0.1 & 0.2 & 0 & 0 & 0 \\ 0.3 & -0.9 & 0 & 0 & 0 & 0 \\ 0.1 & 0.2 & -0.6 & 0 & 0 & 0 \\ -0.7 & 0 & 0 & -0.7 & 0 & 0 \\ 0 & -0.7 & 0 & 0 & -0.7 & 0 \\ 0 & 0 & -0.7 & 0 & 0 & -0.7 \end{bmatrix}$$

$$\mathcal{A}_{d1} = \mathcal{A}_{d2} = \mathcal{A}_{d3} = \begin{bmatrix} 0.1 & 0 & -0.2 & 0 & 0 & 0 \\ -0.05 & -0.05 & -0.1 & 0 & 0 & 0 \\ -0.05 & -0.14 & 0 & 0 & 0 & 0 \\ 0 & 0 & 0 & 0 & 0 & 0 \\ 0 & 0 & 0 & 0 & 0 & 0 \\ 0 & 0 & 0 & 0 & 0 & 0 \end{bmatrix}$$

$$\mathcal{B}_1 = \mathcal{B}_2 = \mathcal{B}_3 = \begin{bmatrix} -0.32 \\ 0.23 \\ -0.24 \\ 0 \\ 0 \\ 0 \end{bmatrix}$$

$$\mathcal{X}_1 = \mathcal{X}_2 = \mathcal{X}_3 = \begin{bmatrix} 0 & 0 & 0 \\ 0 & 0 & 0 \\ 0 & 0 & 0 \\ -12.2 & 1.3 & 13.3 \\ 0.5 & 1.2 & -3.4 \\ 3.2 & 112.3 & -1.4 \end{bmatrix}$$

当 $\nu = 1.2$、$h = 1.6$ 时, 解定理 2.7 中的线性矩阵不等式 (2.56)、(2.57) 和定理 2.9 中的线性矩阵不等式 (2.70), 得到所设计的状态反馈控制器 (2.50) 的参数

为

$$\mathcal{K}_1 = \begin{bmatrix} 4.2166 & 0.3540 & 0.2513 & -0.0595 & 0.0410 & -0.0415 \end{bmatrix}$$

$$\mathcal{K}_2 = \begin{bmatrix} 3.7577 & 0.5242 & 0.1696 & -0.1026 & 0.0443 & -0.0479 \end{bmatrix}$$

$$\mathcal{K}_3 = \begin{bmatrix} 4.2769 & 0.4702 & 0.1902 & -0.0906 & 0.0375 & -0.0419 \end{bmatrix}$$

令初始状态为 $z(0) = \begin{bmatrix} 1.2 & -1.3 & 0.5 & -1.2 & 1.3 & -0.5 \end{bmatrix}^{\mathrm{T}}$. 图 2.3 描述了在定理 2.9 和 $\nu = 1.2$、$h = 1.6$ 的条件下闭环 PEEC 的状态轨迹.

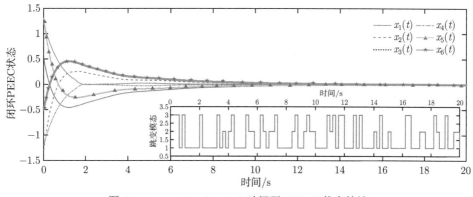

图 2.3　$\nu = 1.2$、$h = 1.6$ 时闭环 PEEC 状态轨迹

2.3　时滞不确定奇异跳变系统非脆弱 H_∞ 输出跟踪控制

本节研究时滞不确定奇异跳变系统的非脆弱 H_∞ 输出跟踪控制问题, 主要目的是在网络化环境下设计模态相关非脆弱状态反馈控制器, 实现具有控制器增益扰动和有界模态转移率特征的时滞不确定奇异跳变系统 H_∞ 输出跟踪控制. 通过构造随机 L-K 泛函, 得到新颖的模态相关和时滞相关条件, 以保证增广的输出跟踪闭环系统不仅是随机容许的, 而且对信号传输延迟、数据包丢失、外部干扰、被控对象和控制器的参数不确定性满足 H_∞ 性能要求. 在严格的线性矩阵不等式框架下实现非脆弱状态反馈控制器的期望增益. 利用生产制造系统仿真算例验证设计方法的有效性.

本节的主要贡献和创新点概述如下:

(1) 同时考虑了系统状态的时变时滞和网络化引起的信号传输时滞, 并给出了信号传输时滞的上界和下界.

(2) 构建了一个体现马尔可夫跳变模态信息和状态时变时滞、网络化时滞和数据丢包信息的随机 L-K 泛函, 在严格的线性矩阵不等式框架下给出了增广的输出跟踪闭环系统随机容许性条件和鲁棒 H_∞ 条件, 实现了非脆弱状态反馈控制器的期望增益.

(3) 所提出的模态相关非脆弱状态反馈控制器的设计方法可以扩展到模态无关/相关非脆弱输出反馈控制器设计, 并实现奇异跳变系统输出跟踪控制.

2.3.1 问题描述

给定概率空间 $(\Omega, \mathfrak{F}, \mathcal{P})$, 考虑如下具有时变时滞和范数有界不确定参数的时滞奇异跳变系统:

$$
\begin{cases}
E\dot{x}(t) = (A(r_t) + \Delta A(r_t))x(t) + (A_d(r_t) + \Delta A_d(r_t))x(t - \tau(t)) \\
\qquad\quad + B(r_t)u(t) + E(r_t)\omega(t) \\
y(t) = (C(r_t) + \Delta C(r_t))x(t) + D(r_t)u(t) \\
x(t) = \phi(t), \quad \forall\, t \in [-\tau,\, 0]
\end{cases}
\tag{2.80}
$$

其中, $x(t) \in \mathbb{R}^n$ 为状态变量; $u(t) \in \mathbb{R}^p$ 为控制输入; $\omega(t) \in \mathbb{R}^q$ 为扰动输入; $u(t)$ 和 $\omega(t)$ 属于 $\mathcal{L}_2[0,\infty)$; $y(t) \in \mathbb{R}^l$ 为量测输出; $\phi(t)$ 为定义在区间 $[-\tau,\, 0]$ 的连续初始函数; 矩阵 $E \in \mathbb{R}^{n \times n}$ 为奇异的且 $\mathrm{rank}(E) = r_1 < n$.

$\{r_t\}$ 是具有右连续轨迹的连续时间马尔可夫过程, 并在 $\mathcal{S} = \{1,\, 2,\, \cdots,\, N\}$ 中取值, 具体性质详见 2.1 节. 在本节中, 转移率未知且满足:

$$
0 \leqslant \underline{\pi}_i \leqslant \pi_{ij} \leqslant \overline{\pi}_i, \quad \forall\, i, j \in \mathcal{S}, i \neq j
\tag{2.81}
$$

$\tau(t)$ 为时变时滞, 满足以下限制条件:

$$
0 < \tau(t) \leqslant \tau < \infty, \quad \dot{\tau}(t) \leqslant \mu
\tag{2.82}
$$

其中, $\underline{\pi}_i$、$\overline{\pi}_i$、τ 和 $\mu > 0$ 是不变的标量.

简单起见, 对于每一个 $r_t = i \in \mathcal{S}$, 矩阵 L_i 将代替 $L(r_t)$, 如 A_i 代替 $A(r_t)$、$\Delta A_d(r_t)$ 用 ΔA_{di} 表示等. 在系统 (2.80) 的参数中, A_i、A_{di}、C_i、B_i、D_i、E_i 是已知的具有恰当维数的常数矩阵, ΔA_i、ΔA_{di}、ΔC_i 表示系统不确定参数且满足:

$$
\begin{bmatrix}
\Delta A_i \\
\Delta A_{di} \\
\Delta C_i
\end{bmatrix}
=
\begin{bmatrix}
M_{1i} \\
M_{2i} \\
M_{3i}
\end{bmatrix}
W_i(\sigma) N_{1i}
\tag{2.83}
$$

其中, M_{1i}、M_{2i}、M_{3i}、N_{1i} 是具有适当维数的已知矩阵; $W_i(\sigma)$ 满足如下条件:

$$
W_i^{\mathrm{T}}(\sigma) W_i(\sigma) \leqslant I, \quad \forall\, i \in \mathcal{S}
\tag{2.84}
$$

其中, $\sigma \in \Theta$ 为属于 R 中的一个紧集.

这里不确定参数 ΔA_i、ΔA_{di}、ΔC_i 是容许的, 即存在矩阵使得式 (2.83) 和式 (2.84) 成立.

考虑一个如图 2.4 所示的典型的网络输出跟踪控制系统[30]. 本节的主要目的是设计一个非脆弱状态反馈控制器, 使闭环网络控制系统的输出 $y(t)$ 跟踪一个参考信号 $y_r(t)$, 并具有 H_∞ 输出跟踪性能. 当 $r_t = i \in \mathcal{S}$ 时, 参考信号 $y_r(t)$ 由以下稳定的参考系统生成:

$$\begin{cases} E_r \dot{x}_r(t) = A_{ri}x_r(t) + A_{dri}x_r\left(t - \tau(t)\right) + B_{ri}v(t) \\ y_r(t) = C_{ri}x_r(t) \end{cases} \tag{2.85}$$

其中, $x_r(t) \in \mathbb{R}^m$ 为参考状态; $v(t) \in \mathbb{R}^k$ 为能量有界的参考输入; 参考信号 $y_r(t)$ 和量测输出 $y(t)$ 具有相同的维数; 矩阵 $E_r \in \mathbb{R}^{m \times m}$ 是奇异的且 $\mathrm{rank}(E_r) = r_2 < m$; A_{ri}、A_{dri}、B_{ri}、C_{ri} 为具有适当维数的常数矩阵.

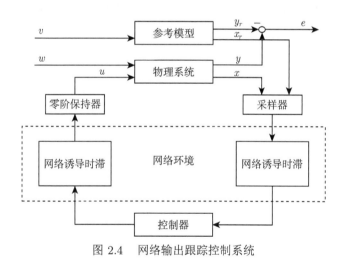

图 2.4 网络输出跟踪控制系统

注 2.11 图 2.4 描述了典型的网络输出跟踪控制系统, 其来自文献 [30] 等. $x(t)$ 和 $x_r(t)$ 两者都是在线可量测的, 并且 $x(t)$ 和 $x_r(t)$ 的量测值都是通过单个数据包独立传输的. 类似于文献 [30], 采样器是时间触发的, 控制器和零阶保持器 (ZOH) 是事件触发的. 采样周期为正实常数 h, 零阶保持器的更新时刻表示为 t_k, t_k 时刻的更新信号经历了信号传输时滞 η_k, 包括从采样到控制器的延迟和从控制器到零阶保持器的延迟.

注意到即时更新时刻 t_k 和网络引起的时滞 η_k, 当 $r_t = i \in \mathcal{S}$ 时, 考虑以下具

有增益变化的非脆弱状态反馈控制器:

$$u(t_k) = (K_{1i} + \Delta K_{1i})x(t_k - \eta_k) + (K_{2i} + \Delta K_{2i})x_r(t_k - \eta_k) \tag{2.86}$$

其中, K_{1i} 和 K_{2i} 为待设计的状态反馈控制器增益; 矩阵 ΔK_{1i} 和 ΔK_{2i} 表示增益变化:

$$\Delta K_{1i} = M_{4i}W_i(\sigma)N_{2i}, \quad \Delta K_{2i} = M_{5i}F_i(\sigma)N_{3i} \tag{2.87}$$

其中, M_{4i}、M_{5i}、N_{2i}、N_{3i} 是具有适当维数的已知常数矩阵; $F_i(\sigma)$ 是满足以下条件的不确定矩阵:

$$F_i^{\mathrm{T}}(\sigma)F_i(\sigma) \leqslant I, \quad \forall\, i \in \mathcal{S} \tag{2.88}$$

其中, $\sigma \in \Theta$ 是 $\mathbb{R}$ 的紧集.

考虑到零阶保持器的行为, 得到

$$u(t) = (K_{1i} + \Delta K_{1i})x(t_k - \eta_k) + (K_{2i} + \Delta K_{2i})x_r(t_k - \eta_k), \quad t_k \leqslant t < t_{k+1} \tag{2.89}$$

其中, t_{k+1} 是零阶保持器在 t_k 之后的下一个更新瞬间; η_k 满足:

$$0 \leqslant \eta_m \leqslant \eta_k \leqslant \eta_M \tag{2.90}$$

η_m、η_M 分别为时滞的下界和上界.

在更新瞬间 t_k, 自上次更新瞬间 t_{k-1} 以来, 累计丢包数记为 δ_k, 满足:

$$0 \leqslant \delta_k \leqslant \bar{\delta} \tag{2.91}$$

因此, 根据上述介绍, 有

$$t_{k+1} - t_k = (\delta_{k+1} + 1)h + \eta_{k+1} - \eta_k \tag{2.92}$$

接下来把离散信号引入连续时间框架中. 为此, 将式 (2.89) 中的时间瞬间 $t_k - \eta_k$ 表示为

$$t_k - \eta_k = t - \eta_m - \eta(t) \tag{2.93}$$

其中, $\eta(t) = t - t_k + (\eta_k - \eta_m)$, $t_k \leqslant t < t_{k+1}$.

因此, 从式 (2.92) 中可得

$$0 \leqslant \eta(t) \leqslant \kappa \tag{2.94}$$

其中, $\kappa = \eta_M - \eta_m + (\bar{\delta} + 1)h$.

此外, $\eta(t)$ 满足下列条件:

$$0 < \dot{\eta}(t) \leqslant \eta \tag{2.95}$$

此时, 状态反馈控制器 (2.89) 可以表示为

$$u(t) = (K_{1i} + \Delta K_{1i})x(t - \eta_m - \eta(t)) + (K_{2i} + \Delta K_{2i})x_r(t - \eta_m - \eta(t)) \quad (2.96)$$

令 $e(t) = y(t) - y_r(t)$, 从式 (2.80)、式 (2.85) 和式 (2.96) 中得到如下增广闭环系统:

$$\begin{cases} \tilde{E}\dot{\xi}(t) = \tilde{A}_i\xi(t) + \tilde{A}_{di}\xi(t - \tau(t)) + \tilde{B}_i\xi(t - \eta_m - \eta(t)) + \tilde{E}_i\varpi(t) \\ e(t) = \tilde{C}_i\xi(t) + \tilde{D}_i\xi(t - \eta_m - \eta(t)) \\ \xi(t) = \varphi(t), \quad t \in [-\tau,\, 0] \end{cases} \quad (2.97)$$

其中

$$\xi(t) = \begin{bmatrix} x^{\mathrm{T}}(t) & x_r^{\mathrm{T}}(t) \end{bmatrix}^{\mathrm{T}}, \quad \varpi(t) = \begin{bmatrix} \omega(t) \\ v(t) \end{bmatrix}, \quad \tilde{E} = \begin{bmatrix} E & 0 \\ 0 & E_r \end{bmatrix}$$

$$\tilde{A}_i = \bar{A}_i + \Delta\tilde{A}_i, \quad \tilde{A}_{di} = \bar{A}_{di} + \Delta\tilde{A}_{di}, \quad \tilde{B}_i = \bar{B}_i + \Delta\tilde{B}_i$$

$$\tilde{C}_i = \bar{C}_i + \Delta\tilde{C}_i, \quad \tilde{D}_i = \bar{D}_i + \Delta\tilde{D}_i$$

$$\bar{A}_i = \begin{bmatrix} A_i & 0 \\ 0 & A_{ri} \end{bmatrix}, \quad \bar{A}_{di} = \begin{bmatrix} A_{di} & 0 \\ 0 & A_{dri} \end{bmatrix}, \quad \Delta\tilde{A}_i = \begin{bmatrix} \Delta A_i & 0 \\ 0 & 0 \end{bmatrix}$$

$$\Delta\tilde{A}_{di} = \begin{bmatrix} \Delta A_{di} & 0 \\ 0 & 0 \end{bmatrix}, \quad \bar{B}_i = \begin{bmatrix} B_iK_{1i} & B_iK_{2i} \\ 0 & 0 \end{bmatrix}, \quad \tilde{E}_i = \begin{bmatrix} E_i & 0 \\ 0 & B_{ri} \end{bmatrix}$$

$$\bar{C}_i = \begin{bmatrix} C_i & -C_{ri} \end{bmatrix}, \quad \bar{D}_i = \begin{bmatrix} D_iK_{1i} & D_iK_{2i} \end{bmatrix}, \quad \Delta\tilde{B}_i = \begin{bmatrix} B_i\Delta K_{1i} & B_i\Delta K_{2i} \\ 0 & 0 \end{bmatrix}$$

$$\Delta\tilde{C}_i = \begin{bmatrix} \Delta C_i & 0 \end{bmatrix}, \quad \Delta\tilde{D}_i = \begin{bmatrix} D_i\Delta K_{1i} & D_i\Delta K_{2i} \end{bmatrix}, \quad \tilde{N}_{1i} = \begin{bmatrix} N_{1i} & 0 \end{bmatrix}$$

$$\begin{bmatrix} \Delta\tilde{A}_i \\ \Delta\tilde{A}_{di} \\ \Delta\tilde{C}_i \end{bmatrix} = \begin{bmatrix} \tilde{M}_{1i} \\ \tilde{M}_{2i} \\ M_{3i} \end{bmatrix} W_i(\sigma)\tilde{N}_{1i}, \quad \tilde{M}_{1i} = \begin{bmatrix} M_{1i} \\ 0 \end{bmatrix}, \quad \tilde{M}_{2i} = \begin{bmatrix} M_{2i} \\ 0 \end{bmatrix}$$

$$\tilde{M}_{4i} = \begin{bmatrix} B_iM_{4i} \\ 0 \end{bmatrix}, \quad \tilde{M}_{5i} = \begin{bmatrix} B_iM_{5i} \\ 0 \end{bmatrix}$$

$$\tilde{N}_{2i} = \begin{bmatrix} N_{2i} & 0 \end{bmatrix}, \quad \tilde{N}_{3i} = \begin{bmatrix} 0 & N_{3i} \end{bmatrix}$$

$$\Delta\tilde{B}_i = \tilde{M}_{4i}W_i(\sigma)\tilde{N}_{2i} + \tilde{M}_{5i}F_i(\sigma)\tilde{N}_{3i}, \quad \Delta\tilde{D}_i = D_iM_{4i}W_i(\sigma)\tilde{N}_{2i} + D_iM_{5i}F_i(\sigma)\tilde{N}_{3i}$$

2.3.2 主要结论

首先, 分析时变时滞奇异跳变系统 (2.97) 的随机容许性和 H_∞ 性能指标. 为此, 给出以下定理.

定理 2.10 时变时滞奇异跳变系统 (2.97) 满足随机容许性和 H_∞ 性能指标 γ, 如果对所有的 $i \in \mathcal{S}$ 和给定的标量 $\mu > 0$、$\tau > 0$、$\eta > 0$、$\kappa > 0$, 存在正定矩阵 P_i、Q_i、Z_i、O_i、Q、Z、O、T、$\mathcal{U}$、X 和矩阵 S_i、$\mathcal{M}_i$、$\mathcal{V}_i$、$\mathcal{R}$, 使得下列矩阵不等式成立:

$$\sum_{j=1}^{N} \pi_{ij} Q_j < Q \tag{2.98}$$

$$\tau \sum_{j=1}^{N} \pi_{ij} Z_j < Z \tag{2.99}$$

$$\kappa \sum_{j=1}^{N} \pi_{ij} O_j < O \tag{2.100}$$

$$\begin{bmatrix} Z_i & \mathcal{M}_i \\ * & Z_i \end{bmatrix} > 0 \tag{2.101}$$

$$\begin{bmatrix} O_i & \mathcal{V}_i \\ * & O_i \end{bmatrix} > 0 \tag{2.102}$$

$$\Phi_i = \begin{bmatrix} \Xi_{1i} & \Xi_{2i} & \Xi_{3i} & 0 & \Xi_{4i} & 0 & \Xi_{5i} & \tilde{C}_i^{\mathrm{T}} \\ * & \Xi_{6i} & \Xi_{7i} & 0 & 0 & 0 & 0 & 0 \\ * & * & \Xi_{8i} & 0 & 0 & 0 & 0 & 0 \\ * & * & * & \Xi_{9i} & \Xi_{10i} & \Xi_{11i} & 0 & 0 \\ * & * & * & * & \Xi_{12i} & \Xi_{13i} & 0 & \tilde{D}_i^{\mathrm{T}} \\ * & * & * & * & * & \Xi_{14i} & 0 & 0 \\ * & * & * & * & * & * & -\gamma^2 I & 0 \\ * & * & * & * & * & * & * & -I \end{bmatrix} + \begin{bmatrix} \tilde{A}_i^{\mathrm{T}} \\ \tilde{A}_{di}^{\mathrm{T}} \\ 0 \\ 0 \\ \tilde{B}_i^{\mathrm{T}} \\ 0 \\ \tilde{E}_i^{\mathrm{T}} \\ 0 \end{bmatrix} \Delta_i \begin{bmatrix} \tilde{A}_i^{\mathrm{T}} \\ \tilde{A}_{di}^{\mathrm{T}} \\ 0 \\ 0 \\ \tilde{B}_i^{\mathrm{T}} \\ 0 \\ \tilde{E}_i^{\mathrm{T}} \\ 0 \end{bmatrix}^{\mathrm{T}} < 0 \tag{2.103}$$

$\tilde{E}^{\mathrm{T}} R = 0$ 并且 $R \in \mathbb{R}^{(n+m) \times (n+m-r_1-r_2)}$ 是列满秩矩阵, 且

$$\Xi_{1i} = \sum_{j=1}^{N} \pi_{ij} \tilde{E}^{\mathrm{T}} P_j \tilde{E} + \tilde{E}^{\mathrm{T}} P_i \tilde{A}_i + \tilde{A}_i^{\mathrm{T}} P_i \tilde{E} + S_i R^{\mathrm{T}} \tilde{A}_i + \tilde{A}_i^{\mathrm{T}} R S_i^{\mathrm{T}} + Q_i + (\tau + 1) Q$$

$$+ T + \mathcal{U} + X - \tilde{E}^{\mathrm{T}} Z_i \tilde{E}$$

$$\Xi_{2i} = \tilde{E}^{\mathrm{T}} P_i \tilde{A}_{di} + S_i R^{\mathrm{T}} \tilde{A}_{di} + \tilde{E}^{\mathrm{T}} (Z_i - \mathcal{M}_i) \tilde{E}, \quad \Xi_{3i} = \tilde{E}^{\mathrm{T}} \mathcal{M}_i \tilde{E}$$

$$\Xi_{4i} = \tilde{E}^{\mathrm{T}} P_i \tilde{B}_i + S_i R^{\mathrm{T}} \tilde{B}_i, \quad \Xi_{5i} = \tilde{E}^{\mathrm{T}} P_i \tilde{E}_i + S_i R^{\mathrm{T}} \tilde{E}_i$$

$$\Xi_{6i} = -(1-\mu) Q_i + \tilde{E}^{\mathrm{T}} (-2Z_i + \mathcal{M}_i + \mathcal{M}_i^{\mathrm{T}}) \tilde{E}$$

$$\Xi_{7i} = \tilde{E}^{\mathrm{T}} (Z_i - \mathcal{M}_i) \tilde{E}, \quad \Xi_{8i} = -\tilde{E}^{\mathrm{T}} Z_i \tilde{E} - Q$$

$$\Xi_{9i} = -\tilde{E}^{\mathrm{T}} O_i \tilde{E} - T, \quad \Xi_{10i} = \tilde{E}^{\mathrm{T}} (O_i - \mathcal{V}_i) \tilde{E}, \quad \Xi_{11i} = \tilde{E}^{\mathrm{T}} \mathcal{V}_i \tilde{E}$$

$$\Xi_{12i} = -(1-\eta) \mathcal{U} + \tilde{E}^{\mathrm{T}} (-2O_i + \mathcal{V}_i + \mathcal{V}_i^{\mathrm{T}}) \tilde{E}, \quad \Xi_{13i} = \tilde{E}^{\mathrm{T}} (O_i - \mathcal{V}_i) \tilde{E}$$

$$\Xi_{14i} = -\tilde{E}^{\mathrm{T}} O_i \tilde{E} - X, \quad \Delta_i = \tau^2 Z_i + \frac{1}{2} \tau^2 Z + \kappa^2 O_i + \frac{1}{2} \kappa^2 O$$

证明　首先证明时滞奇异跳变系统 (2.97) 的正则性和无脉冲性. 由于 $\mathrm{rank}(\tilde{E}) = r_1 + r_2 \leqslant n + m$, 存在非奇异矩阵 $\hat{M}$、$\hat{N}$, 使得

$$\hat{E} = \hat{M} \tilde{E} \hat{N} = \begin{bmatrix} I_{r_1+r_2} & 0 \\ 0 & 0 \end{bmatrix} \tag{2.104}$$

以及

$$R = \hat{M}^{\mathrm{T}} \begin{bmatrix} 0 \\ I \end{bmatrix} U$$

其中, U 是任意的非奇异矩阵.

对于每一个 $i \in \mathcal{S}$, 有

$$\hat{M} \tilde{A}_i \hat{N} = \begin{bmatrix} \tilde{A}_{i1} & \tilde{A}_{i2} \\ \tilde{A}_{i3} & \tilde{A}_{i4} \end{bmatrix}, \quad \hat{M}^{-\mathrm{T}} P_i \hat{M}^{-1} = \begin{bmatrix} P_{i1} & P_{i2} \\ * & P_{i4} \end{bmatrix}, \quad \hat{N}^{\mathrm{T}} S_i = \begin{bmatrix} S_{i1} \\ S_{i2} \end{bmatrix} \tag{2.105}$$

令 $\bar{\Xi}_{1i} = \Xi_{1i} - Q_i - (\tau+1)Q - T - \mathcal{U} - X$, 根据式 (2.103), 可以得出 $\bar{\Xi}_{1i} < 0$. 将 $\bar{\Xi}_{1i}$ 分别左乘 $\hat{N}^{\mathrm{T}}$、右乘 $\hat{N}$, 有

$$\tilde{A}_{i4}^{\mathrm{T}} U S_{i2}^{\mathrm{T}} + S_{i2} U^{\mathrm{T}} \tilde{A}_{i4} < 0$$

根据引理 1.5, 可以得出

$$\alpha(\tilde{A}_{i4}^{\mathrm{T}} U S_{i2}^{\mathrm{T}}) \leqslant \mu(\tilde{A}_{i4}^{\mathrm{T}} U S_{i2}^{\mathrm{T}}) = \frac{1}{2} \lambda_{\max}(\tilde{A}_{i4}^{\mathrm{T}} U S_{i2}^{\mathrm{T}} + S_{i2} U^{\mathrm{T}} \tilde{A}_{i4}) < 0$$

那么, $\tilde{A}_{i4}^{\mathrm{T}} U S_{i2}^{\mathrm{T}}$ 是非奇异的, 即 $\tilde{A}_{i4}$ 是非奇异的. 因此, 由文献 [27] 和定义 1.1 可得, 时滞奇异跳变系统 (2.97) 对于所有的 $i \in \mathcal{S}$ 是正则、无脉冲的.

下面来证明时滞奇异跳变系统 (2.97) 的随机稳定性和 H_∞ 性能指标. 通过 $\{\xi_t = \xi(t+\theta),\ -2\tau \leqslant \theta \leqslant 0\}$ 来定义一个新的随机马尔可夫过程 $\{(\xi_t,\ r_t),\ t \geqslant 0\}$, 其中初始状态为 $(\varphi(\cdot),\ r_0)$.

构建时滞奇异跳变系统 (2.97) 的随机 L-K 泛函为

$$
\begin{aligned}
V(\xi_t, r_t) = {}& V_1(\xi_t, r_t) + V_2(\xi_t, r_t) + V_3(\xi_t) + V_4(\xi_t) \\
& + V_5(\xi_t, r_t) + V_6(\xi_t) + V_7(\xi_t, r_t) + V_8(\xi_t)
\end{aligned}
\tag{2.106}
$$

其中

$$
V_1(\xi_t, r_t) = \xi^{\mathrm{T}}(t)\tilde{E}^{\mathrm{T}}P(r_t)\tilde{E}\xi(t)
$$

$$
V_2(\xi_t, r_t) = \int_{t-\tau(t)}^{t} \xi^{\mathrm{T}}(s)\,Q(r_t)\xi(s)\mathrm{d}s + \int_{t-\tau}^{t} \xi^{\mathrm{T}}(s)\,Q\xi(s)\mathrm{d}s
$$

$$
V_3(\xi_t) = \int_{-\tau}^{0}\int_{t+\beta}^{t} \xi^{\mathrm{T}}(\alpha)\,Q\xi(\alpha)\mathrm{d}\alpha\mathrm{d}\beta
$$

$$
V_4(\xi_t) = \int_{t-\eta_m}^{t} \xi^{\mathrm{T}}(s)\,T\xi(s)\mathrm{d}s + \int_{t-\eta_m-\eta(t)}^{t} \xi^{\mathrm{T}}(s)\,\mathcal{U}\xi(s)\mathrm{d}s
$$

$$
\qquad + \int_{t-\eta_m-\kappa}^{t} \xi^{\mathrm{T}}(s)\,X\xi(s)\mathrm{d}s
$$

$$
V_5(\xi_t, r_t) = \tau\int_{-\tau}^{0}\int_{t+\beta}^{t} \dot{\xi}^{\mathrm{T}}(\alpha)\,\tilde{E}^{\mathrm{T}}Z(r_t)\tilde{E}\dot{\xi}(\alpha)\mathrm{d}\alpha\mathrm{d}\beta
$$

$$
V_6(\xi_t) = \int_{-\tau}^{0}\int_{\theta}^{0}\int_{t+\beta}^{t} \dot{\xi}^{\mathrm{T}}(\alpha)\,\tilde{E}^{\mathrm{T}}Z\tilde{E}\dot{\xi}(\alpha)\mathrm{d}\alpha\mathrm{d}\beta\mathrm{d}\theta
$$

$$
V_7(\xi_t, r_t) = \kappa\int_{-\eta_m-\kappa}^{-\eta_m}\int_{t+\beta}^{t} \dot{\xi}^{\mathrm{T}}(\alpha)\,\tilde{E}^{\mathrm{T}}O(r_t)\tilde{E}\dot{\xi}(\alpha)\mathrm{d}\alpha\mathrm{d}\beta
$$

$$
V_8(\xi_t) = \int_{-\eta_m-\kappa}^{-\eta_m}\int_{\theta}^{0}\int_{t+\beta}^{t} \dot{\xi}^{\mathrm{T}}(\alpha)\,\tilde{E}^{\mathrm{T}}O\tilde{E}\dot{\xi}(\alpha)\mathrm{d}\alpha\mathrm{d}\beta\mathrm{d}\theta
$$

令 $\mathcal{L}V$ 为随机过程 $\{\xi_t,\ r_t\}$ 作用在 $V(\cdot)$ 上的弱无穷小算子. 由 $\tilde{E}^{\mathrm{T}}R = 0$ 和式 (2.98) ∼ 式 (2.102), 对于任意的 $i \in \mathcal{S}$ 和 $t \geqslant \tau$, 都有

$$
\mathcal{L}V_1(\xi_t, r_t = i) = 2\xi^{\mathrm{T}}(t)(\tilde{E}^{\mathrm{T}}P_i + S_i R^{\mathrm{T}})\tilde{E}\dot{\xi}(t) + \xi^{\mathrm{T}}(t)\left(\sum_{j=1}^{N}\pi_{ij}\tilde{E}^{\mathrm{T}}P_j\tilde{E}\right)\xi(t)
\tag{2.107}
$$

$$\mathcal{L}V_2\left(\xi_t, r_t = i\right) \leqslant \xi^{\mathrm{T}}(t)(Q_i + Q)\xi(t) - (1-\mu)\,\xi^{\mathrm{T}}\left(t - \tau(t)\right)Q_i\xi\left(t - \tau(t)\right)$$

$$- \xi^{\mathrm{T}}\left(t - \tau\right)Q\xi\left(t - \tau\right) + \int_{t-\tau}^t \xi^{\mathrm{T}}(s)\,Q\xi(s)\mathrm{d}s \tag{2.108}$$

$$\mathcal{L}V_3\left(\xi_t\right) = \tau\xi^{\mathrm{T}}(t)Q\xi(t) - \int_{t-\tau}^t \xi^{\mathrm{T}}(s)\,Q\xi(s)\mathrm{d}s \tag{2.109}$$

$$\mathcal{L}V_4\left(\xi_t\right) \leqslant \xi^{\mathrm{T}}(t)(T + \mathcal{U} + X)\xi(t) - \xi^{\mathrm{T}}(t - \eta_m)T\xi(t - \eta_m)$$

$$- (1-\eta)\xi^{\mathrm{T}}(t - \eta_m - \eta(t))\mathcal{U}\xi(t - \eta_m - \eta(t))$$

$$- \xi^{\mathrm{T}}(t - \eta_m - \kappa)X\xi(t - \eta_m - \kappa) \tag{2.110}$$

$$\mathcal{L}V_5\left(\xi_t, r_t = i\right) = \tau^2\dot\xi^{\mathrm{T}}(t)\tilde E^{\mathrm{T}}Z_i\tilde E\dot\xi(t) - \tau\int_{t-\tau}^t \dot\xi^{\mathrm{T}}\left(\alpha\right)\tilde E^{\mathrm{T}}Z_i\tilde E\dot\xi\left(\alpha\right)\mathrm{d}\alpha$$

$$+ \tau\sum_{j=1}^N \pi_{ij}\int_{-\tau}^0\int_{t+\beta}^t \dot\xi^{\mathrm{T}}\left(\alpha\right)\tilde E^{\mathrm{T}}Z_j\tilde E\dot\xi\left(\alpha\right)\mathrm{d}\alpha\mathrm{d}\beta \tag{2.111}$$

$$\mathcal{L}V_6\left(\xi_t\right) = \frac{1}{2}\tau^2\dot\xi^{\mathrm{T}}(t)\tilde E^{\mathrm{T}}Z\tilde E\dot\xi(t) - \int_{-\tau}^0\int_{t+\beta}^t \dot\xi^{\mathrm{T}}\left(\alpha\right)\tilde E^{\mathrm{T}}Z\tilde E\dot\xi\left(\alpha\right)\mathrm{d}\alpha\mathrm{d}\beta \tag{2.112}$$

$$\mathcal{L}V_7\left(\xi_t, r_t = i\right) = \kappa^2\dot\xi^{\mathrm{T}}(t)\tilde E^{\mathrm{T}}O_i\tilde E\dot\xi(t) - \kappa\int_{t-\eta_m-\kappa}^{t-\eta_m} \dot\xi^{\mathrm{T}}\left(\alpha\right)\tilde E^{\mathrm{T}}O_i\tilde E\dot\xi\left(\alpha\right)\mathrm{d}\alpha$$

$$+ \kappa\sum_{j=1}^N \pi_{ij}\int_{-\eta_m-\kappa}^{-\eta_m}\int_{t+\beta}^t \dot\xi^{\mathrm{T}}\left(\alpha\right)\tilde E^{\mathrm{T}}O_j\tilde E\dot\xi\left(\alpha\right)\mathrm{d}\alpha\mathrm{d}\beta \tag{2.113}$$

$$\mathcal{L}V_8\left(\xi_t\right) = \frac{1}{2}\kappa^2\dot\xi^{\mathrm{T}}(t)\tilde E^{\mathrm{T}}O\tilde E\dot\xi(t) - \int_{-\eta_m-\kappa}^{-\eta_m}\int_{t+\beta}^t \dot\xi^{\mathrm{T}}\left(\alpha\right)\tilde E^{\mathrm{T}}O\tilde E\dot\xi\left(\alpha\right)\mathrm{d}\alpha\mathrm{d}\beta \tag{2.114}$$

应用式 (2.101) 和引理 1.3, 则有

$$-\tau\int_{t-\tau}^t \dot\xi^{\mathrm{T}}\left(\alpha\right)\tilde E^{\mathrm{T}}Z_i\tilde E\dot\xi\left(\alpha\right)\mathrm{d}\alpha \leqslant \phi_1^{\mathrm{T}}(t)\bar{\mathcal{M}}_{1i}\phi_1(t) \tag{2.115}$$

$$-\kappa\int_{t-\eta_m-\kappa}^{t-\eta_m} \dot\xi^{\mathrm{T}}\left(\alpha\right)\tilde E^{\mathrm{T}}O_i\tilde E\dot\xi\left(\alpha\right)\mathrm{d}\alpha \leqslant \phi_2^{\mathrm{T}}(t)\bar{\mathcal{M}}_{2i}\phi_2(t) \tag{2.116}$$

其中

$$\phi_1(t) = \begin{bmatrix} \xi^{\mathrm{T}}(t) & \xi^{\mathrm{T}}(t - \tau(t)) & \xi^{\mathrm{T}}\left(t - \tau\right) \end{bmatrix}^{\mathrm{T}}$$

$$\phi_2(t) = \begin{bmatrix} \xi^{\mathrm{T}}(t - \eta_m) & \xi^{\mathrm{T}}(t - \eta_m - \eta(t)) & \xi^{\mathrm{T}}\left(t - \eta_m - \kappa\right) \end{bmatrix}^{\mathrm{T}}$$

$$\bar{\mathcal{M}}_{1i} = \begin{bmatrix} -\tilde{E}^{\mathrm{T}} Z_i \tilde{E} & \tilde{E}^{\mathrm{T}} (Z_i - \mathcal{M}_i) \tilde{E} & \tilde{E}^{\mathrm{T}} \mathcal{M}_i \tilde{E} \\ * & \tilde{E}^{\mathrm{T}} (-2Z_i + \mathcal{M}_i + \mathcal{M}_i^{\mathrm{T}}) \tilde{E} & \tilde{E}^{\mathrm{T}} (Z_i - \mathcal{M}_i) \tilde{E} \\ * & * & -\tilde{E}^{\mathrm{T}} Z_i \tilde{E} \end{bmatrix}$$

$$\bar{\mathcal{M}}_{2i} = \begin{bmatrix} -\tilde{E}^{\mathrm{T}} O_i \tilde{E} & \tilde{E}^{\mathrm{T}} (O_i - \mathcal{V}_i) \tilde{E} & \tilde{E}^{\mathrm{T}} \mathcal{V}_i \tilde{E} \\ * & \tilde{E}^{\mathrm{T}} (-2O_i + \mathcal{V}_i + \mathcal{V}_i^{\mathrm{T}}) \tilde{E} & \tilde{E}^{\mathrm{T}} (O_i - \mathcal{V}_i) \tilde{E} \\ * & * & -\tilde{E}^{\mathrm{T}} O_i \tilde{E} \end{bmatrix}$$

当 $\varpi(t) = 0$ 时, 有

$$\mathcal{L}V(\xi_t, r_t = i) \leqslant \tilde{\phi}^{\mathrm{T}}(t) \tilde{\Phi}_i \tilde{\phi}(t) \tag{2.117}$$

其中

$$\tilde{\phi}(t) = \begin{bmatrix} \xi^{\mathrm{T}}(t) & \xi^{\mathrm{T}}(t-\tau(t)) & \xi^{\mathrm{T}}(t-\tau) & \xi^{\mathrm{T}}(t-\eta_m) & \xi^{\mathrm{T}}(t-\eta_m-\eta(t)) & \xi^{\mathrm{T}}(t-\eta_m-\kappa) \end{bmatrix}^{\mathrm{T}}$$

$$\tilde{\Phi}_i = \begin{bmatrix} \Xi_{1i} & \Xi_{2i} & \Xi_{3i} & 0 & \Xi_{4i} & 0 \\ * & \Xi_{6i} & \Xi_{7i} & 0 & 0 & 0 \\ * & * & \Xi_{8i} & 0 & 0 & 0 \\ * & * & * & \Xi_{9i} & \Xi_{10i} & \Xi_{11i} \\ * & * & * & * & \Xi_{12i} & \Xi_{13i} \\ * & * & * & * & * & \Xi_{14i} \end{bmatrix} + \begin{bmatrix} \tilde{A}_i^{\mathrm{T}} \\ \tilde{A}_{di}^{\mathrm{T}} \\ 0 \\ 0 \\ \tilde{B}_i^{\mathrm{T}} \\ 0 \end{bmatrix} \Delta_i \begin{bmatrix} \tilde{A}_i^{\mathrm{T}} \\ \tilde{A}_{di}^{\mathrm{T}} \\ 0 \\ 0 \\ \tilde{B}_i^{\mathrm{T}} \\ 0 \end{bmatrix}^{\mathrm{T}}$$

根据 Schur 补引理和 S-procedure 引理可知, 式 (2.103) 保证了 $\tilde{\Phi}_i < 0$, 即存在一个标量 $\delta > 0$, 使得对于所有的 $\xi \neq 0$, 有

$$\mathcal{L}V(\xi_t, r_t = i) < -\delta |\xi(t)|^2 \tag{2.118}$$

根据文献 [7] 和 [27], 对于任意的 $r_t \in \mathcal{S}$ 和 $t > 0$, 存在标量 $\alpha > 0$, 使得

$$\mathcal{E}\left\{ \int_0^t |\xi(s)|^2 \mathrm{d}s \right\} \leqslant \alpha \mathcal{E}\left\{ \sup_{-\tau \leqslant t \leqslant 0} |\varphi(t)|^2 \right\} \tag{2.119}$$

同时考虑到定义 1.1, 可知当 $\varpi(t) = 0$ 时, 时滞奇异跳变系统 (2.97) 是随机稳定的.

当 $\varpi(t) \neq 0$ 时, 从式 (2.97)、式 (2.103)、式 (2.107) $\sim$ 式 (2.116) 中可以得到

$$\mathcal{L}V(\xi_t, r_t = i) + e^{\mathrm{T}}(t)e(t) - \gamma^2 \varpi^{\mathrm{T}}(t)\varpi(t) \leqslant \phi^{\mathrm{T}}(t)\hat{\Phi}_i \phi(t) < 0 \tag{2.120}$$

其中

$$\phi(t) = \begin{bmatrix} \xi^{\mathrm{T}}(t) \\ \xi^{\mathrm{T}}(t-\tau(t)) \\ \xi^{\mathrm{T}}(t-\tau) \\ \xi^{\mathrm{T}}(t-\eta_m) \\ \xi^{\mathrm{T}}(t-\eta_m-\eta(t)) \\ \xi^{\mathrm{T}}(t-\eta_m-\kappa) \\ \varpi^{\mathrm{T}}(t) \end{bmatrix}$$

$$\hat{\Phi}_i = \begin{bmatrix} \Xi_{1i} & \Xi_{2i} & \Xi_{3i} & 0 & \Xi_{4i} & 0 & \Xi_{5i} \\ * & \Xi_{6i} & \Xi_{7i} & 0 & 0 & 0 & 0 \\ * & * & \Xi_{8i} & 0 & 0 & 0 & 0 \\ * & * & * & \Xi_{9i} & \Xi_{10i} & \Xi_{11i} & 0 \\ * & * & * & * & \Xi_{12i} & \Xi_{13i} & 0 \\ * & * & * & * & * & \Xi_{14i} & 0 \\ * & * & * & * & * & * & -\gamma^2 I \end{bmatrix} + \begin{bmatrix} \tilde{C}_i^{\mathrm{T}} \\ 0 \\ 0 \\ 0 \\ \tilde{D}_i^{\mathrm{T}} \\ 0 \\ 0 \end{bmatrix} \begin{bmatrix} \tilde{C}_i^{\mathrm{T}} \\ 0 \\ 0 \\ 0 \\ \tilde{D}_i^{\mathrm{T}} \\ 0 \\ 0 \end{bmatrix}^{\mathrm{T}}$$

$$+ \begin{bmatrix} \tilde{A}_i^{\mathrm{T}} \\ \tilde{A}_{di}^{\mathrm{T}} \\ 0 \\ 0 \\ \tilde{B}_i^{\mathrm{T}} \\ 0 \\ \tilde{E}_i^{\mathrm{T}} \end{bmatrix} \Delta_i \begin{bmatrix} \tilde{A}_i^{\mathrm{T}} \\ \tilde{A}_{di}^{\mathrm{T}} \\ 0 \\ 0 \\ \tilde{B}_i^{\mathrm{T}} \\ 0 \\ \tilde{E}_i^{\mathrm{T}} \end{bmatrix}^{\mathrm{T}}$$

定义

$$\mathcal{J} = \mathcal{E}\left\{ \int_0^\infty \left(e^{\mathrm{T}}(t)e(t) - \gamma^2 \varpi^{\mathrm{T}}(t)\varpi(t)\right)\mathrm{d}t \right\} \tag{2.121}$$

注意到零初始状态, 容易得到

$$\mathcal{J} \leqslant \mathcal{E}\left\{ \int_0^\infty \left(e^{\mathrm{T}}(t)e(t) - \gamma^2 \varpi^{\mathrm{T}}(t)\varpi(t)\right)\mathrm{d}t \right\} + \mathcal{E}\left\{ V\left(\xi_\infty, r_\infty\right) \right\} - \mathcal{E}\left\{ V\left(0,\,0\right) \right\}$$

$$= \mathcal{E}\left\{ \int_0^\infty \left[e^{\mathrm{T}}(t)e(t) - \gamma^2 \varpi^{\mathrm{T}}(t)\varpi(t) + \mathcal{L}V\left(\xi_t, r_t\right)\right]\mathrm{d}t \right\} < 0$$

从而证明了时滞奇异跳变系统 (2.97) 满足 H_∞ 性能指标 γ.   □

定理 2.11   基于非脆弱状态反馈控制器 (2.96) 的时滞奇异跳变系统 (2.97) 满足随机容许性和 H_∞ 性能指标 γ, 如果对所有的 $i \in \mathcal{S}$ 和给定的标量 $\mu > 0$、$\tau > 0$、$\eta > 0$、$\kappa > 0$、$\varepsilon_{ji} > 0$, $j = 1, 2, \cdots, 7$, 存在正定矩阵 $\tilde{Q}_1$、$\tilde{Q}_2$、$\tilde{Z}_1$、$\tilde{Z}_2$、$\tilde{O}_1$、$\tilde{O}_2$、$\tilde{T}_1$、$\tilde{T}_2$、$\tilde{U}_1$、$\tilde{U}_2$、$\tilde{X}_1$、$\tilde{X}_2$、$\tilde{Q}_{1i}$、$\tilde{Q}_{2i}$、$\tilde{Z}_{1i}$、$\tilde{Z}_{2i}$、$\tilde{O}_{1i}$、$\tilde{O}_{2i}$、P_{1i}、P_{3i} 和矩阵 P_{2i}、$\hat{R}_1$、$\hat{R}_2$、Y_{1i}、Y_{2i}、Y_{3i}、Y_{4i}、S_{1i}、S_{2i}、S_{3i}、S_{4i}、$\mathcal{M}_{1i}$、$\mathcal{M}_{2i}$、$\mathcal{M}_{3i}$、$\mathcal{M}_{4i}$、$\mathcal{V}_{1i}$、$\mathcal{V}_{2i}$、$\mathcal{V}_{3i}$、$\mathcal{V}_{4i}$、$\mathcal{K}_{1i}$、$\mathcal{K}_{2i}$, 使得线性矩阵不等式 (2.122)~(2.127) 成立:

$$P_i = \begin{bmatrix} P_{1i} & P_{2i} \\ * & P_{3i} \end{bmatrix} > 0 \tag{2.122}$$

$$\sum_{j=1}^{N} \pi_{ij} \tilde{Q}_{1j} < \tilde{Q}_1, \quad \sum_{j=1}^{N} \pi_{ij} \tilde{Q}_{2j} < \tilde{Q}_2 \tag{2.123}$$

$$\tau \sum_{j=1}^{N} \pi_{ij} \tilde{Z}_{1j} < \tilde{Z}_1, \quad \tau \sum_{j=1}^{N} \pi_{ij} \tilde{Z}_{2j} < \tilde{Z}_2 \tag{2.124}$$

$$\kappa \sum_{j=1}^{N} \pi_{ij} \tilde{O}_{1j} < \tilde{O}_1, \quad \kappa \sum_{j=1}^{N} \pi_{ij} \tilde{O}_{2j} < \tilde{O}_2 \tag{2.125}$$

$$\begin{bmatrix} \tilde{Z}_{1i} & 0 & \mathcal{M}_{1i} & \mathcal{M}_{2i} \\ * & \tilde{Z}_{2i} & \mathcal{M}_{3i} & \mathcal{M}_{4i} \\ * & * & \tilde{Z}_{1i} & 0 \\ * & * & * & \tilde{Z}_{2i} \end{bmatrix} > 0, \quad \begin{bmatrix} \tilde{O}_{1i} & 0 & \mathcal{V}_{1i} & \mathcal{V}_{2i} \\ * & \tilde{O}_{2i} & \mathcal{V}_{3i} & \mathcal{V}_{4i} \\ * & * & \tilde{O}_{1i} & 0 \\ * & * & * & \tilde{O}_{2i} \end{bmatrix} > 0 \tag{2.126}$$

$$\Upsilon_i = \begin{bmatrix} \Upsilon_{1i} & \Upsilon_{2i} \\ * & \Upsilon_{3i} \end{bmatrix} < 0 \tag{2.127}$$

$E^{\mathrm{T}} \hat{R}_1 = 0$, $E_r^{\mathrm{T}} \hat{R}_2 = 0$, 并且 $\hat{R}_1 \in \mathbb{R}^{n \times (n - r_1)}$、$\hat{R}_2 \in \mathbb{R}^{m \times (m - r_2)}$ 是任意列满秩矩阵, 且

$$\Upsilon_{1i} = \begin{bmatrix} \Upsilon_{1i}^1 & \Upsilon_{1i}^2 \\ * & \Upsilon_{1i}^3 \end{bmatrix} \tag{2.128}$$

$$\Upsilon_{2i} = \begin{bmatrix} \Upsilon_{2i}^{11} & \Upsilon_{2i}^{12} & \Upsilon_{2i}^{13} & \Upsilon_{2i}^{14} & 0_{4 \times 5} \\ 0_{6 \times 3} & \Upsilon_{2i}^{21} & 0_{6 \times 2} & 0_{6 \times 2} & 0_{6 \times 5} \\ 0_{2 \times 3} & 0_{2 \times 2} & 0_{2 \times 2} & \Upsilon_{2i}^{31} & \Upsilon_{2i}^{32} \\ 0_{4 \times 3} & 0_{4 \times 2} & 0_{4 \times 2} & 0_{4 \times 2} & 0_{4 \times 5} \\ 0_{1 \times 3} & 0_{1 \times 2} & \Upsilon_{2i}^{51} & 0_{1 \times 2} & \Upsilon_{2i}^{52} \end{bmatrix} \tag{2.129}$$

$$\varUpsilon_{3i} = -\mathrm{diag}\{\varepsilon_{1i}^{-1}I,\ \varepsilon_{1i}I,\ \varepsilon_{2i}^{-1}I,\ \varepsilon_{2i}I,\ \varepsilon_{3i}^{-1}I,\ \varepsilon_{3i}I,\ \varepsilon_{4i}^{-1}I,\ \varepsilon_{4i}I,\ \varepsilon_{5i}^{-1}I,\ \varepsilon_{5i}I,$$
$$\varepsilon_{6i}^{-1}I,\ \varepsilon_{6i}I, \varepsilon_{7i}^{-1}I,\ \varepsilon_{7i}I\}$$

$$\varUpsilon_{1i}^{1} = \begin{bmatrix} \varUpsilon_{11i}^{1} & \varUpsilon_{12i}^{1} \\ * & \varUpsilon_{22i}^{1} \end{bmatrix}, \quad \varUpsilon_{1i}^{2} = \begin{bmatrix} \varUpsilon_{11i}^{2} & \varUpsilon_{12i}^{2} \\ \varUpsilon_{21i}^{2} & \varUpsilon_{22i}^{2} \end{bmatrix}, \quad \varUpsilon_{1i}^{3} = \begin{bmatrix} \varUpsilon_{11i}^{3} & \varUpsilon_{12i}^{3} \\ * & \varUpsilon_{22i}^{3} \end{bmatrix}$$

$$\varUpsilon_{11i}^{1} = \begin{bmatrix} \varUpsilon_{1i}^{11} & \varUpsilon_{1i}^{12} & \varUpsilon_{1i}^{13} & \varUpsilon_{1i}^{14} \\ * & \varUpsilon_{1i}^{21} & \varUpsilon_{1i}^{22} & \varUpsilon_{1i}^{23} \\ * & * & \varUpsilon_{1i}^{31} & \varUpsilon_{1i}^{32} \\ * & * & * & \varUpsilon_{1i}^{41} \end{bmatrix}, \quad \varUpsilon_{12i}^{1} = \begin{bmatrix} \varUpsilon_{1i}^{15} & \varUpsilon_{1i}^{16} & \varUpsilon_{1i}^{17} & \varUpsilon_{1i}^{18} \\ \varUpsilon_{1i}^{24} & \varUpsilon_{1i}^{25} & \varUpsilon_{1i}^{26} & \varUpsilon_{1i}^{27} \\ \varUpsilon_{1i}^{33} & \varUpsilon_{1i}^{34} & 0 & 0 \\ 0 & \varUpsilon_{1i}^{42} & 0 & 0 \end{bmatrix}$$

$$\varUpsilon_{22i}^{1} = \begin{bmatrix} \varUpsilon_{1i}^{51} & \varUpsilon_{1i}^{52} & \varUpsilon_{1i}^{53} & \varUpsilon_{1i}^{54} \\ * & \varUpsilon_{1i}^{61} & \varUpsilon_{1i}^{62} & \varUpsilon_{1i}^{63} \\ * & * & \varUpsilon_{1i}^{71} & 0 \\ * & * & * & \varUpsilon_{1i}^{81} \end{bmatrix}, \quad \varUpsilon_{11i}^{2} = \begin{bmatrix} 0 & 0 & \varUpsilon_{1i}^{19} & \varUpsilon_{1i}^{1,10} & 0 \\ 0 & 0 & 0 & 0 & 0 \\ 0 & 0 & \varUpsilon_{1i}^{35} & \varUpsilon_{1i}^{36} & 0 \\ 0 & 0 & 0 & 0 & 0 \end{bmatrix}$$

$$\varUpsilon_{12i}^{2} = \begin{bmatrix} 0 & \varUpsilon_{1i}^{1,11} & \varUpsilon_{1i}^{1,12} & \varUpsilon_{1i}^{1,13} \\ 0 & 0 & \varUpsilon_{1i}^{28} & \varUpsilon_{1i}^{29} \\ 0 & \varUpsilon_{1i}^{37} & \varUpsilon_{1i}^{38} & 0 \\ 0 & 0 & \varUpsilon_{1i}^{43} & 0 \end{bmatrix}, \quad \varUpsilon_{21i}^{2} = \begin{bmatrix} 0 & 0 & 0 & 0 \\ 0 & 0 & 0 & 0 \\ 0 & 0 & 0 & 0 \\ 0 & 0 & 0 & 0 \end{bmatrix}$$

$$\varUpsilon_{22i}^{2} = \begin{bmatrix} 0 & 0 & 0 & 0 \\ 0 & 0 & 0 & 0 \\ 0 & 0 & 0 & 0 \\ 0 & 0 & 0 & 0 \end{bmatrix}, \quad \varUpsilon_{11i}^{3} = \begin{bmatrix} \varUpsilon_{1i}^{91} & 0 & \varUpsilon_{1i}^{92} & \varUpsilon_{1i}^{93} & \varUpsilon_{1i}^{94} \\ * & \varUpsilon_{1i}^{101} & \varUpsilon_{1i}^{102} & \varUpsilon_{1i}^{103} & \varUpsilon_{1i}^{104} \\ * & * & \varUpsilon_{1i}^{111} & \varUpsilon_{1i}^{112} & \varUpsilon_{1i}^{113} \\ * & * & * & \varUpsilon_{1i}^{121} & \varUpsilon_{1i}^{122} \\ * & * & * & * & \varUpsilon_{1i}^{131} \end{bmatrix}$$

$$\varUpsilon_{12i}^{3} = \begin{bmatrix} \varUpsilon_{1i}^{95} & 0 & 0 & 0 \\ \varUpsilon_{1i}^{105} & 0 & 0 & 0 \\ \varUpsilon_{1i}^{114} & 0 & 0 & \varUpsilon_{1i}^{115} \\ \varUpsilon_{1i}^{123} & 0 & 0 & \varUpsilon_{1i}^{124} \\ 0 & 0 & 0 & 0 \end{bmatrix}, \quad \varUpsilon_{22i}^{3} = \begin{bmatrix} \varUpsilon_{1i}^{141} & 0 & 0 & 0 \\ * & -\gamma^2 I & 0 & 0 \\ * & * & -\gamma^2 I & 0 \\ * & * & * & -I \end{bmatrix}$$

$$\varUpsilon_{1i}^{11} = \overline{\pi}_i \sum_{j \neq i, j=1}^{N} E^{\mathrm{T}} P_{1j} E - (N-1)\underline{\pi}_i E^{\mathrm{T}} P_{1i} E + \tilde{Q}_{1i} + (\tau+1)\tilde{Q}_1 + \tilde{T}_1 + \tilde{\mathcal{U}}_1 + \tilde{X}_1$$
$$- E^{\mathrm{T}} \tilde{Z}_{1i} E + A_i + A_i^{\mathrm{T}}$$

$$\varUpsilon_{1i}^{12} = \overline{\pi}_i \sum_{j \neq i, j=1}^{N} E^{\mathrm{T}} P_{2j} E_r - (N-1)\underline{\pi}_i E^{\mathrm{T}} P_{2i} E_r + Y_{1i} A_{ri}$$

$$\Upsilon_{1i}^{13} = E^{\mathrm{T}}P_{1i} + S_{1i}\hat{R}_1^{\mathrm{T}} - I + A_i^{\mathrm{T}}, \quad \Upsilon_{1i}^{14} = E^{\mathrm{T}}P_{2i} + S_{2i}\hat{R}_2^{\mathrm{T}} - Y_{1i}, \quad \Upsilon_{1i}^{1,13} = C_i^{\mathrm{T}}$$

$$\Upsilon_{1i}^{15} = A_{di} + E^{\mathrm{T}}\tilde{Z}_{1i}E - E^{\mathrm{T}}\mathcal{M}_{1i}E, \quad \Upsilon_{1i}^{16} = Y_{1i}A_{di} - E^{\mathrm{T}}\mathcal{M}_{2i}E_r, \quad \Upsilon_{1i}^{17} = E^{\mathrm{T}}\mathcal{M}_{1i}E$$

$$\Upsilon_{1i}^{18} = E^{\mathrm{T}}\mathcal{M}_{2i}E_r, \quad \Upsilon_{1i}^{19} = B_i\mathcal{K}_{1i}, \quad \Upsilon_{1i}^{1,10} = B_i\mathcal{K}_{2i}, \quad \Upsilon_{1i}^{1,11} = E_i, \quad \Upsilon_{1i}^{1,12} = Y_{1i}B_{ri}$$

$$\Upsilon_{1i}^{21} = \overline{\pi}_i \sum_{j \neq i, j=1}^{N} E_r^{\mathrm{T}}P_{3j}E_r - (N-1)\underline{\pi}_i E_r^{\mathrm{T}}P_{3i}E_r - E_r^{\mathrm{T}}\tilde{Z}_{2i}E_r + \tilde{Q}_{2i} + (\tau + 1)\tilde{Q}_2$$

$$+ \tilde{T}_2 + \tilde{\mathcal{U}}_2 + \tilde{X}_2 + Y_{2i}A_{ri} + A_{ri}^{\mathrm{T}}Y_{2i}^{\mathrm{T}}$$

$$\Upsilon_{1i}^{22} = E_r^{\mathrm{T}}P_{2i}^{\mathrm{T}} + S_{3i}\hat{R}_1^{\mathrm{T}} + A_{ri}^{\mathrm{T}}Y_{3i}^{\mathrm{T}}, \quad \Upsilon_{1i}^{23} = E_r^{\mathrm{T}}P_{3i} + S_{4i}\hat{R}_2^{\mathrm{T}} - Y_{2i} + A_{ri}^{\mathrm{T}}Y_{4i}^{\mathrm{T}}$$

$$\Upsilon_{1i}^{24} = -E_r^{\mathrm{T}}\mathcal{M}_{3i}E, \quad \Upsilon_{1i}^{25} = Y_{2i}A_{di} + E_r^{\mathrm{T}}\tilde{Z}_{2i}E_r - E_r^{\mathrm{T}}\mathcal{M}_{4i}E_r, \quad \Upsilon_{1i}^{26} = E_r^{\mathrm{T}}\mathcal{M}_{3i}E$$

$$\Upsilon_{1i}^{27} = E_r^{\mathrm{T}}\mathcal{M}_{4i}E_r, \quad \Upsilon_{1i}^{28} = Y_{2i}B_{ri}, \quad \Upsilon_{1i}^{29} = -C_{ri}^{\mathrm{T}}$$

$$\Upsilon_{1i}^{31} = -2I + \tau^2\tilde{Z}_{1i} + \frac{1}{2}\tau^2\tilde{Z}_1 + \kappa^2\tilde{O}_{1i} + \frac{1}{2}\kappa^2\tilde{O}_1, \quad \Upsilon_{1i}^{36} = B_i\mathcal{K}_{2i}, \quad \Upsilon_{1i}^{37} = E_i$$

$$\Upsilon_{1i}^{32} = -Y_{3i}, \quad \Upsilon_{1i}^{33} = A_{di}, \quad \Upsilon_{1i}^{34} = Y_{3i}A_{dri}, \quad \Upsilon_{1i}^{35} = B_i\mathcal{K}_{1i}, \quad \Upsilon_{1i}^{38} = Y_{3i}B_{ri}$$

$$\Upsilon_{1i}^{41} = -Y_{4i} - Y_{4i}^{\mathrm{T}} + \tau^2\tilde{Z}_{2i} + \frac{1}{2}\tau^2\tilde{Z}_2 + \kappa^2\tilde{O}_{2i} + \frac{1}{2}\kappa^2\tilde{O}_2, \quad \Upsilon_{1i}^{42} = Y_{4i}A_{dri}$$

$$\Upsilon_{1i}^{43} = Y_{4i}B_{ri}, \quad \Upsilon_{1i}^{51} = -(1-\mu)\tilde{Q}_{1i} - 2E^{\mathrm{T}}\tilde{Z}_{1i}E + E^{\mathrm{T}}(\mathcal{M}_{1i} + \mathcal{M}_{1i}^{\mathrm{T}})E$$

$$\Upsilon_{1i}^{52} = E^{\mathrm{T}}(\mathcal{M}_{2i} + \mathcal{M}_{3i}^{\mathrm{T}})E_r, \quad \Upsilon_{1i}^{53} = E^{\mathrm{T}}(\tilde{Z}_{1i} - \mathcal{M}_{1i})E, \quad \Upsilon_{1i}^{54} = -E^{\mathrm{T}}\mathcal{M}_{2i}E_r$$

$$\Upsilon_{1i}^{61} = -(1-\mu)\tilde{Q}_{2i} - 2E_r^{\mathrm{T}}\tilde{Z}_{2i}E_r + E_r^{\mathrm{T}}(\mathcal{M}_{4i} + \mathcal{M}_{4i}^{\mathrm{T}})E_r, \quad \Upsilon_{1i}^{62} = -E_r^{\mathrm{T}}\mathcal{M}_{3i}E$$

$$\Upsilon_{1i}^{63} = E_r^{\mathrm{T}}(\tilde{Z}_{2i} - \mathcal{M}_{4i})E_r, \quad \Upsilon_{1i}^{71} = -E^{\mathrm{T}}\tilde{Z}_{1i}E - \tilde{Q}_1, \quad \Upsilon_{1i}^{81} = -E_r^{\mathrm{T}}\tilde{Z}_{2i}E_r - \tilde{Q}_2$$

$$\Upsilon_{1i}^{91} = -E^{\mathrm{T}}\tilde{O}_{1i}E - \tilde{T}_1, \quad \Upsilon_{1i}^{92} = E^{\mathrm{T}}(\tilde{O}_{1i} - \mathcal{V}_{1i})E, \quad \Upsilon_{1i}^{93} = -E^{\mathrm{T}}\mathcal{V}_{2i}E_r$$

$$\Upsilon_{1i}^{94} = E^{\mathrm{T}}\mathcal{V}_{1i}E, \quad \Upsilon_{1i}^{95} = E^{\mathrm{T}}\mathcal{V}_{2i}E_r, \quad \Upsilon_{1i}^{101} = -E_r^{\mathrm{T}}\tilde{O}_{2i}E_r - \tilde{T}_2$$

$$\Upsilon_{1i}^{102} = -E_r^{\mathrm{T}}\mathcal{V}_{3i}E, \quad \Upsilon_{1i}^{103} = E_r^{\mathrm{T}}(\tilde{O}_{2i} - \mathcal{V}_{4i})E_r, \quad \Upsilon_{1i}^{104} = E_r^{\mathrm{T}}\mathcal{V}_{3i}E$$

$$\Upsilon_{1i}^{105} = E_r^{\mathrm{T}}\mathcal{V}_{4i}E_r, \quad \Upsilon_{1i}^{111} = -2E^{\mathrm{T}}\tilde{O}_{1i}E + (\eta - 1)\tilde{\mathcal{U}}_1 + E^{\mathrm{T}}(\mathcal{V}_{1i} + \mathcal{V}_{1i}^{\mathrm{T}})E$$

$$\Upsilon_{1i}^{112} = E^{\mathrm{T}}(\mathcal{V}_{2i} + \mathcal{V}_{3i}^{\mathrm{T}})E_r, \quad \Upsilon_{1i}^{113} = E^{\mathrm{T}}(\tilde{O}_{1i} - \mathcal{V}_{1i})E, \quad \Upsilon_{1i}^{114} = -E^{\mathrm{T}}\mathcal{V}_{2i}E_r$$

$$\Upsilon_{1i}^{115} = \mathcal{K}_{1i}^{\mathrm{T}}D_i^{\mathrm{T}}, \quad \Upsilon_{1i}^{121} = -2E_r^{\mathrm{T}}\tilde{O}_{2i}E_r + (\eta - 1)\tilde{\mathcal{U}}_2 + E_r^{\mathrm{T}}(\mathcal{V}_{4i} + \mathcal{V}_{4i}^{\mathrm{T}})E_r$$

$$\Upsilon_{1i}^{122} = -E_r^{\mathrm{T}}\mathcal{V}_{3i}E, \quad \Upsilon_{1i}^{123} = E_r^{\mathrm{T}}(\tilde{O}_{2i} - \mathcal{V}_{4i})E_r, \quad \Upsilon_{1i}^{124} = \mathcal{K}_{2i}^{\mathrm{T}}D_i^{\mathrm{T}}$$

$$\Upsilon_{1i}^{131} = -E^{\mathrm{T}}\tilde{O}_{1i}E - \tilde{X}_1, \quad \Upsilon_{1i}^{141} = -E_r^{\mathrm{T}}\tilde{O}_{2i}E_r - \tilde{X}_2$$

$$\varUpsilon_{2i}^{11} = \begin{bmatrix} N_{1i}^{\mathrm{T}} & M_{1i} & M_{2i} \\ 0 & 0 & 0 \\ 0 & M_{1i} & M_{2i} \\ 0 & 0 & 0 \end{bmatrix}, \quad \varUpsilon_{2i}^{12} = \begin{bmatrix} 0 & N_{1i}^{\mathrm{T}} \\ 0 & 0 \\ 0 & 0 \\ 0 & 0 \end{bmatrix}, \quad \varUpsilon_{2i}^{13} = \begin{bmatrix} 0 & B_i M_{4i} \\ 0 & 0 \\ 0 & B_i M_{4i} \\ 0 & 0 \end{bmatrix}$$

$$\varUpsilon_{2i}^{14} = \begin{bmatrix} 0 & B_i M_{5i} \\ 0 & 0 \\ 0 & B_i M_{5i} \\ 0 & 0 \end{bmatrix}, \quad \varUpsilon_{2i}^{21} = \begin{bmatrix} N_{1i} & 0 & 0 & 0 & 0 & 0 \\ 0 & 0 & 0 & 0 & 0 & 0 \end{bmatrix}^{\mathrm{T}}, \quad \varUpsilon_{2i}^{31} = \begin{bmatrix} N_{2i}^{\mathrm{T}} & 0 \\ 0 & 0 \end{bmatrix}$$

$$\varUpsilon_{2i}^{32} = \begin{bmatrix} 0 & N_{2i}^{\mathrm{T}} & 0 & 0 & 0 \\ N_{3i}^{\mathrm{T}} & 0 & 0 & N_{3i}^{\mathrm{T}} & 0 \end{bmatrix}, \quad \varUpsilon_{2i}^{52} = \begin{bmatrix} 0 & 0 & D_i M_{4i} & 0 & D_i M_{5i} \end{bmatrix}$$

$$\varUpsilon_{2i}^{51} = \begin{bmatrix} M_{3i} \\ 0 \end{bmatrix}^{\mathrm{T}}$$

此时, 状态反馈控制器的增益为

$$K_{1i} = \mathcal{K}_{1i}, \quad K_{2i} = \mathcal{K}_{2i} \tag{2.130}$$

证明　令

$$\Pi_i = \begin{bmatrix} \hat{\Pi}_{1i} & \hat{\Pi}_{2i} \\ * & \hat{\Pi}_{3i} \end{bmatrix} \tag{2.131}$$

其中

$$\hat{\Pi}_{1i} = \begin{bmatrix} \Pi_{1i} & \Pi_{2i} & \Pi_{3i} & \tilde{E}^{\mathrm{T}} \mathcal{M}_i \tilde{E} \\ * & \Pi_{4i} & N_i^{\mathrm{T}} \tilde{A}_{di} & 0 \\ * & * & \Xi_{6i} & \tilde{E}^{\mathrm{T}} (Z_i - \mathcal{M}_i) \tilde{E} \\ * & * & * & -\tilde{E}^{\mathrm{T}} Z_i \tilde{E} - Q \end{bmatrix}$$

$$\hat{\Pi}_{2i} = \begin{bmatrix} 0 & W_i^{\mathrm{T}} \tilde{B}_i & 0 & W_i^{\mathrm{T}} \tilde{E}_i & \tilde{C}_i^{\mathrm{T}} \\ 0 & N_i^{\mathrm{T}} \tilde{B}_i & 0 & N_i^{\mathrm{T}} \tilde{E}_i & 0 \\ 0 & 0 & 0 & 0 & 0 \\ 0 & 0 & 0 & 0 & 0 \end{bmatrix}$$

$$\hat{\Pi}_{3i} = \begin{bmatrix} \Xi_{9i} & \Xi_{10i} & \Xi_{11i} & 0 & 0 \\ * & \Xi_{12i} & \Xi_{13i} & 0 & \tilde{D}_i^{\mathrm{T}} \\ * & * & \Xi_{14i} & 0 & 0 \\ * & * & * & -\gamma^2 I & 0 \\ * & * & * & * & -I \end{bmatrix}$$

$$\Pi_{1i} = \sum_{j=1}^{N} \pi_{ij} \tilde{E}^{\mathrm{T}} P_j \tilde{E} + Q_i + (\tau + 1)Q + T + \mathcal{U} + X - \tilde{E}^{\mathrm{T}} Z_i \tilde{E} + W_i^{\mathrm{T}} \tilde{A}_i + \tilde{A}_i^{\mathrm{T}} W_i$$

$$\Pi_{2i} = \tilde{E}^{\mathrm{T}} P_i + S_i R^{\mathrm{T}} - W_i^{\mathrm{T}} + \tilde{A}_i^{\mathrm{T}} N_i, \quad \Pi_{3i} = W_i^{\mathrm{T}} \tilde{A}_{di} + \tilde{E}^{\mathrm{T}}(Z_i - \mathcal{M}_i)\tilde{E}$$

$$\Pi_{4i} = -N_i - N_i^{\mathrm{T}} + \tau^2 Z_i + \frac{1}{2}\tau^2 Z + \kappa^2 O_i + \frac{1}{2}\kappa^2 O$$

令

$$\Psi_i = \begin{bmatrix} I & \tilde{A}_i^{\mathrm{T}} & 0 & 0 & 0 & 0 & 0 & 0 & 0 \\ 0 & \tilde{A}_{di}^{\mathrm{T}} & I & 0 & 0 & 0 & 0 & 0 & 0 \\ 0 & 0 & 0 & I & 0 & 0 & 0 & 0 & 0 \\ 0 & 0 & 0 & 0 & I & 0 & 0 & 0 & 0 \\ 0 & \tilde{B}_i^{\mathrm{T}} & 0 & 0 & 0 & I & 0 & 0 & 0 \\ 0 & 0 & 0 & 0 & 0 & 0 & I & 0 & 0 \\ 0 & \tilde{E}_i^{\mathrm{T}} & 0 & 0 & 0 & 0 & 0 & I & 0 \\ 0 & 0 & 0 & 0 & 0 & 0 & 0 & 0 & I \end{bmatrix}$$

那么, 对于每个 $i \in \mathcal{S}$, 可以得到

$$\Phi_i = \Psi_i \Pi_i \Psi_i^{\mathrm{T}} \tag{2.132}$$

因此, $\Pi_i < 0$ 意味着 $\Phi_i < 0$. 注意到

$$\begin{aligned} \Pi_i &= \bar{\Pi}_i + \Sigma_{1i} W_i^{\mathrm{T}}(\sigma)\Sigma_{2i} + \Sigma_{2i}^{\mathrm{T}} W_i(\sigma)\Sigma_{1i}^{\mathrm{T}} + \Sigma_{3i} W_i(\sigma)\Sigma_{4i} + \Sigma_{4i}^{\mathrm{T}} W_i^{\mathrm{T}}(\sigma)\Sigma_{3i}^{\mathrm{T}} \\ &\quad + \Sigma_{5i} W_i^{\mathrm{T}}(\sigma)\Sigma_{6i} + \Sigma_{6i}^{\mathrm{T}} W_i(\sigma)\Sigma_{5i}^{\mathrm{T}} + \Sigma_{7i} W_i(\sigma)\Sigma_{8i} + \Sigma_{8i}^{\mathrm{T}} W_i^{\mathrm{T}}(\sigma)\Sigma_{7i}^{\mathrm{T}} \\ &\quad + \Sigma_{9i} F_i(\sigma)\Sigma_{10i} + \Sigma_{10i}^{\mathrm{T}} F_i^{\mathrm{T}}(\sigma)\Sigma_{9i}^{\mathrm{T}} + \Sigma_{11i} W_i^{\mathrm{T}}(\sigma)\Sigma_{12i} + \Sigma_{12i}^{\mathrm{T}} W_i(\sigma)\Sigma_{11i}^{\mathrm{T}} \\ &\quad + \Sigma_{13i} F_i^{\mathrm{T}}(\sigma)\Sigma_{14i} + \Sigma_{14i}^{\mathrm{T}} F_i(\sigma)\Sigma_{13i}^{\mathrm{T}} \end{aligned} \tag{2.133}$$

其中

$$\bar{\Pi}_i = \begin{bmatrix} \check{\Pi}_{1i} & \check{\Pi}_{2i} \\ * & \check{\Pi}_{3i} \end{bmatrix} \tag{2.134}$$

$$\check{\Pi}_{1i} = \begin{bmatrix} \bar{\Pi}_{1i} & \bar{\Pi}_{2i} & \bar{\Pi}_{3i} & \tilde{E}^{\mathrm{T}} \mathcal{M}_i \tilde{E} \\ * & \Pi_{4i} & N_i^{\mathrm{T}} \tilde{A}_{di} & 0 \\ * & * & \Xi_{6i} & \tilde{E}^{\mathrm{T}}(Z_i - \mathcal{M}_i)\tilde{E} \\ * & * & * & -\tilde{E}^{\mathrm{T}} Z_i \tilde{E} - Q \end{bmatrix}$$

$$\check{\Pi}_{2i} = \begin{bmatrix} 0 & W_i^{\mathrm{T}}\bar{B}_i & 0 & W_i^{\mathrm{T}}\tilde{E}_i & \bar{C}_i^{\mathrm{T}} \\ 0 & N_i^{\mathrm{T}}\bar{B}_i & 0 & N_i^{\mathrm{T}}\tilde{E}_i & 0 \\ 0 & 0 & 0 & 0 & 0 \\ 0 & 0 & 0 & 0 & 0 \end{bmatrix}$$

$$\check{\Pi}_{3i} = \begin{bmatrix} \Xi_{9i} & \Xi_{10i} & \Xi_{11i} & 0 & 0 \\ * & \Xi_{12i} & \Xi_{13i} & 0 & \bar{D}_i^{\mathrm{T}} \\ * & * & \Xi_{14i} & 0 & 0 \\ * & * & * & -\gamma^2 I & 0 \\ * & * & * & * & -I \end{bmatrix}$$

$$\bar{\Pi}_{1i} = \sum_{j=1}^{N} \pi_{ij}\tilde{E}^{\mathrm{T}}P_j\tilde{E} + Q_i + (\tau+1)Q + T + \mathcal{U} + X - \tilde{E}^{\mathrm{T}}Z_i\tilde{E} + W_i^{\mathrm{T}}\bar{A}_i + \bar{A}_i^{\mathrm{T}}W_i$$

$$\bar{\Pi}_{2i} = \tilde{E}^{\mathrm{T}}P_i + S_i R^{\mathrm{T}} - W_i^{\mathrm{T}} + \bar{A}_i^{\mathrm{T}}N_i, \quad \bar{\Pi}_{3i} = W_i^{\mathrm{T}}\bar{A}_{di} + \tilde{E}^{\mathrm{T}}(Z_i - \mathcal{M}_i)\tilde{E}$$

$$\Sigma_{1i} = \Sigma_{5i} = \begin{bmatrix} \tilde{N}_{1i} & 0 & 0 & 0 & 0 & 0 & 0 & 0 & 0 \end{bmatrix}^{\mathrm{T}}$$

$$\Sigma_{2i} = \begin{bmatrix} \tilde{M}_{1i}^{\mathrm{T}}W_i & \tilde{M}_{1i}^{\mathrm{T}}N_i & 0 & 0 & 0 & 0 & 0 & 0 & 0 \end{bmatrix}$$

$$\Sigma_{3i} = \begin{bmatrix} \tilde{M}_{2i}^{\mathrm{T}}W_i & \tilde{M}_{2i}^{\mathrm{T}}N_i & 0 & 0 & 0 & 0 & 0 & 0 & 0 \end{bmatrix}^{\mathrm{T}}$$

$$\Sigma_{4i} = \begin{bmatrix} 0 & 0 & \tilde{N}_{1i} & 0 & 0 & 0 & 0 & 0 & 0 \end{bmatrix}$$

$$\Sigma_{6i} = \begin{bmatrix} 0 & 0 & 0 & 0 & 0 & 0 & 0 & 0 & M_{3i}^{\mathrm{T}} \end{bmatrix}$$

$$\Sigma_{7i} = \begin{bmatrix} \tilde{M}_{4i}^{\mathrm{T}}W_i & \tilde{M}_{4i}^{\mathrm{T}}N_i & 0 & 0 & 0 & 0 & 0 & 0 & 0 \end{bmatrix}^{\mathrm{T}}$$

$$\Sigma_{8i} = \begin{bmatrix} 0 & 0 & 0 & 0 & 0 & \tilde{N}_{2i} & 0 & 0 & 0 \end{bmatrix}$$

$$\Sigma_{9i} = \begin{bmatrix} \tilde{M}_{5i}^{\mathrm{T}}W_i & \tilde{M}_{5i}^{\mathrm{T}}N_i & 0 & 0 & 0 & 0 & 0 & 0 & 0 \end{bmatrix}^{\mathrm{T}}$$

$$\Sigma_{10i} = \begin{bmatrix} 0 & 0 & 0 & 0 & 0 & \tilde{N}_{3i} & 0 & 0 & 0 \end{bmatrix}$$

$$\Sigma_{11i} = \begin{bmatrix} 0 & 0 & 0 & 0 & 0 & \tilde{N}_{2i} & 0 & 0 & 0 \end{bmatrix}^{\mathrm{T}}$$

$$\Sigma_{12i} = \begin{bmatrix} 0 & 0 & 0 & 0 & 0 & 0 & 0 & 0 & M_{4i}^{\mathrm{T}}D_i^{\mathrm{T}} \end{bmatrix}$$

$$\Sigma_{13i} = \begin{bmatrix} 0 & 0 & 0 & 0 & 0 & \tilde{N}_{3i} & 0 & 0 & 0 \end{bmatrix}^{\mathrm{T}}$$

$$\Sigma_{14i} = \begin{bmatrix} 0 & 0 & 0 & 0 & 0 & 0 & 0 & 0 & M_{5i}^{\mathrm{T}}D_i^{\mathrm{T}} \end{bmatrix}$$

利用引理 1.6, 对于 $\varepsilon_{ji} > 0$, $j = 1, 2, \cdots, 7$, $i \in \mathcal{S}$, $\Pi_i < 0$ 等价于

$$\tilde{\Pi}_i = \bar{\Pi}_i + \varepsilon_{1i}\Sigma_{1i}\Sigma_{1i}^{\mathrm{T}} + \varepsilon_{1i}^{-1}\Sigma_{2i}^{\mathrm{T}}\Sigma_{2i} + \varepsilon_{2i}\Sigma_{3i}\Sigma_{3i}^{\mathrm{T}} + \varepsilon_{2i}^{-1}\Sigma_{4i}^{\mathrm{T}}\Sigma_{4i} + \varepsilon_{3i}\Sigma_{5i}\Sigma_{5i}^{\mathrm{T}}$$

$$+ \varepsilon_{3i}^{-1}\Sigma_{6i}^{\mathrm{T}}\Sigma_{6i} + \varepsilon_{4i}\Sigma_{7i}\Sigma_{7i}^{\mathrm{T}} + \varepsilon_{4i}^{-1}\Sigma_{8i}^{\mathrm{T}}\Sigma_{8i} + \varepsilon_{5i}\Sigma_{9i}\Sigma_{9i}^{\mathrm{T}} + \varepsilon_{5i}^{-1}\Sigma_{10i}^{\mathrm{T}}\Sigma_{10i}$$

$$+ \varepsilon_{6i}\Sigma_{11i}\Sigma_{11i}^{\mathrm{T}} + \varepsilon_{6i}^{-1}\Sigma_{12i}^{\mathrm{T}}\Sigma_{12i} + \varepsilon_{7i}\Sigma_{13i}\Sigma_{13i}^{\mathrm{T}} + \varepsilon_{7i}^{-1}\Sigma_{14i}^{\mathrm{T}}\Sigma_{14i} < 0 \quad (2.135)$$

选择 $\tilde{\Pi}_i$ 中的矩阵为

$$P_i = \begin{bmatrix} P_{1i} & P_{2i} \\ * & P_{3i} \end{bmatrix}, \quad W_i^{\mathrm{T}} = \begin{bmatrix} I & Y_{1i} \\ 0 & Y_{2i} \end{bmatrix}, \quad N_i^{\mathrm{T}} = \begin{bmatrix} I & Y_{3i} \\ 0 & Y_{4i} \end{bmatrix}, \quad S_i = \begin{bmatrix} S_{1i} & S_{2i} \\ S_{3i} & S_{4i} \end{bmatrix}$$

$$\mathcal{M}_i = \begin{bmatrix} \mathcal{M}_{1i} & \mathcal{M}_{2i} \\ \mathcal{M}_{3i} & \mathcal{M}_{4i} \end{bmatrix}, \quad \mathcal{V}_i = \begin{bmatrix} \mathcal{V}_{1i} & \mathcal{V}_{2i} \\ \mathcal{V}_{3i} & \mathcal{V}_{4i} \end{bmatrix}, \quad Q_i = \begin{bmatrix} \tilde{Q}_{1i} & 0 \\ 0 & \tilde{Q}_{2i} \end{bmatrix}, \quad Q = \begin{bmatrix} \tilde{Q}_1 & 0 \\ 0 & \tilde{Q}_2 \end{bmatrix}$$

$$Z_i = \begin{bmatrix} \tilde{Z}_{1i} & 0 \\ 0 & \tilde{Z}_{2i} \end{bmatrix}, \quad Z = \begin{bmatrix} \tilde{Z}_1 & 0 \\ 0 & \tilde{Z}_2 \end{bmatrix}, \quad O_i = \begin{bmatrix} \tilde{O}_{1i} & 0 \\ 0 & \tilde{O}_{2i} \end{bmatrix}, \quad O = \begin{bmatrix} \tilde{O}_1 & 0 \\ 0 & \tilde{O}_2 \end{bmatrix}$$

$$T = \begin{bmatrix} \tilde{T}_1 & 0 \\ 0 & \tilde{T}_2 \end{bmatrix}, \quad \mathcal{U} = \begin{bmatrix} \tilde{\mathcal{U}}_1 & 0 \\ 0 & \tilde{\mathcal{U}}_2 \end{bmatrix}, \quad X = \begin{bmatrix} \tilde{X}_1 & 0 \\ 0 & \tilde{X}_2 \end{bmatrix}, \quad R = \begin{bmatrix} \hat{R}_1 & 0 \\ 0 & \hat{R}_2 \end{bmatrix}$$

结合式 (2.98) ∼ 式 (2.102), 可得式 (2.122) ∼ 式 (2.127). 同时模态相关的非脆弱状态反馈控制器 (2.96) 的参数可由式 (2.130) 实现.   □

注 2.12　从实践和应用的角度来看, 获得马尔可夫跳变系统的精确转移率是困难和昂贵的. 在大多数情况下, 状态反馈控制器的马尔可夫跳变模态是很难准确获得的 [7]. 本节的方法可用于处理转移率部分未知但有界的马尔可夫跳变系统. 本节模态相关非脆弱状态反馈控制思想可以扩展到模态无关/相关非脆弱输出反馈控制, 并实现奇异跳变系统输出跟踪控制.

注 2.13　式 (2.80) 中的 E 和式 (2.85) 中的 E_r 也可以是非奇异矩阵. 当式 (2.80) 中的 E 和式 (2.85) 中的 E_r 是可逆矩阵时, 系统 (2.80) 和参考系统 (2.85) 会退化为正则系统. 因此, 式 (2.80) 中的 E 是非奇异矩阵或/且式 (2.85) 中的 E_r 是非奇异矩阵都属于本节的特殊情况.

2.3.3　仿真算例

例 2.3　考虑一个只生产一种类型零件的简单生产系统[39]:

$$\begin{bmatrix} 1 & 0 \\ 0 & 0 \end{bmatrix} \begin{bmatrix} \dot{\varsigma}(t) \\ \dot{d}(t) \end{bmatrix} = \begin{bmatrix} -\rho(r_t) & -1 \\ 0 & -1 \end{bmatrix} \begin{bmatrix} \varsigma(t) \\ d(t) \end{bmatrix} + \begin{bmatrix} \beta(r_t) \\ 0 \end{bmatrix} u(t)$$

$$+ \begin{bmatrix} 0 & 0 \\ K_\nu & K_w \end{bmatrix} \begin{bmatrix} \nu(t) \\ w(t) \end{bmatrix} \tag{2.136}$$

$$\dot{\varsigma}_r(t) = A_r(r_t)\varsigma_r(t) + d_1(t) \tag{2.137}$$

其中, $\varsigma(t)$ 表示库存水平; $\varsigma_r(t)$ 描述累积需求; $d(t)$ 表示系统的需求率; $d_1(t) \in \mathbb{R}_+$ 表示已知的需求率并且具有有限的能量; $u(t)$ 表示生产率; $\nu(t)$ 表示为提高需求率所做的广告; $w(t)$ 表示能量有界的扰动; $\rho(r_t)$ 表示库存水平的去化率, 当机器启动时 $\beta(r_t) = 1$, 其他情况下 $\beta(r_t) = 0$.

令 $x(t) = \begin{bmatrix} \varsigma^{\mathrm{T}}(t) & d^{\mathrm{T}}(t) \end{bmatrix}^{\mathrm{T}}$, $\omega(t) = \begin{bmatrix} \nu^{\mathrm{T}}(t) & w^{\mathrm{T}}(t) \end{bmatrix}^{\mathrm{T}}$, $x_r(t) = \varsigma_r(t)$, $v(t) = d_1(t)$, $\rho_1 = 2.5$, $\rho_2 = 3.5$, $\beta_1 = 1.5$, $\beta_2 = 2.5$, $K_\nu = 0.31$, $K_w = 0.3$, 那么简单生产系统可以用系统 (2.80) 和参考系统 (2.85) 来描述, 其中:

$$A_1 = \begin{bmatrix} -4.4 & -1 \\ 0 & -1 \end{bmatrix}, \quad A_2 = \begin{bmatrix} -3.9 & -1 \\ 0 & -1 \end{bmatrix}, \quad A_{d1} = A_{d2} = 0, \quad B_1 = \begin{bmatrix} 1.5 \\ 0 \end{bmatrix}$$

$$B_2 = \begin{bmatrix} 2.3 \\ 0 \end{bmatrix}, \quad E_1 = E_2 = \begin{bmatrix} 0 & 0 \\ 0.32 & 0.3 \end{bmatrix}, \quad \begin{cases} C_1 = \begin{bmatrix} 0 & 1 \end{bmatrix} \\ C_2 = \begin{bmatrix} 0 & 1 \end{bmatrix} \end{cases}, \quad \begin{cases} D_1 = 0.31 \\ D_2 = 0.32 \end{cases}$$

$$\begin{cases} A_{r1} = -3.5 \\ A_{r2} = -3.5 \end{cases}, \quad \begin{cases} A_{dr1} = 0 \\ A_{dr2} = 0 \end{cases}, \quad \begin{cases} B_{r1} = 1 \\ B_{r2} = 1 \end{cases}, \quad \begin{cases} C_{r1} = 1.4 \\ C_{r2} = 1.4 \end{cases}, \quad R_1 = \begin{bmatrix} 0 \\ 1.5 \end{bmatrix}, \quad R_2 = 0$$

$$\begin{cases} M_{11} = M_{12} = \begin{bmatrix} -0.01 & 0.02 \\ 0.02 & 0.01 \end{bmatrix} \\ M_{21} = M_{22} = \end{cases}, \quad \begin{cases} M_{31} = M_{32} = \begin{bmatrix} 0.01 & 0.02 \end{bmatrix} \\ M_{41} = M_{42} = \begin{bmatrix} 0.01 & 0.02 \end{bmatrix} \\ M_{51} = M_{52} = 0.01 \end{cases}$$

$$\begin{cases} N_{11} = N_{12} = \begin{bmatrix} -0.03 & 0.01 \\ 0.01 & 0 \end{bmatrix} \\ N_{21} = N_{22} = \end{cases}, \quad \begin{cases} N_{31} = N_{32} = 0.02 \\ \mu = 0.2, \eta = 0.5 \\ \tau = 0, \kappa = 0.5 \end{cases}, \quad E = \begin{bmatrix} 1 & 0 \\ 0 & 0 \end{bmatrix}, \quad E_r = I$$

$$\varepsilon_{11} = \varepsilon_{12} = 1.5, \quad \varepsilon_{21} = \varepsilon_{22} = 1.5, \quad \varepsilon_{31} = \varepsilon_{32} = 0.5$$

$$\varepsilon_{41} = \varepsilon_{42} = 0.5, \quad \varepsilon_{51} = \varepsilon_{52} = 0.5, \quad \varepsilon_{61} = \varepsilon_{62} = 0.05$$

$$\varepsilon_{71} = \varepsilon_{72} = 0.05, \quad \overline{\pi}_1 = 1.6, \quad \underline{\pi}_1 = 0.1, \quad \overline{\pi}_2 = 0.8, \quad \underline{\pi}_2 = 0.4$$

解线性矩阵不等式 (2.122)~(2.127) 和定理 2.11 中的方程 (2.130), 得到 $\gamma = 1.5942$, 所期望的状态反馈控制器 (2.96) 的参数如下:

$$K_{11} = \begin{bmatrix} 0.5564 & 0.1428 \end{bmatrix}, \quad K_{21} = 3.6482$$

$$K_{12} = \left[\begin{array}{cc} 0.4627 & 0.1786 \end{array} \right], \quad K_{22} = 3.5873$$

令初始状态为 $x(0) = \left[\begin{array}{cc} 0.03 & 0 \end{array} \right]^{\mathrm{T}}$, $r_t \in \{1,2\}$. 输入 $\nu(t) = |0.6\sin(t)\mathrm{e}^{-0.1t}|$, $v(t) = |0.5\sin(t)\mathrm{e}^{-0.05t}|$, 噪声扰动 $\omega(t)$ 服从均匀分布 $U[-0.01, 0.01]$. 图 2.5 描述了带有噪声干扰的简单生产系统的量测输出 $y(t)$ 和参考输出 $y_r(t)$ 的轨迹.

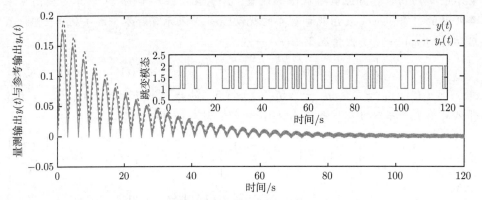

图 2.5　带有噪声干扰的简单生产系统的量测输出 $y(t)$ 和参考输出 $y_r(t)$ 的轨迹

参 考 文 献

[1] Lakshmanan S, Prakash M, Lim C P, et al. Synchronization of an inertial neural network with time-varying delays and its application to secure communication[J]. IEEE Transactions on Neural Networks and Learning Systems, 2018, 29(1): 195-207.

[2] Muthukumar P, Arunagirinathan S, Lakshmanan S. Nonfragile sampled-data control for uncertain networked control systems with additive time-varying delays[J]. IEEE Transactions on Cybernetics, 2019, 49(4): 1512-1523.

[3] He Y, Wang Q G, Xie L H, et al. Further improvement of free-weighting matrices technique for systems with time-varying delay[J]. IEEE Transactions on Automatic Control, 2007, 52(2): 293-299.

[4] Park P, Ko J W, Jeong C. Reciprocally convex approach to stability of systems with time-varying delays[J]. Automatica, 2011, 47(1): 235-238.

[5] 孙健, 陈杰, 刘国平. 时滞系统稳定性分析与应用[M]. 北京: 科学出版社, 2012.

[6] 张保勇. 时滞系统稳定与控制: 进一步的分析与研究[D]. 南京: 南京理工大学, 2011.

[7] Wu Z G, Lam J, Su H Y, et al. Stability and dissipativity analysis of static neural networks with time delay[J]. IEEE Transactions on Neural Networks and Learning Systems, 2012, 23(2): 199-210.

[8] Wu Z G, Dong S L, Shi P, et al. Reliable filtering of nonlinear Markovian jump systems: The continuous-time case[J]. IEEE Transactions on Systems, Man, and Cybernetics: Systems, 2019, 49(2): 386-394.

[9] Fridman E. Stability of linear descriptor systems with delay: A Lyapunov-based approach[J]. Journal of Mathematical Analysis and Applications, 2002, 273(1): 24-44.

[10] Hale J K, Lunel S M V. Introduction to Functional Differential Equations[M]. New York: Springer, 2013.

[11] de Avellar C E, Marconato S A S. Difference equations with delays depending on time[J]. Boletim Da Sociedate Brasiliera De Matemática-Bulletin/Brazilian Mathematical Society, 1990, 21(1): 51-58.

[12] Sakthivel R, Selvi S, Mathiyalagan K, et al. Reliable mixed H_∞ and passivity-based control for fuzzy Markovian switching systems with probabilistic time delays and actuator failures[J]. IEEE Transactions on Cybernetics, 2015, 45(12): 2720-2731.

[13] Sun W, Su S F, Xia J W, et al. Adaptive fuzzy tracking control of flexible-joint robots with full-state constraints[J]. IEEE Transactions on Systems, Man, and Cybernetics: Systems, 2019, 49(11): 2201-2209.

[14] Shanmugam L, Joo Y H. Design of interval type-2 fuzzy-based sampled-data controller for nonlinear systems using novel fuzzy Lyapunov functional and its application to PMSM[J]. IEEE Transactions on Systems, Man, and Cybernetics: Systems, 2021, 51(1): 542-551.

[15] Sun W, Su S F, Wu Y Q, et al. Adaptive fuzzy control with high-order barrier Lyapunov functions for high-order uncertain nonlinear systems with full-state constraints[J]. IEEE Transactions on Cybernetics, 2020, 50(8): 3424-3432.

[16] Xia J W, Zhang J, Feng J N, et al. Command filter-based adaptive fuzzy control for nonlinear systems with unknown control directions[J]. IEEE Transactions on Systems, Man, and Cybernetics: Systems, 2019, 51(3): 1945-1953.

[17] Sun W, Su S F, Dong G W, et al. Reduced adaptive fuzzy tracking control for high-order stochastic nonstrict feedback nonlinear system with full-state constraints[J]. IEEE Transactions on Systems, Man, and Cybernetics: Systems, 2019, 51(3): 1496-1506.

[18] Xia Y Q, Boukas E K, Shi P, et al. Stability and stabilization of continuous-time singular hybrid systems[J]. Automatica, 2009, 45(6): 1504-1509.

[19] Huang L R, Mao X R. Stability of singular stochastic systems with Markovian switching[J]. IEEE Transactions on Automatic Control, 2011, 56(2): 424-429.

[20] Chávez-Fuentes J R, Costa E F, Mayta J E, et al. Regularity and stability analysis of discrete-time Markov jump linear singular systems[J]. Automatica, 2017, 76: 32-40.

[21] Dai L Y. Singular Control Systems[M]. Berlin: Springer, 1989.

[22] Masubuchi I, Kamitane Y, Ohara A, et al. H_∞ control for descriptor systems: A matrix inequalities approach[J]. Automatica, 1997, 33(4): 669-673.

[23] Xu S Y, van Dooren P, Stefan R, et al. Robust stability and stabilization for singular systems with state delay and parameter uncertainty[J]. IEEE Transactions on Automatic Control, 2002, 47(7): 1122-1128.

[24] Lewis F L. A survey of linear singular systems[J]. Circuits, Systems and Signal Processing, 1986, 5(1): 3-36.

[25] Zhang L, Huang B, Lam J. LMI synthesis of H_2 and mixed H_2/H_∞ controllers for singular[J]. Digital Signal Processing, 2003, 50(9): 615-626.

[26] Kwon N K, Park I S, Park P, et al. Dynamic output-feedback control for singular Markovian jump system: LMI approach[J]. IEEE Transactions on Automatic Control, 2017, 62(10): 5396-5400.

[27] Xu S Y, Lam J. Robust Control and Filtering of Singular Systems[M]. Berlin: Springer, 2006.

[28] Yue D, Han Q L. Robust H_∞ filter design of uncertain descriptor systems with discrete and distributed delays[J]. IEEE Transactions on Signal Processing, 2004, 52(11): 3200-3212.

[29] 段广仁, 于海华, 吴爱国, 等. 广义线性系统的分析与设计[M]. 北京: 科学出版社, 2012.

[30] Gao H J, Chen T W. Network-based H_∞ output tracking control[J]. IEEE Transactions on Automatic Control, 2008, 53(3): 655-667.

[31] Xu S Y, Lam J, Mao X R. Delay-dependent H_∞ control and filtering for uncertain Markovian jump systems with time-varying delays[J]. IEEE Transactions on Circuits and Systems I: Regular Papers, 2007, 54(9): 2070-2077.

[32] Li Z X, Su H Y, Gu Y, et al. H_∞ filtering for discrete-time singular networked systems with communication delays and data missing[J]. International Journal of Systems Science, 2013, 44(4): 604-614.

[33] Li F B, Zhang X. A delay-dependent bounded real lemma for singular LPV systems with time-variant delay[J]. International Journal of Robust and Nonlinear Control, 2012, 22(5): 559-574.

[34] Boukas E K. Stochastic Switching Systems: Analysis and Design[M]. Boston: Birkhäuser, 2006.

[35] Yue D, Han Q L. A delay-dependent stability criterion of neutral systems and its application to a partial element equivalent circuit model[J]. IEEE Transactions on Circuits and System II: Express Briefs, 2004, 51(12): 685-689.

[36] Mao X R. Exponential stability of stochastic delay interval systems with Markovian switching[J]. IEEE Transactions on Automatic Control, 2002, 47(10): 1604-1612.

[37] Mao X R, Yuan C G. Stochastic Differential Equations with Markovian Switching[M]. London: Imperial College Press, 2006.

[38] Balasubramaniam P, Lakshmanan S, Jeeva Sathya Theesar S. State estimation for Markovian jumping recurrent neural networks with interval time-varying delays[J]. Nonlinear Dynamics, 2010, 60(4): 661-675.

[39] Boukas E K. Control of Singular Systems with Random Abrupt Changes[M]. Berlin: Springer, 2008.

[40] 付艳明. 跳变时滞不确定系统的鲁棒控制与滤波[D]. 哈尔滨: 哈尔滨工业大学, 2006.

[41]　王国良. 若干类马尔可夫切换系统的控制与滤波[D]. 沈阳: 东北大学, 2010.

[42]　Yang G H, Che W W. Non-fragile H_∞ filter design for linear continuous-time systems[J]. Automatica, 2008, 44(11): 2849-2856.

[43]　Wu Z J, Xia Y Q, Xie X J. Stochastic Barbalat's lemma and its applications[J]. IEEE Transactions on Automatic Control, 2012, 57(6): 1537-1543.

[44]　Yu X, Wu Z J. Corrections to stochastic Barbalat's lemma and its applications[J]. IEEE Transactions on Automatic Control, 2014, 59(5): 1386-1390.

[45]　Li H, Li H B, Zhong S M. Stability of neutral type descriptor system with mixed delays[J]. Chaos, Solitons & Fractals, 2007, 33(5): 1796-1800.

[46]　Wo S L, Zou Y, Chen Q W, et al. Non-fragile controller design for discrete descriptor systems[J]. Journal of the Franklin Institute, 2009, 346(9): 914-922.

[47]　Chen J, Li J K. Non-fragile H_∞ and guaranteed cost control for a class of Uncertain-Descriptor systems[J]. Procedia Engineering, 2011, 15: 60-64.

[48]　Ma Y C, Gu N N, Zhang Q L. Non-fragile robust H_∞ control for uncertain discrete-time singular systems with time-varying delays[J]. Journal of the Franklin Institute, 2014, 351(6): 3163-3181.

第 3 章　时滞奇异跳变系统正常化设计

近 50 年, 奇异系统容许性分析和控制综合受到了控制界学者的广泛关注, 包括正常化设计在内的各种重要成果相继涌现[1-7]. 奇异系统的正常化, 就是设计合适的反馈控制器, 使相应的闭环系统转化为正则 (正常) 系统, 将正则系统成熟的理论成果应用到奇异系统[8-11]. 正则系统是一类特殊的奇异系统, 其状态响应是无脉冲的. 正常化的优点是可以通过反馈控制将奇异系统的无限极点配置为有限极点, 从而消除闭环状态响应中的脉冲行为[12-16].

针对奇异系统的正常化问题, 文献 [12] 给出了正常化的充要条件, 文献 [13] 设计了几种反馈控制器来实现奇异系统的正常化. 文献 [14] 利用系统转换方法研究了具有范数有界干扰的不确定奇异系统鲁棒正常化与镇定问题. 文献 [17] 利用自由权矩阵方法研究了一类不确定奇异系统的鲁棒正常化和保成本控制问题. 然而, 上述研究没有考虑时滞现象和/或随机跳变现象.

另外, 马尔可夫跳变系统是一类重要的随机混杂系统, 所包含的两种模态分别具有连续值和离散值[18-21]. 此类由马尔可夫过程驱动的随机混杂系统可以刻画许多实际动态系统, 这些动态系统经常由于突然的外部干扰、部件维修/故障等而发生参数和/或内部结构的突然变化[22-26]. 因此, 在过去的几十年, 奇异跳变系统受到了控制界学者的广泛关注[27-34]. 迄今为止, 有关奇异跳变系统正常化问题的研究文献不多, 同时考虑时滞现象的文献则更少, 时滞奇异跳变系统正常化设计仍然是一个开放性和具有挑战性的前沿热点课题.

本章研究基于系统转换技术的时滞奇异跳变系统正常化设计问题, 以及基于比例-微分 (P-D) 状态反馈控制的中立型时滞奇异跳变系统正常化和时变时滞不确定奇异跳变系统鲁棒正常化问题.

3.1　基于系统转换技术的时滞奇异跳变系统正常化设计

本节利用 P-D 状态反馈控制来实现时变时滞奇异跳变系统的正常化和稳定性问题. 基于系统转换技术研究增广奇异系统的容许性问题, 从而解决原奇异系统的正常化问题. 通过构造模态信息相关和时滞相关的 L-K 泛函, 在线性矩阵不等式框架下给出时滞奇异跳变系统正常化和 P-D 状态反馈控制器的实现条件. 利用石油催化裂化过程仿真算例验证设计方法的有效性和实用性.

本节的主要贡献和创新点如下:

(1) 通过设计 P-D 状态反馈控制器将奇异系统转化为正常系统;

(2) 采用系统转换技术研究增广奇异系统的容许性问题, 从而解决了原奇异系统的正常化问题;

(3) 在严格线性矩阵不等式框架下给出了时滞奇异跳变系统正常化和 P-D 状态反馈控制器的实现条件.

3.1.1 问题描述

给定概率空间 $(\Omega, \mathfrak{F}, \mathcal{P})$, 考虑具有时变时滞的奇异跳变系统:

$$\begin{cases} E(r_t)\dot{x}(t) = A(r_t)x(t) + A_d(r_t)x(t - \tau(t)) + B(r_t)u(t) \\ x(t) = \phi(t), \quad \forall\, t \in [-\bar{\tau},\, 0] \end{cases} \tag{3.1}$$

其中, $x(t) \in \mathbb{R}^n$ 为状态向量; $u(t) \in \mathbb{R}^m$ 为控制输入; $\phi(t)$ 为连续初始函数; 矩阵 $E(r_t) \in \mathbb{R}^{n \times n}$ 为奇异的且 $\operatorname{rank}(E(r_t)) = r < n$; $\{r_t\}$ 是马尔可夫过程, 具体性质详见 2.1 节; $\tau(t)$ 是时变时滞的且满足:

$$0 \leqslant \tau(t) \leqslant \bar{\tau} < \infty, \quad \dot{\tau}(t) = \mu < 1 \tag{3.2}$$

其中, $\bar{\tau}$ 和 μ 为常数标量.

定义 3.1 [12,13] 如果存在 P-D 状态反馈控制器

$$u(t) = K_p(r_t)x(t) - K_d(r_t)\dot{x}(t) \tag{3.3}$$

使得相应的闭环系统

$$(E(r_t) + B(r_t)K_d(r_t))\dot{x}(t) = (A(r_t) + B(r_t)K_p(r_t))x(t) + A_d(r_t)x(t - \tau(t)) \tag{3.4}$$

是一个正则 (正常) 的马尔可夫跳变系统, 这意味着 $| E(r_t) + B(r_t)K_d(r_t) | \neq 0$, 且闭环系统 (3.4) 可以改写为

$$\begin{aligned} \dot{x}(t) &= (E(r_t) + B(r_t)K_d(r_t))^{-1}(A(r_t) + B(r_t)K_p(r_t))x(t) \\ &\quad + (E(r_t) + B(r_t)K_d(r_t))^{-1}A_d(r_t)x(t - \tau(t)) \end{aligned} \tag{3.5}$$

则称时滞奇异跳变系统 (3.1) 是可正常化的.

为了简化叙述, 对于任意 $r_t = i \in \mathcal{S}$, 矩阵 $E(r_t)$ 写为 E_i, $A(r_t)$ 写为 A_i, $A_d(r_t)$ 写为 A_{di} 等.

注 3.1 奇异系统的无限极点可以在正常化条件下通过 P-D 状态反馈配置为有限极点[12,13]. 此时, 一个合适的 P-D 状态反馈控制器可以保证闭环系统 (3.4) 或 (3.5) 是正则、无脉冲的. 根据文献 [12] 和 [13], 奇异系统 (3.1) 可正常化等价于 $\operatorname{rank}(E_i\ B_i) = n$. 因此, 本节要求 $\operatorname{rank}(E_i\ B_i) = n$, 以此保证被涉及的奇异系统可正常化.

本节的目的是设计一个 P-D 状态反馈控制器使得时滞奇异跳变系统 (3.1) 是可正常化的且满足随机稳定条件.

3.1.2　主要结论

设 $z(t) = \begin{bmatrix} x^{\mathrm{T}}(t) & \dot{x}^{\mathrm{T}}(t) \end{bmatrix}^{\mathrm{T}}$, 则 P-D 状态反馈控制器 (3.3) 可描述为

$$u(t) = \begin{bmatrix} K_p(r_t) & -K_d(r_t) \end{bmatrix} \begin{bmatrix} x(t) \\ \dot{x}(t) \end{bmatrix} = \begin{bmatrix} K_p(r_t) & -K_d(r_t) \end{bmatrix} z(t) \quad (3.6)$$

且满足下面的增广系统:

$$\begin{bmatrix} I_n & 0 \\ 0 & 0 \end{bmatrix} \dot{z}(t) = \begin{bmatrix} 0 & I_n \\ A(r_t) & -E(r_t) \end{bmatrix} z(t)$$
$$+ \begin{bmatrix} 0 & 0 \\ A_d(r_t) & 0 \end{bmatrix} z(t - \tau(t)) + \begin{bmatrix} 0 \\ B(r_t) \end{bmatrix} u(t) \quad (3.7)$$

因此, 时滞奇异跳变系统 (3.1) 拓展为

$$\begin{bmatrix} I_n & 0 \\ 0 & 0 \end{bmatrix} \dot{z}(t) = A_c(r_t)z(t) + A_{dc}(r_t)z(t - \tau(t)) \quad (3.8)$$

其中

$$A_c(r_t) = \begin{bmatrix} 0 & I_n \\ A(r_t) + B(r_t)K_p(r_t) & -(E(r_t) + K_d(r_t)) \end{bmatrix}$$

$$A_{dc}(r_t) = \begin{bmatrix} 0 & 0 \\ A_d(r_t) & 0 \end{bmatrix}$$

定理 3.1　如果对于任意 $i \in \mathcal{S}$ 存在矩阵 $P_{1i} > 0$、$Q_{11} > 0$、$Q_{22} > 0$、P_{2i}, 使得矩阵不等式 (3.9) 成立, 那么增广奇异跳变系统 (3.8) 满足随机容许性. 如果增广奇异跳变系统 (3.8) 是随机容许的, 则时滞马尔可夫跳变系统 (3.5) 满足随机稳定条件.

$$\Sigma_i = \begin{bmatrix} \Sigma_{1i} & \Sigma_{2i} & 0 & 0 \\ * & \Sigma_{3i} & A_{di}P_{1i} & 0 \\ * & * & -(1-\mu)Q_{11} & 0 \\ * & * & * & -(1-\mu)Q_{22} \end{bmatrix} < 0 \quad (3.9)$$

其中

$$\Sigma_{1i} = \sum_{j=1}^{N} \pi_{ij} P_{1j} + \text{sym}(P_{2i}) + Q_{11}$$

$$\Sigma_{2i} = P_{2i} + P_{1i}^{\text{T}}(A_i + B_i K_{pi})^{\text{T}} - P_{2i}^{\text{T}}(E_i + B_i K_{di})^{\text{T}}$$

$$\Sigma_{3i} = -\text{sym}((E_i + B_i K_{di})P_{2i}) + Q_{22}$$

证明　根据引理 1.8, 如果不等式 (3.10) 成立, 则增广奇异跳变系统 (3.8) 是随机容许的.

$$\hat{\Pi}_i = \begin{bmatrix} \hat{\Pi}_{1i} & A_{dci}P_i \\ * & -(1-\mu)Q \end{bmatrix} < 0 \tag{3.10}$$

其中

$$\hat{\Pi}_{1i} = \text{sym}(A_{ci}P_i) + \sum_{j=1}^{N} \pi_{ij} \tilde{E}_j P_j + Q, \quad \tilde{E}_j = \begin{bmatrix} I_n & 0 \\ 0 & 0 \end{bmatrix}$$

设 $P_{1i} > 0$ 且

$$P_i = \begin{bmatrix} P_{11} & 0 \\ P_{21} & P_{22} \end{bmatrix}, \quad Q = \begin{bmatrix} Q_{11} & 0 \\ 0 & Q_{22} \end{bmatrix} > 0$$

结合式 (3.10) 与式 (3.8), 可以得到 $\hat{\Pi}_i = \Sigma_i < 0$ 且 $E_i + B_i K_{di}$ 是可逆的.
构造

$$T_i = \begin{bmatrix} I & 0 & 0 & 0 \\ E_i + B_i K_{di} & I & 0 & 0 \\ 0 & 0 & I & 0 \\ 0 & 0 & 0 & I \end{bmatrix}^{\text{T}}$$

对 Σ_i 进行合同变换, 可以得到

$$\Xi_i = T_i^{\text{T}} \Sigma_i T_i = \begin{bmatrix} \Xi_{1i} & \Xi_{2i} & 0 & 0 \\ * & \Xi_{3i} & A_{di}P_{1i} & 0 \\ * & * & -(1-\mu)Q_{11} & 0 \\ * & * & * & -(1-\mu)Q_{22} \end{bmatrix} < 0 \tag{3.11}$$

其中

$$\Xi_{1i} = \sum_{j=1}^{N} \pi_{ij} P_{1j} + \text{sym}(P_{2i}) + Q_{11}$$

$$\Xi_{2i} = P_{2i} + P_{1i}(A_i + B_iK_{pi})^{\mathrm{T}} + Q_{11}(E_i + B_iK_{di})^{\mathrm{T}}$$

$$+ \sum_{j=1}^{N} \pi_{ij}P_{1j}(E_i + B_iK_{di})^{\mathrm{T}} + P_{2i}(E_i + B_iK_{di})^{\mathrm{T}}$$

$$\Xi_{3i} = \mathrm{sym}((A_i + B_iK_{pi})P_{1i}(E_i + B_iK_{di})^{\mathrm{T}}) + (E_i + B_iK_{di})Q_{11}(E_i + B_iK_{di})^{\mathrm{T}}$$

$$+ (E_i + B_iK_{di})\sum_{j=1}^{N}\pi_{ij}P_{1j}(E_i + B_iK_{di})^{\mathrm{T}} + Q_{22}$$

在 Ξ_i 两边分别乘以 $\begin{bmatrix} 0 & I & 0 & 0 \\ 0 & 0 & I & 0 \end{bmatrix}$ 及其转置, 由 $Q_{22} > 0$, 可以得出

$$\hat{\Xi}_i = \begin{bmatrix} \hat{\Xi}_{3i} & A_{di}P_{1i} \\ * & -(1-\mu)Q_{11} \end{bmatrix} < 0 \tag{3.12}$$

其中, $\hat{\Xi}_{3i} = \mathrm{sym}((A_i+B_iK_{pi})P_{1i}(E_i+B_iK_{di})^{\mathrm{T}}) + (E_i+B_iK_{di})Q_{11}(E_i+B_iK_{di})^{\mathrm{T}} + (E_i + B_iK_{di})\sum_{j=1}^{N}\pi_{ij}P_{1j}(E_i + B_iK_{di})^{\mathrm{T}}.$

利用 $W_i = \begin{bmatrix} (E_i + B_iK_{di})^{-1} & 0 \\ 0 & I \end{bmatrix}^{\mathrm{T}}$ 对 $\hat{\Xi}_i$ 进行合同变换, 可以得到

$$\Psi_i = W_i^{\mathrm{T}}\hat{\Xi}_i W_i = \begin{bmatrix} \Psi_{1i} & \Psi_{2i} \\ * & -(1-\mu)Q_{11} \end{bmatrix} < 0 \tag{3.13}$$

其中, $\Psi_{1i} = \mathrm{sym}((E_i + B_iK_{di})^{-1}(A_i + B_iK_{pi})P_{1i}) + Q_{11} + \sum_{j=1}^{N}\pi_{ij}P_{1j}$, $\Psi_{2i} = (E_i + B_iK_{di})^{-1}A_{di}P_{1i}$.

根据引理 1.7, 可以证得正常化的时滞马尔可夫跳变系统 (3.5) 是随机稳定的.

$\square$

注 3.2 引入的额外变量会改变一些系统属性, 在这种增广变化下, 有些系统属性无法保留[14]. 例如, 令 $\mathcal{S} = \{1\}$, $\tau(t) = \tau = 0$ 且

$$\begin{bmatrix} 1 & 0 \\ 0 & 0 \end{bmatrix}\dot{x}(t) = \begin{bmatrix} -3 & 0 \\ 0 & 2 \end{bmatrix}x(t) \tag{3.14}$$

可以很容易验证: 由

$$\begin{bmatrix} I_2 & 0 \\ 0 & 0 \end{bmatrix} \dot{z}(t) = \left[\begin{bmatrix} 0 \\ -3 & 0 \\ 0 & 2 \end{bmatrix} - \begin{bmatrix} I_2 \\ 1 & 0 \\ 0 & 0 \end{bmatrix} \right] z(t) \tag{3.15}$$

给出的增广系统不是无脉冲的.

然而, 根据定理 3.1, 可以发现增广奇异跳变系统的比例状态反馈镇定问题 (3.8), 经由 P-D 状态反馈控制可变为时滞奇异跳变系统 (3.1) 正常化和稳定的充分条件.

现在, 设计 P-D 状态反馈控制器 (3.3) 以实现时滞奇异跳变系统 (3.1) 的正常化和随机镇定.

定理 3.2　基于 P-D 状态反馈控制器 (3.3) 的闭环时滞奇异跳变系统 (3.4) 是正则 (正常) 的和随机稳定的, 如果对于所有 $i \in \mathcal{S}$, 存在矩阵 $P_{1i} > 0$、$Q_{11} > 0$、$Q_{22} > 0$、P_{2i}、X_i、Y_i 使得

$$\tilde{\Sigma}_i = \begin{bmatrix} \tilde{\Sigma}_{1i} & \tilde{\Sigma}_{2i} & 0 & 0 \\ * & \tilde{\Sigma}_{3i} & A_{di}P_{1i} & 0 \\ * & * & -(1-\mu)Q_{11} & 0 \\ * & * & * & -(1-\mu)Q_{22} \end{bmatrix} < 0 \tag{3.16}$$

其中, $\tilde{\Sigma}_{1i} = \sum_{j=1}^{N} \pi_{ij}P_{1j} + \mathrm{sym}(P_{2i}) + Q_{11}$, $\tilde{\Sigma}_{2i} = P_{2i} + P_{1i}^{\mathrm{T}}A_i^{\mathrm{T}} + X_i^{\mathrm{T}}B_i^{\mathrm{T}} - P_{2i}^{\mathrm{T}}E_i^{\mathrm{T}} - Y_i^{\mathrm{T}}B_i^{\mathrm{T}}$, $\tilde{\Sigma}_{3i} = -\mathrm{sym}(E_iP_{2i} + B_iY_i) + Q_{22}$.

此时, 所期望的 P-D 状态反馈控制器 (3.3) 可由式 (3.17) 实现:

$$K_{pi} = X_iP_{1i}^{-1}, \quad K_{di} = Y_iP_{2i}^{-1} \tag{3.17}$$

证明　设定理 3.1 中的 $K_{pi}P_{1i} = X_i$、$K_{di}P_{2i} = Y_i$, 则定理 3.1 中的 $\Sigma_i < 0$ 等价于定理 3.2 中的 $\tilde{\Sigma}_i < 0$. 根据定理 3.1, 定理 3.2 即可得证.　　□

注 3.3　如果 $X_i = 0$, 则 $K_{pi} = 0$, 这会导出导数状态反馈控制器 $u(t) = -K_{di}\dot{x}(t)$, 其中 $K_{di} = Y_iP_{2i}^{-1}$. 另外, 如果式 (3.17) 中的 $Y_i = 0$, 那么 $K_{di} = 0$, 这会导出比例状态反馈控制器 $u(t) = K_{pi}x(t)$, 其中 $K_{pi} = X_iP_{1i}^{-1}$. 而且, 当 $\mathrm{rank}(E_i) = n$ 时, 可以通过此方法解决正常马尔可夫跳变系统 (3.1) 的鲁棒镇定问题.

注 3.4　当时滞 $\tau(t) = \tau$ 时, 时变时滞退化为定常时滞, 且 $\dot{\tau}(t) = \mu = 0$. 构建 L-K 泛函 (3.18), 由定理 3.1 和定理 3.2 可以得到所期望的 P-D 状态反馈控制

器 (3.17).

$$V(x_t, r_t) = x^{\mathrm{T}}(t)P(r_t)x(t) + \int_{t-\tau}^{t} x^{\mathrm{T}}(s)Qx(s)\mathrm{d}s \tag{3.18}$$

注 3.3 和注 3.4 中的分析与讨论可以用下面的推论来阐释, 推论证明可以由定理 3.1 与定理 3.2 给出.

推论 3.1 基于导数状态反馈控制器 $u(t) = -K_{di}\dot{x}(t)$ 的闭环时滞奇异跳变系统 (3.4) 是正则、随机稳定的, 如果对于所有 $i \in \mathcal{S}$, 存在矩阵 $P_{1i} > 0$、$Q_{11} > 0$、$Q_{22} > 0$、P_{2i}、Y_i 使得

$$\hat{\Sigma}_i = \begin{bmatrix} \hat{\Sigma}_{1i} & \hat{\Sigma}_{2i} & 0 & 0 \\ * & \hat{\Sigma}_{3i} & A_{di}P_{1i} & 0 \\ * & * & -(1-\mu)Q_{11} & 0 \\ * & * & * & -(1-\mu)Q_{22} \end{bmatrix} < 0 \tag{3.19}$$

其中

$$\hat{\Sigma}_{1i} = \sum_{j=1}^{N} \pi_{ij}P_{1j} + \mathrm{sym}(P_{2i}) + Q_{11}$$

$$\hat{\Sigma}_{2i} = P_{2i} + P_{1i}^{\mathrm{T}}A_i^{\mathrm{T}} - P_{2i}^{\mathrm{T}}E_i^{\mathrm{T}} - Y_i^{\mathrm{T}}B_i^{\mathrm{T}}$$

$$\hat{\Sigma}_{3i} = -\mathrm{sym}(E_iP_{2i} + B_iY_i) + Q_{22}$$

此时, 所期望的导数状态反馈控制器可由式 (3.20) 得出:

$$K_{di} = Y_iP_{2i}^{-1} \tag{3.20}$$

推论 3.2 基于比例状态反馈控制器 $u(t) = K_{pi}x(t)$ 的闭环时滞奇异跳变系统 (3.4) 是正则、无脉冲、随机稳定的, 如果对于所有 $i \in \mathcal{S}$, 存在矩阵 $P_{1i} > 0$、$Q_{11} > 0$、$Q_{22} > 0$、P_{2i}、X_i 使得

$$\check{\Sigma}_i = \begin{bmatrix} \check{\Sigma}_{1i} & \check{\Sigma}_{2i} & 0 & 0 \\ * & \check{\Sigma}_{3i} & A_{di}P_{1i} & 0 \\ * & * & -(1-\mu)Q_{11} & 0 \\ * & * & * & -(1-\mu)Q_{22} \end{bmatrix} < 0 \tag{3.21}$$

其中

$$\check{\Sigma}_{1i} = \sum_{j=1}^{N} \pi_{ij}P_{1j} + \mathrm{sym}(P_{2i}) + Q_{11}$$

$$\check{\Sigma}_{2i} = P_{2i} + P_{1i}^{\mathrm{T}} A_i^{\mathrm{T}} + X_i^{\mathrm{T}} B_i^{\mathrm{T}} - P_{2i}^{\mathrm{T}} E_i^{\mathrm{T}}$$

$$\check{\Sigma}_{3i} = -\mathrm{sym}(E_i P_{2i}) + Q_{22}$$

此时, 所期望的比例状态反馈控制器可以由式 (3.22) 给出:

$$K_{pi} = X_i P_{1i}^{-1} \tag{3.22}$$

3.1.3 仿真算例

例 3.1 考虑以下石油催化裂化过程 (OCCP)[4, 12]:

$$\begin{cases} \dot{x}_1(t) = A_{11}x_1(t) + A_{12}x_2(t) + B_1 u(t) + D_1 f(t) \\ 0 = A_{21}x_1(t) + A_{22}x_2(t) + B_2 u(t) + D_2 f(t) \end{cases} \tag{3.23}$$

其中, $x_1(t)$ 为被调节变量, 如更新温度、风机容量等; $x_2(t)$ 反映效益、策略、运行管理等; $u(t)$ 为调节值; $f(t)$ 为外部干扰. 由于内外部环境不断变化, 此石油催化裂化过程的参数将会不可避免地受到影响, 系统参数的这种变化机制可以用连续时间马尔可夫过程 $\{r_t\}$ 的跳变来描述.

设 $f(t) = 0$, 考虑状态时滞影响并应用文献 [4] 中例 1 的参数, 那么 OCCP (3.23) 可以表示为具有以下参数的时滞奇异跳变系统 (3.1):

$$A_1 = \begin{bmatrix} -0.6 & 0.5 \\ 0.5 & 0.4 \end{bmatrix}, \quad A_{d1} = \begin{bmatrix} 0.04 & -0.03 \\ 0.02 & 0.03 \end{bmatrix}, \quad E_1 = E_2 = \begin{bmatrix} 1 & 0 \\ 0 & 0 \end{bmatrix}$$

$$A_2 = \begin{bmatrix} -0.3 & 0.2 \\ 0.1 & 0.2 \end{bmatrix}, \quad A_{d2} = \begin{bmatrix} 0.015 & -0.010 \\ -0.025 & 0.010 \end{bmatrix}, \quad \Pi = \begin{bmatrix} -1.2 & 1.2 \\ 0.8 & -0.8 \end{bmatrix}$$

令 $r_0 = 2$、$\mu = 0.35$, 系统模态 $r_t \in \{1,2\}$. 解定理 3.2 中的线性矩阵不等式 (3.16), 可以得到所期望的 P-D 状态反馈控制器参数为

$$K_{p1} = \begin{bmatrix} 5.5616 & 1.9835 \end{bmatrix}, \quad K_{p2} = \begin{bmatrix} 4.3975 & 1.7897 \end{bmatrix}$$

$$K_{d1} = \begin{bmatrix} -2.2956 & -1.1756 \end{bmatrix}, \quad K_{d2} = \begin{bmatrix} -2.7485 & -1.5554 \end{bmatrix}$$

令初始条件为 $x(0) = \begin{bmatrix} 1.2 & -0.8 \end{bmatrix}^{\mathrm{T}}$. 图 3.1 描述了在定理 3.2 的条件下基于状态转移率矩阵 Π 的闭环 OCCP (3.23) 的状态轨迹.

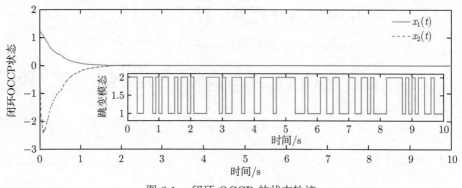

图 3.1　闭环 OCCP 的状态轨迹

3.2　基于 P-D 反馈控制的中立型时滞奇异跳变系统正常化设计

本节研究中立型时滞奇异跳变系统的正常化与镇定问题. 设计模态相关的时滞 P-D 状态反馈控制器和模态相关的时滞 P-D 输出注入控制器, 利用正常化技术将中立型时滞奇异跳变系统的镇定问题转化为中立型时滞正常跳变系统的稳定问题. 构造模态相关和时滞相关的 L-K 泛函, 得到基于线性矩阵不等式的时滞奇异跳变系统正常化条件. 利用部分元件等效电路 (PEEC) 算例验证所提出的控制器设计方法的有效性和实用性.

本节的贡献和创新点如下:

(1) 设计了模态相关的时滞 P-D 状态反馈控制器和模态相关的时滞 P-D 输出注入控制器, 实现了时滞奇异跳变系统正常化;

(2) 构造了模态相关和时滞相关的 L-K 泛函, 得到了基于线性矩阵不等式的时滞奇异跳变系统正常化条件;

(3) 同时考虑了中立型时滞和时变时滞, 而且时变时滞可以退化到定常时滞, 设计方法具有普适性.

3.2.1　问题描述

给定概率空间 $(\Omega, \mathfrak{F}, \mathcal{P})$, 考虑具有时变时滞和中立型时滞的奇异跳变系统:

$$
\begin{cases}
E\left(r_t\right) \dot{x}(t) - N\left(r_t\right) \dot{x}\left(t-\tau\right) = A\left(r_t\right) x(t) + A_d\left(r_t\right) x\left(t-\tau(t)\right) + u\left(t, r_t\right) \\
x(t) = \phi(t), \quad \forall\, t \in [-\tau,\, 0]
\end{cases}
$$

$$(3.24)$$

其中, $x(t) \in \mathbb{R}^n$ 为系统状态; $\phi(t)$ 为初始状态; $u(\cdot) \in \mathbb{R}^m$ 为控制输入; 矩阵 $E\left(r_t\right) \in \mathbb{R}^{n \times n}$ 是奇异的, $\operatorname{rank}(E\left(r_t\right)) = r < n$; 右连续马尔可夫过程 $\{r_t\}$ 在有限

集 $\mathcal{S} = \{1,\, 2,\, \cdots,\, N\}$ 中取值, 具体性质详见 2.1 节.

$\tau(t)$ 是时变时滞, 且满足:

$$0 \leqslant \tau(t) \leqslant \tau < \infty, \quad \dot{\tau}(t) \leqslant \mu \tag{3.25}$$

其中, τ 和 μ 为常数标量.

本节的主要目的是设计模态相关的时滞 P-D 反馈控制器 (3.26), 实现中立型时滞奇异跳变系统 (3.24) 的正常化和稳定性.

$$u(t, r_t) = B(r_t) K_p(r_t) x(t) + C(r_t) K_l(r_t) x\left(t - \tau(t)\right) - D(r_t) K_d(r_t) \dot{x}(t) \tag{3.26}$$

根据文献 [15] 和 [16], 本节的时滞 P-D 反馈控制器 (3.26) 包含时滞 P-D 状态反馈控制器和输出注入控制器. 时滞 P-D 状态反馈控制是对于给定的 $K_p(r_t)$、$K_l(r_t)$、$K_d(r_t)$, 设计 $B(r_t)$、$C(r_t)$、$D(r_t)$; 时滞 P-D 输出注入控制是对于给定的 $B(r_t)$、$C(r_t)$、$D(r_t)$, 设计 $K_p(r_t)$、$K_l(r_t)$、$K_d(r_t)$.

定义 3.2[12,13]　如果存在模态相关的时滞 P-D 反馈控制器 (3.26) 使 $|E(r_t) + D(r_t)K_d(r_t)| \neq 0$ 且相应的闭环系统

$$(E(r_t) + D(r_t)K_d(r_t))\,\dot{x}(t) - N(r_t)\,\dot{x}\left(t - \tau\right)$$
$$= (A(r_t) + B(r_t)K_p(r_t))\,x(t) + (A_d(r_t) + C(r_t)K_l(r_t))\,x\left(t - \tau(t)\right) \tag{3.27}$$

是一个正常的中立型时滞奇异跳变系统, 则中立型时滞奇异跳变系统 (3.24) 可正常化, 闭环系统 (3.27) 可改写为

$$\dot{x}(t) - (E(r_t) + D(r_t)K_d(r_t))^{-1} N(r_t)\,\dot{x}\left(t - \tau\right)$$
$$= (E(r_t) + D(r_t)K_d(r_t))^{-1} (A(r_t) + B(r_t)K_p(r_t))\,x(t)$$
$$+ (E(r_t) + D(r_t)K_d(r_t))^{-1} (A_d(r_t) + C(r_t)K_l(r_t))\,x\left(t - \tau(t)\right) \tag{3.28}$$

简单起见, 对于所有 $r_t = i \in \mathcal{S}$, 矩阵 $E(r_t)$ 用 E_i 表示, $A(r_t)$ 用 A_i 表示, $A_d(r_t)$ 用 A_{di} 表示等.

3.2.2　主要结论

定理 3.3　中立型时滞奇异跳变系统 (3.28) 是随机稳定的, 如果对于每一个 $i \in \mathcal{S}$, 存在矩阵 $Q > 0$、$R > 0$、$W > 0$、$V \geqslant 0$、$\hat{P}_i$ 和 U 使得

$$\begin{bmatrix} V & U \\ * & V \end{bmatrix} > 0 \tag{3.29}$$

$$\hat{P}_i \left(E_i + D_i K_{di} \right) > 0 \tag{3.30}$$

$$\Psi_i + \varUpsilon_i^{\mathrm{T}} \varXi \varUpsilon_i = \begin{bmatrix} \Psi_{1i} & \Psi_{2i} & U & \hat{P}_i N_i \\ * & \Psi_{3i} & V - U & 0 \\ * & * & -Q - V & 0 \\ * & * & * & -W \end{bmatrix} + \varUpsilon_i^{\mathrm{T}} \varXi \varUpsilon_i < 0 \tag{3.31}$$

$$\left| \left(E_i + D_i K_{di} \right)^{-1} N_i \right| < 1 \tag{3.32}$$

其中

$$\Psi_{1i} = \mathrm{sym}(\hat{P}_i(A_i + B_i K_{pi})) + Q + R - V + \sum_{j=1}^{N} \pi_{ij} [\hat{P}_j (E_j + D_j K_{dj})]$$

$$\Psi_{2i} = \hat{P}_i(A_{di} + C_i K_{li}) + V - U, \quad \Psi_{3i} = -2V + U + U^{\mathrm{T}} + (\mu - 1)R$$

$$\varUpsilon_i^{\mathrm{T}} = \begin{bmatrix} \left[\left(E_i + D_i K_{di} \right)^{-1} \left(A_i + B_i K_{pi} \right) \right]^{\mathrm{T}} \\ \left[\left(E_i + D_i K_{di} \right)^{-1} \left(A_{di} + C_i K_{li} \right) \right]^{\mathrm{T}} \\ 0 \\ \left[\left(E_i + D_i K_{di} \right)^{-1} N_i \right]^{\mathrm{T}} \end{bmatrix}, \quad \varXi = W + \tau^2 V$$

证明 定义 $\{x_t = x(t + \theta), \ -\tau \leqslant \theta \leqslant 0\}$, 得到具有初始状态 $(r_0, \ \phi(\cdot))$ 的马尔可夫过程 $\{(x_t, r_t), \ t \geqslant \tau\}$. 对于中立型时滞奇异跳变系统 (3.28), 构建如下 L-K 泛函:

$$V(x_t, r_t) = V_1(x_t, r_t) + V_2(x_t) + V_3(x_t) + V_4(x_t) + V_5(x_t) \tag{3.33}$$

其中

$$V_1(x_t, r_t) = x^{\mathrm{T}}(t) P(r_t) x(t)$$

$$V_2(x_t) = \int_{t-\tau}^{t} x^{\mathrm{T}}(s) Q x(s) \mathrm{d}s$$

$$V_3(x_t) = \int_{t-\tau(t)}^{t} x^{\mathrm{T}}(s) R x(s) \mathrm{d}s$$

$$V_4(x_t) = \int_{t-\tau}^{t} \dot{x}^{\mathrm{T}}(s) W \dot{x}(s) \mathrm{d}s$$

$$V_5\left(x_t\right) = \tau \int_{-\tau}^0 \int_{t+\theta}^t \dot{x}^{\mathrm{T}}\left(s\right) V \dot{x}\left(s\right) \mathrm{d}s \mathrm{d}\theta$$

设 $\mathcal{A}V$ 为马尔可夫过程 $\{(x_t, r_t),\ t \geqslant \tau\}$ 作用在 $V(\cdot)$ 上的弱无穷小算子:

$$\mathcal{A}V\left(x_t, r_t = i\right) = \lim_{h \to 0} \frac{\mathcal{E}\left\{V\left(x_{t+h}, r_{t+h}\right) \left| x_t, r_t = i\right.\right\} - V\left(x_t, r_t = i\right)}{h} \tag{3.34}$$

则

$$\begin{aligned}
\mathcal{A}V_1\left(x_t, r_t = i\right) &= 2x^{\mathrm{T}}(t) P_i \left(E_i + D_i K_{di}\right)^{-1} \left[\left(A_i + B_i K_{pi}\right)\right. \\
&\quad \times x(t) + \left(A_{di} + C_i K_{li}\right) x\left(t - \tau(t)\right) \\
&\quad \left. + N_i \dot{x}\left(t - \tau\right)\right] + x^{\mathrm{T}}(t) \sum_{j=1}^N \pi_{ij} P_j x(t)
\end{aligned} \tag{3.35}$$

$$\mathcal{A}V_2\left(x_t\right) = x^{\mathrm{T}}(t) Q x(t) - x^{\mathrm{T}}\left(t - \tau\right) Q x\left(t - \tau\right) \tag{3.36}$$

$$\mathcal{A}V_3\left(x_t\right) \leqslant x^{\mathrm{T}}(t) R x(t) - (1 - \mu) x^{\mathrm{T}}\left(t - \tau(t)\right) R x\left(t - \tau(t)\right) \tag{3.37}$$

$$\mathcal{A}V_4\left(x_t\right) = \dot{x}^{\mathrm{T}}(t) W \dot{x}(t) - \dot{x}^{\mathrm{T}}\left(t - \tau\right) W \dot{x}\left(t - \tau\right) \tag{3.38}$$

$$\mathcal{A}V_5\left(x_t\right) = \tau^2 \dot{x}^{\mathrm{T}}\left(t\right) V \dot{x}(t) - \tau \int_{t-\tau}^t \dot{x}^{\mathrm{T}}\left(s\right) V \dot{x}\left(s\right) \mathrm{d}s \tag{3.39}$$

根据引理 1.3, 得到

$$-\tau \int_{t-\tau}^t \dot{x}^{\mathrm{T}}\left(s\right) V \dot{x}\left(s\right) \mathrm{d}s \leqslant \zeta^{\mathrm{T}}(t) \bar{\Pi} \zeta(t) \tag{3.40}$$

其中

$$\zeta(t) = \left[\begin{array}{ccc} x^{\mathrm{T}}(t) & x^{\mathrm{T}}(t - \tau(t)) & x^{\mathrm{T}}(t - \tau) \end{array}\right]^{\mathrm{T}}$$

$$\bar{\Pi} = \left[\begin{array}{ccc} -V & V - U & U \\ * & -2V + U + U^{\mathrm{T}} & V - U \\ * & * & -V \end{array}\right]$$

结合式 (3.35) $\sim$ 式 (3.40) 并且取 $P_i \left(E_i + D_i K_{di}\right)^{-1} = \hat{P}_i$, 得到

$$\mathcal{A}V\left(x_t, r_t = i\right) \leqslant \bar{\zeta}^{\mathrm{T}}(t) \Psi_i \bar{\zeta}(t) < 0 \tag{3.41}$$

其中

$$\bar{\zeta}(t) = \left[\begin{array}{cccc} x^{\mathrm{T}}(t) & x^{\mathrm{T}}(t - \tau(t)) & x^{\mathrm{T}}(t - \tau) & \dot{x}^{\mathrm{T}}(t - \tau) \end{array}\right]^{\mathrm{T}}$$

那么, 存在正标量 ϱ, 对于每一个 $x(t) \neq 0$, 有

$$\mathcal{A}V(x_t, r_t = i) \leqslant -\varrho x^{\mathrm{T}}(t)x(t) \tag{3.42}$$

根据 Dynkin 公式, 得到

$$\mathcal{E}\{V(x_{t_1}, r_{t_1})\} - \mathcal{E}\{V(x_0, r_0)\} \leqslant -\varrho\mathcal{E}\left\{\int_0^{t_1} x^{\mathrm{T}}(s)x(s)\mathrm{d}s\right\}$$

$$\mathcal{E}\{V(x_T, r_T)\} - \mathcal{E}\{V(x_{t_1}, r_{t_1})\} \leqslant -\varrho\mathcal{E}\left\{\int_{t_1}^T x^{\mathrm{T}}(s)x(s)\mathrm{d}s\right\}$$

从而

$$\mathcal{E}\left\{\int_0^T x^{\mathrm{T}}(s)x(s)\mathrm{d}s\right\} \leqslant \varrho^{-1}\mathcal{E}\{V(x_0, r_0)\} \tag{3.43}$$

根据定义 3.2, 中立型时滞奇异跳变系统 (3.28) 是随机稳定的. □

注 3.5 根据文献 [33], 中立型时滞项参数矩阵的范数必须严格小于 1 才能保证正常中立型系统的稳定性. 因此, $\left|(E_i + D_i K_{di})^{-1} N_i\right| < 1$ 是必要约束条件.

注 3.6 弱无穷小算子

$$\mathcal{A}V(x_t, r_t = i) = \lim_{h \to 0} \frac{\mathcal{E}\{V(x_{t+h}, r_{t+h}) | x_t, r_t = i\} - V(x_t, r_t = i)}{h}$$

中的条件期望为 $\mathcal{E}\{V_1(x_{t+h}, r_{t+h}) | x_t, r_t = i\}$, $x^{\mathrm{T}}(t) \sum\limits_{j=1}^N \pi_{ij} P_j x(t)$ 中关于模态 j 的求和源于此弱无穷小算子中的条件期望.

现在, 设计模态相关的时滞 P-D 状态反馈控制器 (3.26) 来实现中立型时滞奇异跳变系统 (3.24) 的正常化和镇定.

定理 3.4 考虑具有时滞 P-D 状态反馈控制器 (3.26) 的中立型时滞奇异跳变系统 (3.24), 则闭环系统 (3.28) 是随机稳定的, 如果对于每一个 $i \in \mathcal{S}$, 存在 $Q > 0$、$R > 0$、$W > 0$、$V \geqslant 0$、$\hat{P}_i$、U、X_i、Y_i、Z_i, 使得式 (3.29) 和以下线性矩阵不等式成立:

$$\hat{P}_i E_i + Z_i K_{di} > 0 \tag{3.44}$$

$$\begin{bmatrix} -I & N_i^{\mathrm{T}} \hat{P}_i^{\mathrm{T}} \\ * & I - \mathrm{sym}(\hat{P}_i E_i + Z_i K_{di}) \end{bmatrix} < 0 \tag{3.45}$$

$$
\Phi_i =
\begin{bmatrix}
\Phi_{1i} & \Phi_{2i} & U & \hat{P}_i N_i & \Phi_{4i} & \Phi_{8i} \\
* & \Phi_{3i} & V - U & 0 & \Phi_{5i} & \Phi_{9i} \\
* & * & -Q - V & 0 & 0 & 0 \\
* & * & * & -W & \Phi_{6i} & \Phi_{10i} \\
* & * & * & * & \Phi_{7i} & 0 \\
* & * & * & * & * & \Phi_{11i}
\end{bmatrix} < 0
\tag{3.46}
$$

其中

$$
\Phi_{1i} = \mathrm{sym}(\hat{P}_i A_i + X_i K_{pi}) + Q + R - V + \sum_{j=1}^{N} \pi_{ij}(\hat{P}_j E_j + Z_j K_{dj})
$$

$$
\Phi_{2i} = \hat{P}_i A_{di} + Y_i K_{li} + V - U, \quad \Phi_{3i} = -2V + U + U^{\mathrm{T}} + (\mu - 1)R
$$

$$
\Phi_{4i} = \tau(\hat{P}_i A_i + X_i K_{pi})^{\mathrm{T}}, \quad \Phi_{5i} = \tau(\hat{P}_i A_{di} + Y_i K_{li})^{\mathrm{T}}
$$

$$
\Phi_{6i} = \tau(\hat{P}_i N_i)^{\mathrm{T}}, \quad \Phi_{7i} = V - \mathrm{sym}(\hat{P}_i E_i + Z_i K_{di})
$$

$$
\Phi_{8i} = (\hat{P}_i A_i + X_i K_{pi})^{\mathrm{T}}, \quad \Phi_{9i} = (\hat{P}_i A_{di} + Y_i K_{li})^{\mathrm{T}}
$$

$$
\Phi_{10i} = (\hat{P}_i N_i)^{\mathrm{T}}, \quad \Phi_{11i} = W - \mathrm{sym}(\hat{P}_i E_i + Z_i K_{di})
$$

此时, 所期望的模态相关时滞 P-D 状态反馈控制器 (3.26) 的增益为

$$
B_i = \hat{P}_i^{-1} X_i, \quad C_i = \hat{P}_i^{-1} Y_i, \quad D_i = \hat{P}_i^{-1} Z_i
\tag{3.47}
$$

证明　注意到

$$
\left| (E_i + D_i K_{di})^{-1} N_i \right| < 1
$$

$$
\Leftrightarrow N_i^{\mathrm{T}} (E_i + D_i K_{di})^{-\mathrm{T}} (E_i + D_i K_{di})^{-1} N_i < I
\tag{3.48}
$$

由 Schur 补引理, 式 (3.48) 可以转化为

$$
\begin{bmatrix}
-I & N_i^{\mathrm{T}} \hat{P}_i^{\mathrm{T}} \\
* & -\hat{P}_i (E_i + D_i K_{di}) (E_i + D_i K_{di})^{\mathrm{T}} \hat{P}_i^{\mathrm{T}}
\end{bmatrix} < 0
\tag{3.49}
$$

由于式 (3.49) 可以由不等式

$$
\begin{bmatrix}
-I & N_i^{\mathrm{T}} \hat{P}_i^{\mathrm{T}} \\
* & I - \mathrm{sym}(\hat{P}_i (E_i + D_i K_{di}))
\end{bmatrix} < 0
\tag{3.50}
$$

得到, 对于不等式 (3.50), 令 $\hat{P}_i D_i = Z_i$, 则得到式 (3.45), 由此可得式 (3.32).

根据 Schur 补引理, 发现式 (3.31) 等价于

$$
\begin{bmatrix}
\Psi_i & \tau \Upsilon_i^{\mathrm{T}} & \Upsilon_i^{\mathrm{T}} \\
* & -V^{-1} & 0 \\
* & * & -W^{-1}
\end{bmatrix} < 0
\tag{3.51}
$$

利用 $\mathrm{diag}\{I, P_i^{\mathrm{T}}, P_i^{\mathrm{T}}\}$ 对式 (3.51) 进行合同变换, 得到

$$
\begin{bmatrix}
\Psi_i & \tau \Upsilon_i^{\mathrm{T}} P_i^{\mathrm{T}} & \Upsilon_i^{\mathrm{T}} P_i^{\mathrm{T}} \\
* & -P_i V^{-1} P_i^{\mathrm{T}} & 0 \\
* & * & -P_i W^{-1} P_i^{\mathrm{T}}
\end{bmatrix} < 0
\tag{3.52}
$$

注意到 $-P_i V^{-1} P_i^{\mathrm{T}} \leqslant V - P_i - P_i^{\mathrm{T}}$, $-P_i W^{-1} P_i^{\mathrm{T}} \leqslant W - P_i - P_i^{\mathrm{T}}$, 不等式 (3.52) 可由式 (3.53) 得到:

$$
\begin{bmatrix}
\Psi_i & \tau \Upsilon_i^{\mathrm{T}} P_i^{\mathrm{T}} & \Upsilon_i^{\mathrm{T}} P_i^{\mathrm{T}} \\
* & V - P_i - P_i^{\mathrm{T}} & 0 \\
* & * & W - P_i - P_i^{\mathrm{T}}
\end{bmatrix} < 0
\tag{3.53}
$$

根据 $P_i (E_i + D_i K_{di})^{-1} = \hat{P}_i$, $\hat{P}_i D_i = Z_i$, 令 $\hat{P}_i B_i = X_i$, $\hat{P}_i C_i = Y_i$, 定理 3.4 即可得证. □

定理 3.5　中立型时滞奇异跳变系统 (3.28) 满足随机稳定, 如果对于任意 $i \in \mathcal{S}$, 存在矩阵 $Q > 0$、$R > 0$、$W > 0$、$H_i > 0$、$\check{P}_i$, 使得式 (3.32) 和下面的矩阵不等式都成立:

$$
\check{P}_i (E_i + D_i K_{di}) > 0
\tag{3.54}
$$

$$
\pi_{ij} \check{P}_j (E_j + D_j K_{dj}) < H_j, \quad j \neq i
\tag{3.55}
$$

$$
\hat{\Psi}_i + \Upsilon_i^{\mathrm{T}} \hat{\Xi} \Upsilon_i =
\begin{bmatrix}
\hat{\Psi}_{1i} & \hat{\Psi}_{2i} & 0 & \check{P}_i N_i \\
* & \hat{\Psi}_{3i} & 0 & 0 \\
* & * & -\tau Q & 0 \\
* & * & * & -W
\end{bmatrix}
+ \Upsilon_i^{\mathrm{T}} \hat{\Xi} \Upsilon_i < 0
\tag{3.56}
$$

其中

$$
\hat{\Psi}_{1i} = \mathrm{sym}(\check{P}_i (A_i + B_i K_{pi})) + \tau Q + R + \sum_{j \neq i} H_j + \varpi_{ii} \check{P}_i (E_i + D_i K_{di})
$$

$$
\hat{\Psi}_{2i} = \check{P}_i (A_{di} + C_i K_{li}), \quad \hat{\Psi}_{3i} = (\mu - 1)R, \quad \hat{\Xi} = W
$$

$$\Upsilon_i^{\mathrm{T}} = \begin{bmatrix} \left[(E_i + D_i K_{di})^{-1} (A_i + B_i K_{pi}) \right]^{\mathrm{T}} \\ \left[(E_i + D_i K_{di})^{-1} (A_{di} + C_i K_{li}) \right]^{\mathrm{T}} \\ 0 \\ \left[(E_i + D_i K_{di})^{-1} N_i \right]^{\mathrm{T}} \end{bmatrix}$$

证明　构造如下 L-K 泛函:

$$V(x_t, r_t) = V_1(x_t, r_t) + V_2(x_t) + V_3(x_t) + V_4(x_t) \tag{3.57}$$

其中

$$V_1(x_t, r_t) = x^{\mathrm{T}}(t) P(r_t) x(t)$$

$$V_2(x_t) = \tau \int_{t-\tau}^{t} x^{\mathrm{T}}(s) Q x(s) \mathrm{d}s$$

$$V_3(x_t) = \int_{t-\tau(t)}^{t} x^{\mathrm{T}}(s) R x(s) \mathrm{d}s$$

$$V_4(x_t) = \int_{t-\tau}^{t} \dot{x}^{\mathrm{T}}(s) W \dot{x}(s) \mathrm{d}s$$

令 $P_i(E_i + D_i K_{di})^{-1} = \check{P}_i$, 与定理 3.3 证明过程相似, 可以证明中立型时滞奇异跳变系统 (3.28) 是随机稳定的. □

定理 3.6　考虑具有时滞 P-D 输出注入控制器 (3.26) 的中立型时滞奇异跳变系统 (3.24), 则闭环系统 (3.28) 是随机稳定的, 如果对于任意 $i \in \mathcal{S}$, 存在矩阵 $\hat{Q} > 0$、$\hat{R} > 0$、$\hat{W} > 0$、$\hat{H}_i > 0$、$\bar{P}_i$、$\bar{X}_i$、$\bar{Y}_i$ 和 $\bar{Z}_i$, 使得以下线性矩阵不等式成立:

$$E_i \bar{P}_i^{\mathrm{T}} + D_i \bar{Z}_i > 0 \tag{3.58}$$

$$\pi_{ij}(E_j \bar{P}_j^{\mathrm{T}} + D_j \bar{Z}_j) + \hat{H}_j - \bar{P}_j - \bar{P}_j^{\mathrm{T}} < 0, \quad j \neq i \tag{3.59}$$

$$\begin{bmatrix} -I & N_i^{\mathrm{T}} & 0 \\ * & -\mathrm{sym}(E_i \bar{P}_i^{\mathrm{T}} + D_i \bar{Z}_i) & \bar{P}_i \\ * & * & -I \end{bmatrix} < 0 \tag{3.60}$$

$$\hat{\Phi}_i = \begin{bmatrix} \hat{U}_{1i} & \hat{U}_{2i} \\ * & \hat{U}_{4i} \end{bmatrix} < 0 \tag{3.61}$$

其中

$$
\hat{U}_{1i} = \begin{bmatrix} \hat{\Phi}_{1i} & \hat{\Phi}_{2i} & 0 & N_i\bar{P}_i^{\mathrm{T}} & \sqrt{\tau}\bar{P}_i^{\mathrm{T}} \\ * & \hat{\Phi}_{3i} & 0 & 0 & 0 \\ * & * & \hat{\Phi}_{4i} & 0 & 0 \\ * & * & * & \hat{\Phi}_{5i} & 0 \\ * & * & * & * & -\hat{Q} \end{bmatrix}
$$

$$
\hat{U}_{2i} = \begin{bmatrix} \bar{P}_i & \tilde{P}_i & \hat{\Phi}_{6i} & 0 \\ 0 & 0 & \hat{\Phi}_{7i} & 0 \\ 0 & 0 & 0 & 0 \\ 0 & 0 & \hat{\Phi}_{8i} & 0 \\ 0 & 0 & 0 & 0 \end{bmatrix}, \quad \hat{U}_{4i} = \begin{bmatrix} -\hat{R} & 0 & 0 & 0 \\ * & -\tilde{H}_i & 0 & 0 \\ * & * & \hat{\Phi}_{9i} & \bar{P}_i \\ * & * & * & -\hat{W} \end{bmatrix}
$$

$$
\hat{\Phi}_{1i} = \mathrm{sym}(A_i\bar{P}_i^{\mathrm{T}} + B_i\bar{X}_i) + \pi_{ii}(E_i\bar{P}_i^{\mathrm{T}} + D_i\bar{Z}_i)
$$

$$
\hat{\Phi}_{2i} = A_{di}\bar{P}_i^{\mathrm{T}} + C_i\bar{Y}_i, \quad \hat{\Phi}_{3i} = (1-\mu)(\hat{R} - \bar{P}_i - \bar{P}_i^{\mathrm{T}})
$$

$$
\hat{\Phi}_{4i} = \tau(\hat{Q} - \bar{P}_i - \bar{P}_i^{\mathrm{T}}), \quad \hat{\Phi}_{5i} = \hat{W} - \bar{P}_i - \bar{P}_i^{\mathrm{T}}
$$

$$
\hat{\Phi}_{6i} = \bar{P}_iA_i^{\mathrm{T}} + \bar{X}_i^{\mathrm{T}}B_i^{\mathrm{T}}, \quad \hat{\Phi}_{7i} = \bar{P}_iA_{di}^{\mathrm{T}} + \bar{Y}_i^{\mathrm{T}}C_i^{\mathrm{T}}
$$

$$
\hat{\Phi}_{8i} = \bar{P}_iN_i^{\mathrm{T}}, \quad \hat{\Phi}_{9i} = -\mathrm{sym}(E_i\bar{P}_i^{\mathrm{T}} + D_i\bar{Z}_i)
$$

$$
\tilde{P}_i = \begin{bmatrix} \bar{P}_i & \bar{P}_i & \cdots & \bar{P}_i \end{bmatrix}_{1\times(N-1)}, \quad \tilde{H}_i = \mathrm{diag}\left\{\hat{H}_1, \hat{H}_2, \cdots, \hat{H}_{i-1}, \hat{H}_{i+1}, \cdots, \hat{H}_N\right\}
$$

此时, 所期望的时滞 P-D 输出注入控制器 (3.26) 的增益为

$$
K_{pi} = \bar{X}_i\bar{P}_i^{\mathrm{T}}, \quad K_{li} = \bar{Y}_i\bar{P}_i^{\mathrm{T}}, \quad K_{di} = \bar{Z}_i\bar{P}_i^{\mathrm{T}} \tag{3.62}
$$

证明 与定理 3.4 的证明类似, 令 $\check{P}_i^{-1} = \bar{P}_i$, 基于 Schur 补引理和合同变换技术, 式 (3.60) 确保了式 (3.32).

由 Schur 补引理可知, 式 (3.56) 等价于

$$
\check{\Psi}_i = \begin{bmatrix} \hat{\Psi}_i & \Upsilon_i^{\mathrm{T}} \\ * & -W^{-1} \end{bmatrix} < 0 \tag{3.63}
$$

将 $\check{\Psi}_i$ 两边分别乘以 $\mathrm{diag}\{I, P_i\}$ 及其转置, 得到

$$
\tilde{\Psi}_i = \begin{bmatrix} \hat{\Psi}_i & \Upsilon_i^{\mathrm{T}}P_i^{\mathrm{T}} \\ * & -P_iW^{-1}P_i^{\mathrm{T}} \end{bmatrix} < 0 \tag{3.64}
$$

其中

$$P_i = \check{P}_i\left(E_i + D_i K_{di}\right), \quad \varUpsilon_i^{\mathrm{T}} P_i^{\mathrm{T}} = \begin{bmatrix} \left(A_i + B_i K_{pi}\right)^{\mathrm{T}} \check{P}_i^{\mathrm{T}} \\ \left(A_{di} + C_i K_{li}\right)^{\mathrm{T}} \check{P}_i^{\mathrm{T}} \\ 0 \\ N_i^{\mathrm{T}} \check{P}_i^{\mathrm{T}} \end{bmatrix}$$

将 $\check{P}_i\left(E_i + D_i K_{di}\right)$ 两边分别乘以 $\check{P}_i^{-1}$ 及其转置, 得到式 (3.58). 将 $\pi_{ij}\check{P}_j(E_j + D_j K_{dj}) - H_j$ 两边分别乘以 $\check{P}_j^{-1}$ 及其转置, 得到式 (3.59). 将 $\tilde{\varPsi}_i$ 两边分别乘以 $\mathrm{diag}\{P_i^{-1},\ P_i^{-1},\ P_i^{-1},\ P_i^{-1},\ P_i^{-1}\}$ 及其转置, 得到

$$-\check{P}_i^{-1} P_i W^{-1} P_i^{\mathrm{T}} \check{P}_i^{\mathrm{T}} = -\left(E_i + D_i K_{di}\right) \check{P}_i^{\mathrm{T}} \check{P}_i^{\mathrm{T}} W^{-1} \check{P}_i \check{P}_i^{-1} \left(E_i + D_i K_{di}\right)^{\mathrm{T}}$$

$$\leqslant \check{P}_i^{-1} W \check{P}_i^{\mathrm{T}} - \mathrm{sym}(E_i \bar{P}_i^{\mathrm{T}} + D_i \bar{Z}_i) \tag{3.65}$$

由 Schur 补引理, 得到式 (3.61), 其中, $\check{P}_i^{-1} = \bar{P}_i$, $K_{pi}\bar{P}_i^{\mathrm{T}} = \bar{X}_i$, $K_{li}\bar{P}_i^{\mathrm{T}} = \bar{Y}_i$, $K_{di}\bar{P}_i^{\mathrm{T}} = \bar{Z}_i$, $R^{-1} = \hat{R}$, $Q^{-1} = \hat{Q}$, $W^{-1} = \hat{W}$, $H^{-1} = \hat{H}$. 同时, 根据式 (3.62) 可以实现所期望的时滞 P-D 输出注入控制器 (3.26). □

注 3.7　输出注入是状态反馈的对偶概念, 在非线性系统的线性化方面发挥着重要的作用[15]. 本节考虑了中立型时滞奇异跳变系统 (3.24) 的输出注入控制. 然而, 基于定理 3.3 和定理 3.4, 中立型时滞奇异跳变系统 (3.24) 的时滞 P-D 输出注入控制器设计并不容易实现. 在后续研究中将借助自由权矩阵、矩阵变换、奇异值分解等技术来实现模态相关的时滞 P-D 输出注入控制.

3.2.3　仿真算例

例 3.2　考虑文献 [34] 中的 PEEC 系统, 控制输入为 $u(t)$, 详细数据来源于文献 [34]. 考虑文献 [34] 中的约束 $8y(t) + 8z(t) = u(t)$, 则 PEEC 系统可以建模为具有如下参数的中立型时滞奇异跳变系统 (3.24):

$$E_1 = E_2 = E_3 = \begin{bmatrix} 1 & 0 & 0 & 0 & 0 & 0 \\ 0 & 1 & 0 & 0 & 0 & 0 \\ 0 & 0 & 1 & 0 & 0 & 0 \\ 0 & 0 & 0 & 0 & 0 & 0 \\ 0 & 0 & 0 & 0 & 0 & 0 \\ 0 & 0 & 0 & 0 & 0 & 0 \end{bmatrix}, \quad \varPi = \begin{bmatrix} -0.17 & 0.08 & 0.09 \\ 0.07 & -0.19 & 0.12 \\ 0.1 & 0.06 & -0.16 \end{bmatrix}$$

$$N_1 = N_2 = N_3 = \begin{bmatrix} -0.139 & 0.694 & 0.278 & 0 & 0 & 0 \\ 0.556 & 0 & 0.417 & 0 & 0 & 0 \\ -0.278 & 0.556 & 0.139 & 0 & 0 & 0 \\ 0 & 0 & 0 & 0 & 0 & 0 \\ 0 & 0 & 0 & 0 & 0 & 0 \\ 0 & 0 & 0 & 0 & 0 & 0 \end{bmatrix}$$

$$A_1 = \begin{bmatrix} 6 & 1 & 2 & 0 & 0 & 0 \\ 3 & 9 & 0 & 0 & 0 & 0 \\ 1 & 2 & 6 & 0 & 0 & 0 \\ -8 & 0 & 0 & -8 & 0 & 0 \\ 0 & -8 & 0 & 0 & -8 & 0 \\ 0 & 0 & -8 & 0 & 0 & -8 \end{bmatrix} \times 10^3$$

$$A_2 = \begin{bmatrix} 7 & 1 & 2 & 0 & 0 & 0 \\ 3 & 9 & 0 & 0 & 0 & 0 \\ 1 & 2 & 6 & 0 & 0 & 0 \\ -8 & 0 & 0 & -8 & 0 & 0 \\ 0 & -8 & 0 & 0 & -8 & 0 \\ 0 & 0 & -8 & 0 & 0 & -8 \end{bmatrix} \times 10^3$$

$$A_3 = \begin{bmatrix} 8 & 1 & 2 & 0 & 0 & 0 \\ 3 & 9 & 0 & 0 & 0 & 0 \\ 1 & 2 & 6 & 0 & 0 & 0 \\ -8 & 0 & 0 & -8 & 0 & 0 \\ 0 & -8 & 0 & 0 & -8 & 0 \\ 0 & 0 & -8 & 0 & 0 & -8 \end{bmatrix} \times 10^3$$

$$B_1 = B_2 = B_3 = C_1 = C_2 = C_3 = D_1 = D_2 = D_3 = I_{6\times6}$$

$$A_{d1} = A_{d2} = A_{d3} = \begin{bmatrix} 0.1 & 0 & -0.3 & 0 & 0 & 0 \\ -0.05 & -0.05 & -0.1 & 0 & 0 & 0 \\ -0.05 & -0.15 & 0 & 0 & 0 & 0 \\ 0 & 0 & 0 & 0 & 0 & 0 \\ 0 & 0 & 0 & 0 & 0 & 0 \\ 0 & 0 & 0 & 0 & 0 & 0 \end{bmatrix}$$

当 $\mu = 0.6$、$\tau = 5.5$ 时, 求解定理 3.6 中的线性矩阵不等式 (3.58)~(3.61), 可以实现所期望的时滞 P-D 输出注入控制 (3.26).

设初始条件为 $x(0) = [\ -1.3\quad -0.5\quad -1.6\quad 1.3\quad 0.5\quad 1.6\ ]^{\mathrm{T}}$. 图 3.2 给出了在定理 3.6 的条件下基于时滞 P-D 输出注入控制的闭环 PEEC 的状态轨迹.

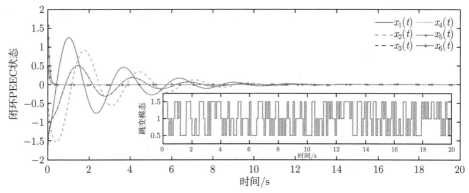

图 3.2　基于时滞 P-D 输出注入控制的闭环 PEEC 状态轨迹

3.3　时变时滞不确定奇异跳变系统鲁棒正常化设计

本节针对具有时变时滞和不确定参数的奇异跳变系统, 设计 P-D 状态反馈控制器, 以实现时滞奇异跳变系统的正常化和镇定. 通过构造新颖的 L-K 泛函, 利用自由权矩阵技术, 在严格线性矩阵不等式框架下给出时滞不确定奇异跳变系统正常化和镇定的充分条件. 利用 RLC 电路系统算例验证设计方法的有效性和实用性.

本节的贡献和创新点如下:

(1) 构造了能够刻画马尔可夫跳变模态信息和时变时滞信息的 L-K 泛函来实现时滞奇异跳变系统的稳定性;

(2) 设计了 P-D 状态反馈控制器, 利用自由权矩阵技术, 有效地实现了时滞奇异跳变系统的正常化和镇定;

(3) 在严格线性矩阵不等式框架下给出了时滞奇异跳变系统正常化和镇定的充分条件.

3.3.1　问题描述

给定概率空间 $(\Omega, \mathfrak{F}, \mathcal{P})$, 考虑具有时变时滞的不确定奇异跳变系统:

$$
\begin{cases}
(E(r_t) + \Delta E(r_t))\dot{x}(t) = (A(r_t) + \Delta A(r_t))x(t) + (A_d(r_t) + \Delta A_d(r_t)) \\
\qquad\qquad\qquad\qquad\qquad \cdot x(t - \tau(t,\ r_t)) + (B(r_t) + \Delta B(r_t))u(t) \\
x(t) = \phi(t), \quad \forall\, t \in [-\bar{\tau},\ 0]
\end{cases}
$$

$$(3.66)$$

其中, $x(t) \in \mathbb{R}^n$ 为状态向量; $\phi(t)$ 为连续初始函数; $u(t) \in \mathbb{R}^m$ 为控制输入; 矩阵 $E(r_t) + \Delta E(r_t) \in \mathbb{R}^{n \times n}$ 是奇异的, $\mathrm{rank}(E(r_t) + \Delta E(r_t)) = r < n$; $\{r_t\}$ 是右连续的马尔可夫过程, 具体性质详见 2.1 节.

为了便于叙述, 在后续叙述中当 $r_t = i \in \mathcal{S} = \{1, 2, \cdots, N\}$ 时, 将 $E(r_t)$ 记为 E_i, $\Delta E(r_t)$ 记为 ΔE_i 等.

$\tau(t, r_t)$ 是时变时滞, 当 $r_t = i \in \mathcal{S}$ 时满足:

$$0 \leqslant \tau_i(t) \leqslant \bar{\tau} < \infty, \quad \dot{\tau}_i(t) \leqslant \mu_i < 1 \tag{3.67}$$

其中, $\bar{\tau}$ 和 μ_i 为常数标量.

当 $r_t = i \in \mathcal{S}$ 时, E_i、A_i、A_{di}、B_i 是已知的适当维数的常数矩阵, ΔE_i、ΔA_i、ΔA_{di}、ΔB_i 表示未知的不确定参数, 可写为

$$\begin{bmatrix} \Delta E_i & \Delta A_i & \Delta A_{di} & \Delta B_i \end{bmatrix} = M_i \Delta_i(\sigma) \begin{bmatrix} N_{ei} & N_{ai} & N_{adi} & N_{bi} \end{bmatrix} \tag{3.68}$$

其中, M_i、N_{ei}、N_{ai}、N_{adi}、N_{bi} 是已知的适当维数的常数矩阵; $\Delta_i(\sigma)$ 是不确定矩阵且满足:

$$\Delta_i^{\mathrm{T}}(\sigma)\Delta_i(\sigma) \leqslant I, \quad \forall\, i \in S \tag{3.69}$$

其中, $\sigma \in \Theta$, Θ 是 $\mathbb{R}$ 中的一个紧集.

式 (3.68) 和式 (3.69) 均成立时, 称不确定参数 ΔE_i、ΔA_i、ΔA_{di}、ΔB_i 是容许的.

本节的目标是设计 P-D 状态反馈控制器 (3.3), 使得时滞奇异跳变系统 (3.66) 正常化和随机稳定. 将控制器 (3.3) 代入系统 (3.66), 得到以下闭环系统:

$$\begin{cases} E_{ci}\dot{x}(t) = A_{ci}x(t) + A_{cdi}x(t - \tau_i(t)) \\ x(t) = \phi(t), \quad \forall\, t \in [-\bar{\tau},\, 0] \end{cases} \tag{3.70}$$

其中, $E_{ci} = E_i + \Delta E_i + (B_i + \Delta B_i)K_{di}$, $A_{ci} = A_i + \Delta A_i + (B_i + \Delta B_i)K_{pi}$, $A_{cdi} = A_{di} + \Delta A_{di}$.

3.3.2　主要结论

定理 3.7　闭环时滞奇异跳变系统 (3.70) 是正常化和随机稳定的, 如果对于所有 $i \in \mathcal{S}$, 存在矩阵 $P_i > 0$、$Q > 0$、T_{1i} 和 T_{2i}, 使得下列矩阵不等式成立:

$$\Pi_i = \begin{bmatrix} \Pi_{11i} & \Pi_{12i} & T_{1i}^{\mathrm{T}}A_{cdi} \\ * & \Pi_{22i} & T_{2i}^{\mathrm{T}}A_{cdi} \\ * & * & -(1-\mu_i)Q \end{bmatrix} < 0 \tag{3.71}$$

其中, $\Pi_{11i} = \mathrm{sym}(T_{1i}^{\mathrm{T}}A_{ci}) + \sum_{j=1}^{N} \pi_{ij}P_j + (1 + \eta\bar{\tau})Q$, $\Pi_{12i} = P_i - T_{1i}^{\mathrm{T}} + A_{ci}^{\mathrm{T}}T_{2i}$, $\Pi_{22i} = -\mathrm{sym}(T_{2i}^{\mathrm{T}}E_{ci})$.

证明　由于式 (3.71) 表明 T_{2i}、E_{ci} 皆为可逆矩阵, 闭环时滞奇异跳变系统 (3.70) 是可正常化的.

现在证明闭环时滞奇异跳变系统 (3.70) 的随机稳定性. 为此, 令 $\{x_t = x(t+\theta), -\bar{\tau} \leqslant \theta \leqslant 0\}$, 定义一个新的随机马尔可夫过程 $\{(x_t, r_t), t \geqslant \bar{\tau}\}$, 其初始值为 $(\phi(\cdot), r_0)$. 构建时滞奇异跳变系统 (3.70) 的 L-K 泛函为

$$V(x_t, r_t) = x^{\mathrm{T}}(t)P(r_t)x(t) + \int_{t-\tau(t,r_t)}^{t} x^{\mathrm{T}}(s) Qx(s)\mathrm{d}s$$
$$+ \eta \int_{-\bar{\tau}}^{0} \int_{t+\theta}^{t} x^{\mathrm{T}}(s) Qx(s)\mathrm{d}s\mathrm{d}\theta \tag{3.72}$$

设 $\mathcal{L}V$ 为随机过程 $\{x_t, r_t\}$ 作用于 $V(\cdot)$ 上的弱无穷小算子, 则有

$$\mathcal{L}V(x_t, r_t) \leqslant x^{\mathrm{T}}(t)P_i\dot{x}(t) + x^{\mathrm{T}}(t)\left[(1 + \eta\bar{\tau})Q + \sum_{j=1}^{N} \pi_{ij}P_j\right]x(t)$$
$$- x^{\mathrm{T}}(t - \tau_i(t)) Qx(t - \tau_i(t)) \tag{3.73}$$

对于自由权矩阵 T_{1i} 和 T_{2i}, 有如下等式成立:

$$2\left(-x^{\mathrm{T}}(t)T_{1i}^{\mathrm{T}} - \dot{x}^{\mathrm{T}}(t)T_{2i}^{\mathrm{T}}\right)(E_{ci}\dot{x}(t) - A_{ci}x(t) - A_{cdi}x(t - \tau_i(t))) = 0 \tag{3.74}$$

将式 (3.74) 代入式 (3.73), 对于任意的 $\xi(t) = \begin{bmatrix} x^{\mathrm{T}}(t) & \dot{x}^{\mathrm{T}}(t) & x^{\mathrm{T}}(t - \tau_i(t)) \end{bmatrix}^{\mathrm{T}} \neq 0$, 有

$$\mathcal{L}V(x_t, r_t = i) \leqslant x^{\mathrm{T}}(t)P_i\dot{x}(t) + x^{\mathrm{T}}(t)\left[(1 + \eta\bar{\tau})Q + \sum_{j=1}^{N} \pi_{ij}P_j\right]x(t)$$
$$- x^{\mathrm{T}}(t - \tau_i(t)) Qx(t - \tau_i(t)) + 2\left(-x^{\mathrm{T}}(t)T_{1i}^{\mathrm{T}} - \dot{x}^{\mathrm{T}}(t)T_{2i}^{\mathrm{T}}\right)$$
$$\cdot (E_{ci}\dot{x}(t) - A_{ci}x(t) - A_{cdi}x(t - \tau_i(t)))$$
$$< \xi^{\mathrm{T}}(t)\Pi_i\xi(t) < 0 \tag{3.75}$$

此时, 存在一个标量 $\alpha > 0$, 使得

$$\mathcal{L}V(x_t, r_t) < \xi^{\mathrm{T}}(t)\Pi_i\xi(t) < -\alpha x^{\mathrm{T}}(t)x(t) < 0 \tag{3.76}$$

当 $T > 0$ 时, 可以得到

$$V(x_T, r_T) - V(x_0, r_0) = \mathcal{E}\left\{\int_0^T \mathcal{L}V(s)\mathrm{d}s\right\} < -\alpha\mathcal{E}\left\{\int_0^T x^{\mathrm{T}}(s)x(s)\mathrm{d}s\right\} \quad (3.77)$$

即

$$\lim_{T \to \infty} \mathcal{E}\left\{\int_0^T |x(t)|^2\,\mathrm{d}t\,\Big|\,r_0, x(s) = \phi(s), s \in [-\bar{\tau},\,0]\right\} \leqslant M(r_0, \phi(\cdot))$$

其中, $M(r_0, \phi(\cdot))$ 是一个正标量.

因此, 闭环时滞奇异跳变系统 (3.70) 是随机稳定的. $\qquad\square$

现在开始给出 P-D 状态反馈控制器 (3.3) 的设计条件, 实现时滞奇异跳变系统 (3.66) 的正常化和随机稳定性.

定理 3.8 基于 P-D 状态反馈控制器 (3.3) 的闭环时滞奇异跳变系统 (3.70) 满足正常化和随机稳定性, 如果对于所有 $i \in S$, 存在矩阵 $V_{1i} > 0$、$Q > 0$、V_{2i}、V_{3i}、S_{1i}、S_{2i} 和标量 $\varepsilon_{1i} > 0$、$\varepsilon_{2i} > 0$, 使得下列线性矩阵不等式成立:

$$\bar{\Psi}_i = \begin{bmatrix} \hat{B}_1 & \hat{B}_2 \\ * & \hat{B}_4 \end{bmatrix} < 0 \quad (3.78)$$

其中

$$\hat{B}_1 = \begin{bmatrix} \bar{\Phi}_{11i} & \bar{\Phi}_{12i} & 0 & V_{1i}^{\mathrm{T}}W_i \\ * & \bar{\Phi}_{22i} & \bar{\Phi}_{23i} & 0 \\ * & * & -(1-\mu_i)Q & 0 \\ * & * & * & -\bar{J}_i \end{bmatrix}$$

$$\hat{B}_2 = \begin{bmatrix} \bar{\Phi}_{15i} & 0 & 0 & V_{1i}^{\mathrm{T}} \\ \bar{\Phi}_{25i} & M_i & 0 & 0 \\ 0 & 0 & \varepsilon_{2i}N_{adi}^{\mathrm{T}} & 0 \\ 0 & 0 & 0 & 0 \end{bmatrix}, \quad \hat{B}_4 = \begin{bmatrix} \varepsilon_{1i} & 0 & 0 & 0 \\ * & -\varepsilon_{2i} & 0 & 0 \\ * & * & -\varepsilon_{2i} & 0 \\ * & * & * & \bar{\Phi}_{88i} \end{bmatrix}$$

$$\bar{\Phi}_{11i} = V_{2i}^{\mathrm{T}} + V_{2i} + \pi_{ii}V_{1i}^{\mathrm{T}}$$

$$\bar{\Phi}_{12i} = V_{3i} + V_{1i}^{\mathrm{T}}A_i^{\mathrm{T}} - V_{2i}^{\mathrm{T}}E_i^{\mathrm{T}} + S_{1i}^{\mathrm{T}}B_i^{\mathrm{T}}$$

$$\bar{\Phi}_{22i} = \mathrm{sym}(-V_{3i}^{\mathrm{T}}E_i^{\mathrm{T}} + S_{2i}^{\mathrm{T}}B_i^{\mathrm{T}}) + \varepsilon_{1i}M_iM_i^{\mathrm{T}}$$

$$\bar{\Phi}_{23i} = A_{di}, \quad \bar{\Phi}_{15i} = V_{1i}^{\mathrm{T}}N_{ai}^{\mathrm{T}} - V_{2i}^{\mathrm{T}}N_{ei}^{\mathrm{T}} + S_{1i}^{\mathrm{T}}N_{bi}^{\mathrm{T}}$$

$$\bar{\Phi}_{25i} = -V_{3i}^{\mathrm{T}}N_{ei}^{\mathrm{T}} + S_{2i}^{\mathrm{T}}N_{bi}^{\mathrm{T}}, \quad \bar{\Phi}_{88i} = (1 + \eta\bar{\tau})Q - 2I$$

$$\bar{J}_i = \mathrm{diag}\{V_{11}, \ V_{12}, \ \cdots, \ V_{1(i-1)}, \ V_{1(i+1)}, \ \cdots, \ V_{1N}\}$$

$$W_i = [\sqrt{\pi_{i1}}I \ \ \sqrt{\pi_{i2}}I \ \ \cdots \ \ \sqrt{\pi_{i(i-1)}}I \ \ \sqrt{\pi_{i(i+1)}}I \ \ \cdots \ \ \sqrt{\pi_{iN}}I]$$

此时，所期望的 P-D 状态反馈控制器 (3.3) 的增益为

$$K_{pi} = (S_{1i} - S_{2i}V_{3i}^{-1}V_{2i})V_{1i}^{-1}, \quad K_{di} = -S_{2i}V_{3i}^{-1} \tag{3.79}$$

证明　由于式 (3.71) 等价于

$$\bar{\Pi}_i = \begin{bmatrix} \bar{\Pi}_{11i} & \Pi_{12i} & T_{1i}^{\mathrm{T}}A_{cdi} & W_i \\ * & \Pi_{22i} & T_{2i}^{\mathrm{T}}A_{cdi} & 0 \\ * & * & -(1-\mu)Q & 0 \\ * & * & * & -J_i \end{bmatrix} < 0 \tag{3.80}$$

其中

$$\bar{\Pi}_{11i} = \mathrm{sym}(T_{1i}^{\mathrm{T}}A_{ci}) + (1 + \eta\bar{\tau})Q + \pi_{ii}P_i$$

$$J_i = \mathrm{diag}\{P_1^{-1}, \ P_2^{-1}, \ \cdots, \ P_{i-1}^{-1}, \ P_{i+1}^{-1}, \ \cdots, \ P_N^{-1}\}$$

选择

$$\begin{bmatrix} V_{1i} & 0 \\ V_{2i} & V_{3i} \end{bmatrix} = \begin{bmatrix} P_i & 0 \\ T_{1i} & T_{2i} \end{bmatrix}^{-1} \tag{3.81}$$

那么

$$V_{1i} = P_i^{-1}, \quad V_{2i} = -T_{2i}^{-1}T_{1i}P_i^{-1}, \quad V_{3i} = T_{2i}^{-1} \tag{3.82}$$

令

$$\begin{bmatrix} V_{1i} & 0 & 0 & 0 \\ V_{2i} & V_{3i} & 0 & 0 \\ 0 & 0 & I & 0 \\ 0 & 0 & 0 & I \end{bmatrix}^{\mathrm{T}}$$

用此矩阵及其转置矩阵分别与 $\bar{\Pi}_i$ 两边相乘，得到

$$\Phi_i = \begin{bmatrix} \Phi_{11i} & \Phi_{12i} & 0 & V_{1i}^{\mathrm{T}}W_i \\ * & \Phi_{22i} & A_{cdi} & 0 \\ * & * & -(1-\mu)Q & 0 \\ * & * & * & -\bar{J}_i \end{bmatrix} < 0 \tag{3.83}$$

其中

$$\Phi_{11i} = V_{1i}^{\mathrm{T}}(1 + \eta\bar{\tau})QV_{1i} + V_{2i}^{\mathrm{T}} + V_{2i} + \pi_{ii}V_{1i}^{\mathrm{T}}$$

$$\Phi_{12i} = V_{3i} + V_{1i}^{\mathrm{T}}A_{ci}^{\mathrm{T}} - V_{2i}^{\mathrm{T}}E_{ci}^{\mathrm{T}}$$

$$\Phi_{22i} = -V_{3i}^{\mathrm{T}}E_{ci}^{\mathrm{T}} - E_{ci}V_{3i}$$

令

$$S_{1i} = K_{pi}V_{1i} - K_{di}V_{2i}, \quad S_{2i} = -K_{di}V_{3i} \tag{3.84}$$

由引理 1.6 和 Schur 补引理, $\Phi_i < 0$ 等价于

$$\bar{\Phi}_i = \begin{bmatrix} \hat{C}_{1i} & \hat{C}_{2i} \\ * & \hat{C}_{4i} \end{bmatrix} < 0 \tag{3.85}$$

其中

$$\hat{C}_{1i} = \begin{bmatrix} \bar{\Phi}_{11i} & \bar{\Phi}_{12i} & 0 & V_{1i}^{\mathrm{T}}W_i \\ * & \bar{\Phi}_{22i} & \bar{\Phi}_{23i} & 0 \\ * & * & -(1-\mu_i)Q & 0 \\ * & * & * & -\bar{J}_i \end{bmatrix}$$

$$\hat{C}_{2i} = \begin{bmatrix} \bar{\Phi}_{15i} & 0 & 0 & V_{1i}^{\mathrm{T}} \\ \bar{\Phi}_{25i} & M_i & 0 & 0 \\ 0 & 0 & \varepsilon_{2i}N_{adi}^{\mathrm{T}} & 0 \\ * & * & * & 0 \end{bmatrix}$$

$$\hat{C}_{4i} = \begin{bmatrix} \varepsilon_{1i} & 0 & 0 & 0 \\ * & -\varepsilon_{2i} & 0 & 0 \\ * & * & -\varepsilon_{2i} & 0 \\ * & * & * & -[(1+\eta\bar{\tau})Q]^{-1} \end{bmatrix}$$

　　由于 $(Q-I)Q^{-1}(Q-I) \geqslant 0$, 那么 $-[(1+\eta\bar{\tau})Q]^{-1} \leqslant (1+\eta\bar{\tau})Q - 2I$, 这意味着条件 (3.85) 可以由式 (3.78) 导出. 因此, 闭环时滞奇异跳变系统 (3.70) 满足正常化和随机稳定性, P-D 状态反馈控制器增益可由式 (3.79) 来实现. □

　　注 3.8　在式 (3.82) 和式 (3.79) 中分别令 $T_{1i} = P_i$、$S_{1i} = S_{2i} = S_i$, 则有 $V_{2i} = V_{3i}$ 和 $K_{pi} = (S_{1i} - S_{2i}V_{3i}^{-1}V_{2i})V_{1i}^{-1} = 0$, 这将给出导数状态反馈控制器 $u(t) = -K_{di}\dot{x}(t)$, 其中, $K_{di} = -S_iV_{2i}^{-1}$. 另外, 在式 (3.79) 中令 $S_{2i} = 0$, 那么 $K_{di} = 0$、$K_{pi} = S_{1i}V_{1i}^{-1}$, 这将给出比例状态反馈控制器 $u(t) = K_{pi}x(t)$. 此外, 若 $\mathrm{rank}(E_i + \Delta E_i) = n$, 则可处理正常马尔可夫跳变系统 (3.66) 的鲁棒镇定问题. 上述分析可由以下推论给出.

推论 3.3　基于导数状态反馈控制器 $u(t) = -K_{di}\dot{x}(t)$ 的闭环时滞奇异跳变系统 (3.70) 满足正常化和随机稳定性, 如果对所有 $i \in \mathcal{S}$, 存在矩阵 $V_{1i} > 0$、$Q > 0$、V_{2i}、S_i 和标量 $\varepsilon_{1i} > 0$、$\varepsilon_{2i} > 0$, 使得下列线性矩阵不等式成立:

$$\check{\Psi}_i = \begin{bmatrix} \check{D}_{1i} & \check{D}_{2i} \\ * & \check{D}_{3i} \end{bmatrix} < 0 \tag{3.86}$$

其中

$$\check{D}_{1i} = \begin{bmatrix} \check{\Phi}_{11i} & \check{\Phi}_{12i} & 0 & V_{1i}^{\mathrm{T}} W_i \\ * & \check{\Phi}_{22i} & \check{\Phi}_{23i} & 0 \\ * & * & -(1-\mu_i)Q & 0 \\ * & * & * & -\bar{J}_i \end{bmatrix} < 0$$

$$\check{D}_{2i} = \begin{bmatrix} \check{\Phi}_{15i} & 0 & 0 & V_{1i}^{\mathrm{T}} \\ \check{\Phi}_{25i} & M_i & 0 & 0 \\ 0 & 0 & \varepsilon_{2i} N_{adi}^{\mathrm{T}} & 0 \\ 0 & 0 & 0 & 0 \end{bmatrix} < 0$$

$$\check{D}_{3i} = \begin{bmatrix} -\varepsilon_{1i} & 0 & 0 & 0 \\ * & -\varepsilon_{2i} & 0 & 0 \\ * & * & -\varepsilon_{2i} & 0 \\ * & * & * & \check{\Phi}_{88i} \end{bmatrix} < 0$$

$$\check{\Phi}_{11i} = V_{2i}^{\mathrm{T}} + V_{2i} + \pi_{ii} V_{1i}^{\mathrm{T}}$$

$$\check{\Phi}_{12i} = V_{2i} + V_{1i}^{\mathrm{T}} A_i^{\mathrm{T}} - V_{2i}^{\mathrm{T}} E_i^{\mathrm{T}} + S_i^{\mathrm{T}} B_i^{\mathrm{T}}$$

$$\check{\Phi}_{22i} = \mathrm{sym}(-V_{2i}^{\mathrm{T}} E_i^{\mathrm{T}} + S_i^{\mathrm{T}} B_i^{\mathrm{T}}) + \varepsilon_{1i} M_i M_i^{\mathrm{T}}$$

$$\check{\Phi}_{23i} = A_{di}, \quad \check{\Phi}_{15i} = V_{1i}^{\mathrm{T}} N_{ai}^{\mathrm{T}} - V_{2i}^{\mathrm{T}} N_{ei}^{\mathrm{T}} + S_i^{\mathrm{T}} N_{bi}^{\mathrm{T}}$$

$$\check{\Phi}_{25i} = -V_{2i}^{\mathrm{T}} N_{ei}^{\mathrm{T}} + S_i^{\mathrm{T}} N_{bi}^{\mathrm{T}}, \quad \check{\Phi}_{88i} = (1 + \eta\bar{\tau})Q - 2I$$

此时, 所期望的比例状态反馈控制器增益为

$$u(t) = S_i V_{2i}^{-1} \dot{x}(t) \tag{3.87}$$

推论 3.4　当 $\mathrm{rank}(E_i + \Delta E_i) = n$ 时, 基于比例状态反馈控制器 $u(t) = K_{pi} x(t)$ 的闭环时滞奇异跳变系统 (3.70) 满足正常化和随机稳定性, 如果对于所有 $i \in \mathcal{S}$, 存在矩阵 $V_{1i} > 0$、$Q > 0$、V_{2i}、V_{3i}、S_{1i} 和标量 $\varepsilon_{1i} > 0$、$\varepsilon_{2i} > 0$, 使得下列线性矩阵不等式成立:

$$\check{\Psi}_i = \begin{bmatrix} \check{\Psi}_{1i} & \check{\Psi}_{2i} \\ * & \check{\Psi}_{3i} \end{bmatrix} < 0 \tag{3.88}$$

其中

$$\check{\Psi}_{1i} = \begin{bmatrix} \check{\Phi}_{11i} & \check{\Phi}_{12i} & 0 & V_{1i}^{\mathrm{T}} W_i \\ * & \check{\Phi}_{22i} & \check{\Phi}_{23i} & 0 \\ * & * & -(1-\mu)Q & 0 \\ * & * & * & -\bar{J}_i \end{bmatrix} < 0$$

$$\check{\Psi}_{2i} = \begin{bmatrix} \check{\Phi}_{15i} & 0 & 0 & V_{1i}^{\mathrm{T}} \\ \check{\Phi}_{25i} & M_i & 0 & 0 \\ 0 & 0 & \varepsilon_{2i} N_{adi}^{\mathrm{T}} & 0 \\ 0 & 0 & 0 & 0 \end{bmatrix} < 0$$

$$\check{\Psi}_{3i} = \begin{bmatrix} -\varepsilon_{1i} & 0 & 0 & 0 \\ * & -\varepsilon_{2i} & 0 & 0 \\ * & * & -\varepsilon_{2i} & 0 \\ * & * & * & \check{\Phi}_{88i} \end{bmatrix} < 0$$

$$\check{\Phi}_{11i} = V_{2i}^{\mathrm{T}} + V_{2i} + \pi_{ii} V_{1i}^{\mathrm{T}}$$

$$\check{\Phi}_{12i} = V_{3i} + V_{1i}^{\mathrm{T}} A_i^{\mathrm{T}} - V_{2i}^{\mathrm{T}} E_i^{\mathrm{T}} + S_{1i}^{\mathrm{T}} B_i^{\mathrm{T}}$$

$$\check{\Phi}_{22i} = \mathrm{sym}(-V_{3i}^{\mathrm{T}} E_i^{\mathrm{T}}) + \varepsilon_{1i} M_i M_i^{\mathrm{T}}$$

$$\check{\Phi}_{23i} = A_{di}, \quad \check{\Phi}_{15i} = V_{1i}^{\mathrm{T}} N_{ai}^{\mathrm{T}} - V_{2i}^{\mathrm{T}} N_{ei}^{\mathrm{T}} + S_{1i}^{\mathrm{T}} N_{bi}^{\mathrm{T}}$$

$$\check{\Phi}_{25i} = -V_{3i}^{\mathrm{T}} N_{ei}^{\mathrm{T}}, \quad \check{\Phi}_{88i} = (1+\eta\bar{\tau})Q - 2I$$

此时, 所期望的比例状态反馈控制器增益为

$$u(t) = S_{1i} V_{1i}^{-1} x(t) \tag{3.89}$$

注 3.9   当时变时滞与马尔可夫跳变模态无关, 即 $\tau(t, r_t = i) = \tau_i(t) = \tau(t)$ 时, 可以构建如下 L-K 泛函:

$$V(x_t, r_t) = x^{\mathrm{T}}(t) P(r_t) x(t) + \int_{t-\tau(t)}^{t} x^{\mathrm{T}}(s) Q x(s) \mathrm{d}s \tag{3.90}$$

来得到定理 3.8 中所期望的 P-D 状态反馈控制器 (3.79).

当 $\tau(t) = \tau$ 时, 时变时滞 $\tau(t)$ 退化为定常时滞 τ, 此时 $\dot{\tau}(t) = 0$; 另外, 当 $\tau(t) = \tau = 0$ 时, 奇异跳变系统 (3.66) 中不存在状态时滞. 在上述情况下, 根据本

节设计的 P-D 状态反馈控制器, 仍然可以有效地处理相应的奇异跳变系统鲁棒正常化和镇定问题.

3.3.3　仿真算例

例 3.3　考虑如图 3.3 所示的 RLC 电路系统[12,13], 其中, 电源压 U_e 为控制输入 (驱动器) $u(t)$; R、L 和 C 分别表示电阻、电感和电容; u_{c1}、u_{c2}、I_1、I_2 是 C_1、C_2 的电压及电流. RLC 电路系统受外部环境如温度等因素影响, 系统模态以随机马尔可夫跳变方式改变. 当 $r_t = i \in \mathcal{S}$ 时, 电阻、电感和电容分别表示为 R_i、L_i 和 C_{1i}、C_{2i}. 根据基尔霍夫定律, 得到如下电路方程:

$$
\begin{bmatrix} C_{1i} & 0 & 0 & 0 \\ 0 & C_{2i} & 0 & 0 \\ 0 & 0 & L_i & 0 \\ 0 & 0 & 0 & 0 \end{bmatrix} \begin{bmatrix} \dot{u}_{c1} \\ \dot{u}_{c2} \\ \dot{I}_2 \\ \dot{I}_1 \end{bmatrix} = \begin{bmatrix} 0 & 0 & 0 & 1 \\ 0 & 0 & 1 & 0 \\ -1 & 1 & 0 & 0 \\ 1 & 0 & 0 & R_i \end{bmatrix} \begin{bmatrix} u_{c1} \\ u_{c2} \\ I_2 \\ I_1 \end{bmatrix} + \begin{bmatrix} 0 \\ 0 \\ 0 \\ -1 \end{bmatrix} u(t)
$$

$$(3.91)$$

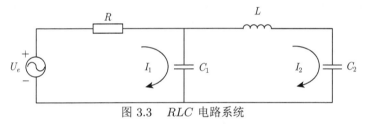

图 3.3　RLC 电路系统

令 $x(t) = \begin{bmatrix} u_{c1} & u_{c2} & I_2 & I_1 \end{bmatrix}^T$、$R_1 = 13\Omega$、$R_2 = 15\Omega$、$L_1 = 3.5\mathrm{H}$、$L_2 = 4\mathrm{H}$、$C_{11} = 2\mu\mathrm{F}$、$C_{12} = 2.5\mu\mathrm{F}$、$C_{21} = 3\mu\mathrm{F}$、$C_{22} = 3.5\mu\mathrm{F}$, 则 RLC 电路系统 (3.91) 可以用具有以下参数的时滞奇异跳变系统 (3.66) 来描述:

$$
E_1 = \begin{bmatrix} 2 & 0 & 0 & 0 \\ 0 & 3 & 0 & 0 \\ 0 & 0 & 3.5 & 0 \\ 0 & 0 & 0 & 0 \end{bmatrix}, \quad E_2 = \begin{bmatrix} 2.5 & 0 & 0 & 0 \\ 0 & 3.5 & 0 & 0 \\ 0 & 0 & 4 & 0 \\ 0 & 0 & 0 & 0 \end{bmatrix}
$$

$$
A_1 = \begin{bmatrix} 0 & 0 & 0 & 1 \\ 0 & 0 & 1 & 0 \\ -1 & 1 & 0 & 0 \\ 1 & 0 & 0 & 13 \end{bmatrix}, \quad A_2 = \begin{bmatrix} 0 & 0 & 0 & 1 \\ 0 & 0 & 1 & 0 \\ -1 & 1 & 0 & 0 \\ 1 & 0 & 0 & 15 \end{bmatrix}
$$

$$
B_1 = B_2 = \begin{bmatrix} 0 & 0 & 0 & -1 \end{bmatrix}^T, \quad M_1 = \begin{bmatrix} 0.01 & 0 & 0 & 0 \end{bmatrix}^T
$$

$$M_2 = \begin{bmatrix} 0 & 0.02 & 0 & 0 \end{bmatrix}^{\mathrm{T}}, \quad N_{ad1} = \begin{bmatrix} 0 & 0 & 0 & 0.01 \end{bmatrix}$$

$$N_{ad2} = \begin{bmatrix} 0 & 0 & 0 & 0.02 \end{bmatrix}, \quad N_{e1} = \begin{bmatrix} 0.1 & 0 & 0 & 0 \end{bmatrix}$$

$$N_{e2} = \begin{bmatrix} 0 & 0.2 & 0 & 0 \end{bmatrix}, \quad N_{a1} = \begin{bmatrix} 0 & 0 & 0 & 0.02 \end{bmatrix}$$

$$N_{a2} = \begin{bmatrix} 0 & 0 & 0 & 0.04 \end{bmatrix}, \quad N_{b1} = N_{b2} = N_{b3} = 0$$

$$A_{d1} = \begin{bmatrix} 0 & 0 & 0 & 0.02 \\ 0 & 0 & 0.01 & 0 \\ -0.01 & 0.03 & 0 & 0 \\ 0 & 0 & 0 & 0.03 \end{bmatrix}, \quad A_{d2} = \begin{bmatrix} 0 & 0 & 0 & 0.02 \\ 0 & 0 & 0.01 & 0 \\ -0.02 & 0.03 & 0 & 0 \\ 0.02 & 0 & 0 & 0.03 \end{bmatrix}$$

$$\pi_{11} = -0.8, \quad \pi_{12} = 0.8, \quad \pi_{21} = 1.5, \quad \pi_{22} = -1.5$$

$$\varepsilon_{11} = \varepsilon_{12} = 2.5, \quad \varepsilon_{21} = \varepsilon_{22} = 0.2$$

当 $\bar{\tau} = 0$、$\dot{\tau}_i(t) = 0$ 时, 求解定理 3.8 中的线性矩阵不等式 (3.78), 得到所期望的 P-D 状态反馈控制器 (3.3) 的参数为

$$K_{p1} = \begin{bmatrix} -61.6635 & 105.9022 & 113.3114 & -6.1079 \end{bmatrix}$$

$$K_{p2} = \begin{bmatrix} -59.3451 & 102.5323 & 109.2985 & -3.8783 \end{bmatrix}$$

$$K_{d1} = \begin{bmatrix} 0.2365 & 0.0238 & 0.1423 & 0.8745 \end{bmatrix}$$

$$K_{d2} = \begin{bmatrix} 0.0088 & -0.3815 & -0.0326 & 0.8136 \end{bmatrix}$$

令初始条件为 $x(0) = \begin{bmatrix} 1.3 & 1.5 & 0.6 & 1.2 \end{bmatrix}^{\mathrm{T}}$, $r_0 = 2$, $r_t \in \{1, 2\}$. 图 3.4 描述了定理 3.8 条件下闭环 RLC 电路系统的状态轨迹.

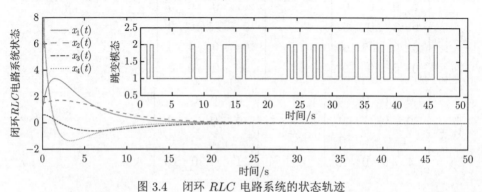

图 3.4　闭环 RLC 电路系统的状态轨迹

参 考 文 献

[1] Xu S Y, Lam J. Robust Control and Filtering of Singular Systems[M]. Berlin: Springer, 2006.

[2] Ren J C, Zhang Q L. Simultaneous robust normalization and delay-dependent robust H_∞ stabilization for singular time-delay systems with uncertainties in the derivative matrices[J]. International Journal of Robust and Nonlinear Control, 2015, 25(18): 3528-3545.

[3] Zhang Q L, Li L, Yan X G, et al. Sliding mode control for singular stochastic Markovian jump systems with uncertainties[J]. Automatica, 2017, 79: 27-34.

[4] Zhao Y, Zhang W H. New results on stability of singular stochastic Markov jump systems with state-dependent noise[J]. International Journal of Robust and Nonlinear Control, 2016, 26(10): 2169-2186.

[5] Ech-Charqy A, Ouahi M, Tissir E H. Delay-dependent robust stability criteria for singular time-delay systems by delay-partitioning approach[J]. International Journal of Systems Science, 2018, 49(14): 2957-2967.

[6] Liu G B, Park J H, Xu S Y, et al. Robust non-fragile H_∞ fault detection filter design for delayed singular Markovian jump systems with linear fractional parametric uncertainties[J]. Nonlinear Analysis: Hybrid Systems, 2019, 32: 65-78.

[7] Sahereh B, Aliakbar J, Ali K S. H_∞ filtering for descriptor systems with strict LMI conditions[J]. Automatica, 2017, 80(C): 88-94.

[8] Liu Z Y, Lin C, Chen B. Admissibility analysis for linear singular systems with time-varying delays via neutral system approach[J]. ISA Transactions, 2016, 61: 141-146.

[9] Fridman E. Stability of linear descriptor systems with delay: A Lyapunov-based approach[J]. Journal of Mathematical Analysis and Applications, 2002, 273(1): 24-44.

[10] Sakthivel R, Joby M, Mathiyalagan K, et al. Mixed H_∞ and passive control for singular Markovian jump systems with time delays[J]. Journal of the Franklin Institute, 2015, 352(10): 4446-4466.

[11] Zhuang G M, Xia J W, Zhang W H, et al. Normalisation design for delayed singular Markovian jump systems based on system transformation technique[J]. International Journal of Systems Science, 2018, 49(8): 1603-1614.

[12] Dai L Y. Singular Control Systems[M]. Berlin: Springer, 1989.

[13] Duan G R. Analysis and Design of Descriptor Linear Systems[M]. New York: Springer, 2010.

[14] Lin C, Wang Q G, Lee T H. Robust normalization and stabilization of uncertain descriptor systems with norm-bounded perturbations[J]. IEEE Transactions on Automatic Control, 2005, 50(4): 515-520.

[15] Krener A J, Isidori A. Linearization by output injection and nonlinear observers[J]. Systems & Control Letters, 1983, 3(1): 47-52.

[16] Mao X R, Lam J, Huang L R. Stabilisation of hybrid stochastic differential equations by delay feedback control[J]. Systems & Control Letters, 2008, 57(11): 927-935.

[17] Ren J C, Zhang Q L. Robust normalization and guaranteed cost control for a class of uncertain descriptor systems[J]. Automatica, 2012, 48(8): 1693-1697.

[18] Zhang B Y, Zheng W X, Xu S Y. Filtering of Markovian jump delay systems based on a new performance index[J]. IEEE Transactions on Circuits and Systems I: Regular Papers, 2013, 60(5): 1250-1263.

[19] Liu G B, Xu S Y, Park J H, et al. Reliable exponential H_∞ filtering for singular Markovian jump systems with time-varying delays and sensor failures[J]. International Journal of Robust and Nonlinear Control, 2018, 28(14): 4230-4245.

[20] Ding Y C, Zhong S M, Long S H. Asymptotic stability in probability of singular stochastic systems with Markovian switchings[J]. International Journal of Robust Nonlinear Control, 2017, 27(18): 4312-4322.

[21] Zhuang G M, Xia J W, Feng J E, et al. Admissibility analysis and stabilization for neutral descriptor hybrid systems with time-varying delays[J]. Nonlinear Analysis: Hybrid Systems, 2019, 33: 311-321.

[22] Wu Z G, Shi P, Shu Z, et al. Passivity-based asynchronous control for Markov jump systems[J]. IEEE Transactions on Automatic Control, 2017, 62(4): 2020-2025.

[23] Zhu S Q, Han Q L, Zhang C H. L_1-stochastic stability and L_1-gain performance of positive Markov jump linear systems with time-delays: Necessary and sufficient conditions[J]. IEEE Transactions on Automatic Control, 2017, 62(7): 3634-3639.

[24] Zhuang G M, Xia J W, Zhang W H, et al. State feedback control for stochastic Markovian jump delay systems based on LaSalle-type theorem[J]. Journal of the Franklin Institute, 2018, 355(5): 2179-2196.

[25] Shen H, Wang Y, Xia J W, et al. Fault-tolerant leader-following consensus for multi-agent systems subject to semi-Markov switching topologies: An event-triggered control scheme[J]. Nonlinear Analysis: Hybrid Systems, 2019, 34: 92-107.

[26] Wang Z, Shen L, Xia J W, et al. Finite-time non-fragile L_2-L_∞ control for jumping stochastic systems subject to input constraints via an event-triggered mechanism[J]. Journal of the Franklin Institute, 2018, 355(14): 6371-6389.

[27] Xia J W, Gao H, Liu M X, et al. Non-fragile finite-time extended dissipative control for a class of uncertain discrete time switched linear systems[J]. Journal of the Franklin Institute, 2018, 355(6): 3031-3049.

[28] Fei Z Y, Shi S, Wang Z H, et al. Quasi-time-dependent output control for discrete-time switched system with mode-dependent average dwell time[J]. IEEE Transactions on Automatic Control, 2018, 63(8): 2647-2653.

[29] Zhuang G M, Xu S Y, Xia J W, et al. Non-fragile delay feedback control for neutral stochastic Markovian jump systems with time-varying delays[J]. Applied Mathematics and Computation, 2019, 355(C): 21-32.

[30] Liang X Y, Xia J W, Chen G L, et al. Dissipativity-based sampled-data control for fuzzy Markovian jump systems[J]. Applied Mathematics and Computation, 2019, 361(C): 552-564.

[31] Zhu S Q, Han Q L, Zhang C H. L_1-gain performance analysis and positive filter design for positive discrete-time Markov jump linear systems: A linear programming approach[J]. Automatica, 2014, 50(8): 2098-2107.

[32] Zhu S Q, Wang B, Zhang C H. Delay-dependent stochastic finite-time L_1-gain filtering for discrete-time positive Markov jump linear systems with time-delay[J]. Journal of the Franklin Institute, 2017, 354(15): 6894-6913.

[33] Hale J K, Lunel S M V. Introduction to Functional Differential Equations[M]. New York: Springer, 1993.

[34] Yue D, Han Q L. A delay-dependent stability criterion of neutral systems and its application to a partial element equivalent circuit model[J]. IEEE Transactions on Circuits and Systems II: Express Briefs, 2004, 51(12): 685-689.

第 4 章　时滞奇异跳变系统观测器设计
与异步反馈控制

近年来, 在网络化控制框架下的事件触发/驱动控制问题引起了广泛关注[1-7]. 周期采样和非周期采样是网络化控制的重要组成部分, 在网络信号处理的分析和综合中经常使用数字控制器或滤波器, 周期采样通常在设计的周期内进行, 无论是否需要采样信息都会定期采样, 这会导致通信成本较高[8-11].

与传统的基于周期采样的时间触发/驱动控制相比, 事件触发/驱动控制技术采用了多种基于非周期采样的触发机制和策略, 在降低通信执行频率、节约计算量和网络资源等方面具有巨大的优势. 同时, 事件触发/驱动控制可以保持良好的闭环系统性能[12-15].

值得提及的是, 许多动态系统往往不能直接获得状态信息, 但可以以较低的成本获得量测输出信息[16-21]. 为此, 学者提出了基于观测器设计的状态反馈控制思想, 将控制输入和量测输出作为观测器的输入, 设计状态观测器来实现状态反馈控制[22-25].

到目前为止, 大多数事件触发控制的结果是基于状态反馈控制, 其中状态的全部信息是可用的. 然而, 事实上, 在许多实际的动态系统中, 由于工具设备和成本等方面的限制, 状态信息往往不能直接获取和应用[26-28]. 因此, 设计状态观测器或动态补偿器, 进而实现对相应动态系统基于事件触发/驱动的状态反馈控制或输出反馈控制逐渐成为研究热点和前沿问题[29-31].

需要指出的是, 上述工作大多集中在正常系统上. 目前关于奇异系统基于事件触发/驱动的容许性分析和控制综合的文献还很少[32], 更不用说状态信息不完整和具有时变时滞的情形. 解决此类问题的关键挑战和困难来自在基于事件触发/驱动策略的奇异系统框架下必须同时考虑奇异系统的正则性、无脉冲性和稳定性, 另外必须排除 Zeno 行为, 从而避免在有限时间内进行无限的触发采样[33-39].

最近, 异步控制作为一类具有挑战性的前沿热点课题, 在各种复杂动态系统中得到了广泛的研究[40-43]. 异步现象来自时间延迟、网络化机制、量测误差等, 并会导致被控对象与传感器、观测器、控制器、滤波器之间的模态不匹配或工作流程不一致. 近年来, 基于隐马尔可夫模型 (hidden Markov model, HMM) 的动态系统异步控制和设计综合方面的许多研究成果陆续涌现[44-47].

由于事件触发控制和基于观测器设计的反馈控制的明显优势, 基于观测器设计的事件触发反馈控制在许多动态系统中得到了广泛的关注[48-51]. 文献 [48]、[52] 和 [53] 采用 Takagi-Sugeno (T-S) 模糊控制技术, 研究了基于观测器设计和事件触发策略的模态相关时变时滞模糊奇异跳变系统异步反馈控制. 在网络化非周期采样机制下, 文献 [54]~[56] 中改进的观测器和事件触发器不仅向控制器传输状态估计信号, 还向控制器传输马尔可夫跳变模态信息. 文献 [57]~[60] 采用并行分布补偿 (parallel distribution compensation, PDC) 技术设计了异步模糊反馈控制器, 用隐马尔可夫模型刻画了控制器模态与原奇异跳变系统模态间的异步行为.

本章主要研究在事件触发策略下时滞奇异跳变系统的观测器设计、异步反馈控制器设计问题. 利用奇异值分解技术来保证奇异跳变系统的正则性与无脉冲性, 构建模态相关和时滞相关的 L-K 泛函来保证系统的稳定性. 采用指数递减函数设计触发阈值, 既保证了事件触发策略的有效性, 又实现了时滞奇异跳变系统的容许性.

4.1　时滞奇异跳变系统观测器设计

本节研究基于采样观测器设计的时变时滞奇异跳变系统事件触发 H_∞ 反馈控制问题. 利用所设计的事件触发控制策略, 在网络化控制和非周期采样机制下将状态估计信号传递给控制器. 采用指数递减函数设计驱动阈值, 既保证了事件触发策略的有效性, 又实现了时滞奇异跳变系统的容许性. 在线性矩阵不等式框架下得到了时滞奇异跳变系统的随机容许性和 H_∞ 性能条件. 利用石油催化裂化过程的仿真算例证明所提出的事件触发反馈控制技术的有效性和实用性.

本节的贡献和创新点归纳如下:

(1) 基于事件驱动/触发策略和奇异值分解技术, 构建了模态相关和时滞相关的 L-K 泛函, 同时考虑了时滞奇异跳变系统的正则性、无脉冲性和随机稳定性, 并排除了采样中的 Zeno 现象;

(2) 在网络化控制和非周期采样机制下设计采样观测器, 利用所设计的事件触发控制策略, 将状态估计信号传递给控制器;

(3) 采用指数递减函数设计驱动阈值, 既保证了事件触发策略的有效性, 又实现了具有模态相依时变时滞的奇异跳变系统的容许性和 H_∞ 性能.

4.1.1　问题描述

给定概率空间 $(\Omega, \mathfrak{F}, \mathcal{P})$, 考虑如下时滞奇异跳变系统:

$$\begin{cases} E\dot{x}(t) = A\left(r_t\right)x(t) + A_d\left(r_t\right)x\left(t - \tau_{r_t}(t)\right) + B\left(r_t\right)u(t) + D\left(r_t\right)\omega(t) \\ y(t) = C\left(r_t\right)x(t) + C_d\left(r_t\right)x\left(t - \tau_{r_t}(t)\right) \\ z(t) = F\left(r_t\right)x(t) \end{cases} \quad (4.1)$$

其中, $x(t) \in \mathbb{R}^n$ 为状态变量; $y(t) \in \mathbb{R}^m$ 为量测输出; $z(t) \in \mathbb{R}^q$ 为估计输出信号; 外部干扰 $\omega(t) \in \mathbb{R}^l$ 且 $\omega(t) \in \mathcal{L}_2\left[0, \infty\right)$; 矩阵 $E \in \mathbb{R}^{n \times n}$ 为奇异矩阵并且 $\mathrm{rank}(E) = r < n$; $\{r_t\}$ 为马尔可夫过程, 并且 $r_t \in \mathcal{S} = \{1, 2, \cdots, N\}$; $\Pi = [\pi_{ij}]$ 为转移率矩阵且满足文献 [10] 中的一般条件, 用 h 代表 $\max\limits_{i \in \mathcal{S}}\{|\pi_{ii}|\}$, 马尔可夫过程 $\{r_t\}$ 的具体性质详见 2.1 节.

$\tau_{r_t}(t)$ 是时变时滞, 当 $r_t = i \in \mathcal{S}$ 时, $\tau_i(t)$ 满足:

$$0 \leqslant \tau_i(t) \leqslant \tau_i \leqslant \tau < \infty, \quad \dot{\tau}_i(t) \leqslant \mu_i \leqslant \mu \quad (4.2)$$

其中, τ_i、τ、μ_i 和 $\mu < 1$ 是已知的标量.

当 $r_t = i \in \mathcal{S}$ 时, 将 $A\left(r_t\right)$ 简写为 A_i, $A_d\left(r_t\right)$ 简写为 A_{di}. 本节中时滞奇异跳变系统 (4.1) 是可观测的.

如本章引言所述, 在大多数动态系统中, 由于工具设备和成本等方面的限制, 状态信息往往不能直接获取和应用, 但控制输入和量测输出可以用相对较低的成本获得[26-28]. 本节基于控制输入和量测输出信息, 构造如下状态观测器来获得状态估计量 $\hat{x}(t) \in \mathbb{R}^n$:

$$E\dot{\hat{x}}(t) = A\left(r_t\right)\hat{x}(t) + A_d\left(r_t\right)\hat{x}\left(t - \tau_{r_t}(t)\right) + B\left(r_t\right)u(t) + D\left(r_t\right)\omega(t)$$
$$+ L(r_t)(y(t) - C\left(r_t\right)\hat{x}(t) - C_d\left(r_t\right)\hat{x}\left(t - \tau_{r_t}(t)\right)) \quad (4.3)$$

其中, $L(r_t)$ 为所期望的状态观测器参数.

定义估计误差 $\bar{x}(t) = x(t) - \hat{x}(t)$, 当 $r_t = i \in \mathcal{S}$ 时, 得到如下时滞奇异跳变误差系统:

$$E\dot{\bar{x}}(t) = \bar{A}_i\bar{x}(t) + \bar{A}_{di}\bar{x}\left(t - \tau_i(t)\right) \quad (4.4)$$

其中, $\bar{A}_i = A_i - L_iC_i$, $\bar{A}_{di} = A_{di} - L_iC_{di}$.

4.1.2 主要结论

定理 4.1 时滞奇异跳变误差系统 (4.4) 满足随机容许性, 如果对任意 $r_t = i \in \mathcal{S}$, 存在矩阵 $Z > 0$、W_i 和标量 h、τ、μ_i, 使得下列矩阵不等式成立:

$$E^{\mathrm{T}}W_i = W_i^{\mathrm{T}}E \geqslant 0 \quad (4.5)$$

$$\Pi_i = \begin{bmatrix} \Pi_{i11} & \Pi_{i12} \\ * & (\mu_i - 1)Z \end{bmatrix} < 0 \quad (4.6)$$

其中

$$\Pi_{i11} = \mathrm{sym}(W_i^{\mathrm{T}} \bar{A}_i) + \sum_{j=1}^{N} \pi_{ij} E^{\mathrm{T}} W_j + (1 + h\tau) Z$$

$$\Pi_{i12} = W_i^{\mathrm{T}} \bar{A}_{di} = W_i^{\mathrm{T}} (A_{di} - L_i C_{di})$$

证明　根据条件 (4.6), 有

$$\mathrm{sym}(W_i^{\mathrm{T}} \bar{A}_i) + \sum_{j=1}^{N} \pi_{ij} E^{\mathrm{T}} W_j < 0 \tag{4.7}$$

利用奇异值分解技术, 存在非奇异矩阵 $\mathcal{H}$ 和 $\mathcal{J}$ 使得

$$\mathcal{H} E \mathcal{J} = \begin{bmatrix} I & 0 \\ 0 & 0 \end{bmatrix}, \quad \mathcal{H} \bar{A}_i \mathcal{J} = \begin{bmatrix} \check{A}_{i1} & \check{A}_{i2} \\ \check{A}_{i3} & \check{A}_{i4} \end{bmatrix} \tag{4.8}$$

令

$$\mathcal{H}^{-\mathrm{T}} W_i \mathcal{J} = \begin{bmatrix} \check{W}_{i1} & \check{W}_{i2} \\ \check{W}_{i3} & \check{W}_{i4} \end{bmatrix} \tag{4.9}$$

同时注意到条件 (4.5), 则 $\check{W}_{i1} \geqslant 0$、右乘 $\check{W}_{i2} = 0$.

对式 (4.7) 两边都分别左乘 $\mathcal{J}^{\mathrm{T}}$、右乘 $\mathcal{J}$, 可得

$$\begin{bmatrix} \star & \star \\ \star & \mathrm{sym}(\check{A}_{i4}^{\mathrm{T}} \check{W}_{i4}) \end{bmatrix} < 0 \tag{4.10}$$

式 (4.10) 意味着对任意 $r_t = i \in \mathcal{S}$, $|\check{A}_{i4}^{\mathrm{T}}| \neq 0$. 根据定义 1.1, 时滞奇异跳变误差系统 (4.4) 是正则和无脉冲的.

令 $\{\bar{x}_t = \bar{x}(t + \varphi), \ -\tau \leqslant \varphi \leqslant 0\}$, 则 $\{(\bar{x}_t, r_t), \ t \geqslant \tau\}$ 是一个新的马尔可夫过程. 构造如下所示的时滞奇异跳变误差系统 (4.4) 模态相关和时滞相关的 L-K 泛函:

$$V(\bar{x}_t, r_t) = V_1(\bar{x}_t, r_t) + V_2(\bar{x}_t, r_t) + V_3(\bar{x}_t) \tag{4.11}$$

其中, $V_1(\bar{x}_t, r_t) = \bar{x}^{\mathrm{T}}(t) E^{\mathrm{T}} W(r_t) \bar{x}(t)$, $V_2(\bar{x}_t, r_t) = \displaystyle\int_{t-\tau_{r_t}(t)}^{t} \bar{x}^{\mathrm{T}}(\nu) Z \bar{x}(\nu) \mathrm{d}\nu$,

$V_3(\bar{x}_t) = h \displaystyle\int_{-\tau}^{0} \int_{t+\vartheta}^{t} \bar{x}^{\mathrm{T}}(\nu) Z \bar{x}(\nu) \mathrm{d}\nu \mathrm{d}\vartheta$.

令 $\mathcal{L}V$ 为随机过程 $\{\bar{x}_t, r_t\}$ 作用于 $V(\cdot)$ 上的弱无穷小算子, 可以得到

$$\mathcal{L}V_1\left(\bar{x}_t, r_t = i\right) = \bar{x}^{\mathrm{T}}(t)\left(\mathrm{sym}(W_i^{\mathrm{T}}\bar{A}_i) + \sum_{j=1}^{N}\pi_{ij}E^{\mathrm{T}}W_j\right)\bar{x}(t)$$

$$+ 2\bar{x}^{\mathrm{T}}(t)W_i^{\mathrm{T}}(A_{di} - L_iC_{di})\bar{x}\left(t - \tau_i(t)\right) \tag{4.12}$$

$$\mathcal{L}V_2\left(\bar{x}_t, r_t = i\right) \leqslant \bar{x}^{\mathrm{T}}(t)Z\bar{x}(t) + \sum_{j=1}^{N}\pi_{ij}\int_{t-\tau_i(t)}^{t}\bar{x}^{\mathrm{T}}(\nu)Z\bar{x}(\nu)\mathrm{d}\nu$$

$$+ (\mu_i - 1)\bar{x}^{\mathrm{T}}\left(t - \tau_i(t)\right)Z\bar{x}\left(t - \tau_i(t)\right) \tag{4.13}$$

$$\mathcal{L}V_3\left(\bar{x}_t\right) = h\tau\bar{x}^{\mathrm{T}}(t)Z\bar{x}(t) - h\int_{t-\tau}^{t}\bar{x}^{\mathrm{T}}(\nu)Z\bar{x}(\nu)\mathrm{d}\nu$$

结合式 (4.12) 和式 (4.13), 同时注意到 $h = \max_{i \in \mathcal{S}}\{|\pi_{ii}|\}$, $\sum_{i \neq j}\pi_{ij} = -\pi_{ii} \geqslant 0$, 可推断出

$$\mathcal{L}V\left(\bar{x}_t, r_t = i\right) \leqslant \zeta^{\mathrm{T}}(t)\Pi_i\zeta(t) \tag{4.14}$$

其中, $\zeta^{\mathrm{T}}(t) = \left[\bar{x}^{\mathrm{T}}(t),\ \bar{x}^{\mathrm{T}}\left(t - \tau_i(t)\right)\right]$.

根据式 (4.6), 得到 $\mathcal{L}V\left(\bar{x}_t, r_t = i\right) < 0$. 根据 Dynkin 公式和定义 1.1, 时滞奇异跳变误差系统 (4.4) 是随机稳定的. 现在, 证明了时滞奇异跳变误差系统 (4.4) 是正则、无脉冲和随机稳定的, 则时滞奇异跳变误差系统 (4.4) 满足随机容许性.   □

定理 4.2 基于状态观测器 (4.3) 的时滞奇异跳变误差系统 (4.4) 是随机容许的, 如果对于所有 $r_t = i \in \mathcal{S}$ 和给定的标量 h、τ、μ_i, 存在 $\bar{W}_i > 0$、$Z > 0$、U、V、$\hat{L}_i$, 使得下列线性矩阵不等式成立:

$$\bar{\Pi}_i = \begin{bmatrix} \bar{\Pi}_{i11} & \bar{\Pi}_{i12} \\ * & (\mu_i - 1)Z \end{bmatrix} < 0 \tag{4.15}$$

其中, $\bar{\Pi}_{i11} = \mathrm{sym}(E^{\mathrm{T}}\bar{W}_iA_i + V^{\mathrm{T}}U^{\mathrm{T}}A_i - \hat{L}_iC_i) + \sum_{j=1}^{N}\pi_{ij}E^{\mathrm{T}}\bar{W}_jE + (1 + h\tau)Z$,

$\bar{\Pi}_{i12} = E^{\mathrm{T}}\bar{W}_iA_{di} + V^{\mathrm{T}}U^{\mathrm{T}}A_{di} - \hat{L}_iC_{di}$, $E^{\mathrm{T}}U = 0$ 并且 $U \in \mathbb{R}^{n \times (n-r)}$ 是列满秩矩阵.

此时, 所期望的状态观测器 (4.3) 的增益为

$$L_i = (\bar{W}_iE + UV)^{-\mathrm{T}}\hat{L}_i \tag{4.16}$$

证明　令 $W_i = \bar{W}_i E + UV$, 则定理 4.1 中的式 (4.5) 可以从 $\bar{W}_i > 0$ 和 $E^{\mathrm{T}} U = 0$ 中推断出来.

令 $W_i^{\mathrm{T}} L_i = \hat{L}_i$, 可以得到定理 4.2 中的式 (4.15) 和

$$L_i = W_i^{-\mathrm{T}} \hat{L}_i = (\bar{W}_i E + UV)^{-\mathrm{T}} \hat{L}_i \tag{4.17}$$

由此实现了所期望的状态观测器 (4.3) 的设计, 而且保证了时滞奇异跳变误差系统 (4.4) 是随机容许的. □

注 4.1　在大多数动态系统中, 由于工具设备和成本等方面的限制, 状态信息往往不能直接获取和应用, 但可以用相对较低的成本获得控制输入和量测输出[21-25]. 本节在状态信息不可直接获取的条件下提出基于观测器设计的反馈控制策略, 成功地利用控制输入信号和量测输出信号实现状态反馈控制[59,60].

在本节中, 详细的事件触发控制方案如图 4.1 所示.

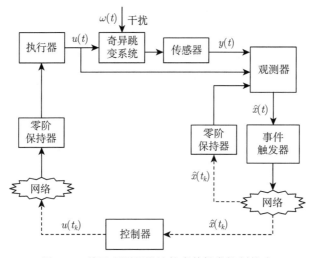

图 4.1　基于观测器设计的事件触发控制策略

对于 $\forall k \in \mathbb{N}$, 定义如下触发事件:

$$\{\|e(t)\| \geqslant \eta(t)\}, \quad t \in [t_k\ t_{k+1}) \tag{4.18}$$

其中, $e(t) = \hat{x}(t) - \hat{x}(t_k)$, t_k 为第 k 个事件发生瞬间, 满足 $t_k < t_{k+1}$, $k \geqslant 0$; $\eta(t) = \sqrt{\varepsilon_0 \epsilon^{-\alpha t}}$ 为指数阈值, $\varepsilon_0 > 0$, $\epsilon > 1$, $\alpha > 0$.

下一个触发瞬间 t_{k+1} 可表示为

$$t_{k+1} = \inf\{t > t_k \mid \|e(t)\| \geqslant \eta(t)\}, \quad \forall k \in \mathbb{N} \tag{4.19}$$

基于以上事件触发策略, 本节设计如下状态反馈控制器:

$$u(t) = K(r_t)\hat{x}(t_k), \quad t \in [t_k\ t_{k+1}),\ k \in \mathbb{N} \tag{4.20}$$

其中, $K(r_t)$ 为所期望的模态相关状态反馈控制器增益.

注意到 $\bar{x}(t) = x(t) - \hat{x}(t)$, 同时结合控制器 (4.20) 和系统 (4.1), 对任意 $r_t = i \in \mathcal{S}$, 得到闭环时滞奇异跳变系统:

$$E\dot{x}(t) = A_i x(t) + A_{di} x(t - \tau_i(t)) + B_i K_i \hat{x}(t_k) + D_i \omega(t)$$

$$= (A_i + B_i K_i)x(t) + A_{di} x(t - \tau_i(t)) - B_i K_i \bar{x}(t) - B_i K_i e(t) + D_i \omega(t) \tag{4.21}$$

结合闭环时滞奇异跳变系统 (4.21) 和时滞奇异跳变误差系统 (4.4), 可以推导出下面的增广时滞奇异跳变系统:

$$\begin{cases} \tilde{E}\dot{\xi}(t) = \tilde{A}_i \xi(t) + \tilde{A}_{di} \xi(t - \tau_i(t)) + \tilde{B}_i \tilde{e}(t) \\ \tilde{z}(t) = \tilde{F}_i \xi(t) \end{cases} \tag{4.22}$$

其中

$$\xi(t) = \begin{bmatrix} x(t) \\ \bar{x}(t) \end{bmatrix}, \quad \tilde{e}(t) = \begin{bmatrix} e(t) \\ \omega(t) \end{bmatrix}, \quad \tilde{E} = \begin{bmatrix} E & 0 \\ 0 & E \end{bmatrix}$$

$$\tilde{A}_i = \begin{bmatrix} A_i + B_i K_i & -B_i K_i \\ 0 & A_i - L_i C_i \end{bmatrix}, \quad \tilde{F}_i = \begin{bmatrix} F_i & 0 \\ 0 & 0 \end{bmatrix}$$

$$\tilde{A}_{di} = \begin{bmatrix} A_{di} & 0 \\ 0 & A_{di} - L_i C_{di} \end{bmatrix}, \quad \tilde{B}_i = \begin{bmatrix} -B_i K_i & D_i \\ 0 & 0 \end{bmatrix}$$

定理 4.3 增广时滞奇异跳变系统 (4.22) 满足随机容许性和 H_∞ 性能指标 γ, 如果对于任何 $r_t = i \in \mathcal{S}$, 存在矩阵 $\tilde{R} > 0$、$\tilde{P}_i$ 和标量 h、τ、μ_i, 使得下列矩阵不等式成立:

$$\tilde{E}^T \tilde{P}_i = \tilde{P}_i^T \tilde{E} \geqslant 0 \tag{4.23}$$

$$\Phi_i = \begin{bmatrix} \Phi_{i11} & \Phi_{i12} & \Phi_{i13} & 0 \\ * & (\mu_i - 1)\tilde{R} & 0 & 0 \\ * & * & -I & 0 \\ * & * & * & (1 - \gamma^2)I \end{bmatrix} < 0 \tag{4.24}$$

其中, $\Phi_{i11} = \mathrm{sym}(\tilde{P}_i^T \tilde{A}_i) + \sum\limits_{j=1}^{N} \pi_{ij} \tilde{E}^T \tilde{P}_j + (1 + h\tau)\tilde{R} + \tilde{F}_i^T \tilde{F}_i$, $\Phi_{i12} = \tilde{P}_i^T \tilde{A}_{di}$,

$\Phi_{i13} = \tilde{P}_i^T \tilde{B}_i$.

证明　类似于定理 4.1 的证明, 由式 (4.24) 中的 $\Phi_{i11} < 0$ 可证明增广时滞奇异跳变系统 (4.22) 的正则性和无脉冲性.

定义 $\{\xi_t = \xi(t+\varphi),\ -\tau \leqslant \varphi \leqslant 0\}$, 构造如下增广时滞奇异跳变系统 (4.22) 的 L-K 泛函:

$$\mathcal{V}(\xi_t, r_t) = \mathcal{V}_1(\xi_t, r_t) + \mathcal{V}_2(\xi_t, r_t) + \mathcal{V}_3(\xi_t) \tag{4.25}$$

其中, $\mathcal{V}_1(\xi_t, r_t) = \xi^{\mathrm{T}}(t)\tilde{E}^{\mathrm{T}}\tilde{P}_{r_t}\xi(t)$, $\mathcal{V}_2(\xi_t, r_t) = \displaystyle\int_{t-\tau_{r_t}(t)}^{t} \xi^{\mathrm{T}}(\nu)\tilde{R}\xi(\nu)\mathrm{d}\nu$, $\mathcal{V}_3(\xi_t) = h\displaystyle\int_{-\tau}^{0}\int_{t+\vartheta}^{t}\xi^{\mathrm{T}}(\nu)\tilde{R}\xi(\nu)\,\mathrm{d}\nu\mathrm{d}\vartheta$.

令 $\mathcal{L}V$ 为随机过程 $\{\xi_t, r_t\}$ 作用于 $V(\cdot)$ 上的弱无穷小算子, 根据定理 4.1, 可得

$$\begin{aligned}
\mathcal{L}\mathcal{V}_1(\xi_t, r_t = i) = {}& \xi^{\mathrm{T}}(t)\left(\mathrm{sym}(\tilde{P}_i^{\mathrm{T}}\tilde{A}_i) + \sum_{j=1}^{N}\pi_{ij}\tilde{E}^{\mathrm{T}}\tilde{P}_j\right)\xi(t) \\
& + 2\xi^{\mathrm{T}}(t)\tilde{P}_i^{\mathrm{T}}\tilde{A}_{di}\xi(t-\tau_i(t)) + 2\xi^{\mathrm{T}}(t)\tilde{P}_i^{\mathrm{T}}\tilde{B}_i\tilde{e}(t) \\
\leqslant {}& \xi^{\mathrm{T}}(t)\left(\mathrm{sym}(\tilde{P}_i^{\mathrm{T}}\tilde{A}_i) + \sum_{j=1}^{N}\pi_{ij}\tilde{E}^{\mathrm{T}}\tilde{P}_j + \tilde{P}_i^{\mathrm{T}}\tilde{B}_i\tilde{B}_i^{\mathrm{T}}\tilde{P}_i\right)\xi(t) \\
& + 2\xi^{\mathrm{T}}(t)\tilde{P}_i^{\mathrm{T}}\tilde{A}_{di}\xi(t-\tau_i(t)) + \tilde{e}^{\mathrm{T}}(t)\tilde{e}(t) \tag{4.26}
\end{aligned}$$

$$\begin{aligned}
\mathcal{L}\mathcal{V}_2(\xi_t, r_t = i) \leqslant {}& \xi^{\mathrm{T}}(t)\tilde{R}\xi(t) + \sum_{j=1}^{N}\pi_{ij}\int_{t-\tau_i(t)}^{t}\xi^{\mathrm{T}}(\nu)\tilde{R}\xi(\nu)\mathrm{d}\nu \\
& + (\mu_i - 1)\xi^{\mathrm{T}}(t-\tau_i(t))\tilde{R}\xi(t-\tau_i(t)) \tag{4.27}
\end{aligned}$$

$$\mathcal{L}\mathcal{V}_3(\xi_t) = h\tau\xi^{\mathrm{T}}(t)\tilde{R}\xi(t) - h\int_{t-\tau}^{t}\xi^{\mathrm{T}}(\nu)\tilde{R}\xi(\nu)\mathrm{d}\nu$$

对式 (4.24) 应用 Schur 补引理, 可以得到

$$\begin{bmatrix} \Phi_{i11} + \tilde{P}_i^{\mathrm{T}}\tilde{B}_i\tilde{B}_i^{\mathrm{T}}\tilde{P}_i & \Phi_{i12} \\ * & (\mu_i - 1)\tilde{R} \end{bmatrix} < 0 \tag{4.28}$$

当 $t \in [t_k\ t_{k+1})$ 时, 存在一个正标量 β, 使得

$$\begin{aligned}
\mathcal{L}\mathcal{V}(\xi_t, r_t = i) & \leqslant -\beta\xi^{\mathrm{T}}(t)\xi(t) + \|\tilde{e}(t)\|^2 \\
& = -\beta\xi^{\mathrm{T}}(t)\xi(t) + \|\omega(t)\|^2 + \|e(t)\|^2
\end{aligned}$$

$$\leqslant -\beta \xi^{\mathrm{T}}(t)\xi(t) + \|\omega(t)\|^2 + \eta^2(t)$$

由上式可得

$$\beta \xi^{\mathrm{T}}(t)\xi(t) \leqslant -\mathcal{L}\mathcal{V}(\xi_t, r_t = i) + \|\omega(t)\|^2 + \eta^2(t) \tag{4.29}$$

对于 $\omega(t) = 0$ 的情况, 根据 Dynkin 公式, 同时注意到 $\eta^2(t) = \varepsilon_0 \epsilon^{-\alpha t} = \varepsilon_0 \mathrm{e}^{-(\alpha \ln \epsilon)t}$, 可得

$$\mathcal{E}\left\{\int_0^{\mathcal{T}} |\xi(t)|^2 \,\mathrm{d}t \Big| r_0, s \in [-\tau,\, 0]\right\} \leqslant \frac{1}{\beta}\mathcal{E}\left\{\mathcal{V}(\xi(0), r_0)\right\} + \frac{1}{\beta}\mathcal{E}\left\{\int_0^{\mathcal{T}} \varepsilon_0 \epsilon^{-\alpha s}\mathrm{d}s\right\} \tag{4.30}$$

其中

$$\int_0^{\mathcal{T}} \varepsilon_0 \epsilon^{-\alpha s}\mathrm{d}s = \int_0^{\mathcal{T}} \varepsilon_0 \mathrm{e}^{-(\alpha \ln \epsilon)s}\mathrm{d}s = \frac{\varepsilon_0}{\alpha \ln \epsilon} - \frac{\varepsilon_0 \epsilon^{-\alpha \mathcal{T}}}{\alpha \ln \epsilon} \tag{4.31}$$

根据定义 1.1, 由式 (4.30) 可证得增广时滞奇异跳变系统 (4.22) 满足随机稳定性.

当 $\omega(t) \neq 0$ 和初始状态为零时, 有

$$\mathcal{E}\left\{\int_0^{\mathcal{T}} (\tilde{z}^{\mathrm{T}}(s)\,\tilde{z}(s) - \gamma^2\tilde{e}^{\mathrm{T}}(s)\,\tilde{e}(s))\mathrm{d}s\right\}$$

$$\leqslant \mathcal{E}\left\{\int_0^{\mathcal{T}} \mathcal{E}\left\{\tilde{z}^{\mathrm{T}}(s)\,\tilde{z}(s) - \gamma^2\tilde{e}^{\mathrm{T}}(s)\,\tilde{e}(s) \mid r_s = i\right\}\mathrm{d}\theta\right\}$$

$$+ \mathcal{E}\left\{\int_0^{\mathcal{T}} \mathcal{E}\left\{\mathcal{L}\mathcal{V}(\xi_s) \mid r_s = i\right\}\mathrm{d}s\right\}$$

$$= \mathcal{E}\left\{\int_0^{\mathcal{T}} \chi^{\mathrm{T}}(s)\Psi_i\chi(s)\mathrm{d}s\right\} \tag{4.32}$$

其中

$$\chi(t) = \begin{bmatrix} \xi^{\mathrm{T}}(t) & \xi^{\mathrm{T}}(t - \tau_i(t)) & \tilde{e}^{\mathrm{T}}(t) \end{bmatrix}^{\mathrm{T}}$$

$$\Psi_i = \begin{bmatrix} \Phi_{i11} + \tilde{P}_i^{\mathrm{T}}\tilde{B}_i\tilde{B}_i^{\mathrm{T}}\tilde{P}_i & \Phi_{i12} & 0 \\ * & (\mu_i - 1)\tilde{R} & 0 \\ * & * & (1 - \gamma^2)I \end{bmatrix}$$

对式 (4.24) 应用 Schur 补引理, 可以得到 $\Psi_i < 0$, 从而有

$$\mathcal{E}\left\{\int_0^{\mathcal{T}} (z^{\mathrm{T}}(s)\,z(s) - \gamma^2\tilde{e}^{\mathrm{T}}(s)\,\tilde{e}(s))\mathrm{d}s\right\} < 0$$

因此, 增广时滞奇异跳变系统 (4.22) 满足 H_∞ 性能要求. □

注 4.2　大多数现有的事件驱动/触发控制是直接基于状态信息全部可用条件下的状态反馈控制. 然而, 事实上许多实际动态系统的状态信息并不完全可知或者获取代价昂贵. 因此, 设计状态观测器或动态补偿器, 进而实现对相应动态系统的事件触发/驱动状态反馈控制或输出反馈控制是非常重要的[26-29]. 时滞奇异跳变系统 (4.1) 的可观测性可以保证奇异状态观测器 (4.3) 设计的实现. 因此, 在本节中, 时滞奇异跳变系统 (4.1) 满足可观测性.

现在, 基于状态观测器 (4.3) 来实现事件触发状态反馈控制器 (4.20) 的设计.

定理 4.4　增广时滞奇异跳变系统 (4.22) 满足随机稳定性和 H_∞ 性能指标 γ, 如果对于所有 $r_t = i \in \mathcal{S}$ 和给定的标量 τ、h、μ_i, 存在矩阵 $P_{11i} > 0$、$P_{22i} > 0$、$Y_i > 0$、$R_1 > 0$、$R_2 > 0$、P_{12i}、Q_{11}、Q_{12}、Q_{21}、Q_{22}、$\mathcal{K}_i$, 使得下列线性矩阵不等式成立:

$$\begin{bmatrix} P_{11i} & P_{12i} \\ * & P_{22i} \end{bmatrix} > 0 \tag{4.33}$$

$$\bar{\Psi}_i = \begin{bmatrix} \bar{\Psi}_{i11} & \bar{\Psi}_{i12} & \bar{\Psi}_{i13} & \bar{\Psi}_{i14} & 0 \\ * & \bar{\Psi}_{i22} & \bar{\Psi}_{i23} & \bar{\Psi}_{i24} & 0 \\ * & * & \bar{\Psi}_{i33} & 0 & 0 \\ * & * & * & -I & 0 \\ * & * & * & * & (1-\kappa)I \end{bmatrix} < 0 \tag{4.34}$$

其中

$$\bar{\Psi}_{i11} = \begin{bmatrix} \hat{\Psi}_{i11} & \hat{\Psi}_{i12} \\ * & \hat{\Psi}_{i22} \end{bmatrix}, \quad \bar{\Psi}_{i12} = \begin{bmatrix} \hat{\Psi}_{i13} & \hat{\Psi}_{i14} \\ \hat{\Psi}_{i23} & \hat{\Psi}_{i24} \end{bmatrix}$$

$$\bar{\Psi}_{i13} = \begin{bmatrix} \hat{\Psi}_{i15} & \hat{\Psi}_{i16} \\ \hat{\Psi}_{i25} & \hat{\Psi}_{i26} \end{bmatrix}, \quad \bar{\Psi}_{i14} = \begin{bmatrix} \hat{\Psi}_{i17} & \hat{\Psi}_{i18} \\ \hat{\Psi}_{i27} & \hat{\Psi}_{i28} \end{bmatrix}$$

$$\bar{\Psi}_{i22} = \begin{bmatrix} \hat{\Psi}_{i33} & \hat{\Psi}_{i34} \\ * & \hat{\Psi}_{i44} \end{bmatrix}, \quad \bar{\Psi}_{i23} = \begin{bmatrix} \hat{\Psi}_{i35} & \hat{\Psi}_{i36} \\ \hat{\Psi}_{i45} & \hat{\Psi}_{i46} \end{bmatrix}$$

$$\bar{\Psi}_{i24} = \begin{bmatrix} \hat{\Psi}_{i37} & \hat{\Psi}_{i38} \\ \hat{\Psi}_{i47} & \hat{\Psi}_{i48} \end{bmatrix}, \quad \bar{\Psi}_{i33} = \begin{bmatrix} \hat{\Psi}_{i55} & 0 \\ 0 & \hat{\Psi}_{i66} \end{bmatrix}$$

$$\hat{\Psi}_{i11} = \mathrm{sym}\left(A_i Y_i + \frac{1}{2} B_i \mathcal{K}_i\right) + \sum_{j=1}^{N} \pi_{ij} E P_{11j} E^{\mathrm{T}} + (1+h\tau)R_1 + F_i^{\mathrm{T}} F_i$$

$$\hat{\Psi}_{i12} = \mathrm{sym}\left(\frac{1}{2} A_i Y_i\right) - \frac{1}{2} B_i \mathcal{K}_i - \frac{1}{2} Y_i^{\mathrm{T}} C_i^{\mathrm{T}} L_i^{\mathrm{T}} + \sum_{j=1}^{N} \pi_{ij} E P_{12j} E^{\mathrm{T}}$$

$$\hat{\Psi}_{i22} = \text{sym}(A_i Y_i - L_i C_i Y_i) + \sum_{j=1}^{N} \pi_{ij} E P_{22j} E^{\mathrm{T}} + (1 + h\tau)R_2$$

$$\hat{\Psi}_{i55} = (\mu_i - 1)R_1, \quad \hat{\Psi}_{i66} = (\mu_i - 1)R_2$$

$$\hat{\Psi}_{i13} = E P_{11i}^{\mathrm{T}} + Q_{11}^{\mathrm{T}} S_1^{\mathrm{T}} - Y_i^{\mathrm{T}} + A_i Y_i + \frac{2}{3} B_i \mathcal{K}_i$$

$$\hat{\Psi}_{i14} = E P_{12i}^{\mathrm{T}} + Q_{21}^{\mathrm{T}} S_2^{\mathrm{T}} - \frac{1}{2} Y_i^{\mathrm{T}} + \frac{1}{3} A_i Y_i - \frac{2}{3} B_i \mathcal{K}_i$$

$$\hat{\Psi}_{i23} = E P_{12i}^{\mathrm{T}} + Q_{12}^{\mathrm{T}} S_1^{\mathrm{T}} - \frac{1}{2} Y_i^{\mathrm{T}} + \frac{1}{3} A_i Y_i - \frac{1}{3} L_i C_i Y_i$$

$$\hat{\Psi}_{i24} = E P_{22i}^{\mathrm{T}} + Q_{22}^{\mathrm{T}} S_2^{\mathrm{T}} - Y_i^{\mathrm{T}} + A_i Y_i - L_i C_i Y_i$$

$$\hat{\Psi}_{i33} = -Y_i - Y_i^{\mathrm{T}}, \quad \hat{\Psi}_{i34} = -\frac{1}{3} Y_i - \frac{1}{3} Y_i^{\mathrm{T}}, \quad \hat{\Psi}_{i44} = -Y_i - Y_i^{\mathrm{T}}$$

$$\hat{\Psi}_{i15} = Y_i^{\mathrm{T}} A_{di}^{\mathrm{T}}, \quad \hat{\Psi}_{i16} = \frac{1}{2} Y_i^{\mathrm{T}} A_{di}^{\mathrm{T}} - \frac{1}{2} Y_i^{\mathrm{T}} C_{di}^{\mathrm{T}} L_i^{\mathrm{T}}$$

$$\hat{\Psi}_{i25} = \frac{1}{2} Y_i^{\mathrm{T}} A_{di}^{\mathrm{T}}, \quad \hat{\Psi}_{i26} = Y_i^{\mathrm{T}} A_{di}^{\mathrm{T}} - Y_i^{\mathrm{T}} C_{di}^{\mathrm{T}} L_i^{\mathrm{T}}$$

$$\hat{\Psi}_{i35} = Y_i^{\mathrm{T}} A_{di}^{\mathrm{T}}, \quad \hat{\Psi}_{i36} = \frac{1}{3} Y_i^{\mathrm{T}} A_{di}^{\mathrm{T}} - \frac{1}{3} Y_i^{\mathrm{T}} C_{di}^{\mathrm{T}} L_i^{\mathrm{T}}$$

$$\hat{\Psi}_{i45} = \frac{1}{3} Y_i^{\mathrm{T}} A_{di}^{\mathrm{T}}, \quad \hat{\Psi}_{i46} = Y_i^{\mathrm{T}} A_{di}^{\mathrm{T}} - Y_i^{\mathrm{T}} C_{di}^{\mathrm{T}} L_i^{\mathrm{T}}$$

$$\hat{\Psi}_{i17} = -\mathcal{K}_i^{\mathrm{T}} B_i^{\mathrm{T}} + \frac{1}{2} Y_i^{\mathrm{T}} D_i^{\mathrm{T}}, \quad \hat{\Psi}_{i27} = -\frac{1}{2} \mathcal{K}_i^{\mathrm{T}} B_i^{\mathrm{T}} + Y_i^{\mathrm{T}} D_i^{\mathrm{T}}$$

$$\hat{\Psi}_{i37} = -\mathcal{K}_i^{\mathrm{T}} B_i^{\mathrm{T}} + \frac{1}{3} Y_i^{\mathrm{T}} D_i^{\mathrm{T}}, \quad \hat{\Psi}_{i47} = -\frac{1}{3} \mathcal{K}_i^{\mathrm{T}} B_i^{\mathrm{T}} + Y_i^{\mathrm{T}} D_i^{\mathrm{T}}$$

$$\hat{\Psi}_{i18} = \hat{\Psi}_{i28} = \hat{\Psi}_{i38} = \hat{\Psi}_{i48} = 0$$

$$E S_1 = 0, \quad E S_2 = 0$$

$S_1, S_2 \in \mathbb{R}^{n \times (n-r)}$ 是给定的列满秩矩阵.

基于状态观测器 (4.3) 所期望的事件触发状态反馈控制器 (4.20) 的增益为

$$K_i = \mathcal{K}_i Y_i^{-1}, \quad r_t = i \in \mathcal{S} \tag{4.35}$$

证明 根据文献 [1], $(E, \tilde{A}_i, \tilde{A}_{di}, \tilde{B}_i)$ 的容许性等价于 $(E^{\mathrm{T}}, \tilde{A}_i^{\mathrm{T}}, \tilde{A}_{di}^{\mathrm{T}}, \tilde{B}_i^{\mathrm{T}})$ 的容许性. 因此, 定理 4.3 中条件 (4.23)、(4.24) 可以分别改写为

$$\tilde{E} \tilde{P}_i = \tilde{P}_i^{\mathrm{T}} \tilde{E}^{\mathrm{T}} \geqslant 0 \tag{4.36}$$

$$\hat{\Phi}_i = \begin{bmatrix} \hat{\Phi}_{i11} & \hat{\Phi}_{i12} & \hat{\Phi}_{i13} & 0 \\ * & (\mu_i - 1)\tilde{R} & 0 & 0 \\ * & * & -I & 0 \\ * & * & * & (1-\gamma^2)I \end{bmatrix} < 0 \tag{4.37}$$

其中, $\hat{\Phi}_{i11} = \mathrm{sym}(\tilde{P}_i^{\mathrm{T}}\tilde{A}_i^{\mathrm{T}}) + \sum_{j=1}^{N}\pi_{ij}\tilde{E}\tilde{P}_j + (1+h\tau)\tilde{R} + F_i^{\mathrm{T}}F_i$, $\hat{\Phi}_{i12} = \tilde{P}_i^{\mathrm{T}}\tilde{A}_{di}^{\mathrm{T}}$,

$\hat{\Phi}_{i13} = \tilde{P}_i^{\mathrm{T}}\tilde{B}_i^{\mathrm{T}}$.

令 $\tilde{P}_i = P_i\tilde{E}^{\mathrm{T}} + SQ$, 以及 $S = \begin{bmatrix} S_1 & 0 \\ 0 & S_2 \end{bmatrix}$, $Q = \begin{bmatrix} Q_{11} & Q_{12} \\ Q_{21} & Q_{22} \end{bmatrix}$, $ES_1 = 0$,

$ES_2 = 0$, 并且 $S_1, S_2 \in \mathbb{R}^{n \times (n-r)}$ 是给定的列满秩矩阵. 因此, 条件 (4.36) 成立.

为了实现所期望的控制器参数, 选择如下负定矩阵:

$$\Xi_i = \begin{bmatrix} \Xi_{i11} & \Xi_{i12} & M_i^{\mathrm{T}}\tilde{A}_{di}^{\mathrm{T}} & M_i^{\mathrm{T}}\tilde{B}_i^{\mathrm{T}} & 0 \\ * & \Xi_{i22} & N_i^{\mathrm{T}}\tilde{A}_{di}^{\mathrm{T}} & N_i^{\mathrm{T}}\tilde{B}_i^{\mathrm{T}} & 0 \\ * & * & (\mu_i-1)\tilde{R} & 0 & 0 \\ * & * & * & -I & 0 \\ * & * & * & * & (1-\gamma^2)I \end{bmatrix} < 0 \tag{4.38}$$

其中, $\Xi_{i11} = \mathrm{sym}(\tilde{A}_iM_i) + \sum_{j=1}^{N}\pi_{ij}\tilde{E}P_j\tilde{E}^{\mathrm{T}} + (1+h\tau)\tilde{R} + F_i^{\mathrm{T}}F_i$, $\Xi_{i12} = \tilde{E}P_i^{\mathrm{T}} +$

$Q^{\mathrm{T}}S^{\mathrm{T}} - M_i^{\mathrm{T}} + \tilde{A}_iN_i$, $\Xi_{i22} = -N_i - N_i^{\mathrm{T}}$.

令 $\Pi_i = \begin{bmatrix} I & \tilde{A}_i & 0 & 0 & 0 \\ 0 & \tilde{A}_{di} & I & 0 & 0 \\ 0 & \tilde{B}_i & 0 & I & 0 \\ 0 & 0 & 0 & 0 & I \end{bmatrix}$, 得到 $\Pi_i\Xi_i\Pi_i^{\mathrm{T}} = \hat{\Phi}_i$. 因此, $\Xi_i < 0$ 意味着

$\hat{\Phi}_i < 0$, 条件 (4.37) 成立. 在式 (4.38) 中选择如下矩阵:

$$P_i = \begin{bmatrix} P_{11i} & P_{12i} \\ * & P_{22i} \end{bmatrix} > 0, \quad M_i = \begin{bmatrix} Y_i & \frac{1}{2}Y_i \\ \frac{1}{2}Y_i & Y_i \end{bmatrix}, \quad N_i = \begin{bmatrix} Y_i & \frac{1}{3}Y_i \\ \frac{1}{3}Y_i & Y_i \end{bmatrix}$$

可以发现条件 (4.33)、(4.34) 确保增广时滞奇异跳变系统 (4.22) 满足随机容许性且 H_∞ 性能指标 $\gamma = \sqrt{\kappa}$. 此时, 基于状态观测器 (4.3) 所期望的事件触发状态反馈控制器 (4.20) 的增益为

$$K_i = \mathcal{K}_iY_i^{-1}, \quad r_t = i \in \mathcal{S} \qquad \square$$

4.1.3　仿真算例

例 4.1　例 3.1 的石油催化裂化过程 (3.23) 可以描述为具有以下参数的时滞奇异跳变系统 (4.1):

$$A_1 = \begin{bmatrix} 0.05 & 0.7 \\ 0.4 & -8.5 \end{bmatrix}, \quad A_2 = \begin{bmatrix} 0.02 & 0.1 \\ 0.3 & -8.2 \end{bmatrix}, \quad D_1 = 10^{-2} \times \begin{bmatrix} 4 & 2 \\ 3 & -1 \end{bmatrix}$$

$$A_{d1} = 10^{-3} \times \begin{bmatrix} 1.5 & 0.3 \\ 0.2 & 1.3 \end{bmatrix}, \quad A_{d2} = 10^{-3} \times \begin{bmatrix} 1.7 & 0.5 \\ 0.4 & 0.4 \end{bmatrix}$$

$$D_2 = 10^{-2} \times \begin{bmatrix} 3 & 1 \\ 2 & -1 \end{bmatrix}, \quad B_1 = -10^{-1} \times \begin{bmatrix} 11.02 \\ 11.10 \end{bmatrix}$$

$$B_2 = -10^{-1} \times \begin{bmatrix} 11.01 \\ 11.20 \end{bmatrix}, \quad C_{d1} = 10^{-4} \times \begin{bmatrix} 2 & 4 \end{bmatrix}$$

$$C_1 = 10^{-1} \times \begin{bmatrix} 3.2 & -4.5 \end{bmatrix}, \quad C_2 = 10^{-1} \times \begin{bmatrix} 3.1 & -4.6 \end{bmatrix}$$

$$C_{d2} = 10^{-4} \times \begin{bmatrix} 3 & 2 \end{bmatrix}, \quad \Pi = \begin{bmatrix} -1.7 & 1.7 \\ 1.3 & -1.3 \end{bmatrix}, \quad E = \begin{bmatrix} 1 & 0 \\ 0 & 0 \end{bmatrix}$$

$$F_1 = 10^{-2} \times \begin{bmatrix} 3.4 & 2.5 \end{bmatrix}, \quad F_2 = 10^{-2} \times \begin{bmatrix} 3.3 & 2.6 \end{bmatrix}$$

$$U = \begin{bmatrix} 0 & 8 \end{bmatrix}^{\mathrm{T}}, \quad S_1 = \begin{bmatrix} 0 & 6 \end{bmatrix}^{\mathrm{T}}, \quad S_2 = \begin{bmatrix} 0 & 5 \end{bmatrix}^{\mathrm{T}}$$

$$\tau = 2.5, \quad \mu_1 = 0.9, \quad \mu_2 = 0.7$$

求解定理 4.2 中的线性矩阵不等式 (4.15), 得到状态观测器 (4.3) 的参数为

$$L_1 = \begin{bmatrix} 8.2380 & 9.5346 \end{bmatrix}^{\mathrm{T}}, \quad L_2 = \begin{bmatrix} 8.8335 & 8.6750 \end{bmatrix}^{\mathrm{T}} \tag{4.39}$$

求解定理 4.4 中的线性矩阵不等式 (4.33)、(4.34), 得到 H_∞ 性能指标 $\gamma = 3.8480$, 基于状态观测器 (4.3) 的事件触发状态反馈控制器 (4.20) 的参数为

$$K_1 = \begin{bmatrix} 0.7191 & 0.7603 \end{bmatrix}, \quad K_2 = \begin{bmatrix} 0.7188 & 0.7317 \end{bmatrix} \tag{4.40}$$

令 $x(0) = \begin{bmatrix} 1.8 & -1.5 \end{bmatrix}^{\mathrm{T}}$. 图 4.2 描述了基于马尔可夫跳变转移率矩阵 Π 的石油催化裂化观测器 (4.3) 的状态轨迹, 图 4.3 展示了基于事件触发机制 (4.19) 的采样观测器的状态轨迹.

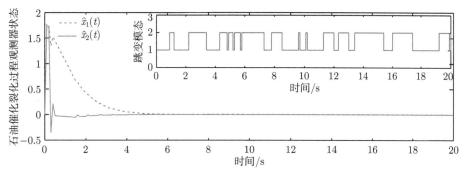

图 4.2　基于马尔可夫跳变转移率矩阵 Π 的石油催化裂化过程观测器 (4.3) 的状态轨迹

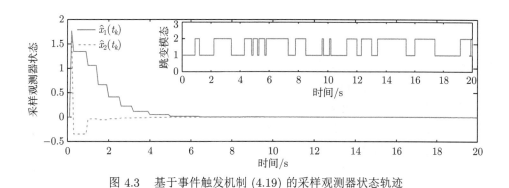

图 4.3　基于事件触发机制 (4.19) 的采样观测器状态轨迹

图 4.4 描述了基于事件触发反馈控制的石油催化裂化过程状态轨迹, 图 4.5 展示了事件触发时刻和事件间隔.

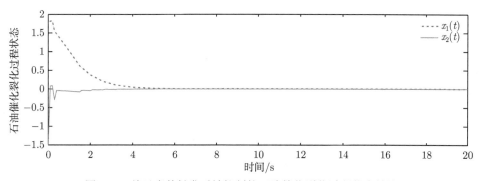

图 4.4　基于事件触发反馈控制的石油催化裂化过程状态轨迹

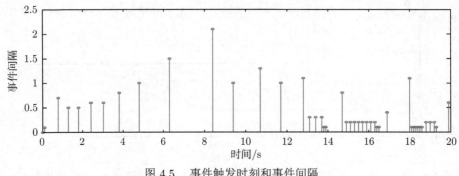

图 4.5　事件触发时刻和事件间隔

4.2　时滞奇异跳变系统异步反馈控制

本节研究基于事件触发策略和 T-S 模糊控制技术的具有模态相关时变时滞的模糊奇异跳变系统异步反馈控制问题. 在非周期采样和事件触发机制下, 改进的观测器不仅将状态估计信号传输给控制器, 还将马尔可夫跳变模态信息传递给控制器. 应用并行分布补偿技术, 设计了异步模糊反馈控制器, 并利用隐马尔可夫模型刻画模糊控制器模态与原始奇异模糊跳变系统模态间的异步行为. 采用指数递减函数设计触发阈值, 既保证了事件触发策略的有效性, 又实现了时滞模糊奇异跳变系统的容许性. 利用单连杆机械臂模型仿真算例验证所提出的基于观测器设计的事件触发异步模糊反馈控制技术的有效性和实用性.

本节的贡献和创新点归纳如下:

(1) 应用并行分布补偿技术和隐马尔可夫模型策略, 设计了时变时滞模糊奇异跳变系统异步模糊反馈控制器, 其中隐马尔可夫模型策略揭示了模糊控制器模态与原始模糊奇异跳变系统模态间的异步行为;

(2) 在非周期采样和事件触发机制下, 改进的观测器不仅向控制器传输状态估计信号, 还向控制器传输马尔可夫跳变模态信息;

(3) 采用指数递减函数设计触发阈值, 既保证了事件触发策略的有效性, 又实现了时滞模糊奇异跳变系统的容许性.

4.2.1　问题描述

给定概率空间 $(\Omega, \mathfrak{F}, \mathcal{P})$, 考虑如下时变时滞模糊奇异跳变系统: 模糊规则 $i\ (i = 1, 2, \cdots, m)$ 下, 如果 $\zeta_1(t)$ 隶属于 $\mathcal{M}_{i1}$, $\zeta_2(t)$ 隶属于 $\mathcal{M}_{i2}$, $\cdots$, $\zeta_n(t)$ 隶属于 $\mathcal{M}_{in}$, 则

$$\begin{cases} E\left(r_t\right) \dot{x}(t) = A^i\left(r_t\right) x(t) + A_d^i\left(r_t\right) x\left(t-d\right) \\ \qquad\qquad + A_\tau^i\left(r_t\right) x\left(t-d_{r_t}(t)\right) + B^i\left(r_t\right) u(t) \\ y(t) = D^i\left(r_t\right) x(t) + D_d^i\left(r_t\right) x\left(t-d\right) \\ \qquad\qquad + D_\tau^i\left(r_t\right) x\left(t-d_{r_t}(t)\right) \end{cases} \tag{4.41}$$

其中, $x(t) \in \mathbb{R}^p$ 为系统状态; $y(t) \in \mathbb{R}^r$ 为量测输出; 奇异矩阵 $E\left(r_t\right) \in \mathbb{R}^{p \times p}$, $\mathrm{rank}(E\left(r_t\right)) = q < p$; $\zeta_j(t)\ (j = 1, 2, \cdots, n)$ 为前件变量; $\mathcal{M}_{ij}$ 为模糊集.

马尔可夫过程 $\{r_t\}$ 作为右连续阶跃函数, 在 $\mathcal{S} = \{1, 2, \cdots, N\}$ 中取值. Π 表示转移率矩阵, 满足文献 [42] 中的一般化条件, 同时 $\max\limits_{\alpha \in \mathcal{S}}\{|\pi_{\alpha\alpha}|\}$ 在本节中被记作 l. 马尔可夫过程 $\{r_t\}$ 的具体性质详见 2.1 节.

d 是定常时滞, $d_{r_t}(t)$ 是模态相关的时变时滞且满足:

$$0 \leqslant d_\alpha(t) \leqslant d < \infty, \quad \dot{d}_\alpha(t) \leqslant h_\alpha, \quad r_t = \alpha \in \mathcal{S} \tag{4.42}$$

确定标量 $h_\alpha < 1$, 表示时变时滞 $d_{r_t}(t)$ 的变化趋势. 对于每一个 $r_t = \alpha \in \mathcal{S}$, 将 $A^i\left(r_t\right)$ 记为 A_α^i, $A_d^i\left(r_t\right)$ 记为 $A_{d\alpha}^i$ 等.

采用 T-S 模糊策略, 当 $r_t = \alpha \in \mathcal{S}$ 时, 时滞模糊奇异跳变系统 (4.41) 表示为

$$\begin{cases} E_\alpha \dot{x}(t) = A_{\alpha H} x(t) + A_{d\alpha H} x\left(t-d\right) \\ \qquad\qquad + A_{\tau\alpha H} x\left(t-d_\alpha(t)\right) + B_{\alpha H} u(t) \\ y(t) = D_{\alpha H} x(t) + D_{d\alpha H} x\left(t-d\right) + D_{\tau\alpha H} x\left(t-d_\alpha(t)\right) \end{cases} \tag{4.43}$$

其中

$$A_{\alpha H} = \sum_{i=1}^m H_i A_\alpha^i, \quad A_{d\alpha H} = \sum_{i=1}^m H_i A_{d\alpha}^i$$

$$A_{\tau\alpha H} = \sum_{i=1}^m H_i A_{\tau\alpha}^i, \quad B_{\alpha H} = \sum_{i=1}^m H_i B_\alpha^i$$

$$D_{\alpha H} = \sum_{i=1}^m H_i D_\alpha^i, \quad D_{d\alpha H} = \sum_{i=1}^m H_i D_{d\alpha}^i, \quad D_{\tau\alpha H} = \sum_{i=1}^m H_i D_{\tau\alpha}^i$$

$$H_i(\zeta(t)) = \frac{\prod\limits_{j=1}^n \mathcal{M}_{ij}(\zeta_j(t))}{\sum\limits_{i=1}^m \prod\limits_{j=1}^n \mathcal{M}_{ij}(\zeta_j(t))}$$ 为模糊加权函数, $\zeta(t) = [\zeta_1(t)\ \zeta_2(t)\ \cdots\ \zeta_n(t)]$,

$\mathcal{M}_{ij}(\zeta_j(t))$ 表示前件变量 $\zeta_j(t)$ 在模糊集 $\mathcal{M}_{ij}$ 中的隶属度函数. 根据文献 [44], 可

以得到以下结果:

$$\mathcal{M}_{ij}(\zeta_j(t)) \geqslant 0, \quad H_i(\zeta(t)) \geqslant 0, \quad \sum_{i=1}^{m} H_i(\zeta(t)) = 1 \tag{4.44}$$

由于状态信息不能被全部获取或者需要付出高昂的代价, 在实际应用中, 状态观测器的设计是非常必要的[22]. 现在, 设计如下模态相关 T-S 模糊奇异状态观测器: 模糊规则 i $(i = 1, 2, \cdots, m)$ 下, 如果 $\zeta_1(t)$ 隶属于 $\mathcal{M}_{i1}$, $\zeta_2(t)$ 隶属于 $\mathcal{M}_{i2}$, $\cdots$, $\zeta_n(t)$ 隶属于 $\mathcal{M}_{in}$, 则

$$\begin{cases} E\left(r_t\right) \dot{\hat{x}}(t) = A^i\left(r_t\right) \hat{x}(t) + A_d^i\left(r_t\right) \hat{x}\left(t - d\right) \\ \qquad + A_\tau^i\left(r_t\right) \hat{x}\left(t - d_{r_t}(t)\right) + B^i\left(r_t\right) u(t) + L^i\left(r_t\right)\left(y(t) - \hat{y}(t)\right) \\ \hat{y}(t) = D^i\left(r_t\right) \hat{x}(t) + D_d^i\left(r_t\right) \hat{x}\left(t - d\right) \\ \qquad + D_\tau^i\left(r_t\right) \hat{x}\left(t - d_{r_t}(t)\right) \end{cases} \tag{4.45}$$

令 $\bar{x}(t) = x(t) - \hat{x}(t)$, 针对模糊规则 i, 模糊奇异误差系统可描述为

$$\begin{aligned} E\left(r_t\right) \dot{\bar{x}}(t) &= \left(A^i\left(r_t\right) - L^i\left(r_t\right) D^i\left(r_t\right)\right) \bar{x}(t) \\ &\quad + \left(A_d^i\left(r_t\right) - L^i\left(r_t\right) D_d^i\left(r_t\right)\right) \bar{x}\left(t - d\right) \\ &\quad + \left(A_\tau^i\left(r_t\right) - L^i\left(r_t\right) D_\tau^i\left(r_t\right)\right) \bar{x}\left(t - d_{r_t}(t)\right) \\ &= \bar{A}^i\left(r_t\right) \bar{x}(t) + \bar{A}_d^i\left(r_t\right) \bar{x}\left(t - d\right) \\ &\quad + \bar{A}_\tau^i\left(r_t\right) \bar{x}\left(t - d_{r_t}(t)\right) \end{aligned} \tag{4.46}$$

当 $r_t = \alpha \in \mathcal{S}$ 时, 有 $\bar{A}_\alpha^i = A_\alpha^i - L_\alpha^i D_\alpha^i$, $\bar{A}_{d\alpha}^i = A_{d\alpha}^i - L_\alpha^i D_{d\alpha}^i$, $\bar{A}_{\tau\alpha}^i = A_{\tau\alpha}^i - L_\alpha^i D_{\tau\alpha}^i$.

此时, T-S 模糊奇异误差系统 (4.46) 可以改写为

$$E_\alpha \dot{\bar{x}}(t) = \bar{A}_{\alpha H} \bar{x}(t) + \bar{A}_{d\alpha H} \bar{x}\left(t - d\right) + \bar{A}_{\tau\alpha H} \bar{x}\left(t - d(t)\right) \tag{4.47}$$

其中

$$\bar{A}_{\alpha H} = \sum_{i=1}^{m} H_i \bar{A}_\alpha^i, \quad \bar{A}_{d\alpha H} = \sum_{i=1}^{m} H_i \bar{A}_{d\alpha}^i, \quad \bar{A}_{\tau\alpha H} = \sum_{i=1}^{m} H_i \bar{A}_{\tau\alpha}^i$$

4.2.2　主要结论

定理 4.5　T-S 模糊奇异误差系统 (4.46) 满足随机容许性, 如果对于每一个 $r_t = \alpha \in \mathcal{S}$, 存在 $R > 0$、$S > 0$、Q_α 以及标量 l、d、h_α, 使得下列矩阵不等式成立:

$$E_\alpha^{\mathrm{T}} Q_\alpha = Q_\alpha^{\mathrm{T}} E_\alpha \geqslant 0 \tag{4.48}$$

$$\Psi_{\alpha H} = \left[\begin{array}{ccc} \Psi_{\alpha H11} & \Psi_{\alpha H12} & \Psi_{\alpha H13} \\ * & -R & 0 \\ * & * & (h_\alpha - 1)S \end{array} \right] < 0 \tag{4.49}$$

其中

$$\Psi_{\alpha H11} = \mathrm{sym}(Q_\alpha^{\mathrm{T}} \bar{A}_{\alpha H}) + \sum_{\beta=1}^{N} \pi_{\alpha\beta} E_\beta^{\mathrm{T}} Q_\beta + (1 + dl)S + R$$

$$\Psi_{\alpha H12} = Q_\alpha^{\mathrm{T}} \bar{A}_{d\alpha H}$$

$$\Psi_{\alpha H13} = Q_\alpha^{\mathrm{T}} \bar{A}_{\tau\alpha H}$$

证明　根据式 (4.49), 得到

$$\mathrm{sym}(Q_\alpha^{\mathrm{T}} \bar{A}_{\alpha H}) + \sum_{\beta=1}^{N} \pi_{\alpha\beta} E_\beta^{\mathrm{T}} Q_\beta < 0 \tag{4.50}$$

采用奇异值分解技术, 存在非奇异矩阵 $\mathcal{M}$ 和 $\mathcal{N}$, 使得

$$\mathcal{M} E_\alpha \mathcal{N} = \left[\begin{array}{cc} I_\alpha & 0 \\ 0 & 0 \end{array} \right] \tag{4.51}$$

以及

$$\mathcal{M} \bar{A}_{\alpha H} \mathcal{N} = \left[\begin{array}{cc} \hat{A}_{\alpha H1} & \hat{A}_{\alpha H2} \\ \hat{A}_{\alpha H3} & \hat{A}_{\alpha H4} \end{array} \right] \tag{4.52}$$

令

$$\mathcal{M}^{-\mathrm{T}} Q_\alpha \mathcal{N} = \left[\begin{array}{cc} \hat{Q}_{\alpha 1} & \hat{Q}_{\alpha 2} \\ \hat{Q}_{\alpha 3} & \hat{Q}_{\alpha 4} \end{array} \right] \tag{4.53}$$

同时结合式 (4.48), 可以得到 $\hat{Q}_{\alpha 1} \geqslant 0$, $\hat{Q}_{\alpha 2} = 0$.

对式 (4.50) 两边都分别左乘 $\mathcal{N}^{\mathrm{T}}$、右乘 $\mathcal{N}$, 可以得到

$$\left[\begin{array}{cc} \star & \star \\ \star & \mathrm{sym}(\hat{A}_{\alpha H4}^{\mathrm{T}} \hat{Q}_{\alpha 4}) \end{array} \right] < 0 \tag{4.54}$$

式 (4.54) 意味着对于任何 $r_t = \alpha \in \mathcal{S}$, $|\hat{A}_{\alpha H4}^{\mathrm{T}}| \neq 0$. 根据定义 1.1, 模糊奇异误差系统 (4.46) 是正则和无脉冲的.

令 $\{\bar{x}_t = \bar{x}(t+\varphi),\ -d \leqslant \varphi \leqslant 0\}$, 则 $\{(\bar{x}_t, r_t),\ t \geqslant d\}$ 是一个新的马尔可夫过程. 构造模糊奇异误差系统 (4.46) 的模态相关和时滞相关 L-K 泛函:

$$V(\bar{x}_t, r_t) = V_1(\bar{x}_t, r_t) + V_2(\bar{x}_t) + V_3(\bar{x}_t, r_t) + V_4(\bar{x}_t) \tag{4.55}$$

其中

$$V_1(\bar{x}_t, r_t) = \bar{x}^{\mathrm{T}}(t)E^{\mathrm{T}}(r_t)Q(r_t)\bar{x}(t), \quad V_2(\bar{x}_t) = \int_{t-d}^{t} \bar{x}^{\mathrm{T}}(z)R\bar{x}(z)\mathrm{d}z$$

$$V_3(\bar{x}_t, r_t) = \int_{t-d_{r_t}(t)}^{t} \bar{x}^{\mathrm{T}}(z)S\bar{x}(z)\mathrm{d}z, \quad V_4(\bar{x}_t) = l\int_{-d}^{0}\int_{t+s}^{t} \bar{x}^{\mathrm{T}}(\theta)S\bar{x}(\theta)\mathrm{d}\theta\mathrm{d}s$$

令 $\mathcal{L}V$ 为马尔可夫随机过程 $\{\bar{x}_t, r_t\}$ 作用于 $V(\cdot)$ 上的弱无穷小算子, 从而有

$$
\begin{cases}
\mathcal{L}V_1(\bar{x}_t, r_t = \alpha) = \bar{x}^{\mathrm{T}}(t)\left(\mathrm{sym}(Q_\alpha^{\mathrm{T}}\bar{A}_{\alpha H}) + \sum_{\beta=1}^{N} \pi_{\alpha\beta}E_\beta^{\mathrm{T}}Q_\beta\right)\bar{x}(t) \\
\qquad\qquad + 2\bar{x}^{\mathrm{T}}(t)Q_\alpha^{\mathrm{T}}\bar{A}_{d\alpha H}\bar{x}(t-d) + 2\bar{x}^{\mathrm{T}}(t)Q_\alpha^{\mathrm{T}}\bar{A}_{\tau\alpha H}\bar{x}(t-d_\alpha(t)) \\
\mathcal{L}V_2(\bar{x}_t) = \bar{x}^{\mathrm{T}}(t)R\bar{x}(t) - \bar{x}^{\mathrm{T}}(t-d)R\bar{x}(t-d) \\
\mathcal{L}V_3(\bar{x}_t, r_t = \alpha) \leqslant \bar{x}^{\mathrm{T}}(t)S\bar{x}(t) + \sum_{\beta=1}^{N} \pi_{\alpha\beta}\int_{t-d_\beta(t)}^{t} \bar{x}^{\mathrm{T}}(z)S\bar{x}(z)\mathrm{d}z \\
\qquad\qquad - (1-h_\alpha)\bar{x}^{\mathrm{T}}(t-d_\alpha(t))S\bar{x}(t-d_\alpha(t)) \\
\mathcal{L}V_4(\bar{x}_t) = ld\bar{x}^{\mathrm{T}}(t)S\bar{x}(t) - l\int_{t-d}^{t} \bar{x}^{\mathrm{T}}(z)S\bar{x}(z)\mathrm{d}z
\end{cases}
\tag{4.56}
$$

由 $l = \max\limits_{\alpha\in\mathcal{S}}\{|\pi_{\alpha\alpha}|\},\ \sum\limits_{\alpha\neq\beta} \pi_{\alpha\beta} = -\pi_{\alpha\alpha} \geqslant 0$, 可以得到以下不等式:

$$\sum_{\beta=1}^{N} \pi_{\alpha\beta}\int_{t-d_\beta(t)}^{t} \bar{x}^{\mathrm{T}}(z)S\bar{x}(z)\mathrm{d}z$$

$$\leqslant -\pi_{\alpha\alpha}\int_{t-d_\beta(t)}^{t} \bar{x}^{\mathrm{T}}(z)S\bar{x}(z)\mathrm{d}z$$

$$\leqslant l\int_{t-d}^{t} \bar{x}^{\mathrm{T}}(z)S\bar{x}(z)\mathrm{d}z \tag{4.57}$$

结合式 (4.56) 和式 (4.57), 同时由式 (4.49), 可以证得

$$\mathcal{L}V(\bar{x}_t, r_t = \alpha) \leqslant \zeta^{\mathrm{T}}(t)\Psi_{\alpha H}\zeta(t) < 0 \tag{4.58}$$

其中, $\zeta^{\mathrm{T}}(t) = \left[\bar{x}^{\mathrm{T}}(t)\ \bar{x}^{\mathrm{T}}(t-d)\ \bar{x}^{\mathrm{T}}(t-d_\alpha(t)) \right]$.

根据 Dynkin 公式和定义 1.1, 可以得到 T-S 模糊奇异系统 (4.46) 是随机稳定的. 结合前面已经证明的正则性和无脉冲性, T-S 模糊奇异误差系统 (4.46) 满足随机容许性. □

为了实现奇异状态观测器 (4.45), 规定模糊奇异系统 (4.41) 是可观测的. 对于模糊规则 i 和马尔可夫跳变模态 $r_t = \alpha$, 可得奇异状态观测器 (4.45) 的参数 L_α^i.

定理 4.6 基于所期望的模态相关奇异状态观测器 (4.45), T-S 模糊奇异误差系统 (4.46) 满足随机容许性, 如果对于所有的 $r_t = \alpha \in \mathcal{S}$、模糊规则 $i = 1, 2, \cdots, m$, 以及给定的标量 l、d、h_α, 存在矩阵 $\bar{Q}_\alpha > 0$、$R > 0$、$S > 0$、X_α、Y_α、$\hat{L}_\alpha^i$, 使得下列线性矩阵不等式成立:

$$\hat{\Psi}_{\alpha i} = \begin{bmatrix} \hat{\Psi}_{\alpha i 11} & \hat{\Psi}_{\alpha i 12} & \hat{\Psi}_{\alpha i 13} \\ * & -R & 0 \\ * & * & (h_\alpha - 1)S \end{bmatrix} < 0 \tag{4.59}$$

其中, $\hat{\Psi}_{\alpha i 11} = \mathrm{sym}(E_\alpha^{\mathrm{T}} \hat{Q}_\alpha A_\alpha^i + Y_\alpha^{\mathrm{T}} X_\alpha^{\mathrm{T}} A_\alpha^i - \hat{L}_\alpha^i D_\alpha^i) + \sum_{\beta=1}^{N} \pi_{\alpha\beta} E_\beta^{\mathrm{T}} \hat{Q}_\beta E_\beta + (1+dl)S + R$,

$\hat{\Psi}_{\alpha i 12} = E_\alpha^{\mathrm{T}} \hat{Q}_\alpha A_{d\alpha}^i + Y_\alpha^{\mathrm{T}} X_\alpha^{\mathrm{T}} A_{d\alpha}^i - \hat{L}_\alpha^i D_{d\alpha}^i$, $\hat{\Psi}_{\alpha i 13} = E_\alpha^{\mathrm{T}} \hat{Q}_\alpha A_{\tau\alpha}^i + Y_\alpha^{\mathrm{T}} X_\alpha^{\mathrm{T}} A_{\tau\alpha}^i - \hat{L}_\alpha^i D_{\tau\alpha}^i$, $E_\alpha^{\mathrm{T}} X_\alpha = 0$ 并且 $X_\alpha \in \mathbb{R}^{p \times (p-q)}$ 是列满秩矩阵.

此时, 所期望的模态相关奇异状态观测器 (4.45) 的增益为

$$L_\alpha^i = (\hat{Q}_\alpha E_\alpha + X_\alpha Y_\alpha)^{-\mathrm{T}} \hat{L}_\alpha^i \tag{4.60}$$

证明 令 $Q_\alpha = \hat{Q}_\alpha E_\alpha + X_\alpha Y_\alpha$, 则定理 4.5 中的式 (4.48) 可以由 $\hat{Q}_\alpha > 0$ 和 $E_\alpha^{\mathrm{T}} X_\alpha = 0$ 得到.

定理 4.6 中的条件 (4.59) 可以保证定理 4.5 中的条件 (4.49), 其中 $Q_\alpha^{\mathrm{T}} L_\alpha^i = \hat{L}_\alpha^i$. 从而实现了所期望的模态相关奇异状态观测器 (4.45), 并保证了 T-S 模糊奇异误差系统 (4.46) 是随机容许的. □

在本节中, 选择一个具有指数阈值的事件触发器来检测和确定所构造的事件是否发生. 当事件发生时, 将最新的状态估计信息传递给基于观测器设计的事件触发状态反馈控制器. 具体的事件触发控制策略如图 4.1 所示.

对于 $\forall k \in \mathbb{N}$, 建立如下触发事件:

$$\{\|e(t)\| \geqslant \delta(t)\}, \quad t \in [t_k\ t_{k+1}) \tag{4.61}$$

其中, $e(t) = \hat{x}(t) - \hat{x}(t_k)$, t_k 表示第 k 个事件发生瞬间, 满足 $t_k < t_{k+1}$, $k \geqslant 0$. $\delta(t) = \sqrt{a_0 \varrho^{-at}}$ 表示指数阈值且 $a_0 > 0$、$\varrho > 1$、$a > 0$.

下一个事件发生瞬间 t_{k+1} 表示为

$$t_{k+1} = \inf\{t > t_k \mid \|e(t)\| \geqslant \delta(t)\}, \quad \forall\, k \in \mathbb{N} \tag{4.62}$$

基于上述驱动策略, 采用并行分布补偿技术和隐马尔可夫模型策略, 设计如下模糊异步控制器: 规则 j $(j = 1, 2, \cdots, m)$ 下, 如果 $\zeta_1(t)$ 隶属于 $\mathcal{M}_{j1}$, $\zeta_2(t)$ 隶属于 $\mathcal{M}_{j2}, \cdots, \zeta_n(t)$ 隶属于 $\mathcal{M}_{jn}$, 则

$$u(t) = K^j(\theta_t)\hat{x}(t_k), \quad t \in [t_k\ t_{k+1}),\ k \in \mathbb{N} \tag{4.63}$$

注意到 $\bar{x}(t) = x(t) - \hat{x}(t)$, $e(t) = \hat{x}(t) - \hat{x}(t_k)$, 则下列公式成立:

$$\hat{x}(t_k) = x(t) - \bar{x}(t) - e(t), \quad t \in [t_k\ t_{k+1}),\ k \in \mathbb{N} \tag{4.64}$$

$\{\theta_t\}$ 是一个马尔可夫过程, 依赖于 $\{r_t\}$, 同时在 $\Xi = \{1,\ 2,\ \cdots,\ M\}$ 中取值.

$$P\{\theta_t = \theta \mid r_t = \alpha\} = p_{\alpha\theta} \tag{4.65}$$

表示条件概率, $P = [p_{\alpha\theta}]$ 表示条件概率矩阵, $p_{\alpha\theta} \geqslant 0$, $\sum\limits_{\theta=1}^{N} p_{\alpha\theta} = 1$. (r_t, θ_t, Π, P) 描述了一个隐马尔可夫模型. $K^j(\theta_t)$ 为第 j 条模糊规则下的模糊异步控制器参数, 当 $\theta_t = \theta \in \Xi$ 时, $K^j(\theta_t)$ 简记为 K^j_θ.

当 $\theta_t = \theta \in \Xi$ 时, 应用并行分布补偿技术, 模糊异步控制器表述为

$$u(t) = \sum_{j=1}^{m} H_j K^j_\theta \hat{x}(t_k), \quad t \in [t_k\ t_{k+1}),\ k \in \mathbb{N} \tag{4.66}$$

结合控制器 (4.66)、系统 (4.43) 及系统 (4.47), 且 $\bar{x}(t) = x(t) - \hat{x}(t)$, 应用单点模糊化、乘积推理机和中心平均解模糊化, 对于每一个 $\alpha_t = \alpha \in \mathcal{S}$, $\theta_t = \theta \in \Xi$, 可以得到如下增广模糊时滞奇异跳变误差系统:

$$\tilde{E}_\alpha \dot{\xi}(t) = \tilde{A}_{\alpha\theta H}\xi(t) + \tilde{A}_{d\alpha\theta H}\xi(t - d)$$
$$+ \tilde{A}_{\tau\alpha\theta H}\xi(t - d(t)) + \tilde{B}_{\alpha\theta H}\tilde{e}(t) \tag{4.67}$$

其中

$$\xi(t) = \begin{bmatrix} x(t) \\ \bar{x}(t) \end{bmatrix}, \quad \tilde{e}(t) = \begin{bmatrix} e(t) \\ 0 \end{bmatrix}, \quad \tilde{E}_\alpha = \begin{bmatrix} E_\alpha & 0 \\ 0 & E_\alpha \end{bmatrix}$$

$$\tilde{A}_{\alpha\theta H} = \sum_{i=1}^{m}\sum_{j=1}^{m} H_i H_j \tilde{A}^{ij}_{\alpha\theta}, \quad \tilde{A}_{d\alpha\theta H} = \sum_{i=1}^{m}\sum_{j=1}^{m} H_i H_j \tilde{A}^{ij}_{d\alpha\theta}$$

$$\tilde{A}_{\tau\alpha\theta H} = \sum_{i=1}^{m}\sum_{j=1}^{m} H_i H_j \tilde{A}_{\tau\alpha\theta}^{ij}, \quad \tilde{B}_{\alpha\theta H} = \sum_{i=1}^{m}\sum_{j=1}^{m} H_i H_j \tilde{B}_{\alpha\theta}^{ij}$$

$$\tilde{A}_{\alpha\theta}^{ij} = \begin{bmatrix} A_\alpha^i + B_\alpha^i K_\theta^j & -B_\alpha^i K_\theta^j \\ 0 & A_\alpha^i - L_\alpha^i D_\alpha^i \end{bmatrix}, \quad \tilde{A}_{d\alpha\theta}^{ij} = \begin{bmatrix} A_{d\alpha}^i & 0 \\ 0 & A_{d\alpha}^i - L_\alpha^i D_{d\alpha}^i \end{bmatrix}$$

$$\tilde{A}_{\tau\alpha\theta}^{ij} = \begin{bmatrix} A_{\tau\alpha}^i & 0 \\ 0 & A_{\tau\alpha}^i - L_\alpha^i D_{\tau\alpha}^i \end{bmatrix}, \quad \tilde{B}_{\alpha\theta}^{ij} = \begin{bmatrix} -B_\alpha^i K_\theta^j & 0 \\ 0 & 0 \end{bmatrix}$$

注 4.3　在反馈控制和滤波器设计的实际环境中, 时间延迟、网络化机制、量测误差等往往会导致被控对象与传感器、控制器、观测器、滤波器之间的模态异步现象[60]. 本节采用隐马尔可夫模型策略揭示了控制器模态与被控奇异跳变系统模态间的异步行为.

注 4.4　当 $\Xi = \Pi$ 以及 $p_{\alpha\theta} = 1$ 且 $\alpha = \theta$ 时, 异步反馈控制退变为同步反馈控制. 另外, 当 $\Xi = \{1\}$ 时, 模态相关的反馈控制问题简化为模态无关的反馈控制问题. 因此, 模态无关反馈控制和同步反馈控制可以看成异步反馈控制的两种特殊情况.

定理 4.7　增广模糊时滞奇异跳变系统 (4.67) 满足随机容许性, 如果对于每一个 $r_t = \alpha \in \mathcal{S}$, $\theta_t = \theta \in \Xi$, 以及给定的标量 l、d、h_α, 存在 $\tilde{R} > 0$、$\tilde{S} > 0$、$\tilde{P}_\alpha$, 使得下列矩阵不等式成立:

$$\tilde{E}_\alpha^{\mathrm{T}} \tilde{P}_\alpha = \tilde{P}_\alpha^{\mathrm{T}} \tilde{E}_\alpha \geqslant 0 \tag{4.68}$$

$$\mathrm{sym}(\tilde{P}_\alpha^{\mathrm{T}} \tilde{A}_{\alpha\theta H}) + \sum_{\beta=1}^{N} \pi_{\alpha\beta} \tilde{E}_\beta^{\mathrm{T}} \tilde{P}_\beta < 0 \tag{4.69}$$

$$\Sigma_{\alpha\theta H} = \begin{bmatrix} \Sigma_{\alpha\theta H11} & \Sigma_{\alpha\theta H12} & \Sigma_{\alpha\theta H13} & \Sigma_{\alpha\theta H14} \\ * & -\tilde{R} & 0 & 0 \\ * & * & (h_\alpha - 1)\tilde{S} & 0 \\ * & * & * & -I \end{bmatrix} < 0 \tag{4.70}$$

其中

$$\Sigma_{\alpha\theta H11} = \mathrm{sym}\left(\sum_{\theta=1}^{N} p_{\alpha\theta} \tilde{P}_\alpha^{\mathrm{T}} \tilde{A}_{\alpha\theta H}\right) + \sum_{\beta=1}^{N} \pi_{\alpha\beta} \tilde{E}_\beta^{\mathrm{T}} \tilde{P}_\beta + \tilde{R} + (1 + ld)\tilde{S}$$

$$\Sigma_{\alpha\theta H12} = \tilde{P}_\alpha^{\mathrm{T}} \tilde{A}_{d\alpha\theta H}, \quad \Sigma_{\alpha\theta H13} = \tilde{P}_\alpha^{\mathrm{T}} \tilde{A}_{\tau\alpha\theta H}, \quad \Sigma_{\alpha\theta H14} = \sum_{\theta=1}^{N} p_{\alpha\theta} \tilde{P}_\alpha^{\mathrm{T}} \tilde{B}_{\alpha\theta H}$$

证明 根据定理 4.5, 由于式 (4.68) 和式 (4.69), 增广模糊时滞奇异跳变系统 (4.67) 满足正则性和无脉冲性.

令 $\{\xi_t = \xi(t+\psi),\ -d \leqslant \psi \leqslant 0\}$, 则 $\{(\xi_t, r_t),\ t \geqslant d\}$ 是一个新的马尔可夫过程. 构造时滞奇异跳变系统 (4.67) 的模态相关和时滞相关 L-K 泛函:

$$V(\xi_t, r_t, \theta_t) = V_1(\xi_t, r_t, \theta_t) + V_2(\xi_t, r_t, \theta_t) + V_3(\xi_t, r_t, \theta_t) + V_4(\xi_t, r_t, \theta_t) \quad (4.71)$$

其中, $V_1(\xi_t, r_t, \theta_t) = \xi^{\mathrm{T}}(t)\tilde{E}_{r_t}^{\mathrm{T}}\tilde{P}_{r_t}\xi(t)$, $V_2(\xi_t, r_t, \theta_t) = \int_{t-d}^{t} \xi^{\mathrm{T}}(z)\tilde{R}\xi(z)\mathrm{d}z$, $V_3(\xi_t,$
$r_t, \theta_t) = \int_{t-d_{r_t}(t)}^{t} \xi^{\mathrm{T}}(z)\tilde{S}\xi(z)\mathrm{d}z$, $V_4(\xi_t, r_t, \theta_t) = l\int_{-d}^{0}\int_{t+s}^{t} \xi^{\mathrm{T}}(\theta)\tilde{S}\xi(\theta)\,\mathrm{d}\theta\mathrm{d}s$.

令 $\mathcal{L}V$ 为随机过程 $\{\xi_t, r_t\}$ 作用于 $V(\cdot)$ 上的弱无穷小算子, 则有

$$\mathcal{E}\{\mathcal{L}V_1(\bar{x}_t, \theta_t, r_t = \alpha)\}$$

$$= \xi^{\mathrm{T}}(t)\left(\mathrm{sym}\left(\sum_{\theta=1}^{N} p_{\alpha\theta}\tilde{P}_{\alpha}^{\mathrm{T}}\tilde{A}_{\alpha\theta H}\right) + \sum_{\beta=1}^{N} \pi_{\alpha\beta}\tilde{E}_{\beta}^{\mathrm{T}}\tilde{P}_{\beta}\right)\xi(t)$$

$$+ 2\xi^{\mathrm{T}}(t)\tilde{P}_{\alpha}^{\mathrm{T}}\tilde{A}_{d\alpha\theta H}\xi(t-d) + 2\xi^{\mathrm{T}}(t)\tilde{P}_{\alpha}^{\mathrm{T}}\tilde{A}_{\tau\alpha\theta H}\xi(t-d_{\alpha}(t))$$

$$+ 2\xi^{\mathrm{T}}(t)\sum_{\theta=1}^{N} p_{\alpha\theta}\tilde{P}_{\alpha}^{\mathrm{T}}\tilde{B}_{\alpha\theta H}\tilde{e}(t) \quad (4.72)$$

且

$$2\xi^{\mathrm{T}}(t)\sum_{\theta=1}^{N} p_{\alpha\theta}\tilde{P}_{\alpha}^{\mathrm{T}}\tilde{B}_{\alpha\theta H}\tilde{e}(t)$$

$$\leqslant \xi^{\mathrm{T}}(t)\left(\sum_{\theta=1}^{N} p_{\alpha\theta}\tilde{P}_{\alpha}^{\mathrm{T}}\tilde{B}_{\alpha\theta H}\right)\left(\sum_{\theta=1}^{N} p_{\alpha\theta}\tilde{P}_{\alpha}^{\mathrm{T}}\tilde{B}_{\alpha\theta H}\right)^{\mathrm{T}}\xi(t) + \tilde{e}^{\mathrm{T}}(t)\tilde{e}(t) \quad (4.73)$$

类似于定理 4.5, 易得 $\mathcal{L}V_2$、$\mathcal{L}V_3$ 及 $\mathcal{L}V_4$. 对式 (4.59) 应用 Schur 补引理, 可得

$$\begin{bmatrix} \Sigma_{\alpha\theta H11} + \Sigma_{\alpha\theta H14}\Sigma_{\alpha\theta H14}^{\mathrm{T}} & \Sigma_{\alpha\theta H12} & \Sigma_{\alpha\theta H13} \\ * & -\tilde{R} & 0 \\ * & * & (h_{\alpha}-1)\tilde{S} \end{bmatrix} < 0 \quad (4.74)$$

当 $t \in [t_k \ t_{k+1})$ 时, 存在一个标量 $\lambda > 0$, 使得

$$\mathcal{E}\{\mathcal{L}V(\xi_t, \theta_t, r_t = \alpha)\} \leqslant -\lambda\xi^{\mathrm{T}}(t)\xi(t) + \|\tilde{e}(t)\|^2$$

$$\leqslant -\lambda \xi^{\mathrm{T}}(t)\xi(t) + \delta^2(t) \tag{4.75}$$

应用 Dynkin 公式, 同时由 $\delta^2(t) = a_0 \varrho^{-at} = a_0 \mathrm{e}^{-(\alpha \ln \varrho)t}$, 可得

$$\mathcal{E}\left\{\int_0^{\mathcal{T}} |\xi(t)|^2 \,\mathrm{d}t \big| \alpha_0, s \in [-d,\, 0]\right\}$$

$$\leqslant \frac{1}{\lambda}\mathcal{E}\left\{\mathcal{V}\left(\xi(0), \alpha_0\right)\right\} + \frac{1}{\lambda}\mathcal{E}\left\{\int_0^{\mathcal{T}} a_0 \varrho^{-as}\mathrm{d}s\right\} \tag{4.76}$$

其中

$$\int_0^{\mathcal{T}} a_0 \varrho^{-as}\mathrm{d}s = \int_0^{\mathcal{T}} a_0 \mathrm{e}^{-(\alpha \ln \varrho)s}\mathrm{d}s = \frac{a_0}{a \ln \varrho} - \frac{a_0 \varrho^{-a\mathcal{T}}}{a \ln \varrho} \tag{4.77}$$

根据定义 1.2, 式 (4.76) 意味着增广模糊时滞奇异跳变系统 (4.67) 是随机稳定的. 结合正则性和无脉冲性, 增广模糊时滞奇异跳变系统 (4.67) 满足随机容许性. □

定理 4.8　基于模糊异步控制器 (4.66) 的增广模糊时滞奇异跳变系统 (4.67) 满足随机容许性, 如果对于每一个 $r_t = \alpha \in \mathcal{S}$, $\theta_t = \theta \in \Xi$, 以及给定的 $X_{\alpha 1}$、$X_{\alpha 2}$ 及标量 l、d、h_α, 存在 $Z > 0$、$\tilde{R}_1 > 0$、$\tilde{R}_2 > 0$、$\tilde{S}_1 > 0$、$\tilde{S}_2 > 0$、$P_{\alpha 1}$、$P_{\alpha 2}$、$P_{\alpha 3}$、$Y_{\alpha 1}$、$Y_{\alpha 2}$、$Y_{\alpha 3}$、$Y_{\alpha 4}$、$\mathcal{K}_\theta^j$, 使得下列线性矩阵不等式成立:

$$P_\alpha = \begin{bmatrix} P_{\alpha 1} & P_{\alpha 2} \\ * & P_{\alpha 3} \end{bmatrix} > 0 \tag{4.78}$$

$$\hat{\Upsilon}_{\alpha\theta}^{ii} = \begin{bmatrix} \hat{\Upsilon}_{\alpha\theta 11}^{ii} & \hat{\Upsilon}_{\alpha\theta 12}^{ii} & \hat{\Upsilon}_{\alpha\theta 13}^{ii} & \hat{\Upsilon}_{\alpha\theta 14}^{ii} \\ * & \hat{\Upsilon}_{\alpha\theta 22}^{ii} & \hat{\Upsilon}_{\alpha\theta 23}^{ii} & \hat{\Upsilon}_{\alpha\theta 24}^{ii} \\ * & * & \hat{\Upsilon}_{\alpha\theta 33}^{ii} & \hat{\Upsilon}_{\alpha\theta 34}^{ii} \\ * & * & * & \hat{\Upsilon}_{\alpha\theta 44}^{ii} \end{bmatrix} < 0 \tag{4.79}$$

$$\hat{\Upsilon}_{\alpha\theta}^{ij} = \begin{bmatrix} \hat{\Upsilon}_{\alpha\theta 11}^{ij} & \hat{\Upsilon}_{\alpha\theta 12}^{ij} & \hat{\Upsilon}_{\alpha\theta 13}^{ij} & \hat{\Upsilon}_{\alpha\theta 14}^{ij} \\ * & \hat{\Upsilon}_{\alpha\theta 22}^{ij} & \hat{\Upsilon}_{\alpha\theta 23}^{ij} & \hat{\Upsilon}_{\alpha\theta 24}^{ij} \\ * & * & \hat{\Upsilon}_{\alpha\theta 33}^{ij} & \hat{\Upsilon}_{\alpha\theta 34}^{ij} \\ * & * & * & \hat{\Upsilon}_{\alpha\theta 44}^{ij} \end{bmatrix} < 0, \quad i < j \tag{4.80}$$

$$\hat{\Pi}_{\alpha\theta}^{ii} = \begin{bmatrix} \hat{\Pi}_{\alpha\theta 11}^{ii} & \hat{\Pi}_{\alpha\theta 12}^{ii} & \hat{\Pi}_{\alpha\theta 13}^{ii} & \hat{\Pi}_{\alpha\theta 14}^{ii} & \hat{\Pi}_{\alpha\theta 15}^{ii} \\ * & \hat{\Pi}_{\alpha\theta 22}^{ii} & \hat{\Pi}_{\alpha\theta 23}^{ii} & \hat{\Pi}_{\alpha\theta 24}^{ii} & \hat{\Pi}_{\alpha\theta 25}^{ii} \\ * & * & \hat{\Pi}_{\alpha\theta 33}^{ii} & 0 & 0 \\ * & * & * & \hat{\Pi}_{\alpha\theta 44}^{ii} & 0 \\ * & * & * & * & -I \end{bmatrix} < 0 \tag{4.81}$$

$$\hat{\Pi}_{\alpha\theta}^{ij} = \begin{bmatrix} \hat{\Pi}_{\alpha\theta11}^{ij} & \hat{\Pi}_{\alpha\theta12}^{ij} & \hat{\Pi}_{\alpha\theta13}^{ij} & \hat{\Pi}_{\alpha\theta14}^{ij} & \hat{\Pi}_{\alpha\theta15}^{ij} \\ * & \hat{\Pi}_{\alpha\theta22}^{ij} & \hat{\Pi}_{\alpha\theta23}^{ij} & \hat{\Pi}_{\alpha\theta24}^{ij} & \hat{\Pi}_{\alpha\theta25}^{ij} \\ * & * & \hat{\Pi}_{\alpha\theta33}^{ij} & 0 & 0 \\ * & * & * & \hat{\Pi}_{\alpha\theta44}^{ij} & 0 \\ * & * & * & * & -I \end{bmatrix} < 0, \quad i < j \qquad (4.82)$$

其中

$$\hat{\Pi}_{\alpha\theta11}^{ij} = \begin{bmatrix} \hat{\Pi}_{\alpha\theta111}^{ij} & \hat{\Pi}_{\alpha\theta112}^{ij} \\ * & \hat{\Pi}_{\alpha\theta113}^{ij} \end{bmatrix}, \quad \hat{\Pi}_{\alpha\theta12}^{ij} = \begin{bmatrix} \hat{\Pi}_{\alpha\theta121}^{ij} & \hat{\Pi}_{\alpha\theta122}^{ij} \\ \hat{\Pi}_{\alpha\theta123}^{ij} & \hat{\Pi}_{\alpha\theta124}^{ij} \end{bmatrix}$$

$$\hat{\Pi}_{\alpha\theta22}^{ij} = \begin{bmatrix} \hat{\Pi}_{\alpha\theta221}^{ij} & \hat{\Pi}_{\alpha\theta222}^{ij} \\ * & \hat{\Pi}_{\alpha\theta223}^{ij} \end{bmatrix}, \quad \hat{\Pi}_{\alpha\theta13}^{ij} = \begin{bmatrix} \hat{\Pi}_{\alpha\theta131}^{ij} & \hat{\Pi}_{\alpha\theta132}^{ij} \\ \hat{\Pi}_{\alpha\theta133}^{ij} & \hat{\Pi}_{\alpha\theta134}^{ij} \end{bmatrix}$$

$$\hat{\Pi}_{\alpha\theta23}^{ij} = \begin{bmatrix} \hat{\Pi}_{\alpha\theta231}^{ij} & \hat{\Pi}_{\alpha\theta232}^{ij} \\ \hat{\Pi}_{\alpha\theta233}^{ij} & \hat{\Pi}_{\alpha\theta234}^{ij} \end{bmatrix}, \quad \hat{\Pi}_{\alpha\theta33}^{ij} = \begin{bmatrix} \hat{\Pi}_{\alpha\theta331}^{ij} & 0 \\ * & \hat{\Pi}_{\alpha\theta332}^{ij} \end{bmatrix}$$

$$\hat{\Pi}_{\alpha\theta14}^{ij} = \begin{bmatrix} \hat{\Pi}_{\alpha\theta141}^{ij} & \hat{\Pi}_{\alpha\theta142}^{ij} \\ \hat{\Pi}_{\alpha\theta143}^{ij} & \hat{\Pi}_{\alpha\theta144}^{ij} \end{bmatrix}, \quad \hat{\Pi}_{\alpha\theta24}^{ij} = \begin{bmatrix} \hat{\Pi}_{\alpha\theta241}^{ij} & \hat{\Pi}_{\alpha\theta242}^{ij} \\ \hat{\Pi}_{\alpha\theta243}^{ij} & \hat{\Pi}_{\alpha\theta244}^{ij} \end{bmatrix}$$

$$\hat{\Pi}_{\alpha\theta44}^{ij} = \begin{bmatrix} \hat{\Pi}_{\alpha\theta441}^{ij} & 0 \\ * & \hat{\Pi}_{\alpha\theta442}^{ij} \end{bmatrix}, \quad \hat{\Pi}_{\alpha\theta15}^{ij} = \begin{bmatrix} \hat{\Pi}_{\alpha\theta151}^{ij} & 0 \\ 0 & 0 \end{bmatrix}, \quad \hat{\Pi}_{\alpha\theta25}^{ij} = \begin{bmatrix} \hat{\Pi}_{\alpha\theta251}^{ij} & 0 \\ 0 & 0 \end{bmatrix}$$

$$\hat{\Upsilon}_{\alpha\theta11}^{ii} = \mathrm{sym}\left(Z(A_\alpha^i)^{\mathrm{T}} + \frac{1}{2}(\mathcal{K}_\theta^i)^{\mathrm{T}}(B_\alpha^i)^{\mathrm{T}} \right) + \sum_{\beta=1}^N \pi_{\alpha\beta} E_\beta P_{\beta1} E_\beta^{\mathrm{T}}$$

$$\hat{\Upsilon}_{\alpha\theta12}^{ii} = \mathrm{sym}\left(\frac{1}{2} Z(A_\alpha^i)^{\mathrm{T}} + \sum_{\beta=1}^N \pi_{\alpha\beta} E_\beta P_{\beta2} E_\beta^{\mathrm{T}} \right) - \frac{3}{2} B_\alpha^i \mathcal{K}_\theta^i - \frac{1}{2} Z(D_\alpha^i)^{\mathrm{T}}(L_\alpha^i)^{\mathrm{T}}$$

$$\hat{\Upsilon}_{\alpha\theta22}^{ii} = \mathrm{sym}(2Z(A_\alpha^i)^{\mathrm{T}} - 2Z(D_\alpha^i)^{\mathrm{T}}(L_\alpha^i)^{\mathrm{T}}) + \sum_{\beta=1}^N \pi_{\alpha\beta} E_\beta P_{\beta3} E_\beta^{\mathrm{T}}$$

$$\hat{\Upsilon}_{\alpha\theta13}^{ii} = E_\alpha P_{\alpha1}^{\mathrm{T}} + Y_{\alpha1}^{\mathrm{T}} X_{\alpha1}^{\mathrm{T}} - Z + A_\alpha^i Z^{\mathrm{T}} + \frac{3}{4} B_\alpha^i \mathcal{K}_\theta^i$$

$$\hat{\Upsilon}_{\alpha\theta23}^{ii} = E_\alpha P_{\alpha2} + Y_{\alpha2}^{\mathrm{T}} X_{\alpha1}^{\mathrm{T}} - \frac{1}{2} Z + \frac{1}{4} A_\alpha^i Z^{\mathrm{T}} - \frac{1}{4} L_\alpha^i D_\alpha^i Z^{\mathrm{T}}$$

$$\hat{\Upsilon}_{\alpha\theta33}^{ii} = -Z - Z^{\mathrm{T}}$$

$$\hat{\Upsilon}_{\alpha\theta14}^{ii} = E_\alpha P_{\alpha2}^{\mathrm{T}} + Y_{\alpha3}^{\mathrm{T}} X_{\alpha2}^{\mathrm{T}} - \frac{1}{2} Z + \frac{1}{4} A_\alpha^i Z^{\mathrm{T}} - \frac{11}{4} B_\alpha^i \mathcal{K}_\theta^i$$

$$\hat{\Upsilon}_{\alpha\theta24}^{ii} = E_\alpha P_{\alpha3}^{\mathrm{T}} + Y_{\alpha4}^{\mathrm{T}} X_{\alpha2}^{\mathrm{T}} - 2Z + 3A_\alpha^i Z^{\mathrm{T}} - 3L_\alpha^i D_\alpha^i Z^{\mathrm{T}}$$

$$\hat{\Upsilon}^{ii}_{\alpha\theta34} = -\frac{1}{4}Z - \frac{1}{4}Z^{\mathrm{T}}, \quad \hat{\Upsilon}^{ii}_{\alpha\theta44} = -3Z - 3Z^{\mathrm{T}}$$

$$\hat{\Upsilon}^{ij}_{\alpha\theta11} = \mathrm{sym}\left(Z(A^i_\alpha)^{\mathrm{T}} + \frac{1}{2}(\mathcal{K}^j_\theta)^{\mathrm{T}}(B^i_\alpha)^{\mathrm{T}}\right) + \mathrm{sym}\left(Z(A^j_\alpha)^{\mathrm{T}} + \frac{1}{2}(\mathcal{K}^i_\theta)^{\mathrm{T}}(B^j_\alpha)^{\mathrm{T}}\right)$$

$$+ 2\sum_{\beta=1}^{N} \pi_{\alpha\beta} E_\beta P_{\beta1} E_\beta^{\mathrm{T}}$$

$$\hat{\Upsilon}^{ij}_{\alpha\theta12} = \mathrm{sym}\left(\frac{1}{2}Z(A^i_\alpha)^{\mathrm{T}} + 2\sum_{\beta=1}^{N} \pi_{\alpha\beta} E_\beta P_{\beta2} E_\beta^{\mathrm{T}}\right) - \frac{3}{2}B^i_\alpha \mathcal{K}^j_\theta + \mathrm{sym}\left(\frac{1}{2}Z(A^j_\alpha)^{\mathrm{T}}\right)$$

$$- \frac{3}{2}B^j_\alpha \mathcal{K}^i_\theta - \frac{1}{2}Z(D^i_\alpha)^{\mathrm{T}}(L^i_\alpha)^{\mathrm{T}} - \frac{1}{2}Z(D^j_\alpha)^{\mathrm{T}}(L^j_\alpha)^{\mathrm{T}}$$

$$\hat{\Upsilon}^{ij}_{\alpha\theta22} = \mathrm{sym}(2Z(A^i_\alpha)^{\mathrm{T}} - 2Z(D^i_\alpha)^{\mathrm{T}}(L^i_\alpha)^{\mathrm{T}}) + \mathrm{sym}(2Z(A^j_\alpha)^{\mathrm{T}} - 2Z(D^j_\alpha)^{\mathrm{T}}(L^j_\alpha)^{\mathrm{T}})$$

$$+ 2\sum_{\beta=1}^{N} \pi_{\alpha\beta} E_\beta P_{\beta3} E_\beta^{\mathrm{T}}$$

$$\hat{\Upsilon}^{ij}_{\alpha\theta13} = 2E_\alpha P_{\alpha1}^{\mathrm{T}} + 2Y_{\alpha1}^{\mathrm{T}} X_{\alpha1}^{\mathrm{T}} - 2Z + A^i_\alpha Z^{\mathrm{T}} + A^j_\alpha Z^{\mathrm{T}} + \frac{3}{4}B^i_\alpha \mathcal{K}^j_\theta + \frac{3}{4}B^j_\alpha \mathcal{K}^i_\theta$$

$$\hat{\Upsilon}^{ij}_{\alpha\theta23} = 2E_\alpha P_{\alpha2} + 2Y_{\alpha2}^{\mathrm{T}} X_{\alpha1}^{\mathrm{T}} - Z + \frac{1}{4}A^i_\alpha Z^{\mathrm{T}} + \frac{1}{4}A^j_\alpha Z^{\mathrm{T}} - \frac{1}{4}L^i_\alpha D^i_\alpha Z^{\mathrm{T}} - \frac{1}{4}L^j_\alpha D^j_\alpha Z^{\mathrm{T}}$$

$$\hat{\Upsilon}^{ij}_{\alpha\theta33} = -2Z - 2Z^{\mathrm{T}}$$

$$\hat{\Upsilon}^{ij}_{\alpha\theta14} = 2E_\alpha P_{\alpha2}^{\mathrm{T}} + 2Y_{\alpha3}^{\mathrm{T}} X_{\alpha2}^{\mathrm{T}} - Z + \frac{1}{4}A^i_\alpha Z^{\mathrm{T}} + \frac{1}{4}A^j_\alpha Z^{\mathrm{T}} - \frac{11}{4}B^i_\alpha \mathcal{K}^j_\theta - \frac{11}{4}B^j_\alpha \mathcal{K}^i_\theta$$

$$\hat{\Upsilon}^{ij}_{\alpha\theta24} = 2E_\alpha P_{\alpha3}^{\mathrm{T}} + 2Y_{\alpha4}^{\mathrm{T}} X_{\alpha2}^{\mathrm{T}} - 4Z + 3A^i_\alpha Z^{\mathrm{T}} - 3L^i_\alpha D^i_\alpha Z^{\mathrm{T}} + 3A^j_\alpha Z^{\mathrm{T}} - 3L^j_\alpha D^j_\alpha Z^{\mathrm{T}}$$

$$\hat{\Upsilon}^{ij}_{\alpha\theta34} = -\frac{1}{2}Z - \frac{1}{2}Z^{\mathrm{T}}, \quad \hat{\Upsilon}^{ij}_{\alpha\theta44} = -6Z - 6Z^{\mathrm{T}}$$

$$\hat{\Pi}^{ii}_{\alpha\theta111} = \mathrm{sym}\left(Z(A^i_\alpha)^{\mathrm{T}} + \frac{1}{2}\sum_{\theta=1}^{N} p_{\alpha\theta}(\mathcal{K}^i_\theta)^{\mathrm{T}}(B^i_\alpha)^{\mathrm{T}}\right)$$

$$+ \sum_{\beta=1}^{N} \pi_{\alpha\beta} E_\beta P_{\beta1} E_\beta^{\mathrm{T}} + \tilde{R}_1 + (1+ld)\tilde{S}_1$$

$$\hat{\Pi}^{ii}_{\alpha\theta112} = \mathrm{sym}\left(\frac{1}{2}Z(A^i_\alpha)^{\mathrm{T}} + \sum_{\beta=1}^{N} \pi_{\alpha\beta} E_\beta P_{\beta2} E_\beta^{\mathrm{T}}\right)$$

$$- \frac{3}{2}\sum_{\theta=1}^{N} p_{\alpha\theta} B^i_\alpha \mathcal{K}^i_\theta - \frac{1}{2}Z(D^i_\alpha)^{\mathrm{T}}(L^i_\alpha)^{\mathrm{T}}$$

$$\hat{\Pi}^{ii}_{\alpha\theta 113} = \operatorname{sym}(2Z(A^i_\alpha)^{\mathrm{T}} - 2Z(D^i_\alpha)^{\mathrm{T}}(L^i_\alpha)^{\mathrm{T}})$$

$$+ \sum_{\beta=1}^{N} \pi_{\alpha\beta} E_\beta P_{\beta 3} E_\beta^{\mathrm{T}} + \tilde{R}_2 + (1+ld)\tilde{S}_2$$

$$\hat{\Pi}^{ii}_{\alpha\theta 121} = E_\alpha P_{\alpha 1}^{\mathrm{T}} + Y_{\alpha 1}^{\mathrm{T}} X_{\alpha 1}^{\mathrm{T}} - Z + A^i_\alpha Z^{\mathrm{T}} + \frac{3}{4} \sum_{\theta=1}^{N} p_{\alpha\theta} B^i_\alpha \mathcal{K}^i_\theta$$

$$\hat{\Pi}^{ii}_{\alpha\theta 122} = E_\alpha P_{\alpha 2}^{\mathrm{T}} + Y_{\alpha 3}^{\mathrm{T}} X_{\alpha 2}^{\mathrm{T}} - \frac{1}{2} Z + \frac{1}{4} A^i_\alpha Z^{\mathrm{T}} - \frac{11}{4} \sum_{\theta=1}^{N} p_{\alpha\theta} B^i_\alpha \mathcal{K}^i_\theta$$

$$\hat{\Pi}^{ii}_{\alpha\theta 123} = E_\alpha P_{\alpha 2} + Y_{\alpha 2}^{\mathrm{T}} X_{\alpha 1}^{\mathrm{T}} - \frac{1}{2} Z + \frac{1}{4} A^i_\alpha Z^{\mathrm{T}} - \frac{1}{4} L^i_\alpha D^i_\alpha Z^{\mathrm{T}}$$

$$\hat{\Pi}^{ii}_{\alpha\theta 124} = E_\alpha P_{\alpha 3}^{\mathrm{T}} + Y_{\alpha 4}^{\mathrm{T}} X_{\alpha 2}^{\mathrm{T}} - 2Z + 3A^i_\alpha Z^{\mathrm{T}} - 3L^i_\alpha D^i_\alpha Z^{\mathrm{T}}, \quad \hat{\Pi}^{ii}_{\alpha\theta 221} = -Z - Z^{\mathrm{T}}$$

$$\hat{\Pi}^{ii}_{\alpha\theta 222} = -\frac{1}{4} Z - \frac{1}{4} Z^{\mathrm{T}}, \quad \hat{\Pi}^{ii}_{\alpha\theta 223} = -3Z - 3Z^{\mathrm{T}}, \quad \hat{\Pi}^{ii}_{\alpha\theta 131} = Z(A^i_{d\alpha})^{\mathrm{T}}$$

$$\hat{\Pi}^{ii}_{\alpha\theta 132} = \frac{1}{2} Z(A^i_{d\alpha})^{\mathrm{T}} - \frac{1}{2} Z(D^i_{d\alpha})^{\mathrm{T}}(L^i_\alpha)^{\mathrm{T}}$$

$$\hat{\Pi}^{ii}_{\alpha\theta 133} = \frac{1}{2} Z(A^i_{d\alpha})^{\mathrm{T}}, \quad \hat{\Pi}^{ii}_{\alpha\theta 231} = Z(A^i_{d\alpha})^{\mathrm{T}}$$

$$\hat{\Pi}^{ii}_{\alpha\theta 134} = 2Z(A^i_{d\alpha})^{\mathrm{T}} - 2Z(D^i_{d\alpha})^{\mathrm{T}}(L^i_\alpha)^{\mathrm{T}}, \quad \hat{\Pi}^{ii}_{\alpha\theta 232} = \frac{1}{4} Z(A^i_{d\alpha})^{\mathrm{T}} - \frac{1}{4} Z(D^i_{d\alpha})^{\mathrm{T}}(L^i_\alpha)^{\mathrm{T}}$$

$$\hat{\Pi}^{ii}_{\alpha\theta 233} = \frac{1}{4} Z(A^i_{d\alpha})^{\mathrm{T}}, \quad \hat{\Pi}^{ii}_{\alpha\theta 143} = \frac{1}{2} Z(A^i_{\tau\alpha})^{\mathrm{T}}, \quad \hat{\Pi}^{ii}_{\alpha\theta 234} = 3Z(A^i_{d\alpha})^{\mathrm{T}} - 3Z(D^i_{d\alpha})^{\mathrm{T}}(L^i_\alpha)^{\mathrm{T}}$$

$$\hat{\Pi}^{ii}_{\alpha\theta 331} = -\tilde{R}_1, \quad \hat{\Pi}^{ii}_{\alpha\theta 332} = -\tilde{R}_2, \quad \hat{\Pi}^{ii}_{\alpha\theta 141} = Z(A^i_{\tau\alpha})^{\mathrm{T}}$$

$$\hat{\Pi}^{ii}_{\alpha\theta 142} = \frac{1}{2} Z(A^i_{\tau\alpha})^{\mathrm{T}} - \frac{1}{2} Z(D^i_{\tau\alpha})^{\mathrm{T}}(L^i_\alpha)^{\mathrm{T}}, \quad \hat{\Pi}^{ii}_{\alpha\theta 144} = 2Z(A^i_{\tau\alpha})^{\mathrm{T}} - 2Z(D^i_{\tau\alpha})^{\mathrm{T}}(L^i_\alpha)^{\mathrm{T}}$$

$$\hat{\Pi}^{ii}_{\alpha\theta 241} = Z(A^i_{\tau\alpha})^{\mathrm{T}}, \quad \hat{\Pi}^{ii}_{\alpha\theta 243} = \frac{1}{4} Z(A^i_{\tau\alpha})^{\mathrm{T}}, \quad \hat{\Pi}^{ii}_{\alpha\theta 242} = \frac{1}{4} Z(A^i_{\tau\alpha})^{\mathrm{T}} - \frac{1}{4} Z(D^i_{\tau\alpha})^{\mathrm{T}}(L^i_\alpha)^{\mathrm{T}}$$

$$\hat{\Pi}^{ii}_{\alpha\theta 244} = 3Z(A^i_{\tau\alpha})^{\mathrm{T}} - 3Z(D^i_{\tau\alpha})^{\mathrm{T}}(L^i_\alpha)^{\mathrm{T}}$$

$$\hat{\Pi}^{ii}_{\alpha\theta 441} = (h_\alpha - 1)\tilde{S}_1, \quad \hat{\Pi}^{ii}_{\alpha\theta 442} = (h_\alpha - 1)\tilde{S}_2$$

$$\hat{\Pi}^{ii}_{\alpha\theta 151} = -\sum_{\theta=1}^{N} p_{\alpha\theta}(\mathcal{K}^i_\theta)^{\mathrm{T}}(B^i_\alpha)^{\mathrm{T}}, \quad \hat{\Pi}^{ii}_{\alpha\theta 251} = -\sum_{\theta=1}^{N} p_{\alpha\theta}(\mathcal{K}^i_\theta)^{\mathrm{T}}(B^i_\alpha)^{\mathrm{T}}$$

$$\hat{\Pi}^{ij}_{\alpha\theta111} = \mathrm{sym}\left(Z(A^i_\alpha)^{\mathrm{T}} + \frac{1}{2}\sum_{\theta=1}^{N} p_{\alpha\theta}(\mathcal{K}^j_\theta)^{\mathrm{T}}(B^i_\alpha)^{\mathrm{T}}\right)$$

$$+ \mathrm{sym}\left(Z(A^j_\alpha)^{\mathrm{T}} + \frac{1}{2}\sum_{\theta=1}^{N} p_{\alpha\theta}(\mathcal{K}^i_\theta)^{\mathrm{T}}(B^j_\alpha)^{\mathrm{T}}\right)$$

$$+ 2\sum_{\beta=1}^{M} \pi_{\alpha\beta}E_\beta P_{\beta1}E^{\mathrm{T}}_\beta + 2\tilde{R}_1 + 2(1+ld)\tilde{S}_1$$

$$\hat{\Pi}^{ij}_{\alpha\theta112} = \mathrm{sym}\left(\frac{1}{2}Z(A^i_\alpha)^{\mathrm{T}} + \sum_{\beta=1}^{N} \pi_{\alpha\beta}E_\beta P_{\beta2}E^{\mathrm{T}}_\beta\right)$$

$$+ \mathrm{sym}\left(\frac{1}{2}Z(A^j_\alpha)^{\mathrm{T}} + \sum_{\beta=1}^{N} \pi_{\alpha\beta}E_\beta P_{\beta2}E^{\mathrm{T}}_\beta\right)$$

$$- \frac{3}{2}\sum_{\theta=1}^{N} p_{\alpha\theta}B^i_\alpha\mathcal{K}^j_\theta - \frac{1}{2}Z(D^i_\alpha)^{\mathrm{T}}(L^i_\alpha)^{\mathrm{T}}$$

$$- \frac{3}{2}\sum_{\theta=1}^{N} p_{\alpha\theta}B^j_\alpha\mathcal{K}^i_\theta - \frac{1}{2}Z(D^j_\alpha)^{\mathrm{T}}(L^j_\alpha)^{\mathrm{T}}$$

$$\hat{\Pi}^{ij}_{\alpha\theta113} = \mathrm{sym}(2Z(A^i_\alpha)^{\mathrm{T}} - 2Z(D^i_\alpha)^{\mathrm{T}}(L^i_\alpha)^{\mathrm{T}})$$

$$+ \mathrm{sym}(2Z(A^j_\alpha)^{\mathrm{T}} - 2Z(D^j_\alpha)^{\mathrm{T}}(L^j_\alpha)^{\mathrm{T}})$$

$$+ 2\sum_{\beta=1}^{M} \pi_{\alpha\beta}E_\beta P_{\beta3}E^{\mathrm{T}}_\beta + 2\tilde{R}_2 + 2(1+ld)\tilde{S}_2$$

$$\hat{\Pi}^{ij}_{\alpha\theta121} = 2E_\alpha P^{\mathrm{T}}_{\alpha1} + 2Y^{\mathrm{T}}_{\alpha1}X^{\mathrm{T}}_{\alpha1} - 2Z + A^i_\alpha Z^{\mathrm{T}} + A^j_\alpha Z^{\mathrm{T}}$$

$$+ \frac{3}{4}\sum_{\theta=1}^{N} p_{\alpha\theta}B^i_\alpha\mathcal{K}^j_\theta + \frac{3}{4}\sum_{\theta=1}^{N} p_{\alpha\theta}B^j_\alpha\mathcal{K}^i_\theta$$

$$\hat{\Pi}^{ij}_{\alpha\theta122} = 2E_\alpha P^{\mathrm{T}}_{\alpha2} + 2Y^{\mathrm{T}}_{\alpha3}X^{\mathrm{T}}_{\alpha2} - Z + \frac{1}{4}A^i_\alpha Z^{\mathrm{T}} + \frac{1}{4}A^j_\alpha Z^{\mathrm{T}}$$

$$- \frac{11}{4}\sum_{\theta=1}^{N} p_{\alpha\theta}B^i_\alpha\mathcal{K}^j_\theta - \frac{11}{4}\sum_{\theta=1}^{N} p_{\alpha\theta}B^j_\alpha\mathcal{K}^i_\theta$$

$$\hat{\Pi}^{ij}_{\alpha\theta123} = 2E_\alpha P_{\alpha2} + 2Y^{\mathrm{T}}_{\alpha2}X^{\mathrm{T}}_{\alpha1} - Z + \frac{1}{4}A^i_\alpha Z^{\mathrm{T}} - \frac{1}{4}L^i_\alpha D^i_\alpha Z^{\mathrm{T}}$$

$$+ \frac{1}{4}A^j_\alpha Z^{\mathrm{T}} - \frac{1}{4}L^j_\alpha D^j_\alpha Z^{\mathrm{T}}$$

$$\hat{\Pi}^{ij}_{\alpha\theta124} = 2E_\alpha P^{\mathrm{T}}_{\alpha3} + 2Y^{\mathrm{T}}_{\alpha4}X^{\mathrm{T}}_{\alpha2} - 4Z + 3A^i_\alpha Z^{\mathrm{T}} - 3L^i_\alpha D^i_\alpha Z^{\mathrm{T}}$$
$$+ 3A^j_\alpha Z^{\mathrm{T}} - 3L^j_\alpha D^j_\alpha Z^{\mathrm{T}}$$

$$\hat{\Pi}^{ij}_{\alpha\theta221} = -2Z - 2Z^{\mathrm{T}}, \quad \hat{\Pi}^{ij}_{\alpha\theta222} = -\frac{1}{2}Z - \frac{1}{2}Z^{\mathrm{T}}$$

$$\hat{\Pi}^{ij}_{\alpha\theta223} = -6Z - 6Z^{\mathrm{T}}, \quad \hat{\Pi}^{ij}_{\alpha\theta131} = Z(A^i_{d\alpha})^{\mathrm{T}} + Z(A^j_{d\alpha})^{\mathrm{T}}$$

$$\hat{\Pi}^{ij}_{\alpha\theta132} = \frac{1}{2}Z(A^i_{d\alpha})^{\mathrm{T}} - \frac{1}{2}Z(D^i_{d\alpha})^{\mathrm{T}}(L^i_\alpha)^{\mathrm{T}} + \frac{1}{2}Z(A^j_{d\alpha})^{\mathrm{T}} - \frac{1}{2}Z(D^j_{d\alpha})^{\mathrm{T}}(L^j_\alpha)^{\mathrm{T}}$$

$$\hat{\Pi}^{ij}_{\alpha\theta133} = \frac{1}{2}Z(A^i_{d\alpha})^{\mathrm{T}} + \frac{1}{2}Z(A^j_{d\alpha})^{\mathrm{T}}, \quad \hat{\Pi}^{ij}_{\alpha\theta231} = Z(A^i_{d\alpha})^{\mathrm{T}} + Z(A^j_{d\alpha})^{\mathrm{T}}$$

$$\hat{\Pi}^{ij}_{\alpha\theta134} = 2Z(A^i_{d\alpha})^{\mathrm{T}} - 2Z(D^i_{d\alpha})^{\mathrm{T}}(L^i_\alpha)^{\mathrm{T}} + 2Z(A^j_{d\alpha})^{\mathrm{T}} - 2Z(D^j_{d\alpha})^{\mathrm{T}}(L^j_\alpha)^{\mathrm{T}}$$

$$\hat{\Pi}^{ij}_{\alpha\theta232} = \frac{1}{4}Z(A^i_{d\alpha})^{\mathrm{T}} - \frac{1}{4}Z(D^i_{d\alpha})^{\mathrm{T}}(L^i_\alpha)^{\mathrm{T}} + \frac{1}{4}Z(A^j_{d\alpha})^{\mathrm{T}} - \frac{1}{4}Z(D^j_{d\alpha})^{\mathrm{T}}(L^j_\alpha)^{\mathrm{T}}$$

$$\hat{\Pi}^{ij}_{\alpha\theta233} = \frac{1}{4}Z(A^i_{d\alpha})^{\mathrm{T}} + \frac{1}{4}Z(A^j_{d\alpha})^{\mathrm{T}}, \quad \hat{\Pi}^{ij}_{\alpha\theta143} = \frac{1}{2}Z(A^i_{\tau\alpha})^{\mathrm{T}} + \frac{1}{2}Z(A^j_{\tau\alpha})^{\mathrm{T}}$$

$$\hat{\Pi}^{ij}_{\alpha\theta234} = 3Z(A^i_{d\alpha})^{\mathrm{T}} - 3Z(D^i_{d\alpha})^{\mathrm{T}}(L^i_\alpha)^{\mathrm{T}} + 3Z(A^j_{d\alpha})^{\mathrm{T}} - 3Z(D^j_{d\alpha})^{\mathrm{T}}(L^j_\alpha)^{\mathrm{T}}$$

$$\hat{\Pi}^{ij}_{\alpha\theta331} = -2\tilde{R}_1, \quad \hat{\Pi}^{ij}_{\alpha\theta332} = -2\tilde{R}_2, \quad \hat{\Pi}^{ij}_{\alpha\theta141} = Z(A^i_{\tau\alpha})^{\mathrm{T}} + Z(A^j_{\tau\alpha})^{\mathrm{T}}$$

$$\hat{\Pi}^{ij}_{\alpha\theta142} = \frac{1}{2}Z(A^i_{\tau\alpha})^{\mathrm{T}} - \frac{1}{2}Z(D^i_{\tau\alpha})^{\mathrm{T}}(L^i_\alpha)^{\mathrm{T}} + \frac{1}{2}Z(A^j_{\tau\alpha})^{\mathrm{T}} - \frac{1}{2}Z(D^j_{\tau\alpha})^{\mathrm{T}}(L^j_\alpha)^{\mathrm{T}}$$

$$\hat{\Pi}^{ij}_{\alpha\theta144} = 2Z(A^i_{\tau\alpha})^{\mathrm{T}} - 2Z(D^i_{\tau\alpha})^{\mathrm{T}}(L^i_\alpha)^{\mathrm{T}} + 2Z(A^j_{\tau\alpha})^{\mathrm{T}} - 2Z(D^j_{\tau\alpha})^{\mathrm{T}}(L^j_\alpha)^{\mathrm{T}}$$

$$\hat{\Pi}^{ij}_{\alpha\theta241} = Z(A^i_{\tau\alpha})^{\mathrm{T}} + Z(A^j_{\tau\alpha})^{\mathrm{T}}, \quad \hat{\Pi}^{ij}_{\alpha\theta243} = \frac{1}{4}Z(A^i_{\tau\alpha})^{\mathrm{T}} + \frac{1}{4}Z(A^j_{\tau\alpha})^{\mathrm{T}}$$

$$\hat{\Pi}^{ij}_{\alpha\theta242} = \frac{1}{4}Z(A^i_{\tau\alpha})^{\mathrm{T}} - \frac{1}{4}Z(D^i_{\tau\alpha})^{\mathrm{T}}(L^i_\alpha)^{\mathrm{T}} + \frac{1}{4}Z(A^j_{\tau\alpha})^{\mathrm{T}} - \frac{1}{4}Z(D^j_{\tau\alpha})^{\mathrm{T}}(L^j_\alpha)^{\mathrm{T}}$$

$$\hat{\Pi}^{ij}_{\alpha\theta244} = 3Z(A^i_{\tau\alpha})^{\mathrm{T}} - 3Z(D^i_{\tau\alpha})^{\mathrm{T}}(L^i_\alpha)^{\mathrm{T}} + 3Z(A^j_{\tau\alpha})^{\mathrm{T}} - 3Z(D^j_{\tau\alpha})^{\mathrm{T}}(L^j_\alpha)^{\mathrm{T}}$$

$$\hat{\Pi}^{ij}_{\alpha\theta441} = 2(h_\alpha - 1)\tilde{S}_1, \quad \hat{\Pi}^{ij}_{\alpha\theta442} = 2(h_\alpha - 1)\tilde{S}_2$$

$$\hat{\Pi}^{ij}_{\alpha\theta151} = -\sum_{\theta=1}^{N} p_{\alpha\theta}(\mathcal{K}^j_\theta)^{\mathrm{T}}(B^i_\alpha)^{\mathrm{T}} - \sum_{\theta=1}^{N} p_{\alpha\theta}(\mathcal{K}^i_\theta)^{\mathrm{T}}(B^j_\alpha)^{\mathrm{T}}$$

$$\hat{\Pi}^{ij}_{\alpha\theta251} = -\sum_{\theta=1}^{N} p_{\alpha\theta}(\mathcal{K}^j_\theta)^{\mathrm{T}}(B^i_\alpha)^{\mathrm{T}} - \sum_{\theta=1}^{N} p_{\alpha\theta}(\mathcal{K}^i_\theta)^{\mathrm{T}}(B^j_\alpha)^{\mathrm{T}}$$

$E_\alpha X_{\alpha1} = 0$, $E_\alpha X_{\alpha2} = 0$, 并且 $X_{\alpha1} \in \mathbb{R}^{p\times(p-q)}$、$X_{\alpha2} \in \mathbb{R}^{p\times(p-q)}$ 是列满秩矩阵.

此时, 模糊异步控制器 (4.66) 的增益为

$$K_\theta^j = \mathcal{K}_\theta^j Z^{-\mathrm{T}}, \quad \theta_t = \theta \in \Xi \tag{4.83}$$

证明　根据文献 [1], $(\tilde{E}_\alpha, \tilde{A}_{\alpha\theta H})$ 和 $(\tilde{E}_\alpha^{\mathrm{T}}, \tilde{A}_{\alpha\theta H}^{\mathrm{T}})$ 两者之间存在容许性的等价关系. 因此, 定理 4.7 中增广时滞模糊奇异跳变系统 (4.67) 满足容许性的条件可以改写为

$$\tilde{E}_\alpha \tilde{P}_\alpha = \tilde{P}_\alpha^{\mathrm{T}} \tilde{E}_\alpha^{\mathrm{T}} \geqslant 0 \tag{4.84}$$

$$\mathrm{sym}(\tilde{P}_\alpha^{\mathrm{T}} \tilde{A}_{\alpha\theta H}^{\mathrm{T}}) + \sum_{\beta=1}^{N} \pi_{\alpha\beta} \tilde{E}_\beta \tilde{P}_\beta < 0 \tag{4.85}$$

$$\hat{\Sigma}_{\alpha\theta H} = \begin{bmatrix} \hat{\Sigma}_{\alpha\theta H11} & \hat{\Sigma}_{\alpha\theta H12} & \hat{\Sigma}_{\alpha\theta H13} & \hat{\Sigma}_{\alpha\theta H14} \\ * & -\tilde{R} & 0 & 0 \\ * & * & (h_\alpha-1)\tilde{S} & 0 \\ * & * & * & -I \end{bmatrix} < 0 \tag{4.86}$$

其中

$$\hat{\Sigma}_{\alpha\theta H11} = \mathrm{sym}\left(\sum_{\theta=1}^{N} p_{\alpha\theta} \tilde{P}_\alpha^{\mathrm{T}} \tilde{A}_{\alpha\theta H}^{\mathrm{T}}\right) + \sum_{\beta=1}^{N} \pi_{\alpha\beta} \tilde{E}_\beta \tilde{P}_\beta + \tilde{R} + (1+ld)\tilde{S}$$

$$\hat{\Sigma}_{\alpha\theta H12} = \tilde{P}_\alpha^{\mathrm{T}} \tilde{A}_{d\alpha\theta H}^{\mathrm{T}}, \quad \hat{\Sigma}_{\alpha\theta H13} = \tilde{P}_\alpha^{\mathrm{T}} \tilde{A}_{\tau\alpha\theta H}^{\mathrm{T}}, \quad \hat{\Sigma}_{\alpha\theta H14} = \sum_{\theta=1}^{N} p_{\alpha\theta} \tilde{P}_\alpha^{\mathrm{T}} \tilde{B}_{\alpha\theta H}^{\mathrm{T}}$$

令 $\tilde{P}_\alpha = P_\alpha \tilde{E}_\alpha^{\mathrm{T}} + \tilde{X}_\alpha \tilde{Y}_\alpha$, 其中

$$P_\alpha = \begin{bmatrix} P_{\alpha1} & P_{\alpha2} \\ * & P_{\alpha3} \end{bmatrix} > 0, \quad \tilde{X}_\alpha = \begin{bmatrix} X_{\alpha1} & 0 \\ 0 & X_{\alpha2} \end{bmatrix}, \quad \tilde{Y}_\alpha = \begin{bmatrix} Y_{\alpha1} & Y_{\alpha2} \\ Y_{\alpha3} & Y_{\alpha4} \end{bmatrix}$$

以及 $E_\alpha X_{\alpha1} = 0, E_\alpha X_{\alpha2} = 0$. 对于任何 $\alpha_t = \alpha \in \mathcal{S}, \theta_t = \theta \in \Xi$, 式 (4.84) 成立, 式 (4.85) 可以表示为

$$\mathrm{sym}\left(\tilde{E}_\alpha P_\alpha^{\mathrm{T}} \tilde{A}_{\alpha\theta H}^{\mathrm{T}} + \tilde{Y}_\alpha^{\mathrm{T}} \tilde{X}_\alpha^{\mathrm{T}} \tilde{A}_{\alpha\theta H}^{\mathrm{T}}\right) + \sum_{\beta=1}^{N} \pi_{\alpha\beta} \tilde{E}_\beta P_\beta \tilde{E}_\beta^{\mathrm{T}} < 0 \tag{4.87}$$

令

$$\Upsilon_{\alpha\theta H} = \begin{bmatrix} \Upsilon_{\alpha\theta H11} & \Upsilon_{\alpha\theta H12} \\ * & \Upsilon_{\alpha\theta H22} \end{bmatrix} < 0 \tag{4.88}$$

和 $\Xi_{\alpha\theta H} = \begin{bmatrix} I & \tilde{A}_{\alpha\theta H} \end{bmatrix}$，其中

$$\Upsilon_{\alpha\theta H11} = \mathrm{sym}(W^{\mathrm{T}}\tilde{A}_{\alpha\theta H}^{\mathrm{T}}) + \sum_{\beta=1}^{N} \pi_{\alpha\beta}\tilde{E}_{\beta}P_{\beta}\tilde{E}_{\beta}^{\mathrm{T}}$$

$$\Upsilon_{\alpha\theta H12} = \tilde{E}_{\alpha}P_{\alpha}^{\mathrm{T}} + \tilde{Y}_{\alpha}^{\mathrm{T}}\tilde{X}_{\alpha}^{\mathrm{T}} - W^{\mathrm{T}} + \tilde{A}_{\alpha\theta H}N$$

$$\Upsilon_{\alpha\theta H22} = -N - N^{\mathrm{T}}$$

对 $\Upsilon_{\alpha\theta H}$ 分别左乘 $\Xi_{\alpha\theta H}$、右乘 $\Xi_{\alpha\theta H}^{\mathrm{T}}$，可以得到 $\Upsilon_{\alpha\theta H} < 0$，即式 (4.87) 成立. 注意到

$$\Upsilon_{\alpha\theta H} = \sum_{i=1}^{m}\sum_{j=1}^{m} H_i H_j \Upsilon_{\alpha\theta}^{ij} = \sum_{i=1}^{m} H_i^2 \Upsilon_{\alpha\theta}^{ii} + \sum_{i=1}^{m-1}\sum_{j=i+1}^{m} H_i H_j (\Upsilon_{\alpha\theta}^{ij} + \Upsilon_{\alpha\theta}^{ji}) \qquad (4.89)$$

其中

$$\Upsilon_{\alpha\theta}^{ij} = \begin{bmatrix} \Upsilon_{\alpha\theta11}^{ij} & \Upsilon_{\alpha\theta12}^{ij} \\ * & \Upsilon_{\alpha\theta22}^{ij} \end{bmatrix}$$

$$\Upsilon_{\alpha\theta11}^{ij} = \mathrm{sym}(W^{\mathrm{T}}(\tilde{A}_{\alpha\theta}^{ij})^{\mathrm{T}}) + \sum_{\beta=1}^{N} \pi_{\alpha\beta}\tilde{E}_{\beta}P_{\beta}\tilde{E}_{\beta}^{\mathrm{T}}$$

$$\Upsilon_{\alpha\theta12}^{ij} = \tilde{E}_{\alpha}P_{\alpha}^{\mathrm{T}} + \tilde{Y}_{\alpha}^{\mathrm{T}}\tilde{X}_{\alpha}^{\mathrm{T}} - W^{\mathrm{T}} + \tilde{A}_{\alpha\theta}^{ij}N, \quad \Upsilon_{\alpha\theta22}^{ij} = -N - N^{\mathrm{T}}$$

因此，$\Upsilon_{\alpha\theta}^{ii} < 0$ 以及 $\Upsilon_{\alpha\theta}^{ij} + \Upsilon_{\alpha\theta}^{ji} < 0$ $(i < j)$ 可以确保 $\Upsilon_{\alpha\theta H} < 0$.

令

$$\Pi_{\alpha\theta H} = \begin{bmatrix} \Pi_{\alpha\theta H11} & \Pi_{\alpha\theta H12} & \Pi_{\alpha\theta H13} & \Pi_{\alpha\theta H14} & \Pi_{\alpha\theta H15} \\ * & \Pi_{\alpha\theta H22} & \Pi_{\alpha\theta H23} & \Pi_{\alpha\theta H24} & \Pi_{\alpha\theta H25} \\ * & * & -\tilde{R} & 0 & 0 \\ * & * & * & (h_{\alpha}-1)\tilde{S} & 0 \\ * & * & * & * & -I \end{bmatrix} < 0 \qquad (4.90)$$

其中

$$\Pi_{\alpha\theta H11} = \mathrm{sym}\left(\sum_{\theta=1}^{N} p_{\alpha\theta}W^{\mathrm{T}}\tilde{A}_{\alpha\theta H}^{\mathrm{T}}\right) + \sum_{\beta=1}^{N} \pi_{\alpha\beta}\tilde{E}_{\beta}P_{\beta}\tilde{E}_{\beta}^{\mathrm{T}} + \tilde{R} + (1+ld)\tilde{S}$$

$$\Pi_{\alpha\theta H12} = \tilde{E}_{\alpha}P_{\alpha}^{\mathrm{T}} + \tilde{Y}_{\alpha}^{\mathrm{T}}\tilde{X}_{\alpha}^{\mathrm{T}} - W^{\mathrm{T}} + \sum_{\theta=1}^{N} p_{\alpha\theta}\tilde{A}_{\alpha\theta H}N$$

$$\Pi_{\alpha\theta H22} = -N - N^{\mathrm{T}}, \quad \Pi_{\alpha\theta H13} = W^{\mathrm{T}}\tilde{A}_{d\alpha\theta H}^{\mathrm{T}}, \quad \Pi_{\alpha\theta H23} = N^{\mathrm{T}}\tilde{A}_{d\alpha\theta H}^{\mathrm{T}}$$

$$\Pi_{\alpha\theta H14} = W^{\mathrm{T}}\tilde{A}_{\tau\alpha\theta H}^{\mathrm{T}}, \quad \Pi_{\alpha\theta H24} = N^{\mathrm{T}}\tilde{A}_{\tau\alpha\theta H}^{\mathrm{T}}$$

$$\Pi_{\alpha\theta H15} = \sum_{\theta=1}^{N} p_{\alpha\theta} W^{\mathrm{T}}\tilde{B}_{\alpha\theta H}^{\mathrm{T}}, \quad \Pi_{\alpha\theta H25} = \sum_{\theta=1}^{N} p_{\alpha\theta} N^{\mathrm{T}}\tilde{B}_{\alpha\theta H}^{\mathrm{T}}$$

令

$$\Lambda_{\alpha\theta H} = \begin{bmatrix} I & \sum\limits_{\theta=1}^{N} p_{\alpha\theta}\tilde{A}_{\alpha\theta H} & 0 & 0 & 0 \\ 0 & \tilde{A}_{d\alpha\theta H} & I & 0 & 0 \\ 0 & \tilde{A}_{\tau\alpha\theta H} & 0 & I & 0 \\ 0 & \sum\limits_{\theta=1}^{N} p_{\alpha\theta}\tilde{B}_{\alpha\theta H} & 0 & 0 & I \end{bmatrix}$$

对 $\Pi_{\alpha\theta H}$ 分别左乘 $\Lambda_{\alpha\theta H}$、右乘 $\Lambda_{\alpha\theta H}^{\mathrm{T}}$，得到 $\Lambda_{\alpha\theta H}\Pi_{\alpha\theta H}\Lambda_{\alpha\theta H}^{\mathrm{T}} = \hat{\Sigma}_{\alpha\theta H}$. 因此，$\Pi_{\alpha\theta H} < 0$ 确保式 (4.86) 成立，即 $\hat{\Sigma}_{\alpha\theta H} < 0$.

容易发现：

$$\Pi_{\alpha\theta H} = \sum_{i=1}^{n}\sum_{j=1}^{n} H_i H_j \Pi_{\alpha\theta}^{ij} = \sum_{i=1}^{n} H_i^2 \Pi_{\alpha\theta}^{ii} + \sum_{i=1}^{n-1}\sum_{j=i+1}^{n} H_i H_j (\Pi_{\alpha\theta}^{ij} + \Pi_{\alpha\theta}^{ji}) \quad (4.91)$$

其中

$$\Pi_{\alpha\theta}^{ij} = \begin{bmatrix} \Pi_{\alpha\theta11}^{ij} & \Pi_{\alpha\theta12}^{ij} & \Pi_{\alpha\theta13}^{ij} & \Pi_{\alpha\theta14}^{ij} & \Pi_{\alpha\theta15}^{ij} \\ * & \Pi_{\alpha\theta22}^{ij} & \Pi_{\alpha\theta23}^{ij} & \Pi_{\alpha\theta24}^{ij} & \Pi_{\alpha\theta25}^{ij} \\ * & * & -\tilde{R} & 0 & 0 \\ * & * & * & (h_\alpha-1)\tilde{S} & 0 \\ * & * & * & * & -I \end{bmatrix} \quad (4.92)$$

$$\Pi_{\alpha\theta11}^{ij} = \mathrm{sym}\left(\sum_{\theta=1}^{N} p_{\alpha\theta} W^{\mathrm{T}}(\tilde{A}_{\alpha\theta}^{ij})^{\mathrm{T}}\right) + \sum_{\beta=1}^{N} \pi_{\alpha\beta}\tilde{E}_\beta P_\beta \tilde{E}_\beta^{\mathrm{T}} + \tilde{R} + (1+ld)\tilde{S}$$

$$\Pi_{\alpha\theta12}^{ij} = \tilde{E}_\alpha P_\alpha^{\mathrm{T}} + \tilde{Y}_\alpha^{\mathrm{T}}\tilde{X}_\alpha^{\mathrm{T}} - W^{\mathrm{T}} + \sum_{\theta=1}^{N} p_{\alpha\theta}\tilde{A}_{\alpha\theta}^{ij} N, \quad \Pi_{\alpha\theta22}^{ij} = -N - N^{\mathrm{T}}$$

$$\Pi_{\alpha\theta13}^{ij} = W^{\mathrm{T}}(\tilde{A}_{d\alpha\theta}^{ij})^{\mathrm{T}}, \quad \Pi_{\alpha\theta23}^{ij} = N^{\mathrm{T}}(\tilde{A}_{d\alpha\theta}^{ij})^{\mathrm{T}}, \quad \Pi_{\alpha\theta14}^{ij} = W^{\mathrm{T}}(\tilde{A}_{\tau\alpha\theta}^{ij})^{\mathrm{T}}$$

$$\Pi_{\alpha\theta24}^{ij} = N^{\mathrm{T}}(\tilde{A}_{\tau\alpha\theta}^{ij})^{\mathrm{T}}, \quad \Pi_{\alpha\theta15}^{ij} = \sum_{\theta=1}^{N} p_{\alpha\theta} W^{\mathrm{T}}(\tilde{B}_{\alpha\theta}^{ij})^{\mathrm{T}}, \quad \Pi_{\alpha\theta25}^{ij} = \sum_{\theta=1}^{N} p_{\alpha\theta} N^{\mathrm{T}}(\tilde{B}_{\alpha\theta}^{ij})^{\mathrm{T}}$$

令

$$
\tilde{R} = \begin{bmatrix} \tilde{R}_1 & 0 \\ 0 & \tilde{R}_2 \end{bmatrix} > 0, \quad \tilde{S} = \begin{bmatrix} \tilde{S}_1 & 0 \\ 0 & \tilde{S}_2 \end{bmatrix} > 0
$$

$$
W^{\mathrm{T}} = \begin{bmatrix} Z & \dfrac{1}{2}Z \\ \dfrac{1}{2}Z & 2Z \end{bmatrix}, \quad N^{\mathrm{T}} = \begin{bmatrix} Z & \dfrac{1}{4}Z \\ \dfrac{1}{4}Z & 3Z \end{bmatrix}
$$

则当 $i < j$ 时, 式 (4.79) 和式 (4.80) 可以确保 $\Upsilon_{\alpha\theta}^{ii} < 0$ 和 $\Upsilon_{\alpha\theta}^{ij} + \Upsilon_{\alpha\theta}^{ji} < 0$, 式 (4.81) 和式 (4.82) 确保 $\Pi_{\alpha\theta}^{ii} < 0$ 以及 $\Pi_{\alpha\theta}^{ij} + \Pi_{\alpha\theta}^{ji} < 0$, 且 $\mathcal{K}_{\theta}^{j} = K_{\theta}^{j} Z^{-\mathrm{T}}$, $\theta_t = \theta \in \Xi$.

因此, 可以保证 $\Upsilon_{\alpha\theta H} < 0$ 和 $\Pi_{\alpha\theta H} < 0$. 基于模糊异步控制器 (4.66) 的增广时滞模糊奇异跳变系统 (4.67) 满足随机容许性, 同时控制器的增益由式 (4.83) 给出.   □

4.2.3 仿真算例

例 4.2 考虑源于文献 [39] 的单连杆机械臂模型:

$$
\ddot{\zeta}(t) = -\frac{M(r_t)gL}{J(r_t)}\sin(\zeta(t)) - \frac{D(r_t)}{J(r_t)}\dot{\zeta}(t) + \frac{1}{J(r_t)}u(t) \tag{4.93}
$$

其中, $\zeta(t)$ 为连杆机械臂角; $g = 9.81$ 为重力加速度; $L = 1/2$ 为臂长; $u(t)$ 为控制输入; $M(r_t)$、$D(r_t)$、$J(r_t)$ 分别为质量、阻尼、惯性矩阵.

根据文献 [39], 有

$$
\sin(\zeta(t)) = H_1(\zeta(t)) \cdot \zeta(t) + H_2(\zeta(t)) \cdot \gamma \cdot \zeta(t) \tag{4.94}
$$

其中

$$
\begin{cases}
H_1(\zeta(t)) = \begin{cases} \dfrac{\sin(\zeta(t)) - \gamma\zeta(t)}{\zeta(t)(1-\gamma)}, & \zeta(t) \neq 0 \\ 1, & \zeta(t) = 0 \end{cases} \\[4mm]
H_2(\zeta(t)) = \begin{cases} \dfrac{-\sin(\zeta(t)) + \zeta(t)}{\zeta(t)(1-\gamma)}, & \zeta(t) \neq 0 \\ 0, & \zeta(t) = 0 \end{cases}
\end{cases} \tag{4.95}
$$

令 $\gamma = \dfrac{2}{\pi}$, $\dot{x}_1(t) = \dot{\zeta}(t) + a(\alpha_t)x_1(t)$, $x_2(t) = \dot{\zeta}(t)$, $x_1(t) - 3.5x_3(t) = 0$. 基于文献 [39] 的 T-S 模糊单连杆机械臂参数如下:

$$A_{11} = \begin{bmatrix} a_1^1 & 1 & 0 \\ \dfrac{-M_1 gL}{J_1} & \dfrac{-D_1}{J_1} & 0 \\ 1 & 0 & -3.5 \end{bmatrix} = \begin{bmatrix} 0.4 & 1 & 0 \\ -6.867 & -9.3 & 0 \\ 1 & 0 & -3.5 \end{bmatrix}$$

$$A_{12} = \begin{bmatrix} a_2^1 & 1 & 0 \\ \dfrac{-M_2 gL}{J_2} & \dfrac{-D_2}{J_2} & 0 \\ 1 & 0 & -3.5 \end{bmatrix} = \begin{bmatrix} 0.4 & 1 & 0 \\ -5.886 & -9.4 & 0 \\ 1 & 0 & -3.5 \end{bmatrix}$$

$$A_{21} = \begin{bmatrix} a_1^2 & 1 & 0 \\ \dfrac{-\gamma M_1 gL}{J_1} & \dfrac{-D_1}{J_1} & 0 \\ 1 & 0 & -3.5 \end{bmatrix} = \begin{bmatrix} 0.2 & 1 & 0 \\ -4.3739 & -9.3 & 0 \\ 1 & 0 & -3.5 \end{bmatrix}$$

$$A_{22} = \begin{bmatrix} a_2^2 & 1 & 0 \\ \dfrac{-\gamma M_2 gL}{J_2} & \dfrac{-D_2}{J_2} & 0 \\ 1 & 0 & -3.5 \end{bmatrix} = \begin{bmatrix} 0.2 & 1 & 0 \\ -3.7490 & -9.4 & 0 \\ 1 & 0 & -3.5 \end{bmatrix}$$

$A_{1d1} = A_{1d2} = 0_{3\times3}, \quad A_{2d1} = A_{2d2} = 0_{3\times3}, \quad h_1 = 0.3$

$A_{1t1} = A_{1t2} = 0_{3\times3}, \quad A_{2t1} = A_{2t2} = 0_{3\times3}, \quad h_2 = 0.6$

$B_{11} = B_{12} = 10^{-2} \times \begin{bmatrix} 0 & 7 & 0 \end{bmatrix}^{\mathrm{T}}, \quad B_{21} = B_{22} = 10^{-2} \times \begin{bmatrix} 0 & 7 & 0 \end{bmatrix}^{\mathrm{T}}$

$D_{11} = \begin{bmatrix} 0.32 & 0.61 & 0.48 \end{bmatrix}, \quad D_{12} = \begin{bmatrix} 0.33 & 0.58 & 0.52 \end{bmatrix}$

$D_{21} = \begin{bmatrix} 0.32 & 0.57 & 0.38 \end{bmatrix}, \quad D_{22} = \begin{bmatrix} 0.33 & 0.62 & 0.43 \end{bmatrix}$

$D_{1d1} = \begin{bmatrix} 0.031 & 0.057 & 0.053 \end{bmatrix}, \quad D_{1d2} = \begin{bmatrix} 0.029 & 0.056 & 0.052 \end{bmatrix}$

$D_{2d1} = \begin{bmatrix} 0.028 & 0.049 & 0.047 \end{bmatrix}, \quad D_{2d2} = \begin{bmatrix} 0.025 & 0.056 & 0.043 \end{bmatrix}$

$D_{1t1} = \begin{bmatrix} 0.031 & 0.057 & 0.053 \end{bmatrix}, \quad D_{1t2} = \begin{bmatrix} 0.029 & 0.056 & 0.052 \end{bmatrix}$

$D_{2t1} = \begin{bmatrix} 0.028 & 0.049 & 0.047 \end{bmatrix}, \quad D_{2t2} = \begin{bmatrix} 0.025 & 0.056 & 0.043 \end{bmatrix}$

$X_{11} = \begin{bmatrix} 0 & 0 & 5 \end{bmatrix}^{\mathrm{T}}, \quad X_{12} = \begin{bmatrix} 0 & 0 & 4 \end{bmatrix}^{\mathrm{T}}$

$X_{21} = \begin{bmatrix} 0 & 0 & 2 \end{bmatrix}^{\mathrm{T}}, \quad X_{22} = \begin{bmatrix} 0 & 0 & 3 \end{bmatrix}^{\mathrm{T}}$

$$d_\alpha(t) = 3.5 \sin\left(\frac{6}{35}t\right), \quad E_1 = E_2 = \begin{bmatrix} 1 & 0 & 0 \\ 0 & 1 & 0 \\ 0 & 0 & 0 \end{bmatrix}$$

$$\Pi = \begin{bmatrix} -0.9 & 0.9 \\ 1.3 & -1.3 \end{bmatrix}, \quad P = \begin{bmatrix} 0.7 & 0.3 \\ 0.2 & 0.8 \end{bmatrix}$$

求解定理 4.7 中的线性矩阵不等式 (4.59), 得到所期望的模糊奇异状态观测器 (4.45) 的参数为

$$L_{11} = \begin{bmatrix} 0.4190 & -1.2494 & 0.1465 \end{bmatrix}^{\mathrm{T}}, \quad L_{12} = \begin{bmatrix} 1.0855 & -3.8710 & 0.2035 \end{bmatrix}^{\mathrm{T}}$$

$$L_{21} = \begin{bmatrix} 0.7074 & -1.1119 & -0.0041 \end{bmatrix}^{\mathrm{T}}, \quad L_{22} = \begin{bmatrix} 1.2626 & -3.5745 & 0.0678 \end{bmatrix}^{\mathrm{T}}$$
$$\tag{4.96}$$

求解定理 4.8 中的线性矩阵不等式 (4.78)~(4.82), 得到所期望的模糊异步控制器 (4.66) 的参数为

$$K_{11} = \begin{bmatrix} 2.8176 & -1.3529 & 2.1362 \end{bmatrix}, \quad K_{12} = \begin{bmatrix} 0.0618 & 0.8126 & -2.0764 \end{bmatrix}$$

$$K_{21} = \begin{bmatrix} -3.4858 & 8.6767 & 1.0980 \end{bmatrix}, \quad K_{22} = \begin{bmatrix} -1.9897 & -0.6355 & 0.3017 \end{bmatrix}$$
$$\tag{4.97}$$

设 $x(0) = \begin{bmatrix} 3.8 & 3.2 & -3.3 \end{bmatrix}^{\mathrm{T}}$, $\delta(t) = \sqrt{a_0 \varrho^{-at}} = \sqrt{0.16 \mathrm{e}^{-0.35t}}$. 图 4.6 为基于马尔可夫跳变转移率矩阵 Π 的单连杆机械臂观测器 (4.45) 的状态轨迹, 图 4.7 为基于事件触发机制的采样观测器状态轨迹. 基于隐马尔可夫策略和事件触发反馈控制的单连杆机械臂状态轨迹如图 4.8 所示, 事件触发时刻和事件间隔如图 4.9 所示.

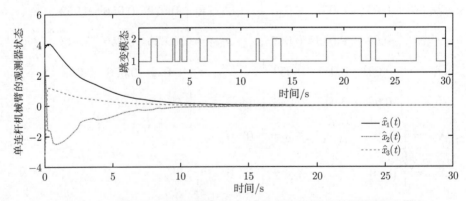

图 4.6　基于马尔可夫跳变转移率矩阵 Π 的单连杆机械臂观测器状态轨迹

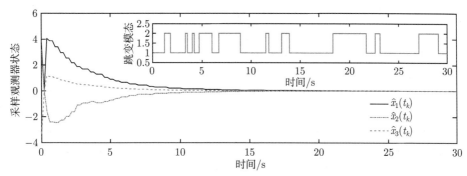

图 4.7　基于事件触发机制的采样观测器状态轨迹

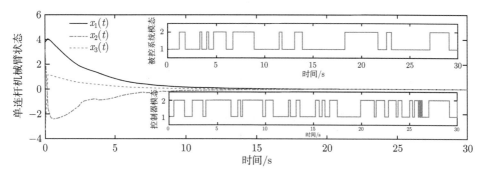

图 4.8　基于隐马尔可夫策略和事件触发反馈控制的单连杆机械臂状态轨迹

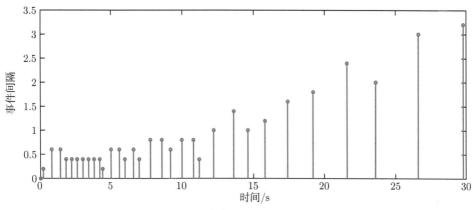

图 4.9　事件触发时刻和事件间隔

参 考 文 献

[1] Xu S Y, Lam J. Robust Control and Filtering of Singular Systems[M]. Berlin: Springer, 2006.

[2]   Donkers M C F, Heemels W P M H. Output-based event-triggered control with guaranteed L_∞-gain and improved and decentralized event-triggering[J]. IEEE Transactions on Automatic Control, 2012, 57(6): 1362-1376.

[3]   Yue D, Tian E G, Han Q L. A delay system method for designing event-triggered controllers of networked control systems[J]. IEEE Transactions on Automatic Control, 2013, 58(2): 475-481.

[4]   Wu Y Q, Li Y Z, Li W H, et al. Robust lidar-based localization scheme for unmanned ground vehicle via multisensor fusion[J]. IEEE Transactions on Neural Networks and Learning Systems, 2021, 32(12): 5633-5643.

[5]   Xie X P, Yue D, Park J H, et al. Relaxed multi-instant fuzzy state estimation design of discrete-time nonlinear systems and its application: A deep division approach[J]. IEEE Transactions on Circuits and Systems I: Regular Papers, 2020, 67(5): 1775-1785.

[6]   Wu Y Q, Karimi H R, Lu R Q. Sampled-data control of network systems in industrial manufacturing[J]. IEEE Transactions on Industrial Electronics, 2018, 65(11): 9016-9024.

[7]   Wu Y Q, Li Y Z, He S H, et al. Sampled-data synchronization of network systems in industrial manufacture[J]. IEEE Transactions on Systems, Man, and Cybernetics: Systems, 2020, 50(9): 3210-3219.

[8]   Zhang J H, Xu H, Dai L, et al. Dynamic output feedback control of systems with event-driven control inputs[J]. Science China Information Sciences, 2020, 63(5): 150202.

[9]   Chen Z Y, Han Q L, Wu Z G, et al. Special focus on advanced techniques for event-triggered control and estimation[J]. Science China Information Sciences, 2020, 63(5): 150200.

[10]   Xia J W, Chen G L, Park J H, et al. Dissipativity-based sampled-data control for fuzzy switched Markovian jump systems[J]. IEEE Transactions on Fuzzy Systems, 2021, 29(6): 1325-1339.

[11]   Li T, Wen C Y, Yang J, et al. Event-triggered tracking control for nonlinear systems subject to time-varying external disturbances[J]. Automatica, 2020, 119: 109070.

[12]   Li T F, Fu J, Deng F, et al. Stabilization of switched linear neutral systems: An event-triggered sampling control scheme[J]. IEEE Transactions on Automatic Control, 2018, 63(10): 3537-3544.

[13]   Sun W, Su S F, Wu Y Q, et al. Adaptive fuzzy event-triggered control for high-order nonlinear systems with prescribed performance[J]. IEEE Transactions on Cybernetics, 2022, 52(5): 2885-2895.

[14]   Ren H L, Zong G D, Ahn C K. Event-triggered finite-time resilient control for switched systems: An observer-based approach and its applications to a boost converter circuit system model[J]. Nonlinear Dynamics, 2018, 94(4): 2409-2421.

[15] Xia J W, Li B M, Su S F, et al. Finite-time command filtered event-triggered adaptive fuzzy tracking control for stochastic nonlinear systems[J]. IEEE Transactions on Fuzzy Systems, 2021, 29(7): 1815-1825.

[16] Ma L F, Wang Z D, Han Q L, et al. Consensus control of stochastic multi-agent systems: A survey[J]. Science China Information Sciences, 2017, 60(12): 120201.

[17] Dong G, Cao L, Yao D, et al. Adaptive attitude control for multi-MUAV systems with output dead-zone and actuator fault[J]. IEEE/CAA Journal of Automatica Sinica, 2021, (9): 1567-1575.

[18] Qian W, Xing W W, Fei S M. H_∞ state estimation for neural networks with general activation function and mixed time-varying delays[J]. IEEE Transactions on Neural Networks and Learning Systems, 2021, 32(9): 3909-3918.

[19] Zhuang G M, Xu S Y, Xia J W, et al. Non-fragile delay feedback control for neutral stochastic Markovian jump systems with time-varying delays[J]. Applied Mathematics and Computation, 2019, 355: 21-32.

[20] Qian W, Li Y J, Chen Y G, et al. L_2-L_∞ filtering for stochastic delayed systems with randomly occurring nonlinearities and sensor saturation[J]. International Journal of Systems Science, 2020, 51(13): 2360-2377.

[21] Sun W, Su S F, Xia J W, et al. Command filter-based adaptive prescribed performance tracking control for stochastic uncertain nonlinear systems[J]. IEEE Transactions on Systems, Man, and Cybernetics: Systems, 2021, 51(10): 6555-6563.

[22] do Valle Costa O L, Fragoso M D, Todorov M G. A detector-based approach for the H_2 control of Markov jump linear systems with partial information[J]. IEEE Transactions on Automatic Control, 2015, 60(5): 1219-1234.

[23] Xie X P, Yue D, Park J H. Observer-based fault estimation for discrete-time nonlinear systems and its application: A weighted switching approach[J]. IEEE Transactions on Circuits and Systems I: Regular Papers, 2019, 66(11): 4377-4387.

[24] Xie X P, Yue D, Peng C. Observer design of discrete-time fuzzy systems based on an alterable weights method[J]. IEEE Transactions on Cybernetics, 2020, 50(4): 1430-1439.

[25] Dong S L, Liu M Q, Wu Z G, et al. Observer-based sliding mode control for Markov jump systems with actuator failures and asynchronous modes[J]. IEEE Transactions on Circuits and Systems II: Express Briefs, 2021, 68(6): 1967-1971.

[26] Yu H, Antsaklis P J. Event-triggered output feedback control for networked control systems using passivity: Achieving L_2 stability in the presence of communication delays and signal quantization[J]. Automatica, 2013, 49(1): 30-38.

[27] Zhang J H, Feng G. Event-driven observer-based output feedback control for linear systems[J]. Automatica, 2014, 50(7): 1852-1859.

[28] Peng C, Zhang J. Event-triggered output-feedback H_∞ control for networked control systems with time-varying sampling[J]. IET Control Theory & Applications, 2015, 9(9): 1384-1391.

[29] Xing L T, Wen C Y, Liu Z T, et al. Event-triggered output feedback control for a class of uncertain nonlinear systems[J]. IEEE Transactions on Automatic Control, 2019, 64(1): 290-297.

[30] Ma H, Li H Y, Lu R Q, et al. Adaptive event-triggered control for a class of nonlinear systems with periodic disturbances[J]. Science China Information Sciences, 2020, 63(5): 150212.

[31] Xu Y, Fang M, Pan Y J, et al. Event-triggered output synchronization for nonhomogeneous agent systems with periodic denial-of-service attacks[J]. International Journal of Robust and Nonlinear Control, 2021, 31(6): 1851-1865.

[32] Zhuang G M, Sun W, Su S F, et al. Asynchronous feedback control for delayed fuzzy degenerate jump systems under observer-based event-driven characteristic[J]. IEEE Transactions on Fuzzy Systems, 2021, 29(12): 3754-3768.

[33] Wang Y Q, Zhuang G M, Chen F. Event-based asynchronous dissipative filtering for T-S fuzzy singular Markovian jump systems with redundant channels[J]. Nonlinear Analysis: Hybrid Systems, 2019, 34: 264-283.

[34] Masubuchi I, Kamitane Y, Ohara A, et al. H_∞ control for descriptor systems: A matrix inequalities approach[J]. Automatica, 1997, 33(4): 669-673.

[35] Xu S Y, van Dooren P, Stefan R, et al. Robust stability and stabilization for singular systems with state delay and parameter uncertainty[J]. IEEE Transactions on Automatic Control, 2002, 47(7): 1122-1128.

[36] Boukas E K. Control of Singular Systems with Random Abrupt Changes[M]. Berlin: Springer, 2008.

[37] Shi P, Wang H J, Lim C C. Network-based event-triggered control for singular systems with quantizations[J]. IEEE Transactions on Industrial Electronics, 2016, 63(2): 1230-1238.

[38] Aslam M S, Dai X S. Event-triggered based L_2-L_∞ filtering for multiagent systems with Markovian jumping topologies under time-varying delays[J]. Nonlinear Dynamics, 2020, 99(4): 2877-2892.

[39] Wu H N, Cai K Y. Mode-independent robust stabilization for uncertain Markovian jump nonlinear systems via fuzzy control[J]. IEEE Transactions on Systems, Man, and Cybernetics, Part B (Cybernetics), 2006, 36(3): 509-519.

[40] Liu M, Zhang L X, Shi P, et al. Sliding mode control of continuous-time Markovian jump systems with digital data transmission[J]. Automatica, 2017, 80: 200-209.

[41] Cheng J, Park J H, Cao J D, et al. A hidden mode observation approach to finite-time SOFC of Markovian switching systems with quantization[J]. Nonlinear Dynamics, 2020, 100(1): 509-521.

[42] Feng Z G, Shi P. Sliding mode control of singular stochastic Markov jump systems[J]. IEEE Transactions on Automatic Control, 2017, 62(8): 4266-4273.

[43] Zhuang G M, Xia J W, Feng J E, et al. Admissibility analysis and stabilization for neutral descriptor hybrid systems with time-varying delays[J]. Nonlinear Analysis: Hybrid Systems, 2019, 33: 311-321.

[44] Tanaka K, Wang H O. Fuzzy Control Systems Design and Analysis: A Linear Matrix Inequality Approach[M]. New York: John Wiley & Sons, 2004.

[45] Sun W, Wu Y Q, Sun Z Y. Command filter-based finite-time adaptive fuzzy control for uncertain nonlinear systems with prescribed performance[J]. IEEE Transactions on Fuzzy Systems, 2020, 28(12): 3161-3170.

[46] Cheng J, Shan Y N, Cao J D, et al. Nonstationary control for T-S fuzzy Markovian switching systems with variable quantization density[J]. IEEE Transactions on Fuzzy Systems, 2021, 29(6): 1375-1385.

[47] Aslam M S, Dai X S, Hou J, et al. Reliable control design for composite-driven scheme based on delay networked T-S fuzzy system[J]. International Journal of Robust and Nonlinear Control, 2020, 30(4): 1622-1642.

[48] Sun W, Su S F, Wu Y Q, et al. A novel adaptive fuzzy control for output constrained stochastic nonstrict feedback nonlinear systems[J]. IEEE Transactions on Fuzzy Systems, 2021, 29(5): 1188-1197.

[49] Aslam M S, Chen Z R, Zhang B Y. Event-triggered fuzzy filtering in networked control system for a class of non-linear system with time delays[J]. International Journal of Systems Science, 2018, 49(8): 1587-1602.

[50] Sun W, Lin J W, Su S F, et al. Reduced adaptive fuzzy decoupling control for lower limb exoskeleton[J]. IEEE Transactions on Cybernetics, 2021, 51(3): 1099-1109.

[51] Sun W, Wu Y Q, Sun Z Y. Command filter-based finite-time adaptive fuzzy control for uncertain nonlinear systems with prescribed performance[J]. IEEE Transactions on Fuzzy Systems, 2020, 28(12): 3161-3170.

[52] Cheng J, Shan Y N, Cao J D, et al. Nonstationary control for T-S fuzzy Markovian switching systems with variable quantization density[J]. IEEE Transactions on Fuzzy Systems, 2021, 29(6): 1375-1385.

[53] Dong S L, Wu Z G, Su H Y, et al. Asynchronous control of continuous-time nonlinear Markov jump systems subject to strict dissipativity[J]. IEEE Transactions on Automatic Control, 2019, 64(3): 1250-1256.

[54] Heemels W P M H, Donkers M C F, Teel A R. Periodic event-triggered control for linear systems[J]. IEEE Transactions on Automatic Control, 2013, 58(4): 847-861.

[55] Li H Y, Zhang Z X, Yan H C, et al. Adaptive event-triggered fuzzy control for uncertain active suspension systems[J]. IEEE Transactions on Cybernetics, 2019, 49(12): 4388-4397.

[56] Shen H, Li F, Yan H C, et al. Finite-time event-triggered H_∞ control for T-S fuzzy Markov jump systems[J]. IEEE Transactions on Fuzzy Systems, 2018, 26(5): 3122-3135.

[57] Song J, Niu Y G, Xu J. An event-triggered approach to sliding mode control of Markovian jump Lur'e systems under hidden mode detections[J]. IEEE Transactions on Systems, Man, and Cybernetics: Systems, 2020, 50(4): 1514-1525.

[58] Aslam M S, Chen Z R. Event-triggered reliable dissipative filtering for the delay nonlinear system under networked systems with the sensor fault[J]. International Journal of Control, 2020, 93(3): 640-654.

[59] Liu M, Zhang L X, Shi P, et al. Fault estimation sliding-mode observer with digital communication constraints[J]. IEEE Transactions on Automatic Control, 2018, 63(10): 3434-3441.

[60] He H F, Gao X W, Qi W H. Observer-based sliding mode control for switched positive nonlinear systems with asynchronous switching[J]. Nonlinear Dynamics, 2018, 93(4): 2433-2444.

第 5 章 时滞奇异跳变系统滤波器设计与故障检测

H_∞ 滤波作为鲁棒状态估计的重要方法, 在过去的几十年中引起了控制界学者的广泛关注, 并被成功地应用于包括正则 (正常) 系统和奇异系统在内的众多动态系统[1-4]. 作为 H_∞ 滤波器设计的拓展与应用, H_∞ 反卷积滤波器和故障检测滤波器设计问题一直是近年来重要的研究热点[5-8]. H_∞ 滤波、反卷积滤波技术可用于故障检测、图像处理、信号处理、数据传输等领域. 在本质上, 反卷积滤波问题是设计一个滤波器, 利用量测输出信息来估计系统的未知输入信号[9-11]. 故障检测问题是设计一个 H_∞ 故障检测滤波器, 利用残差信号来对系统的故障进行检测[12,13]. 反卷积滤波器、故障检测滤波器与 H_∞ 滤波器具有相同的滤波器结构, 并且都利用系统的量测输出作为滤波器的输入[14,15].

非线性奇异系统广泛存在于现实生活和工程应用中. 由于非线性奇异系统的正则性、因果性/无脉冲性不能被有效地定义, 其容许性尚未得到系统和彻底的研究[16-19]. 幸运的是, T-S 模糊技术可以将非线性系统近似地转换为由模糊集和模糊规则刻画的局部线性子系统的组合[20-22]. 因此, 借助 T-S 模糊技术可以清晰地描述复杂非线性奇异跳变系统. 然后, 在线性奇异系统的框架下, 可以有效地分析非线性奇异跳变系统的容许性[23-25].

值得指出的是, 由于不可避免的时滞、网络化机制、量测误差等原因, 在实际应用中受控对象的模态往往无法被观测器、滤波器或控制器及时获取, 这导致观测器、滤波器或控制器的模态与受控系统模态异步运行[26,27]. 隐马尔可夫模型涉及两个依赖于条件概率矩阵的马尔可夫过程[28-30], 其作为一种刻画和揭示异步运行机制的有效工具, 近年来已被陆续用于处理异步滤波和异步控制问题[31-33]. 例如, 文献 [34] 研究了时变时滞马尔可夫跳变系统的异步滑模控制; 文献 [35] 讨论了具有未知转移率的马尔可夫跳变神经网络异步 H_∞ 滤波问题.

本章工作包括以下四个方面:

(1) 隐马尔可夫模型机制下时变时滞奇异跳变系统异步 H_∞ 滤波器设计;

(2) 时变时滞不确定奇异跳变系统鲁棒 H_∞ 反卷积滤波;

(3) 具有有限通信容量与未知转移率的时滞不确定奇异跳变系统 H_∞ 反卷积滤波器设计;

(4) 隐马尔可夫模型机制下时滞奇异跳变系统异步滤波和 H_∞ 故障检测.

5.1 隐马尔可夫模型机制下时变时滞奇异跳变系统异步 H_∞ 滤波

本节基于隐马尔可夫模型机制和并行分布补偿技术, 研究时变时滞模糊奇异跳变系统异步 H_∞ 滤波器设计问题. 本节设计的异步滤波器将同步滤波器和模态无关滤波器作为特殊情况. 在线性矩阵不等式框架下提出新颖的容许性和滤波条件, 以保证时滞奇异跳变系统随机容许性和 H_∞ 性能. 利用单连杆机械臂仿真算例验证所提出的模糊异步滤波技术的有效性和实用性.

本节的贡献和创新点归纳如下:

(1) 构造了新颖的模态相关和时滞相关的 L-K 泛函, 利用奇异值分解和系统增广技术证明了时滞奇异跳变系统的 H_∞ 随机容许性;

(2) 利用并行分布补偿技术和隐马尔可夫模型机制设计了异步 H_∞ 滤波器, 其中同步滤波器和模态无关滤波器作为特殊情况;

(3) 在严格线性矩阵不等式框架下提出了新颖的随机容许性和滤波条件, 保证了时滞奇异跳变系统的随机容许性和 H_∞ 性能.

5.1.1 问题描述

给定概率空间 $(\Omega, \mathfrak{F}, \mathcal{P})$, 考虑如下具有时变时滞的 T-S 模糊奇异跳变系统: 模糊规则 i $(i = 1, 2, \cdots, n)$ 下, 若 $\xi_1(t)$ 隶属于 M_{i1}, $\xi_2(t)$ 隶属于 M_{i2}, $\cdots$, $\xi_m(t)$ 隶属于 M_{im}, 则

$$\begin{cases} E\dot{x}(t) = A_i(r_t) x(t) + A_{di}(r_t) x(t - \tau(t)) \\ \qquad\quad + B_i(r_t) \omega(t) \\ y(t) = C_i(r_t) x(t) + C_{di}(r_t) x(t - \tau(t)) \\ \qquad\quad + D_i(r_t) \omega(t) \\ z(t) = E_i(r_t) x(t) + E_{di}(r_t) x(t - \tau(t)) \end{cases} \tag{5.1}$$

其中, $x(t) \in \mathbb{R}^n$ 为系统状态; $y(t) \in \mathbb{R}^m$ 为量测输出; $z(t) \in \mathbb{R}^q$ 为估计输出信号; $\omega(t) \in \mathbb{R}^l$ 为属于 $\mathcal{L}_2[0, \infty)$ 的外部干扰信号, $\xi_j(t)$ $(j = 1, 2, \cdots, m)$ 为前件变量; M_{ij} 为模糊集; $E \in \mathbb{R}^{n \times n}$ 为奇异矩阵, 并且 $\mathrm{rank}(E) = r < n$.

$\{r_t\}$ 是一个右连续的马尔可夫过程, 在有限集 $\mathcal{S} = \{1, 2, \cdots, N\}$ 中取值, $\Pi = [\pi_{rs}]$ 是转移率矩阵, 满足文献 [1] 和 [2] 中的条件. 马尔可夫过程 $\{r_t\}$ 的具体性质详见 2.1 节.

时变时滞 $\tau(t)$ 满足:

$$0 \leqslant \tau(t) \leqslant \tau < \infty, \quad \dot{\tau}(t) \leqslant \mu \tag{5.2}$$

其中, τ 和 $\mu < 1$ 为确定的标量.

简便起见, 当 $r_t = r \in \mathcal{S}$ 时, $A_i(r_t)$ 简写为 A_{ir}, $A_{di}(r_t)$ 简写为 A_{dir} 等. 采用单点模糊化、乘积推理机和中心平均解模糊化, 时滞模糊奇异跳变系统 (5.1) 可以写为如下形式:

$$
\begin{cases}
E\dot{x}(t) = A_{rh}x(t) + A_{drh}x(t - \tau(t)) + B_{rh}\omega(t) \\
y(t) = C_{rh}x(t) + C_{drh}x(t - \tau(t)) + D_{rh}\omega(t) \\
z(t) = E_{rh}x(t) + E_{drh}x(t - \tau(t))
\end{cases}
\tag{5.3}
$$

$$
A_{rh} = \sum_{i=1}^{n} h_i A_{ir}, \quad A_{drh} = \sum_{i=1}^{n} h_i A_{dir}, \quad B_{rh} = \sum_{i=1}^{n} h_i B_{ir}, \quad C_{rh} = \sum_{i=1}^{n} h_i C_{ir}
$$

$$
C_{drh} = \sum_{i=1}^{n} h_i C_{dir}, \quad D_{rh} = \sum_{i=1}^{n} h_i D_{ir}, \quad E_{rh} = \sum_{i=1}^{n} h_i E_{ir}, \quad E_{drh} = \sum_{i=1}^{n} h_i E_{dir}
$$

$h_i = h_i(\xi(t)) = \dfrac{\prod\limits_{j=1}^{m} M_{ij}(\xi_j(t))}{\sum\limits_{i=1}^{n} \prod\limits_{j=1}^{m} M_{ij}(\xi_j(t))}$ 表示模糊加权函数, $\xi(t) = [\xi_1(t)\ \xi_2(t)\ \cdots\ \xi_m(t)]$,

$M_{ij}(\xi_j(t))$ 是前件变量 $\xi_j(t)$ 在模糊集 M_{ij} 中的隶属度函数.

由文献 [26] 可知

$$
M_{ij}(\xi_j(t)) \geqslant 0, \quad h_i(\xi(t)) \geqslant 0, \quad \sum_{i=1}^{n} h_i(\xi(t)) = 1
\tag{5.4}
$$

根据并行分布补偿技术和隐马尔可夫模型原理, 设计如下模糊异步滤波器: 模糊规则 $i\ (i = 1, 2, \cdots, n)$ 下, 若 $\xi_1(t)$ 隶属于 M_{j1}, $\xi_2(t)$ 隶属于 M_{j2}, $\cdots$, $\xi_m(t)$ 隶属于 M_{jm}, 则

$$
\begin{cases}
E_f \dot{\hat{x}}(t) = A_{fi}(\eta_t)\hat{x}(t) + B_{fi}(\eta_t)y(t) \\
\hat{z}(t) = C_{fi}(\eta_t)\hat{x}(t) + D_{fi}(\eta_t)y(t)
\end{cases}
\tag{5.5}
$$

其中, $E_f \in \mathbb{R}^{n_f \times n_f}$ 并且 $\text{rank}(E_f) = r_f \leqslant n_f$; $\hat{x}(t) \in \mathbb{R}^{n_f}$ 为滤波器状态; $\hat{z}(t) \in \mathbb{R}^q$ 为输出信号; 马尔可夫过程 $\{\eta_t\}$ 依赖于 $\{r_t\}$ 并且在 $\Omega \overset{\text{def}}{=\!=} \{1, 2, \cdots, \mathcal{M}\}$ 中取值.

$$
P\{\eta_t = \eta\,|\,r_t = r\} = \lambda_{r\eta}
\tag{5.6}
$$

是条件概率, $\Lambda = [\lambda_{r\eta}]$ 是条件概率矩阵, $\pi_{r\eta} \geqslant 0$, $\sum\limits_{\eta=1}^{\mathcal{M}} \pi_{r\eta} = 1$, 并且 $(r_t, \eta_t, \Pi, \Lambda)$

描述了一个隐马尔可夫模型. 当 $\eta_t = \eta \in \Omega$ 时, 异步滤波器参数 $A_{fi}(\eta_t)$、$B_{fi}(\eta_t)$、$C_{fi}(\eta_t)$、$D_{fi}(\eta_t)$ 分别记为 $A_{fi\eta}$、$B_{fi\eta}$、$C_{fi\eta}$ 和 $D_{fi\eta}$.

注 5.1 由于时滞、网络化机制、量测误差等实际情况, 动态系统中的异步现象不可避免[26,27]. 在马尔可夫跳变系统的实际应用中, 被控系统的模态经常与滤波器、控制器或观测器的模态不匹配, 从而导致异步. 本节中的异步机制由隐马尔可夫模型来刻画, 隐马尔可夫模型由上述 $(r_t, \eta_t, \Pi, \Lambda)$ 模型所描述[31].

注 5.2 当 $\mathcal{S} \neq \Omega$ 时, 条件概率矩阵 Λ 可能不是一个方阵. 当 $\mathcal{S} = \Omega$ 并且 $\lambda_{r\eta} = 1$、$r = \eta$ 时, 异步滤波问题退化为同步滤波问题. 此外, 当 $\Omega = \{1\}$ 时, 异步滤波简化为模态无关滤波. 因此, 本节研究的异步滤波问题包含同步滤波和模态无关滤波两种特殊情况.

当 $\eta_t = \eta \in \Omega$ 时, 对系统 (5.5) 应用模糊推理技术, 得到如下模糊滤波系统:

$$\begin{cases} E_f \dot{\hat{x}}(t) = \hat{A}_{f\eta h} \hat{x}(t) + \hat{B}_{f\eta h} y(t) \\ \hat{z}(t) = \hat{C}_{f\eta h} \hat{x}(t) + \hat{D}_{f\eta h} y(t) \end{cases} \tag{5.7}$$

其中

$$\hat{A}_{f\eta h} = \sum_{j=1}^{n} h_j A_{fj\eta}, \quad \hat{B}_{f\eta h} = \sum_{j=1}^{n} h_j B_{fj\eta}$$

$$\hat{C}_{f\eta h} = \sum_{j=1}^{n} h_j C_{fj\eta}, \quad \hat{D}_{f\eta h} = \sum_{j=1}^{n} h_j D_{fj\eta}$$

考虑系统 (5.3) 和 (5.7), 当 $r_t = r \in \mathcal{S}$、$\eta_t = \eta \in \Omega$ 时, 得到如下增广的时滞模糊奇异跳变系统:

$$\begin{cases} \tilde{E} \dot{\chi}(t) = \tilde{A}_{r\eta h} \chi(t) + \tilde{A}_{dr\eta h} \chi(t - \tau(t)) + \tilde{B}_{r\eta h} \omega(t) \\ e(t) = \tilde{E}_{r\eta h} \chi(t) + \tilde{E}_{dr\eta h} \chi(t - \tau(t)) + \tilde{D}_{fr\eta h} \omega(t) \end{cases} \tag{5.8}$$

其中

$$\chi(t) = \begin{bmatrix} x(t) \\ \hat{x}(t) \end{bmatrix}, \quad e(t) = z(t) - \hat{z}(t), \quad \tilde{E} = \begin{bmatrix} E & 0 \\ 0 & E_f \end{bmatrix}$$

$$\tilde{A}_{r\eta h} = \sum_{i=1}^{n} \sum_{j=1}^{n} h_i h_j \tilde{A}_{ijr\eta}, \quad \tilde{A}_{ijr\eta} = \begin{bmatrix} A_{ir} & 0 \\ B_{fj\eta} C_{ir} & A_{fj\eta} \end{bmatrix}$$

$$\tilde{A}_{dr\eta h} = \sum_{i=1}^{n} \sum_{j=1}^{n} h_i h_j \tilde{A}_{dijr\eta}, \quad \tilde{A}_{dijr\eta} = \begin{bmatrix} A_{dir} & 0 \\ B_{fj\eta} C_{dir} & 0 \end{bmatrix}$$

$$\tilde{B}_{r\eta h} = \sum_{i=1}^{n} \sum_{j=1}^{n} h_i h_j \tilde{B}_{ijr\eta}, \quad \tilde{B}_{ijr\eta} = \begin{bmatrix} B_{ir} \\ B_{fj\eta} D_{ir} \end{bmatrix}$$

$$\tilde{E}_{r\eta h} = \sum_{i=1}^{n}\sum_{j=1}^{n} h_i h_j \tilde{E}_{ijr\eta}, \quad \tilde{E}_{ijr\eta} = \left[\begin{array}{cc} E_{ir} - D_{fj\eta}C_{ir} & -C_{fj\eta} \end{array}\right]$$

$$\tilde{E}_{dr\eta h} = \sum_{i=1}^{n}\sum_{j=1}^{n} h_i h_j \tilde{E}_{dijr\eta}, \quad \tilde{E}_{dijr\eta} = \left[\begin{array}{cc} E_{dir} - D_{fj\eta}C_{dir} & 0 \end{array}\right]$$

$$\tilde{D}_{fr\eta h} = \sum_{i=1}^{n}\sum_{j=1}^{n} h_i h_j \tilde{D}_{fijr\eta}, \quad \tilde{D}_{fijr\eta} = -D_{fj\eta}D_{ir}$$

5.1.2 主要结论

定理 5.1 时滞模糊奇异跳变系统 (5.8) 是随机容许的并且满足 H_∞ 性能指标 κ, 如果对于所有的 $r_t = r \in \mathcal{S}$、$\eta_t = \eta \in \Omega$, 存在 $Q > 0$、$S > 0$、$\tilde{P}_r$ 和标量 μ, 使得以下矩阵不等式成立:

$$\tilde{E}^{\mathrm{T}}\tilde{P}_r = \tilde{P}_r^{\mathrm{T}}\tilde{E} \geqslant 0 \tag{5.9}$$

$$\mathrm{sym}(\tilde{P}_r^{\mathrm{T}}\tilde{A}_{r\eta h}) + \sum_{s=1}^{N}\pi_{rs}\tilde{E}^{\mathrm{T}}\tilde{P}_s - \tilde{E}^{\mathrm{T}}S\tilde{E} < 0 \tag{5.10}$$

$$\Pi_{r\eta h} = \left[\begin{array}{ccc} \Pi_{r\eta h1} & \Pi_{r\eta h2} & \Pi_{r\eta h3} \\ * & \Pi_{r\eta h4} & 0 \\ * & * & -\kappa^2 I \end{array}\right] + \left[\begin{array}{c} \bar{E}_{r\eta h}^{\mathrm{T}} \\ \bar{E}_{dr\eta h}^{\mathrm{T}} \\ \bar{D}_{fr\eta h}^{\mathrm{T}} \end{array}\right]\left[\begin{array}{c} \bar{E}_{r\eta h}^{\mathrm{T}} \\ \bar{E}_{dr\eta h}^{\mathrm{T}} \\ \bar{D}_{fr\eta h}^{\mathrm{T}} \end{array}\right]^{\mathrm{T}}$$

$$+ \left[\begin{array}{c} \sum_{\eta=1}^{\mathcal{M}}\lambda_{r\eta}\tilde{A}_{r\eta h}^{\mathrm{T}} \\ \sum_{\eta=1}^{\mathcal{M}}\lambda_{r\eta}\tilde{A}_{dr\eta h}^{\mathrm{T}} \\ \sum_{\eta=1}^{\mathcal{M}}\lambda_{r\eta}\tilde{B}_{r\eta h}^{\mathrm{T}} \end{array}\right]\tau^2 S\left[\begin{array}{c} \sum_{\eta=1}^{\mathcal{M}}\lambda_{r\eta}\tilde{A}_{r\eta h}^{\mathrm{T}} \\ \sum_{\eta=1}^{\mathcal{M}}\lambda_{r\eta}\tilde{A}_{dr\eta h}^{\mathrm{T}} \\ \sum_{\eta=1}^{\mathcal{M}}\lambda_{r\eta}\tilde{B}_{r\eta h}^{\mathrm{T}} \end{array}\right]^{\mathrm{T}} < 0 \tag{5.11}$$

其中

$$\Pi_{r\eta h1} = \mathrm{sym}\left(\sum_{\eta=1}^{\mathcal{M}}\lambda_{r\eta}\tilde{P}_r^{\mathrm{T}}\tilde{A}_{r\eta h}\right) + \sum_{s=1}^{N}\pi_{rs}\tilde{E}^{\mathrm{T}}\tilde{P}_s + Q - \tilde{E}^{\mathrm{T}}S\tilde{E}$$

$$\Pi_{r\eta h2} = \mathrm{sym}\left(\sum_{\eta=1}^{\mathcal{M}}\lambda_{r\eta}\tilde{P}_r^{\mathrm{T}}\tilde{A}_{dr\eta h}\right) + \tilde{E}^{\mathrm{T}}S\tilde{E}, \quad \Pi_{r\eta h3} = \mathrm{sym}\left(\sum_{\eta=1}^{\mathcal{M}}\lambda_{r\eta}\tilde{P}_r^{\mathrm{T}}\tilde{B}_{r\eta h}\right)$$

$$\Pi_{r\eta h4} = -\tilde{E}^{\mathrm{T}}S\tilde{E} + (\mu - 1)Q$$

$$\bar{E}_{r\eta h}^{\mathrm{T}} = \left[\begin{array}{cc} \sqrt{\lambda_{r1}} \left[\begin{array}{c} (E_{rh} - \hat{D}_{f1h}C_{rh})^{\mathrm{T}} \\ \hat{C}_{f1h}^{\mathrm{T}} \end{array}\right] & \sqrt{\lambda_{r2}} \left[\begin{array}{c} (E_{rh} - \hat{D}_{f2h}C_{rh})^{\mathrm{T}} \\ \hat{C}_{f2h}^{\mathrm{T}} \end{array}\right] \end{array}\right.$$

$$\left. \cdots \quad \sqrt{\lambda_{r\mathcal{M}}} \left[\begin{array}{c} (E_{rh} - \hat{D}_{f\mathcal{M}h}C_{rh})^{\mathrm{T}} \\ \hat{C}_{f\mathcal{M}h}^{\mathrm{T}} \end{array}\right] \right]$$

$$\bar{E}_{dr\eta h}^{\mathrm{T}} = \left[\begin{array}{cc} \sqrt{\lambda_{r1}} \left[\begin{array}{c} (E_{drh} - \hat{D}_{f1h}C_{drh})^{\mathrm{T}} \\ 0 \end{array}\right] & \sqrt{\lambda_{r2}} \left[\begin{array}{c} (E_{drh} - \hat{D}_{f2h}C_{drh})^{\mathrm{T}} \\ 0 \end{array}\right] \end{array}\right.$$

$$\left. \cdots \quad \sqrt{\lambda_{r\mathcal{M}}} \left[\begin{array}{c} (E_{drh} - \hat{D}_{f\mathcal{M}h}C_{drh})^{\mathrm{T}} \\ 0 \end{array}\right] \right]$$

$$\bar{D}_{fr\eta h}^{\mathrm{T}} = \left[\begin{array}{cccc} \sqrt{\lambda_{r1}}(\hat{D}_{f1h}D_{rh})^{\mathrm{T}} & \sqrt{\lambda_{r2}}(\hat{D}_{f2h}D_{rh})^{\mathrm{T}} & \cdots & \sqrt{\lambda_{r\mathcal{M}}}(\hat{D}_{f\mathcal{M}h}D_{rh})^{\mathrm{T}} \end{array}\right]$$

证明　根据奇异值分解技术, 存在非奇异矩阵 $\mathcal{W}$ 和 $\tilde{\mathcal{L}}$, 使得

$$\mathcal{W}\tilde{E}\tilde{\mathcal{L}} = \left[\begin{array}{cc} I & 0 \\ 0 & 0 \end{array}\right] \tag{5.12}$$

和

$$\mathcal{W}\tilde{A}_{r\eta h}\tilde{\mathcal{L}} = \left[\begin{array}{cc} \hat{A}_{r\eta h1} & \hat{A}_{r\eta h2} \\ \hat{A}_{r\eta h3} & \hat{A}_{r\eta h4} \end{array}\right] \tag{5.13}$$

令

$$\mathcal{W}^{-\mathrm{T}}\tilde{P}_r\tilde{\mathcal{L}} = \left[\begin{array}{cc} \hat{P}_{r1} & \hat{P}_{r2} \\ \hat{P}_{r3} & \hat{P}_{r4} \end{array}\right] \tag{5.14}$$

结合条件 (5.9), 得到 $\hat{P}_{r1} \geqslant 0$, 并且 $\hat{P}_{r2} = 0$. 对式 (5.10) 两边都分别左乘 $\tilde{\mathcal{L}}^{\mathrm{T}}$、右乘 $\tilde{\mathcal{L}}$, 有

$$\left[\begin{array}{cc} \star & \star \\ \star & \mathrm{sym}(\hat{A}_{r\eta h4}^{\mathrm{T}}\hat{P}_{r4}) \end{array}\right] < 0 \tag{5.15}$$

式 (5.15) 意味着 $|\hat{A}_{r\eta h4}^{\mathrm{T}}| \neq 0$. 因此, 根据文献 [17] 和定义 1.1, 时滞模糊奇异跳变系统 (5.8) 是正则、无脉冲的.

对于时滞模糊奇异跳变系统 (5.8), 构建如下 L-K 泛函:

$$V(\chi_t, r_t) = V_1(\chi_t, r_t) + V_2(\chi_t) + V_3(\chi_t) \tag{5.16}$$

其中

$$V_1(\chi_t, r_t) = \chi^{\mathrm{T}}(t)\tilde{E}^{\mathrm{T}}\tilde{P}(r_t)\chi(t)$$

$$V_2\left(\chi_t\right) = \int_{t-\tau(t)}^{t} \chi^{\mathrm{T}}\left(s\right) Q\chi\left(s\right)\mathrm{d}s$$

$$V_3\left(\chi_t\right) = \tau \int_{-\tau}^{0} \int_{t+\beta}^{t} \mathcal{E}\{\dot{\chi}^{\mathrm{T}}\left(\alpha\right) \tilde{E}^{\mathrm{T}}\}S\mathcal{E}\{\tilde{E}\dot{\chi}\left(\alpha\right)\}\mathrm{d}\alpha\mathrm{d}\beta$$

令 $\mathcal{L}V$ 为随机过程 $\{\chi_t,\ r_t\}$ 作用于 $V(\cdot)$ 上的弱无穷小算子. 根据引理 1.13, 并且结合条件 (5.6), 则有

$$\mathcal{E}\left\{\mathcal{L}V_1\left(\chi_t,\eta_t\right)|r_t=r\right\}$$

$$= \chi^{\mathrm{T}}\left(t\right) \left(\mathrm{sym}\left(\sum_{\eta=1}^{\mathcal{M}} \lambda_{r\eta} \tilde{P}_r^{\mathrm{T}} \tilde{A}_{r\eta h}\right) + \sum_{s=1}^{N} \pi_{rs}\tilde{E}^{\mathrm{T}}\tilde{P}_s\right) \chi\left(t\right)$$

$$+ 2\chi^{\mathrm{T}}\left(t\right) \left(\sum_{\eta=1}^{\mathcal{M}} \lambda_{r\eta} \tilde{P}_r^{\mathrm{T}} \tilde{A}_{dr\eta h}\right) \chi\left(t - \tau(t)\right)$$

$$+ 2\chi^{\mathrm{T}}\left(t\right) \left(\sum_{\eta=1}^{\mathcal{M}} \lambda_{r\eta} \tilde{P}_r^{\mathrm{T}} \tilde{B}_{r\eta h}\right) \omega\left(t\right) \tag{5.17}$$

$$\mathcal{L}V_2\left(\chi_t\right) \leqslant \chi^{\mathrm{T}}\left(t\right) Q\chi\left(t\right) + (\mu - 1)\chi^{\mathrm{T}}\left(t - \tau(t)\right) Q\chi\left(t - \tau(t)\right) \tag{5.18}$$

$$\mathcal{L}V_3\left(\chi_t,r_t=r\right) = \tau^2\mathcal{E}\{\dot{\chi}^{\mathrm{T}}\left(t\right) \tilde{E}^{\mathrm{T}}|r_t=r\}S\mathcal{E}\{\tilde{E}\dot{\chi}\left(t\right)|r_t=r\}$$

$$- \tau \int_{t-\tau}^{t} \mathcal{E}\{\dot{\chi}^{\mathrm{T}}\left(\alpha\right) \tilde{E}^{\mathrm{T}}|r_t=r\}S\mathcal{E}\{\tilde{E}\dot{\chi}\left(\alpha\right)|r_t=r\}\mathrm{d}\alpha \tag{5.19}$$

其中

$$\tau^2\mathcal{E}\{\dot{\chi}^{\mathrm{T}}\left(t\right) \tilde{E}^{\mathrm{T}}|r_t=r\}S\mathcal{E}\{\tilde{E}\dot{\chi}\left(t\right)|r_t=r\}$$

$$= \xi^{\mathrm{T}}(t) \begin{bmatrix} \displaystyle\sum_{\eta=1}^{\mathcal{M}} \lambda_{r\eta} \tilde{A}_{r\eta h}^{\mathrm{T}} \\ \displaystyle\sum_{\eta=1}^{\mathcal{M}} \lambda_{r\eta} \tilde{A}_{dr\eta h}^{\mathrm{T}} \\ \displaystyle\sum_{\eta=1}^{\mathcal{M}} \lambda_{r\eta} \tilde{B}_{r\eta h}^{\mathrm{T}} \end{bmatrix} \tau^2 S \begin{bmatrix} \displaystyle\sum_{\eta=1}^{\mathcal{M}} \lambda_{r\eta} \tilde{A}_{r\eta h}^{\mathrm{T}} \\ \displaystyle\sum_{\eta=1}^{\mathcal{M}} \lambda_{r\eta} \tilde{A}_{dr\eta h}^{\mathrm{T}} \\ \displaystyle\sum_{\eta=1}^{\mathcal{M}} \lambda_{r\eta} \tilde{B}_{r\eta h}^{\mathrm{T}} \end{bmatrix}^{\mathrm{T}} \xi(t) \tag{5.20}$$

$$\xi^{\mathrm{T}}(t) = \begin{bmatrix} \chi^{\mathrm{T}}\left(t\right) & \chi^{\mathrm{T}}\left(t - \tau(t)\right) & \omega^{\mathrm{T}}\left(t\right) \end{bmatrix}$$

由 $0 \leqslant \tau(t) \leqslant \tau$, 根据 Jensen 不等式, 可得

$$
-\tau \int_{t-\tau}^{t} \mathcal{E}\{\dot{\chi}^{\mathrm{T}}(\alpha)\tilde{E}^{\mathrm{T}}|r_t = r\}S\mathcal{E}\{\tilde{E}\dot{\chi}(\alpha)|r_t = r\}\mathrm{d}\alpha
$$

$$
\leqslant -\tau(t) \int_{t-\tau(t)}^{t} \mathcal{E}\{\dot{\chi}^{\mathrm{T}}(\alpha)\tilde{E}^{\mathrm{T}}|r_t = r\}S\mathcal{E}\{\tilde{E}\dot{\chi}(\alpha)|r_t = r\}\mathrm{d}\alpha
$$

$$
\leqslant -\left(\int_{t-\tau(t)}^{t} \mathcal{E}\{\tilde{E}\dot{\chi}(\alpha)|r_t = r\}\mathrm{d}\alpha\right)^{\mathrm{T}} S \left(\int_{t-\tau(t)}^{t} \mathcal{E}\{\tilde{E}\dot{\chi}(\alpha)|r_t = r\}\mathrm{d}\alpha\right)
$$

$$
\leqslant \begin{bmatrix} \chi^{\mathrm{T}}(t) & \chi^{\mathrm{T}}(t-\tau(t)) \end{bmatrix} \begin{bmatrix} -\tilde{E}^{\mathrm{T}}S\tilde{E} & \tilde{E}^{\mathrm{T}}S\tilde{E} \\ * & -\tilde{E}^{\mathrm{T}}S\tilde{E} \end{bmatrix} \begin{bmatrix} \chi(t) \\ \chi(t-\tau(t)) \end{bmatrix} \tag{5.21}
$$

结合式 $(5.17) \sim$ 式 (5.21), 当 $\omega(t) = 0$ 时, 有

$$
\mathcal{E}\{\mathcal{L}V(\chi_t, r_t = r)\} \leqslant \mathcal{E}\left\{ \begin{bmatrix} \chi^{\mathrm{T}}(t) & \chi^{\mathrm{T}}(t-\tau(t)) \end{bmatrix} \hat{\Pi}_{r\eta h} \begin{bmatrix} \chi(t) \\ \chi(t-\tau(t)) \end{bmatrix} \right\} \tag{5.22}
$$

其中

$$
\hat{\Pi}_{r\eta h} = \begin{bmatrix} \Pi_{r\eta h1} & \Pi_{r\eta h2} \\ * & \Pi_{r\eta h4} \end{bmatrix} + \begin{bmatrix} \sum_{\eta=1}^{\mathcal{M}} \lambda_{r\eta}\tilde{A}_{r\eta h}^{\mathrm{T}} \\ \sum_{\eta=1}^{\mathcal{M}} \lambda_{r\eta}\tilde{A}_{dr\eta h}^{\mathrm{T}} \end{bmatrix} \tau^2 S \begin{bmatrix} \sum_{\eta=1}^{\mathcal{M}} \lambda_{r\eta}\tilde{A}_{r\eta h}^{\mathrm{T}} \\ \sum_{\eta=1}^{\mathcal{M}} \lambda_{r\eta}\tilde{A}_{dr\eta h}^{\mathrm{T}} \end{bmatrix}^{\mathrm{T}} \tag{5.23}
$$

根据 Schur 补引理, 式 (5.11) 中的 $\Pi_{r\eta h} < 0$ 可以保证 $\hat{\Pi}_{r\eta h} < 0$, 然后应用 Dynkin 公式, 对于 $0 < t_1 < t$, 存在标量 $a > 0$, 使得

$$
\mathcal{E}\{V(\chi_t, r_{t_1})\} - \mathcal{E}\{V(\chi_0, r_0)\} \leqslant -a\mathcal{E}\left\{ \int_0^{t_1} \chi^{\mathrm{T}}(s)\chi(s)\mathrm{d}s \right\}
$$

$$
\mathcal{E}\{V(\chi_t, r_t)\} - \mathcal{E}\{V(\chi_t, r_{t_1})\} \leqslant -a\mathcal{E}\left\{ \int_{t_1}^{t} \chi^{\mathrm{T}}(s)\chi(s)\mathrm{d}s \right\}
$$

因此有

$$
\mathcal{E}\left\{ \int_0^{t} \chi^{\mathrm{T}}(s)\chi(s)\mathrm{d}s \right\} \leqslant a^{-1}\mathcal{E}\{V(\chi_0, r_0)\} \tag{5.24}
$$

根据定义 1.1, 时滞模糊奇异跳变系统 (5.8) 满足随机稳定性. 到目前为止, 已经证明了时滞模糊奇异跳变系统 (5.8) 是正则、无脉冲、随机稳定的, 这保证了时滞模糊奇异跳变系统 (5.8) 是随机容许的.

利用条件期望公式, 可得

$$\mathcal{E}\{e^{\mathrm{T}}(t)e(t)\,|r_t=r\}=\xi^{\mathrm{T}}(t)\begin{bmatrix}\bar{E}_{r\eta h}^{\mathrm{T}}\\\bar{E}_{dr\eta h}^{\mathrm{T}}\\\bar{D}_{fr\eta h}^{\mathrm{T}}\end{bmatrix}\begin{bmatrix}\bar{E}_{r\eta h}^{\mathrm{T}}\\\bar{E}_{dr\eta h}^{\mathrm{T}}\\\bar{D}_{fr\eta h}^{\mathrm{T}}\end{bmatrix}^{\mathrm{T}}\xi(t) \tag{5.25}$$

对于非零 $\omega(t)\in\mathcal{L}_2\,[0,\,\infty)$ 和零初始条件, 使用重期望公式, 可以得到

$$\begin{aligned}&\mathcal{E}\left\{\int_0^t (e^{\mathrm{T}}(\theta)e(\theta)-\kappa^2\omega^{\mathrm{T}}(\theta)\omega(\theta))\mathrm{d}\theta\right\}\\&\leqslant\mathcal{E}\left\{\int_0^t\mathcal{E}\left\{e^{\mathrm{T}}(\theta)e(\theta)-\kappa^2\omega^{\mathrm{T}}(\theta)\omega(\theta)\,|r_\theta=r\right\}\mathrm{d}\theta\right\}\\&\quad+\mathcal{E}\left\{\int_0^t\mathcal{E}\left\{\mathcal{LV}(\chi_\theta)\,|r_\theta=r\right\}\mathrm{d}\theta\right\}\\&=\mathcal{E}\left\{\int_0^t\xi^{\mathrm{T}}(\theta)\varPi_{r\eta h}\xi(\theta)\mathrm{d}\theta\right\}\end{aligned} \tag{5.26}$$

由于在式 (5.11) 中 $\varPi_{r\eta h}<0$, 则 $\mathcal{E}\left\{\int_0^t (e^{\mathrm{T}}(\theta)e(\theta)-\kappa^2\omega^{\mathrm{T}}(\theta)\omega(\theta))\mathrm{d}\theta\right\}<0$. 因此, 时滞模糊奇异跳变系统 (5.8) 满足 H_∞ 性能指标.

注 5.3　对于具有时变时滞的奇异系统, 由于 E 是奇异矩阵, 时滞导数 $\mu<1$ 的约束条件不容易消除. 现有的技术包括自由权矩阵法对 $\mu\geqslant1$ 的情况不再总是有效[4]. 例如, 当 $Q>0$ 且 E 是奇异矩阵时, 即使自由权矩阵 $N<0$, $(\mu-1)Q+NE<0$ 仍然需要 $\mu<1$, 因此, 如何取消奇异系统时滞导数 $\mu<1$ 的约束条件是一个非常棘手和具有挑战性的研究课题, 值得学者进行深入研究.

定理 5.2　时滞模糊奇异跳变系统 (5.8) 是随机容许的并且满足 H_∞ 性能指标 $\kappa=\sqrt{\gamma}$, 如果对于所有 $r_t=r\in\mathcal{S}$, $\eta_t=\eta\in\varOmega$, 存在 $P_{r1}>0$、$Q_{11}>0$、$S_{11}>0$、P_{r2}、P_{r3}、Q_{12}、Q_{22}、S_{12}、S_{22}、$\mathcal{Y}$、$\mathcal{Y}_{r1}$、$\mathcal{Y}_{r2}$、$\mathcal{Y}_{r3}$、$\mathcal{Y}_{r4}$、$\mathcal{U}_{r1}$、$\mathcal{U}_{r2}$、$\mathcal{U}_{r3}$、$\mathcal{U}_{r4}$、$\hat{A}_{fj\eta}$、$\hat{B}_{fj\eta}$、$\hat{C}_{fj\eta}$、$\hat{D}_{fj\eta}$ 和标量 $\gamma>0$, 使得以下线性矩阵不等式成立:

$$\begin{bmatrix}P_{r1}&P_{r2}\\ *&P_{r3}\end{bmatrix}>0 \tag{5.27}$$

$$\begin{bmatrix}Q_{11}&Q_{12}\\ *&Q_{22}\end{bmatrix}>0 \tag{5.28}$$

$$\begin{bmatrix}S_{11}&S_{12}\\ *&S_{22}\end{bmatrix}>0 \tag{5.29}$$

$$\hat{\Xi}_{iir\eta} = \begin{bmatrix} \hat{\Xi}_{iir\eta 11} & \hat{\Xi}_{iir\eta 12} & \hat{\Xi}_{iir\eta 13} & \hat{\Xi}_{iir\eta 14} \\ * & \hat{\Xi}_{iir\eta 22} & \hat{\Xi}_{iir\eta 23} & \hat{\Xi}_{iir\eta 24} \\ * & * & -\mathcal{Y}_{r3} - \mathcal{Y}_{r3}^{\mathrm{T}} & -\mathcal{Y}_{r4}^{\mathrm{T}} - \mathcal{Y} \\ * & * & * & -\mathcal{Y}^{\mathrm{T}} - \mathcal{Y} \end{bmatrix} < 0 \qquad (5.30)$$

$$\check{\Xi}_{ijr\eta} = \begin{bmatrix} \check{\Xi}_{ijr\eta 11} & \check{\Xi}_{ijr\eta 12} & \check{\Xi}_{ijr\eta 13} & \check{\Xi}_{ijr\eta 14} \\ * & \check{\Xi}_{ijr\eta 22} & \check{\Xi}_{ijr\eta 23} & \check{\Xi}_{ijr\eta 24} \\ * & * & -2(\mathcal{Y}_{r3} + \mathcal{Y}_{r3}^{\mathrm{T}}) & -2(\mathcal{Y}_{r4}^{\mathrm{T}} + \mathcal{Y}) \\ * & * & * & -2(\mathcal{Y}^{\mathrm{T}} + \mathcal{Y}) \end{bmatrix} < 0 \qquad (5.31)$$

$$\hat{\Phi}_{iir\eta} = \begin{bmatrix} \hat{\Phi}_{iir\eta 1} & \hat{\Phi}_{iir\eta 2} \\ * & \hat{\Phi}_{iir\eta 3} \end{bmatrix} < 0 \qquad (5.32)$$

$$\check{\Phi}_{ijr\eta} = \begin{bmatrix} \check{\Phi}_{ijr\eta 1} & \check{\Phi}_{ijr\eta 2} \\ * & \check{\Phi}_{ijr\eta 3} \end{bmatrix} < 0 \qquad (5.33)$$

其中

$$\hat{\Xi}_{iir\eta 11} = \mathrm{sym}(\mathcal{Y}_{r1}A_{ir} + \hat{B}_{fi\eta}C_{ir}) - E^{\mathrm{T}}S_{11}E + \sum_{s=1}^{N} \pi_{rs}E^{\mathrm{T}}P_{s1}E$$

$$\hat{\Xi}_{iir\eta 12} = \hat{A}_{fi\eta} + (\mathcal{Y}_{r2}A_{ir} + \hat{B}_{fi\eta}C_{ir})^{\mathrm{T}} - E^{\mathrm{T}}S_{12}E_f + \sum_{s=1}^{N} \pi_{rs}E^{\mathrm{T}}P_{s2}E_f$$

$$\hat{\Xi}_{iir\eta 22} = \mathrm{sym}(\hat{A}_{fi\eta}) - E_f^{\mathrm{T}}S_{22}E_f + \sum_{s=1}^{N} \pi_{rs}E_f^{\mathrm{T}}P_{s3}E_f$$

$$\hat{\Xi}_{iir\eta 13} = E^{\mathrm{T}}P_{r1}^{\mathrm{T}} + \mathcal{U}_{r1}\mathcal{R}_1^{\mathrm{T}} - \mathcal{Y}_{r1} + A_{ir}^{\mathrm{T}}\mathcal{Y}_{r3}^{\mathrm{T}} + C_{ir}^{\mathrm{T}}\hat{B}_{fi\eta}^{\mathrm{T}}$$

$$\hat{\Xi}_{iir\eta 23} = E_f^{\mathrm{T}}P_{r2} + \mathcal{U}_{r3}\mathcal{R}_1^{\mathrm{T}} - \mathcal{Y}_{r2} + A_{fi\eta}^{\mathrm{T}}$$

$$\hat{\Xi}_{iir\eta 14} = E^{\mathrm{T}}P_{r2}^{\mathrm{T}} + \mathcal{U}_{r2}\mathcal{R}_2^{\mathrm{T}} - \mathcal{Y} + A_{ir}^{\mathrm{T}}\mathcal{Y}_{r4}^{\mathrm{T}} + C_{ir}^{\mathrm{T}}\hat{B}_{fi\eta}^{\mathrm{T}}$$

$$\hat{\Xi}_{iir\eta 24} = E_f^{\mathrm{T}}P_{r3} + \mathcal{U}_{r4}\mathcal{R}_2^{\mathrm{T}} - \mathcal{Y} + A_{fi\eta}^{\mathrm{T}}$$

$$\check{\Xi}_{ijr\eta 11} = \mathrm{sym}(\mathcal{Y}_{r1}A_{ir} + \mathcal{Y}_{r1}A_{jr} + \hat{B}_{fj\eta}C_{ir} + \hat{B}_{fi\eta}C_{jr})$$

$$\qquad - 2E^{\mathrm{T}}S_{11}E + 2\sum_{s=1}^{N} \pi_{rs}E^{\mathrm{T}}P_{s1}E$$

$$\breve{\Xi}_{ijr\eta12} = \hat{A}_{fi\eta} + \hat{A}_{fj\eta} + (\mathcal{Y}_{r2}A_{ir} + \hat{B}_{fj\eta}C_{ir} + \mathcal{Y}_{r2}A_{jr}$$

$$+ \hat{B}_{fi\eta}C_{jr})^{\mathrm{T}} - 2E^{\mathrm{T}}S_{12}E_f + 2\sum_{s=1}^{N}\pi_{rs}E^{\mathrm{T}}P_{s2}E_f$$

$$\breve{\Xi}_{ijr\eta22} = \mathrm{sym}(\hat{A}_{fi\eta} + \hat{A}_{fj\eta}) - 2E_f^{\mathrm{T}}S_{22}E_f + 2\sum_{s=1}^{N}\pi_{rs}E_f^{\mathrm{T}}P_{s3}E_f$$

$$\breve{\Xi}_{ijr\eta13} = 2E^{\mathrm{T}}P_{r1}^{\mathrm{T}} + 2\mathcal{U}_{r1}\mathcal{R}_1^{\mathrm{T}} - 2\mathcal{Y}_{r1} + A_{ir}^{\mathrm{T}}\mathcal{Y}_{r3}^{\mathrm{T}} + A_{jr}^{\mathrm{T}}\mathcal{Y}_{r3}^{\mathrm{T}} + C_{ir}^{\mathrm{T}}\hat{B}_{fj\eta}^{\mathrm{T}} + C_{jr}^{\mathrm{T}}\hat{B}_{fi\eta}^{\mathrm{T}}$$

$$\breve{\Xi}_{ijr\eta23} = 2E_f^{\mathrm{T}}P_{r2} + 2\mathcal{U}_{r3}\mathcal{R}_1^{\mathrm{T}} - 2\mathcal{Y}_{r2} + A_{fi\eta}^{\mathrm{T}} + A_{fj\eta}^{\mathrm{T}}$$

$$\breve{\Xi}_{ijr\eta14} = 2E^{\mathrm{T}}P_{r2}^{\mathrm{T}} + 2\mathcal{U}_{r2}\mathcal{R}_2^{\mathrm{T}} - 2\mathcal{Y} + A_{ir}^{\mathrm{T}}\mathcal{Y}_{r4}^{\mathrm{T}} + A_{jr}^{\mathrm{T}}\mathcal{Y}_{r4}^{\mathrm{T}} + C_{ir}^{\mathrm{T}}\hat{B}_{fj\eta}^{\mathrm{T}} + C_{jr}^{\mathrm{T}}\hat{B}_{fi\eta}^{\mathrm{T}}$$

$$\breve{\Xi}_{ijr\eta24} = 2E_f^{\mathrm{T}}P_{r3} + 2\mathcal{U}_{r4}\mathcal{R}_2^{\mathrm{T}} - 2\mathcal{Y} + A_{fi\eta}^{\mathrm{T}} + A_{fj\eta}^{\mathrm{T}}$$

$$\hat{\Phi}_{iir\eta1} = \begin{bmatrix} \hat{\Phi}_{iir\eta11} & \hat{\Phi}_{iir\eta12} & \hat{\Phi}_{iir\eta13} & \hat{\Phi}_{iir\eta14} \\ * & \hat{\Phi}_{iir\eta22} & \hat{\Phi}_{iir\eta23} & \hat{\Phi}_{iir\eta24} \\ * & * & \hat{\Phi}_{iir\eta33} & \hat{\Phi}_{iir\eta34} \\ * & * & * & \hat{\Phi}_{iir\eta44} \end{bmatrix}$$

$$\hat{\Phi}_{iir\eta2} = \begin{bmatrix} \hat{\Phi}_{iir\eta15} & \hat{\Phi}_{iir\eta16} & \hat{\Phi}_{iir\eta17} & \hat{\Phi}_{iir\eta18} \\ \hat{\Phi}_{iir\eta25} & \hat{\Phi}_{iir\eta26} & \hat{\Phi}_{iir\eta27} & \hat{\Phi}_{iir\eta28} \\ \hat{\Phi}_{iir\eta35} & 0 & \hat{\Phi}_{iir\eta37} & 0 \\ \hat{\Phi}_{iir\eta45} & 0 & \hat{\Phi}_{iir\eta47} & 0 \end{bmatrix}$$

$$\hat{\Phi}_{iir\eta3} = \begin{bmatrix} \hat{\Phi}_{iir\eta55} & \hat{\Phi}_{iir\eta56} & 0 & \hat{\Phi}_{iir\eta58} \\ * & \hat{\Phi}_{iir\eta66} & 0 & 0 \\ * & * & -\gamma I & \hat{\Phi}_{iir\eta78} \\ * & * & * & -I \end{bmatrix}$$

$$\breve{\Phi}_{ijr\eta1} = \begin{bmatrix} \breve{\Phi}_{ijr\eta11} & \breve{\Phi}_{ijr\eta12} & \breve{\Phi}_{ijr\eta13} & \breve{\Phi}_{ijr\eta14} \\ * & \breve{\Phi}_{ijr\eta22} & \breve{\Phi}_{ijr\eta23} & \breve{\Phi}_{ijr\eta24} \\ * & * & \breve{\Phi}_{ijr\eta33} & \breve{\Phi}_{ijr\eta34} \\ * & * & * & \breve{\Phi}_{ijr\eta44} \end{bmatrix}$$

$$\breve{\Phi}_{ijr\eta2} = \begin{bmatrix} \breve{\Phi}_{ijr\eta15} & \breve{\Phi}_{ijr\eta16} & \breve{\Phi}_{ijr\eta17} & \breve{\Phi}_{ijr\eta18} \\ \breve{\Phi}_{ijr\eta25} & \breve{\Phi}_{ijr\eta26} & \breve{\Phi}_{ijr\eta27} & \breve{\Phi}_{ijr\eta28} \\ \breve{\Phi}_{ijr\eta35} & 0 & \breve{\Phi}_{ijr\eta37} & 0 \\ \breve{\Phi}_{ijr\eta45} & 0 & \breve{\Phi}_{ijr\eta47} & 0 \end{bmatrix}$$

$$\check{\Phi}_{ijr\eta3} = \begin{bmatrix} \check{\Phi}_{ijr\eta55} & \check{\Phi}_{ijr\eta56} & 0 & \check{\Phi}_{ijr\eta58} \\ * & \check{\Phi}_{ijr\eta66} & 0 & 0 \\ * & * & -2\gamma I & \check{\Phi}_{ijr\eta78} \\ * & * & * & -2I \end{bmatrix}$$

$$\hat{\Phi}_{iir\eta11} = \mathrm{sym}\left(\mathcal{Y}_{r1}A_{ir} + \sum_{\eta=1}^{\mathcal{M}}\lambda_{r\eta}\hat{B}_{fi\eta}C_{ir}\right) - E^{\mathrm{T}}S_{11}E + \sum_{s=1}^{N}\pi_{rs}E^{\mathrm{T}}P_{s1}E + Q_{11}$$

$$\hat{\Phi}_{iir\eta12} = \sum_{\eta=1}^{\mathcal{M}}\lambda_{r\eta}\hat{A}_{fi\eta} + \left(\mathcal{Y}_{r2}A_{ir} + \sum_{\eta=1}^{\mathcal{M}}\lambda_{r\eta}\hat{B}_{fi\eta}C_{ir}\right)^{\mathrm{T}}$$
$$- E^{\mathrm{T}}S_{12}E_f + \sum_{s=1}^{N}\pi_{rs}E^{\mathrm{T}}P_{s2}E_f + Q_{12}$$

$$\hat{\Phi}_{iir\eta22} = \mathrm{sym}\left(\sum_{\eta=1}^{\mathcal{M}}\lambda_{r\eta}\hat{A}_{fi\eta}\right) - E_f^{\mathrm{T}}S_{22}E_f + \sum_{s=1}^{N}\pi_{rs}E_f^{\mathrm{T}}P_{s3}E_f + Q_{22}$$

$$\hat{\Phi}_{iir\eta13} = E^{\mathrm{T}}P_{r1}^{\mathrm{T}} + \mathcal{U}_{r1}\mathcal{R}_1^{\mathrm{T}} - \mathcal{Y}_{r1} + A_{ir}^{\mathrm{T}}\mathcal{Y}_{r3}^{\mathrm{T}} + \sum_{\eta=1}^{\mathcal{M}}\lambda_{r\eta}C_{ir}^{\mathrm{T}}\hat{B}_{fi\eta}^{\mathrm{T}}$$

$$\hat{\Phi}_{iir\eta23} = E_f^{\mathrm{T}}P_{r2} + \mathcal{U}_{r3}\mathcal{R}_1^{\mathrm{T}} - \mathcal{Y}_{r2} + \sum_{\eta=1}^{\mathcal{M}}\lambda_{r\eta}\hat{A}_{fi\eta}^{\mathrm{T}}$$

$$\hat{\Phi}_{iir\eta14} = E^{\mathrm{T}}P_{r2}^{\mathrm{T}} + \mathcal{U}_{r2}\mathcal{R}_2^{\mathrm{T}} - \mathcal{Y} + A_{ir}^{\mathrm{T}}\mathcal{Y}_{r4}^{\mathrm{T}} + \sum_{\eta=1}^{\mathcal{M}}\lambda_{r\eta}C_{ir}^{\mathrm{T}}\hat{B}_{fi\eta}^{\mathrm{T}}$$

$$\hat{\Phi}_{iir\eta24} = E_f^{\mathrm{T}}P_{r3} + \mathcal{U}_{r4}\mathcal{R}_2^{\mathrm{T}} - \mathcal{Y} + \sum_{\eta=1}^{\mathcal{M}}\lambda_{r\eta}\hat{A}_{fi\eta}^{\mathrm{T}}$$

$$\hat{\Phi}_{iir\eta33} = -\mathcal{Y}_{r3} - \mathcal{Y}_{r3}^{\mathrm{T}} + \tau^2 S_{11}, \quad \hat{\Phi}_{iir\eta34} = -\mathcal{Y}_{r4}^{\mathrm{T}} - \mathcal{Y} + \tau^2 S_{12}$$

$$\hat{\Phi}_{iir\eta44} = -\mathcal{Y}^{\mathrm{T}} - \mathcal{Y} + \tau^2 S_{22}, \quad \hat{\Phi}_{iir\eta66} = -E_f^{\mathrm{T}}S_{22}E_f + (\mu-1)Q_{22}$$

$$\hat{\Phi}_{iir\eta15} = \mathcal{Y}_{r1}A_{dir} + \sum_{\eta=1}^{\mathcal{M}}\lambda_{r\eta}\hat{B}_{fi\eta}C_{dir} + E^{\mathrm{T}}S_{11}E$$

$$\hat{\Phi}_{iir\eta25} = \mathcal{Y}_{r2}A_{dir} + \sum_{\eta=1}^{\mathcal{M}}\lambda_{r\eta}\hat{B}_{fi\eta}C_{dir} + E_f^{\mathrm{T}}S_{12}^{\mathrm{T}}E$$

$$\hat{\Phi}_{iir\eta16} = E^{\mathrm{T}}S_{12}E_f, \quad \hat{\Phi}_{iir\eta26} = E_f^{\mathrm{T}}S_{22}E_f$$

$$\hat{\varPhi}_{iir\eta 35} = \mathcal{Y}_{r3} A_{dir} + \sum_{\eta=1}^{\mathcal{M}} \lambda_{r\eta} \hat{B}_{fi\eta} C_{dir}, \quad \hat{\varPhi}_{iir\eta 45} = \mathcal{Y}_{r4} A_{dir} + \sum_{\eta=1}^{\mathcal{M}} \lambda_{r\eta} \hat{B}_{fi\eta} C_{dir}$$

$$\hat{\varPhi}_{iir\eta 55} = -E^{\mathrm{T}} S_{11} E + (\mu - 1) Q_{11}, \quad \hat{\varPhi}_{iir\eta 56} = -E^{\mathrm{T}} S_{12} E_f + (\mu - 1) Q_{12}$$

$$\hat{\varPhi}_{iir\eta 17} = \mathcal{Y}_{r1} B_{ir} + \sum_{\eta=1}^{\mathcal{M}} \lambda_{r\eta} \hat{B}_{fi\eta} D_{ir}, \quad \hat{\varPhi}_{iir\eta 27} = \mathcal{Y}_{r2} B_{ir} + \sum_{\eta=1}^{\mathcal{M}} \lambda_{r\eta} \hat{B}_{fi\eta} D_{ir}$$

$$\hat{\varPhi}_{iir\eta 37} = \mathcal{Y}_{r3} B_{ir} + \sum_{\eta=1}^{\mathcal{M}} \lambda_{r\eta} \hat{B}_{fi\eta} D_{ir}, \quad \hat{\varPhi}_{iir\eta 47} = \mathcal{Y}_{r4} B_{ir} + \sum_{\eta=1}^{\mathcal{M}} \lambda_{r\eta} \hat{B}_{fi\eta} D_{ir}$$

$$\check{\varPhi}_{ijr\eta 11} = \mathrm{sym}\left(\mathcal{Y}_{r1} A_{ir} + \mathcal{Y}_{r1} A_{jr} + \sum_{\eta=1}^{\mathcal{M}} \lambda_{r\eta} \hat{B}_{fj\eta} C_{ir} + \sum_{\eta=1}^{\mathcal{M}} \lambda_{r\eta} \hat{B}_{fi\eta} C_{jr} \right) - 2 E^{\mathrm{T}} S_{11} E$$

$$+ 2 \sum_{s=1}^{N} \pi_{rs} E^{\mathrm{T}} P_{s1} E + 2 Q_{11}$$

$$\check{\varPhi}_{ijr\eta 12} = \sum_{\eta=1}^{\mathcal{M}} \lambda_{r\eta} \hat{A}_{fi\eta} + \sum_{\eta=1}^{\mathcal{M}} \lambda_{r\eta} \hat{A}_{fj\eta} + \left(\mathcal{Y}_{r2} A_{ir} + \mathcal{Y}_{r2} A_{jr} + \sum_{\eta=1}^{\mathcal{M}} \lambda_{r\eta} \hat{B}_{fj\eta} C_{ir} \right.$$

$$\left. + \sum_{\eta=1}^{\mathcal{M}} \lambda_{r\eta} \hat{B}_{fi\eta} C_{jr} \right)^{\mathrm{T}} - 2 E^{\mathrm{T}} S_{12} E_f + 2 \sum_{s=1}^{N} \pi_{rs} E^{\mathrm{T}} P_{s2} E_f + 2 Q_{12}$$

$$\check{\varPhi}_{ijr\eta 22} = \mathrm{sym}\left(\sum_{\eta=1}^{\mathcal{M}} \lambda_{r\eta} \hat{A}_{fi\eta} + \sum_{\eta=1}^{\mathcal{M}} \lambda_{r\eta} \hat{A}_{fj\eta} \right) - 2 E_f^{\mathrm{T}} S_{22} E_f + 2 \sum_{s=1}^{N} \pi_{rs} E_f^{\mathrm{T}} P_{s3} E_f + 2 Q_{22}$$

$$\check{\varPhi}_{ijr\eta 13} = 2 E^{\mathrm{T}} P_{r1}^{\mathrm{T}} + 2 \mathcal{U}_{r1} \mathcal{R}_1^{\mathrm{T}} - 2 \mathcal{Y}_{r1} + A_{ir}^{\mathrm{T}} \mathcal{Y}_{r3}^{\mathrm{T}} + A_{jr}^{\mathrm{T}} \mathcal{Y}_{r3}^{\mathrm{T}}$$

$$+ \sum_{\eta=1}^{\mathcal{M}} \lambda_{r\eta} C_{ir}^{\mathrm{T}} \hat{B}_{fj\eta}^{\mathrm{T}} + \sum_{\eta=1}^{\mathcal{M}} \lambda_{r\eta} C_{jr}^{\mathrm{T}} \hat{B}_{fi\eta}^{\mathrm{T}}$$

$$\check{\varPhi}_{ijr\eta 23} = 2 E_f^{\mathrm{T}} P_{r2} + 2 \mathcal{U}_{r3} \mathcal{R}_1^{\mathrm{T}} - 2 \mathcal{Y}_{r2} + \sum_{\eta=1}^{\mathcal{M}} \lambda_{r\eta} \hat{A}_{fj\eta}^{\mathrm{T}} + \sum_{\eta=1}^{\mathcal{M}} \lambda_{r\eta} \hat{A}_{fi\eta}^{\mathrm{T}}$$

$$\check{\varPhi}_{ijr\eta 14} = 2 E^{\mathrm{T}} P_{r2}^{\mathrm{T}} + 2 \mathcal{U}_{r2} \mathcal{R}_2^{\mathrm{T}} - 2 \mathcal{Y} + A_{ir}^{\mathrm{T}} \mathcal{Y}_{r4}^{\mathrm{T}} + A_{jr}^{\mathrm{T}} \mathcal{Y}_{r4}^{\mathrm{T}}$$

$$+ \sum_{\eta=1}^{\mathcal{M}} \lambda_{r\eta} C_{ir}^{\mathrm{T}} \hat{B}_{fj\eta}^{\mathrm{T}} + \sum_{\eta=1}^{\mathcal{M}} \lambda_{r\eta} C_{jr}^{\mathrm{T}} \hat{B}_{fi\eta}^{\mathrm{T}}$$

$$\check{\varPhi}_{ijr\eta 24} = 2 E_f^{\mathrm{T}} P_{r3} + 2 \mathcal{U}_{r4} \mathcal{R}_2^{\mathrm{T}} - 2 \mathcal{Y} + \sum_{\eta=1}^{\mathcal{M}} \lambda_{r\eta} \hat{A}_{fi\eta}^{\mathrm{T}} + \sum_{\eta=1}^{\mathcal{M}} \lambda_{r\eta} \hat{A}_{fj\eta}^{\mathrm{T}}$$

$$\check{\Phi}_{ijr\eta33} = -2\mathcal{Y}_{r3} - 2\mathcal{Y}_{r3}^{\mathrm{T}} + 2\tau^2 S_{11}, \quad \check{\Phi}_{ijr\eta34} = -2\mathcal{Y}_{r4}^{\mathrm{T}} - 2\mathcal{Y} + 2\tau^2 S_{12}$$

$$\check{\Phi}_{ijr\eta44} = -2\mathcal{Y}^{\mathrm{T}} - 2\mathcal{Y} + 2\tau^2 S_{22}$$

$$\check{\Phi}_{ijr\eta15} = \mathcal{Y}_{r1}A_{dir} + \mathcal{Y}_{r1}A_{djr} + \sum_{\eta=1}^{\mathcal{M}} \lambda_{r\eta}\hat{B}_{fj\eta}C_{dir} + \sum_{\eta=1}^{\mathcal{M}} \lambda_{r\eta}\hat{B}_{fi\eta}C_{djr} + 2E^{\mathrm{T}}S_{11}E$$

$$\check{\Phi}_{ijr\eta25} = \mathcal{Y}_{r2}A_{dir} + \mathcal{Y}_{r2}A_{djr} + \sum_{\eta=1}^{\mathcal{M}} \lambda_{r\eta}\hat{B}_{fj\eta}C_{dir} + \sum_{\eta=1}^{\mathcal{M}} \lambda_{r\eta}\hat{B}_{fi\eta}C_{djr} + 2E_f^{\mathrm{T}}S_{12}^{\mathrm{T}}E$$

$$\check{\Phi}_{ijr\eta16} = 2E^{\mathrm{T}}S_{12}E_f, \quad \check{\Phi}_{ijr\eta26} = 2E_f^{\mathrm{T}}S_{22}E_f$$

$$\check{\Phi}_{ijr\eta35} = \mathcal{Y}_{r3}A_{dir} + \mathcal{Y}_{r3}A_{djr} + \sum_{\eta=1}^{\mathcal{M}} \lambda_{r\eta}\hat{B}_{fj\eta}C_{dir} + \sum_{\eta=1}^{\mathcal{M}} \lambda_{r\eta}\hat{B}_{fi\eta}C_{djr}$$

$$\check{\Phi}_{ijr\eta55} = -2E^{\mathrm{T}}S_{11}E + 2(\mu-1)Q_{11}$$

$$\check{\Phi}_{ijr\eta56} = -2E^{\mathrm{T}}S_{12}E_f + 2(\mu-1)Q_{12}$$

$$\check{\Phi}_{ijr\eta66} = -2E_f^{\mathrm{T}}S_{22}E_f + 2(\mu-1)Q_{22}$$

$$\check{\Phi}_{ijr\eta17} = \mathcal{Y}_{r1}B_{ir} + \mathcal{Y}_{r1}B_{jr} + \sum_{\eta=1}^{\mathcal{M}} \lambda_{r\eta}\hat{B}_{fj\eta}D_{ir} + \sum_{\eta=1}^{\mathcal{M}} \lambda_{r\eta}\hat{B}_{fi\eta}D_{jr}$$

$$\check{\Phi}_{ijr\eta27} = \mathcal{Y}_{r2}B_{ir} + \mathcal{Y}_{r2}B_{jr} + \sum_{\eta=1}^{\mathcal{M}} \lambda_{r\eta}\hat{B}_{fj\eta}D_{ir} + \sum_{\eta=1}^{\mathcal{M}} \lambda_{r\eta}\hat{B}_{fi\eta}D_{jr}$$

$$\check{\Phi}_{ijr\eta37} = \mathcal{Y}_{r3}B_{ir} + \mathcal{Y}_{r3}B_{jr} + \sum_{\eta=1}^{\mathcal{M}} \lambda_{r\eta}\hat{B}_{fj\eta}D_{ir} + \sum_{\eta=1}^{\mathcal{M}} \lambda_{r\eta}\hat{B}_{fi\eta}D_{jr}$$

$$\check{\Phi}_{ijr\eta47} = \mathcal{Y}_{r4}B_{ir} + \mathcal{Y}_{r4}B_{jr} + \sum_{\eta=1}^{\mathcal{M}} \lambda_{r\eta}\hat{B}_{fj\eta}D_{ir} + \sum_{\eta=1}^{\mathcal{M}} \lambda_{r\eta}\hat{B}_{fi\eta}D_{jr}$$

$$\hat{\Phi}_{iir\eta18} = \left[\begin{array}{ccc} \sqrt{\lambda_{r1}}(E_{ir} - \hat{D}_{fi1}C_{ir})^{\mathrm{T}} & \sqrt{\lambda_{r2}}(E_{ir} - \hat{D}_{fi2}C_{ir})^{\mathrm{T}} \end{array}\right.$$
$$\left.\begin{array}{cc} \cdots & \sqrt{\lambda_{r\mathcal{M}}}(E_{ir} - \hat{D}_{fi\mathcal{M}}C_{ir})^{\mathrm{T}} \end{array}\right]$$

$$\hat{\Phi}_{iir\eta28} = \left[\begin{array}{cccc} \sqrt{\lambda_{r1}}\hat{C}_{fi1}^{\mathrm{T}} & \sqrt{\lambda_{r2}}\hat{C}_{fi2}^{\mathrm{T}} & \cdots & \sqrt{\lambda_{r\mathcal{M}}}\hat{C}_{fi\mathcal{M}}^{\mathrm{T}} \end{array}\right]$$

$$\hat{\Phi}_{iir\eta58} = \left[\begin{array}{ccc} \sqrt{\lambda_{r1}}(E_{dir} - \hat{D}_{fi1}C_{dir})^{\mathrm{T}} & \sqrt{\lambda_{r2}}(E_{dir} - \hat{D}_{fi2}C_{dir})^{\mathrm{T}} \end{array}\right.$$
$$\left.\begin{array}{cc} \cdots & \sqrt{\lambda_{r\mathcal{M}}}(E_{dir} - \hat{D}_{fi\mathcal{M}}C_{dir})^{\mathrm{T}} \end{array}\right]$$

$$\hat{\Phi}_{iir\eta78} = \left[\begin{array}{cccc} \sqrt{\lambda_{r1}}(\hat{D}_{fi1}D_{ir})^{\mathrm{T}} & \sqrt{\lambda_{r2}}(\hat{D}_{fi2}D_{ir})^{\mathrm{T}} & \cdots & \sqrt{\lambda_{r\mathcal{M}}}(\hat{D}_{fi\mathcal{M}}D_{ir})^{\mathrm{T}} \end{array} \right]$$

$$\check{\Phi}_{ijr\eta18} = \left[\begin{array}{cc} \sqrt{\lambda_{r1}}(E_{ir} - \hat{D}_{fj1}C_{ir})^{\mathrm{T}} & \sqrt{\lambda_{r2}}(E_{ir} - \hat{D}_{fj2}C_{ir})^{\mathrm{T}} \end{array} \right.$$
$$\left. \begin{array}{cc} \cdots & \sqrt{\lambda_{r\mathcal{M}}}(E_{ir} - \hat{D}_{fj\mathcal{M}}C_{ir})^{\mathrm{T}} \end{array} \right]$$
$$+ \left[\begin{array}{cc} \sqrt{\lambda_{r1}}(E_{jr} - \hat{D}_{fi1}C_{jr})^{\mathrm{T}} & \sqrt{\lambda_{r2}}(E_{jr} - \hat{D}_{fi2}C_{jr})^{\mathrm{T}} \end{array} \right.$$
$$\left. \begin{array}{cc} \cdots & \sqrt{\lambda_{r\mathcal{M}}}(E_{jr} - \hat{D}_{fi\mathcal{M}}C_{jr})^{\mathrm{T}} \end{array} \right]$$

$$\check{\Phi}_{ijr\eta28} = \left[\begin{array}{cccc} \sqrt{\lambda_{r1}}\hat{C}_{fj1}^{\mathrm{T}} & \sqrt{\lambda_{r2}}\hat{C}_{fj2}^{\mathrm{T}} & \cdots & \sqrt{\lambda_{r\mathcal{M}}}\hat{C}_{fj\mathcal{M}}^{\mathrm{T}} \end{array} \right]$$
$$+ \left[\begin{array}{cccc} \sqrt{\lambda_{r1}}\hat{C}_{fi1}^{\mathrm{T}} & \sqrt{\lambda_{r2}}\hat{C}_{fi2}^{\mathrm{T}} & \cdots & \sqrt{\lambda_{r\mathcal{M}}}\hat{C}_{fi\mathcal{M}}^{\mathrm{T}} \end{array} \right]$$

$$\check{\Phi}_{ijr\eta58} = \left[\begin{array}{cc} \sqrt{\lambda_{r1}}(E_{dir} - \hat{D}_{fj1}C_{dir})^{\mathrm{T}} & \sqrt{\lambda_{r2}}(E_{dir} - \hat{D}_{fj2}C_{dir})^{\mathrm{T}} \end{array} \right.$$
$$\left. \begin{array}{cc} \cdots & \sqrt{\lambda_{r\mathcal{M}}}(E_{dir} - \hat{D}_{fj\mathcal{M}}C_{dir})^{\mathrm{T}} \end{array} \right]$$
$$+ \left[\begin{array}{cc} \sqrt{\lambda_{r1}}(E_{djr} - \hat{D}_{fi1}C_{djr})^{\mathrm{T}} & \sqrt{\lambda_{r2}}(E_{djr} - \hat{D}_{fi2}C_{djr})^{\mathrm{T}} \end{array} \right.$$
$$\left. \begin{array}{cc} \cdots & \sqrt{\lambda_{r\mathcal{M}}}(E_{djr} - \hat{D}_{fi\mathcal{M}}C_{djr})^{\mathrm{T}} \end{array} \right]$$

$$\check{\Phi}_{ijr\eta78} = \left[\begin{array}{cccc} \sqrt{\lambda_{r1}}(\hat{D}_{fj1}D_{ir})^{\mathrm{T}} & \sqrt{\lambda_{r2}}(\hat{D}_{fj2}D_{ir})^{\mathrm{T}} & \cdots & \sqrt{\lambda_{r\mathcal{M}}}(\hat{D}_{fj\mathcal{M}}D_{ir})^{\mathrm{T}} \end{array} \right]$$
$$+ \left[\begin{array}{cccc} \sqrt{\lambda_{r1}}(\hat{D}_{fi1}D_{jr})^{\mathrm{T}} & \sqrt{\lambda_{r2}}(\hat{D}_{fi2}D_{jr})^{\mathrm{T}} & \cdots & \sqrt{\lambda_{r\mathcal{M}}}(\hat{D}_{fi\mathcal{M}}D_{jr})^{\mathrm{T}} \end{array} \right]$$

$E^{\mathrm{T}}\mathcal{R}_1 = 0$, $E_f^{\mathrm{T}}\mathcal{R}_2 = 0$, 并且 $\mathcal{R}_1 \in \mathbb{R}^{n \times (n-r)}$、$\mathcal{R}_2 \in \mathbb{R}^{n_f \times (n_f - r_f)}$ 是列满秩矩阵.

此时, 异步滤波器 (5.5) 的参数可写为如下形式:

$$\left[\begin{array}{cc} A_{fj\eta} & B_{fj\eta} \\ C_{fj\eta} & D_{fj\eta} \end{array} \right] = \left[\begin{array}{cc} \mathcal{Y}^{-1} & 0 \\ 0 & I \end{array} \right] \left[\begin{array}{cc} \hat{A}_{fj\eta} & \hat{B}_{fj\eta} \\ \hat{C}_{fj\eta} & \hat{D}_{fj\eta} \end{array} \right] \tag{5.34}$$

证明　对于每一个 $r_t = r \in \mathcal{S}$, $\eta_t = \eta \in \Omega$, 令定理 5.1 中 $\tilde{P}_r = P_r \tilde{E} + RU_r^{\mathrm{T}}$ 且 $P_r > 0$, $\tilde{E}^{\mathrm{T}}R = 0$, 则式 (5.9) 成立, 且式 (5.10) 可写为

$$\Upsilon_{r\eta h} = \mathrm{sym}(\tilde{E}^{\mathrm{T}}P_r^{\mathrm{T}}\tilde{A}_{r\eta h} + U_r R^{\mathrm{T}}\tilde{A}_{r\eta h}) + \sum_{s=1}^{N} \pi_{rs}\tilde{E}^{\mathrm{T}}P_s\tilde{E} - \tilde{E}^{\mathrm{T}}S\tilde{E} < 0 \tag{5.35}$$

令 $\Xi_{r\eta h} = \left[\begin{array}{cc} \Xi_{r\eta h11} & \Xi_{r\eta h12} \\ * & \Xi_{r\eta h22} \end{array} \right] < 0$, $\Lambda_{r\eta h} = \left[\begin{array}{cc} I & \tilde{A}_{r\eta h} \end{array} \right]$, 其中

$$\Xi_{r\eta h11} = \mathrm{sym}(W_r^{\mathrm{T}}\tilde{A}_{r\eta h}) + \sum_{s=1}^{N} \pi_{rs}\tilde{E}^{\mathrm{T}}P_s\tilde{E} - \tilde{E}^{\mathrm{T}}S\tilde{E}$$

$$\Xi_{r\eta h12} = \tilde{E}^{\mathrm{T}}P_r^{\mathrm{T}} + U_r R^{\mathrm{T}} - W_r^{\mathrm{T}} + \tilde{A}_{r\eta h}^{\mathrm{T}} N_r, \quad \Xi_{r\eta h22} = -N_r - N_r^{\mathrm{T}}$$

对 $\Xi_{r\eta h}$ 分别左乘 $\Lambda_{r\eta h}$、右乘 $\Lambda_{r\eta h}^{\mathrm{T}}$, 能够发现 $\Xi_{r\eta h} < 0$, 可确保 $\Upsilon_{r\eta h} < 0$.

注意到

$$\Xi_{r\eta h} = \sum_{i=1}^{n}\sum_{j=1}^{n} h_i h_j \Xi_{ijr\eta} = \sum_{i=1}^{n} h_i^2 \Xi_{iir\eta} + \sum_{i=1}^{n-1}\sum_{j=i+1}^{n} h_i h_j (\Xi_{ijr\eta} + \Xi_{jir\eta}) \quad (5.36)$$

其中

$$\Xi_{ijr\eta} = \begin{bmatrix} \Xi_{ijr\eta11} & \Xi_{ijr\eta12} \\ * & \Xi_{ijr\eta22} \end{bmatrix} < 0$$

并且

$$\Xi_{ijr\eta11} = \mathrm{sym}(W_r^{\mathrm{T}} \tilde{A}_{ijr\eta}) + \sum_{s=1}^{N} \pi_{rs} \tilde{E}^{\mathrm{T}} P_s \tilde{E} - \tilde{E}^{\mathrm{T}} S \tilde{E}$$

$$\Xi_{ijr\eta12} = \tilde{E}^{\mathrm{T}}P_r^{\mathrm{T}} + U_r R^{\mathrm{T}} - W_r^{\mathrm{T}} + \tilde{A}_{ijr\eta}^{\mathrm{T}} N_r, \quad \Xi_{ijr\eta22} = -N_r - N_r^{\mathrm{T}}$$

因此, $\Xi_{iir\eta} < 0$ 和 $\Xi_{ijr\eta} + \Xi_{jir\eta} < 0 (i < j)$ 能够保证 $\Upsilon_{r\eta h} < 0$.

令

$$W_r^{\mathrm{T}} = \begin{bmatrix} \mathcal{Y}_{r1} & \mathcal{Y} \\ \mathcal{Y}_{r2} & \mathcal{Y} \end{bmatrix}, \quad N_r^{\mathrm{T}} = \begin{bmatrix} \mathcal{Y}_{r3} & \mathcal{Y} \\ \mathcal{Y}_{r4} & \mathcal{Y} \end{bmatrix}, \quad U_r = \begin{bmatrix} \mathcal{U}_{r1} & \mathcal{U}_{r2} \\ \mathcal{U}_{r3} & \mathcal{U}_{r4} \end{bmatrix}$$

$$R = \begin{bmatrix} \mathcal{R}_1 & 0 \\ 0 & \mathcal{R}_2 \end{bmatrix}, \quad P_r = \begin{bmatrix} P_{r1} & P_{r2} \\ * & P_{r3} \end{bmatrix} > 0, \quad S = \begin{bmatrix} S_{11} & S_{12} \\ * & S_{22} \end{bmatrix} > 0$$

且 $E^{\mathrm{T}}\mathcal{R}_1 = 0$, $E_f^{\mathrm{T}}\mathcal{R}_2 = 0$, 式 (5.30) 和式 (5.31) 能够保证定理 5.1中的式 (5.10) 成立.

令

$$\Phi_{r\eta h} = \begin{bmatrix} \Phi_{r\eta h11} & \Phi_{r\eta h12} & \Phi_{r\eta h13} & \Phi_{r\eta h14} & \bar{E}_{r\eta h}^{\mathrm{T}} \\ * & \Phi_{r\eta h22} & \Phi_{r\eta h23} & \Phi_{r\eta h24} & 0 \\ * & * & \Phi_{r\eta h33} & 0 & \bar{E}_{dr\eta h}^{\mathrm{T}} \\ * & * & * & -\gamma I & \bar{D}_{fr\eta h}^{\mathrm{T}} \\ * & * & * & * & -I \end{bmatrix} < 0$$

$$
\Gamma_{r\eta h} = \begin{bmatrix} I & \sum\limits_{\eta=1}^{\mathcal{M}} \lambda_{r\eta} \tilde{A}_{r\eta h}^{\mathrm{T}} & 0 & 0 & 0 \\[4mm] 0 & \sum\limits_{\eta=1}^{\mathcal{M}} \lambda_{r\eta} \tilde{A}_{dr\eta h}^{\mathrm{T}} & I & 0 & 0 \\[4mm] 0 & \sum\limits_{\eta=1}^{\mathcal{M}} \lambda_{r\eta} \tilde{B}_{r\eta h}^{\mathrm{T}} & 0 & I & 0 \\[4mm] 0 & 0 & & 0 & I \end{bmatrix}
$$

$$
\Phi_{r\eta h11} = \mathrm{sym}\left(\sum_{\eta=1}^{\mathcal{M}} \lambda_{r\eta} W_r^{\mathrm{T}} \tilde{A}_{r\eta h} \right) + \sum_{s=1}^{N} \pi_{rs} \tilde{E}^{\mathrm{T}} P_s \tilde{E} + Q - \tilde{E}^{\mathrm{T}} S \tilde{E}
$$

$$
\Phi_{r\eta h12} = \tilde{E}^{\mathrm{T}} P_r^{\mathrm{T}} + U_r R^{\mathrm{T}} - W_r^{\mathrm{T}} + \sum_{\eta=1}^{\mathcal{M}} \lambda_{r\eta} \tilde{A}_{r\eta h}^{\mathrm{T}} N_r
$$

$$
\Phi_{r\eta h22} = -N_r - N_r^{\mathrm{T}} + \tau^2 S, \quad \Phi_{r\eta h13} = \sum_{\eta=1}^{\mathcal{M}} \lambda_{r\eta} W_r^{\mathrm{T}} \tilde{A}_{dr\eta h} + \tilde{E}^{\mathrm{T}} S \tilde{E}
$$

$$
\Phi_{r\eta h23} = \sum_{\eta=1}^{\mathcal{M}} \lambda_{r\eta} N_r^{\mathrm{T}} \tilde{A}_{dr\eta h}, \quad \Phi_{r\eta h33} = (\mu - 1)Q - \tilde{E}^{\mathrm{T}} S \tilde{E}
$$

$$
\Phi_{r\eta h14} = \sum_{\eta=1}^{\mathcal{M}} \lambda_{r\eta} W_r^{\mathrm{T}} \tilde{B}_{r\eta h}, \quad \Phi_{r\eta h24} = \sum_{\eta=1}^{\mathcal{M}} \lambda_{r\eta} N_r^{\mathrm{T}} \tilde{B}_{r\eta h}
$$

对 $\Phi_{r\eta h}$ 分别左乘 $\Gamma_{r\eta h}$、右乘 $\Gamma_{r\eta h}^{\mathrm{T}}$, 得到 $\Gamma_{r\eta h} \Phi_{r\eta h} \Gamma_{r\eta h}^{\mathrm{T}} < 0$, 这保证了定理 5.1 中的 $\Pi_{r\eta h} < 0$, 即式 (5.11) 成立.

注意到

$$
\Phi_{r\eta h} = \sum_{i=1}^{n} \sum_{j=1}^{n} h_i h_j \Phi_{ijr\eta} = \sum_{i=1}^{n} h_i^2 \Phi_{iir\eta} + \sum_{i=1}^{n-1} \sum_{j=i+1}^{n} h_i h_j (\Phi_{ijr\eta} + \Phi_{jir\eta})
$$

$$
\Phi_{ijr\eta} = \begin{bmatrix} \Phi_{ijr\eta11} & \Phi_{ijr\eta12} & \Phi_{ijr\eta13} & \Phi_{ijr\eta14} & \bar{E}_{ijr\eta}^{\mathrm{T}} \\ * & \Phi_{ijr\eta22} & \Phi_{ijr\eta23} & \Phi_{ijr\eta24} & 0 \\ * & * & \Phi_{ijr\eta33} & 0 & \bar{E}_{dijr\eta}^{\mathrm{T}} \\ * & * & * & -\gamma I & \bar{D}_{fijr\eta}^{\mathrm{T}} \\ * & * & * & * & -I \end{bmatrix} < 0 \tag{5.37}
$$

且

$$\Phi_{ijr\eta11} = \mathrm{sym}\left(\sum_{\eta=1}^{\mathcal{M}} \lambda_{r\eta} W_r^{\mathrm{T}} \tilde{A}_{ijr\eta}\right) + \sum_{s=1}^{N} \pi_{rs} \tilde{E}^{\mathrm{T}} P_s \tilde{E} + Q - \tilde{E}^{\mathrm{T}} S \tilde{E}$$

$$\Phi_{ijr\eta12} = \tilde{E}^{\mathrm{T}} P_r^{\mathrm{T}} + U_r R^{\mathrm{T}} - W_r^{\mathrm{T}} + \sum_{\eta=1}^{\mathcal{M}} \lambda_{r\eta} \tilde{A}_{ijr\eta}^{\mathrm{T}} N_r$$

$$\Phi_{ijr\eta22} = -N_r - N_r^{\mathrm{T}} + \tau^2 S, \quad \Phi_{ijr\eta13} = \sum_{\eta=1}^{\mathcal{M}} \lambda_{r\eta} W_r^{\mathrm{T}} \tilde{A}_{dijr\eta} + \tilde{E}^{\mathrm{T}} S \tilde{E}$$

$$\Phi_{ijr\eta23} = \sum_{\eta=1}^{\mathcal{M}} \lambda_{r\eta} N_r^{\mathrm{T}} \tilde{A}_{dijr\eta}, \quad \Phi_{ijr\eta33} = (\mu - 1)Q - \tilde{E}^{\mathrm{T}} S \tilde{E}$$

$$\Phi_{ijr\eta14} = \sum_{\eta=1}^{\mathcal{M}} \lambda_{r\eta} W_r^{\mathrm{T}} \tilde{B}_{ijr\eta}, \quad \Phi_{ijr\eta24} = \sum_{\eta=1}^{\mathcal{M}} \lambda_{r\eta} N_r^{\mathrm{T}} \tilde{B}_{ijr\eta}$$

$$\bar{E}_{ijr\eta}^{\mathrm{T}} = \left[\begin{array}{cc} \sqrt{\lambda_{r1}} \left[\begin{array}{c} (E_{ir} - \hat{D}_{fj1} C_{ir})^{\mathrm{T}} \\ \hat{C}_{fj1}^{\mathrm{T}} \end{array} \right] & \sqrt{\lambda_{r2}} \left[\begin{array}{c} (E_{ir} - \hat{D}_{fj2} C_{ir})^{\mathrm{T}} \\ \hat{C}_{fj2}^{\mathrm{T}} \end{array} \right] \end{array} \right.$$

$$\left. \cdots \quad \sqrt{\lambda_{r\mathcal{M}}} \left[\begin{array}{c} (E_{ir} - \hat{D}_{fj\mathcal{M}} C_{ir})^{\mathrm{T}} \\ \hat{C}_{fj\mathcal{M}}^{\mathrm{T}} \end{array} \right] \right]$$

$$\bar{E}_{dijr\eta}^{\mathrm{T}} = \left[\begin{array}{cc} \sqrt{\lambda_{r1}} \left[\begin{array}{c} (E_{dir} - \hat{D}_{fj1} C_{dir})^{\mathrm{T}} \\ 0 \end{array} \right] & \sqrt{\lambda_{r2}} \left[\begin{array}{c} (E_{dir} - \hat{D}_{fj2} C_{dir})^{\mathrm{T}} \\ 0 \end{array} \right] \end{array} \right.$$

$$\left. \cdots \quad \sqrt{\lambda_{r\mathcal{M}}} \left[\begin{array}{c} (E_{dir} - \hat{D}_{fj\mathcal{M}} C_{dir})^{\mathrm{T}} \\ 0 \end{array} \right] \right]$$

$$\bar{D}_{fijr\eta}^{\mathrm{T}} = \left[\begin{array}{cccc} \sqrt{\lambda_{r1}} (\hat{D}_{fj1} D_{ir})^{\mathrm{T}} & \sqrt{\lambda_{r2}} (\hat{D}_{fj2} D_{ir})^{\mathrm{T}} & \cdots & \sqrt{\lambda_{r\mathcal{M}}} (\hat{D}_{fj\mathcal{M}} D_{ir})^{\mathrm{T}} \end{array} \right]$$

因此, $\Phi_{iir\eta} < 0$ 和 $\Phi_{ijr\eta} + \Phi_{jir\eta} < 0 (i < j)$ 保证了 $\Pi_{r\eta h} < 0$ 和式 (5.32), 式 (5.33) 保证了 $\Phi_{iir\eta} < 0$ 和 $\Phi_{ijr\eta} + \Phi_{jir\eta} < 0, i < j$. 应用定理 5.1, 对于所有 $r_t = r \in \mathcal{S}$, $\eta_t = \eta \in \Omega$, 时滞模糊奇异跳变系统 (5.8) 是随机容许的且满足 H_∞ 性能指标 $\kappa = \sqrt{\gamma}$. 此时, 所期望的异步滤波器 (5.5) 的参数由式 (5.34) 给出.   □

5.1.3 仿真算例

例 5.1 考虑如下单连杆机械臂[20]:

$$\ddot{\xi}(t) = -\frac{M(r_t)gL}{J(r_t)} \sin(\xi(t)) - \frac{D(r_t)}{J(r_t)} \dot{\xi}(t) + \frac{1}{J(r_t)} u(t) \tag{5.38}$$

其中, $\xi(t)$ 为单连杆机械臂的角度; $u(t)$ 为控制输入; $M(r_t)$、$J(r_t)$、$D(r_t)$ 分别为质量、惯性、阻尼; $g = 9.81\mathrm{m/s}^2$、$L = 1/2\mathrm{m}$ 分别为重力加速度和臂长.

根据文献 [20], 隶属度函数为

$$
\begin{cases}
h_1(\sin(\xi(t))) = \begin{cases} \dfrac{\sin(\xi(t)) - \beta\xi(t)}{\xi(t)(1-\beta)}, & \xi(t) \neq 0 \\ 1, & \xi(t) = 0 \end{cases} \\[4mm]
h_2(\sin(\xi(t))) = \begin{cases} \dfrac{-\sin(\xi(t)) + \xi(t)}{\xi(t)(1-\beta)}, & \xi(t) \neq 0 \\ 0, & \xi(t) = 0 \end{cases}
\end{cases}
\tag{5.39}
$$

$\beta = \dfrac{1}{100\pi}$. 令 $x_1(t) = \xi(t)$, $x_2(t) = \dot{\xi}(t)$, 考虑外部干扰 $\omega(t) = 0.25\sin(t)\mathrm{e}^{-0.05t}$ 和约束条件 $x_1(t) - 5x_3(t) = 0$, 得到以下两种模态的 T-S 模糊单连杆机械臂.

规则 1: 若 $\xi(t)$ 是 0rad, 则

$$
\begin{cases}
E\dot{x}(t) = A_{1r}x(t) + A_{d1r}x(t - \tau(t)) + B_{1r}\omega(t) \\
y(t) = C_{1r}x(t) + C_{d1r}x(t - \tau(t)) + D_{1r}\omega(t) \\
z(t) = E_{1r}x(t) + E_{d1r}x(t - \tau(t))
\end{cases}
\tag{5.40}
$$

规则 2: 若 $\xi(t)$ 是 π(rad) 或 $-\pi$(rad), 则

$$
\begin{cases}
E\dot{x}(t) = A_{2r}x(t) + A_{d2r}x(t - \tau(t)) + B_{2r}\omega(t) \\
y(t) = C_{2r}x(t) + C_{d2r}x(t - \tau(t)) + D_{2r}\omega(t) \\
z(t) = E_{2r}x(t) + E_{d2r}x(t - \tau(t))
\end{cases}
\tag{5.41}
$$

其中, $r \in \{1, 2\}$ 且有

$$
A_{11} = \begin{bmatrix} 0 & 1 & 0 \\ \dfrac{-M_1gL - 6.8071}{J_1} & \dfrac{-D_1 - 15.4703}{J_1} & 0 \\ 1 & 0 & -5 \end{bmatrix} = \begin{bmatrix} 0 & 1 & 0 \\ -6.2664 & -3.4941 & 0 \\ 1 & 0 & -5 \end{bmatrix}
$$

$$
A_{12} = \begin{bmatrix} 0 & 1 & 0 \\ \dfrac{-M_2gL - 6.8074}{J_2} & \dfrac{-D_2 - 15.4703}{J_2} & 0 \\ 1 & 0 & -5 \end{bmatrix} = \begin{bmatrix} 0 & 1 & 0 \\ -5.5857 & -1.7470 & 0 \\ 1 & 0 & -5 \end{bmatrix}
$$

$$A_{21} = \begin{bmatrix} 0 & 1 & 0 \\ \dfrac{-\beta M_1 gL - 16.5421}{J_1} & \dfrac{-D_1 - 15.1580}{J_1} & 0 \\ 1 & 0 & -5 \end{bmatrix} = \begin{bmatrix} 0 & 1 & 0 \\ -8.2134 & -3.4316 & 0 \\ 1 & 0 & -5 \end{bmatrix}$$

$$A_{22} = \begin{bmatrix} 0 & 1 & 0 \\ \dfrac{-\beta M_2 gL - 16.5421}{J_2} & \dfrac{-D_2 - 15.1580}{J_2} & 0 \\ 1 & 0 & -5 \end{bmatrix} = \begin{bmatrix} 0 & 1 & 0 \\ -6.5592 & -1.7158 & 0 \\ 1 & 0 & -5 \end{bmatrix}$$

$$A_{d11} = \begin{bmatrix} 0.02 & 0.03 & -0.03 \\ 0.01 & 0.02 & 0.03 \\ 0.01 & 0.02 & 0.04 \end{bmatrix}, \quad A_{d12} = \begin{bmatrix} 0.02 & 0.01 & -0.01 \\ 0.02 & 0.03 & 0.02 \\ 0.03 & 0.02 & 0.03 \end{bmatrix}$$

$$A_{d21} = \begin{bmatrix} 0.01 & 0.01 & -0.03 \\ 0.02 & 0.01 & 0.02 \\ -0.02 & 0.03 & 0.03 \end{bmatrix}, \quad A_{d22} = \begin{bmatrix} 0.01 & 0.03 & -0.02 \\ 0.01 & -0.02 & 0.03 \\ -0.03 & 0.02 & 0.1 \end{bmatrix}$$

$$B_{11} = \begin{bmatrix} 2.4 \\ 3.4 \\ 5.1 \end{bmatrix}, \quad B_{12} = \begin{bmatrix} 2.2 \\ 3.5 \\ 5.2 \end{bmatrix}, \quad B_{21} = \begin{bmatrix} 2.4 \\ 3.4 \\ 4.8 \end{bmatrix}, \quad B_{22} = \begin{bmatrix} 2.5 \\ 3.1 \\ 5.1 \end{bmatrix}$$

$$C_{11} = \begin{bmatrix} 3.1 & 5.9 & 4.8 \end{bmatrix}, \quad C_{12} = \begin{bmatrix} 3.3 & 5.8 & 5.3 \end{bmatrix}$$

$$C_{21} = \begin{bmatrix} 3.1 & 5.6 & 4.8 \end{bmatrix}, \quad C_{22} = \begin{bmatrix} 3.2 & 6.1 & 5.3 \end{bmatrix}$$

$$C_{d11} = \begin{bmatrix} 0.31 & 0.58 & 0.53 \end{bmatrix}, \quad C_{d12} = \begin{bmatrix} 0.31 & 0.56 & 0.52 \end{bmatrix}$$

$$C_{d21} = \begin{bmatrix} 0.28 & 0.46 & 0.47 \end{bmatrix}, \quad C_{d22} = \begin{bmatrix} 0.27 & 0.57 & 0.43 \end{bmatrix}$$

$$D_{11} = 1.4, \quad D_{12} = 1.5, \quad D_{21} = 1.6, \quad D_{22} = 1.7$$

$$E_{11} = \begin{bmatrix} 3.0 & 6.1 & 4.6 \end{bmatrix}, \quad E_{12} = \begin{bmatrix} 3.1 & 5.5 & 4.7 \end{bmatrix}$$

$$E_{21} = \begin{bmatrix} 3.3 & 5.8 & 4.6 \end{bmatrix}, \quad E_{22} = \begin{bmatrix} 3.2 & 5.7 & 4.4 \end{bmatrix}$$

$$E_{d11} = \begin{bmatrix} 0.29 & 0.57 & 0.47 \end{bmatrix}, \quad E_{d12} = \begin{bmatrix} 0.31 & 0.59 & 0.48 \end{bmatrix}$$

$$E_{d21} = \begin{bmatrix} 0.32 & 0.55 & 0.46 \end{bmatrix}, \quad E_{d22} = \begin{bmatrix} 0.24 & 0.57 & 0.47 \end{bmatrix}$$

$$E = \begin{bmatrix} 1 & 0 & 0 \\ 0 & 1 & 0 \\ 0 & 0 & 0 \end{bmatrix}, \quad E_f = \begin{bmatrix} 1 & 0 & 0 \\ 0 & 1 & 0 \\ 0 & 0 & 0 \end{bmatrix}, \quad R_1 = \begin{bmatrix} 0 \\ 0 \\ 3 \end{bmatrix}$$

$$\Pi = \begin{bmatrix} -2.9 & 2.9 \\ 1.5 & -1.5 \end{bmatrix}, \quad \Lambda = \begin{bmatrix} 0.2 & 0.8 \\ 0.9 & 0.1 \end{bmatrix}, \quad R_2 = \begin{bmatrix} 0 \\ 0 \\ 4 \end{bmatrix}$$

令 $\mu = 0.8, \tau = 3.5$, 解定理 5.2 中线性矩阵不等式 $(5.27) \sim (5.33)$, 得 H_∞ 性能指标 $\kappa = 1.8317$, 所期望的异步滤波器参数为

$$A_{f11} = \begin{bmatrix} -2.0135 & -1.9956 & -6.2066 \\ -13.8690 & -8.1181 & 3.4886 \\ -4.8368 & -5.9742 & -13.5930 \end{bmatrix}$$

$$B_{f11} = \begin{bmatrix} -0.6826 & -0.4684 & -1.1362 \end{bmatrix}^{\mathrm{T}}$$

$$C_{f11} = \begin{bmatrix} 0.2224 & 0.0754 & 0.2644 \end{bmatrix}, \quad D_{f11} = 0.9512$$

$$A_{f12} = \begin{bmatrix} -1.7745 & -2.1571 & -7.5603 \\ -7.0175 & -5.4216 & 10.8258 \\ -3.0257 & -5.5426 & -15.0522 \end{bmatrix}$$

$$B_{f12} = \begin{bmatrix} -0.8665 & -0.5970 & -1.6954 \end{bmatrix}^{\mathrm{T}}$$

$$C_{f12} = \begin{bmatrix} 0.2915 & 0.1623 & 0.2070 \end{bmatrix}, \quad D_{f12} = 0.9990$$

$$A_{f21} = \begin{bmatrix} 0.4078 & -1.4809 & -7.6076 \\ -21.0883 & -9.2903 & 10.6180 \\ -1.2369 & -5.1883 & -16.0984 \end{bmatrix}$$

$$B_{f21} = \begin{bmatrix} -0.3973 & -0.9031 & -0.6743 \end{bmatrix}^{\mathrm{T}}$$

$$C_{f21} = \begin{bmatrix} 0.5152 & 0.2766 & 0.2489 \end{bmatrix}, \quad D_{f21} = 0.9072$$

$$A_{f22} = \begin{bmatrix} 0.7448 & -1.0122 & -7.2076 \\ -16.5144 & -10.0579 & 10.8109 \\ 1.4928 & -3.5497 & -14.3014 \end{bmatrix}$$

$$B_{f22} = \begin{bmatrix} -0.7597 & -0.7734 & -1.4658 \end{bmatrix}^{\mathrm{T}}$$

$$C_{f22} = \begin{bmatrix} 0.3596 & 0.0234 & 0.2065 \end{bmatrix}, \quad D_{f22} = 1.0590$$

令 $\omega(t) = 0.35\sin(t)\mathrm{e}^{-0.8t}$, $x_{t_0} = [\begin{array}{ccc} 1.6 & -1.5 & 0.3 \end{array}]^{\mathrm{T}}$, 初始模态 $r_0 = 2$ 且 $r(t) = i \in \{1,\, 2\}$. 图 5.1 和图 5.2 在 $\mu = 0.8$、$\tau = 3.5$ 的情况下分别描述了 T-S 模糊单连杆机械臂 (5.1) 的状态轨迹和异步滤波器 (5.5) 的状态轨迹. 图 5.3 描述了误差 $e(t) = z(t) - \hat{z}(t)$ 的轨迹. 对于不同的条件概率矩阵 Λ, 同步滤波和异步滤波的 H_∞ 性能指标 κ 如表 5.1 所示.

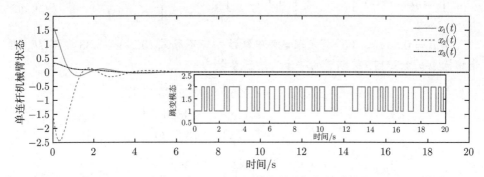

图 5.1　$\mu = 0.8$、$\tau = 3.5$ 时 T-S 模糊单连杆机械臂的状态轨迹

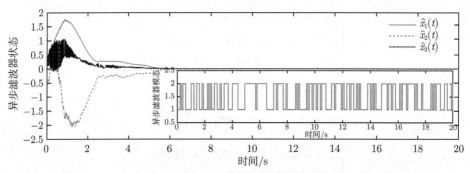

图 5.2　$\mu = 0.8$、$\tau = 3.5$ 时单连杆机械臂异步滤波器的状态轨迹

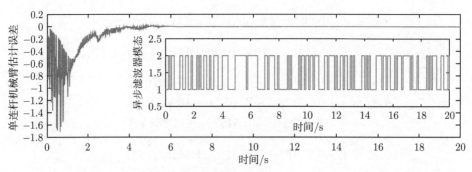

图 5.3　单连杆机械臂估计误差 $e(t) = z(t) - \hat{z}(t)$ 的轨迹

表 5.1　不同 Λ 对应的不同 H_∞ 性能指标 κ

参数	情况 1	情况 2	情况 3	情况 4
Λ	$\begin{bmatrix} 1 & 0 \\ 0 & 1 \end{bmatrix}$	$\begin{bmatrix} 1 & 0 \\ 0.1 & 0.9 \end{bmatrix}$	$\begin{bmatrix} 0.7 & 0.3 \\ 0 & 1 \end{bmatrix}$	$\begin{bmatrix} 0.2 & 0.8 \\ 0.9 & 0.1 \end{bmatrix}$
κ	1.7992	1.8116	1.8211	1.8317

5.2　时变时滞不确定奇异跳变系统鲁棒 H_∞ 反卷积滤波

本节研究一类具有时变时滞和不确定参数的奇异跳变系统 H_∞ 反卷积滤波器的设计, 从而实现对未知输入的估计问题. 通过构造体现马尔可夫跳变模态信息和时变时滞信息的更全面的随机 L-K 泛函, 给出新颖的滤波误差系统 H_∞ 随机容许性条件. 在严格线性矩阵不等式框架下得到所期望的滤波器增益. 利用仿真算例验证所提方法的正确性和有效性.

本节的贡献和创新点归纳如下:

(1) 构建了体现马尔可夫跳变模态信息和时变时滞信息的比较综合的随机 L-K 泛函, 从而给出了新颖的时滞奇异跳变滤波误差系统 H_∞ 随机容许性条件;

(2) 设计了鲁棒 H_∞ 反卷积滤波器来估计未知输入信号, 通过矩阵变换和凸优化技术, 在严格线性矩阵不等式框架下得到了所期望的奇异跳变滤波器的增益;

(3) 本节的设计思想和方法可拓展到转移率有界或部分未知情况下的时滞奇异跳变系统模态相关/模态无关奇异/正则滤波器设计.

5.2.1　问题描述

给定概率空间 $(\Omega, \mathfrak{F}, \mathcal{P})$, 考虑具有时变时滞和范数有界不确定参数的时滞奇异跳变系统:

$$\begin{cases} E\dot{x}(t) = (A(r_t) + \Delta A(r_t))x(t) + (A_d(r_t) + \Delta A_d(r_t))x(t - \tau(t)) \\ \qquad + B(r_t)u(t) + E(r_t)\omega(t) \\ y(t) = (C(r_t) + \Delta C(r_t))x(t) + (C_d(r_t) + \Delta C_d(r_t))x(t - \tau(t)) \\ \qquad + D(r_t)u(t) + F(r_t)\omega(t) \\ x(t) = \phi(t), \quad \forall\, t \in [-\tau,\, 0] \end{cases} \tag{5.42}$$

其中, $x(t) \in \mathbb{R}^n$ 为状态向量; $y(t) \in \mathbb{R}^m$ 为量测输出; $u(t) \in \mathbb{R}^q$ 为未知输入; $\omega(t) \in \mathbb{R}^p$ 为干扰; $u(t)$ 和 $\omega(t)$ 属于 $\mathcal{L}_2[0, \infty)$; $\phi(t)$ 为一个定义在区间 $[-\tau,\, 0]$ 上的向量值连续初始函数; $E \in \mathbb{R}^{n \times n}$ 为奇异矩阵, 并且 $\mathrm{rank}(E) = r < n$.

$\{r_t\}$ 是一个右连续的马尔可夫过程, 在有限集 $\mathcal{S} = \{1, 2, \cdots, N\}$ 中取值, $\Pi = [\pi_{ij}]$ 是转移率矩阵且满足文献 [1] 和 [2] 中的条件. 马尔可夫过程 $\{r_t\}$ 的具体性质详见 2.1 节.

$\tau(t)$ 是时变时滞的且满足:

$$0 < \tau(t) \leqslant \tau < \infty, \quad \dot{\tau}(t) \leqslant \mu \tag{5.43}$$

其中, $\tau > 0$ 和 $\mu > 0$ 是常标量.

简洁起见, 当 $r_t = i \in \mathcal{S}$ 时, 将 $A(r_t)$ 记为 A_i, $\Delta A_d(r_t)$ 记为 ΔA_{di} 等. 系统参数 A_i、A_{di}、C_i、C_{di}、B_i、D_i、E_i、F_i 是具有适当维数的常数矩阵, 并且 ΔA_i、ΔA_{di}、ΔC_i、ΔC_{di} 为未知矩阵, 表示系统参数不确定, 且有

$$\begin{bmatrix} \Delta A_i & \Delta A_{di} \\ \Delta C_i & \Delta C_{di} \end{bmatrix} = \begin{bmatrix} M_{1i} \\ M_{2i} \end{bmatrix} W_i(r) \begin{bmatrix} N_{1i} & N_{2i} \end{bmatrix} \tag{5.44}$$

其中, M_{1i}、M_{2i}、N_{1i}、N_{2i} 为具有适当维数的已知常数矩阵; $W_i(r)$ 为未知矩阵且满足

$$W_i(r)^{\mathrm{T}} W_i(r) \leqslant I, \quad \forall\, i \in \mathcal{S} \tag{5.45}$$

其中, $r \in \Theta$, Θ 为 $\mathbb{R}$ 中的紧集.

不确定参数 ΔA_i、ΔA_{di}、ΔC_{di}、ΔC_i 是容许的, 即存在矩阵使得式 (5.44) 和式 (5.45) 成立.

本节设计模态相关的全阶奇异跳变滤波器来估计未知输入 $u(t)$, 当 $r_t = i \in \mathcal{S}$ 时有

$$\begin{cases} E\dot{x}_f(t) = A_{fi} x_f(t) + B_{fi} y(t) \\ u_f(t) = C_{fi} x_f(t) + D_{fi} y(t) \end{cases} \tag{5.46}$$

其中, $x_f(t) \in \mathbb{R}^n$ 为滤波器的状态向量; $u_f(t) \in \mathbb{R}^l$ 为滤波器输出; A_{fi}、B_{fi}、C_{fi}、D_{fi} 为需要实现的适当维数的滤波器参数.

定义 $e_f(t) \overset{\text{def}}{=\!=} u_f(t) - u(t)$, 由式 (5.42) 和式 (5.46), 得到如下时滞滤波误差系统:

$$\begin{cases} \tilde{E} \dot{\xi}(t) = \tilde{A}_i \xi(t) + \tilde{A}_{di} \xi(t - \tau(t)) + \tilde{B}_i v(t) \\ e_f(t) = \tilde{C}_i \xi(t) + \tilde{C}_{di} \xi(t - \tau(t)) + \tilde{D}_i v(t) \\ \xi(t) = \varphi(t), \quad t \in [-\tau,\, 0] \end{cases} \tag{5.47}$$

其中

$$\xi(t) = \begin{bmatrix} x^{\mathrm{T}}(t) & x_f^{\mathrm{T}}(t) \end{bmatrix}^{\mathrm{T}}, \quad v(t) = \begin{bmatrix} u(t) \\ \omega(t) \end{bmatrix}, \quad \tilde{E} = \begin{bmatrix} E & 0 \\ 0 & E \end{bmatrix}$$

$$\tilde{A}_i = \bar{A}_i + \Delta \tilde{A}_i, \quad \tilde{A}_{di} = \bar{A}_{di} + \Delta \tilde{A}_{di}, \quad \tilde{C}_i = \bar{C}_i + \Delta \tilde{C}_i, \quad \tilde{C}_{di} = \bar{C}_{di} + \Delta \tilde{C}_{di}$$

$$\bar{A}_i = \begin{bmatrix} A_i & 0 \\ B_{fi}C_i & A_{fi} \end{bmatrix}, \quad \bar{A}_{di} = \begin{bmatrix} A_{di} & 0 \\ B_{fi}C_{di} & 0 \end{bmatrix}, \quad \Delta\tilde{A}_i = \begin{bmatrix} \Delta A_i & 0 \\ B_{fi}\Delta C_i & 0 \end{bmatrix}$$

$$\Delta\tilde{A}_{di} = \begin{bmatrix} \Delta A_{di} & 0 \\ B_{fi}\Delta C_{di} & 0 \end{bmatrix}, \quad \tilde{B}_i = \begin{bmatrix} B_i & E_i \\ B_{fi}D_i & B_{fi}F_i \end{bmatrix}, \quad \bar{C}_i = \begin{bmatrix} D_{fi}C_i & C_{fi} \end{bmatrix}$$

$$\bar{C}_{di} = \begin{bmatrix} D_{fi}C_{di} & 0 \end{bmatrix}, \quad \tilde{D}_i = \begin{bmatrix} D_{fi}D_i - I & D_{fi}F_i \end{bmatrix}$$

$$\Delta\tilde{C}_i = \begin{bmatrix} D_{fi}\Delta C_i & 0 \end{bmatrix}, \quad \Delta\tilde{C}_{di} = \begin{bmatrix} D_{fi}\Delta C_{di} & 0 \end{bmatrix}$$

$$\begin{bmatrix} \Delta\tilde{A}_i & \Delta\tilde{A}_{di} \\ \Delta\tilde{C}_i & \Delta\tilde{C}_{di} \end{bmatrix} = \begin{bmatrix} \tilde{M}_{1i} \\ D_{fi}M_{2i} \end{bmatrix} W_i(r) \begin{bmatrix} \tilde{N}_{1i} & \tilde{N}_{2i} \end{bmatrix}$$

$$\tilde{M}_{1i} = \begin{bmatrix} M_{1i} \\ B_{fi}M_{2i} \end{bmatrix}, \quad \tilde{N}_{1i} = \begin{bmatrix} N_{1i} & 0 \end{bmatrix}, \quad \tilde{N}_{2i} = \begin{bmatrix} N_{2i} & 0 \end{bmatrix}$$

5.2.2　主要结论

定理 5.3　时滞奇异跳变滤波误差系统 (5.47) 是随机容许的且满足 H_∞ 性能指标 γ, 如果对于所有 $i \in S$ 和给定的标量 $\mu > 0$、$\tau > 0$、$\eta > 0$, 存在正定矩阵 P_i、Q_i、Z_i、Q、W, 矩阵 S_i、$\mathcal{M}_i$, 使得以下矩阵不等式成立:

$$\sum_{j=1}^{N} \pi_{ij} Q_j < \eta Q \tag{5.48}$$

$$\tau \sum_{j=1}^{N} \pi_{ij} Z_j < W \tag{5.49}$$

$$\begin{bmatrix} Z_i & \mathcal{M}_i \\ * & Z_i \end{bmatrix} > 0 \tag{5.50}$$

$$\Phi_i = \begin{bmatrix} \Xi_{1i} & \Xi_{2i} & \tilde{E}^{\mathrm{T}}\mathcal{M}_i\tilde{E} & \Xi_{4i} & \tilde{C}_i^{\mathrm{T}} \\ * & \Xi_{3i} & \tilde{E}^{\mathrm{T}}(Z_i - \mathcal{M}_i)\tilde{E} & 0 & \tilde{C}_{di}^{\mathrm{T}} \\ * & * & -\tilde{E}^{\mathrm{T}}Z_i\tilde{E} - Q & 0 & 0 \\ * & * & * & -\gamma^2 I & \tilde{D}_i^{\mathrm{T}} \\ * & * & * & * & -I \end{bmatrix} + \begin{bmatrix} \tilde{A}_i^{\mathrm{T}} \\ \tilde{A}_{di}^{\mathrm{T}} \\ 0 \\ \tilde{B}_i^{\mathrm{T}} \\ 0 \end{bmatrix} \Delta_i \begin{bmatrix} \tilde{A}_i^{\mathrm{T}} \\ \tilde{A}_{di}^{\mathrm{T}} \\ 0 \\ \tilde{B}_i^{\mathrm{T}} \\ 0 \end{bmatrix}^{\mathrm{T}} < 0 \tag{5.51}$$

$\tilde{E}^{\mathrm{T}} R = 0$, 并且 $R \in \mathbb{R}^{2n \times 2(n-r)}$ 为列满秩矩阵, $\Xi_{1i} = \sum_{j=1}^{N} \pi_{ij}\tilde{E}^{\mathrm{T}}P_j\tilde{E} + \tilde{E}^{\mathrm{T}}P_i\tilde{A}_i +$

$\tilde{A}_i^{\mathrm{T}}P_i\tilde{E} + S_i R^{\mathrm{T}}\tilde{A}_i + \tilde{A}_i^{\mathrm{T}}RS_i^{\mathrm{T}} + Q_i + (\eta\tau+1)Q - \tilde{E}^{\mathrm{T}}Z_i\tilde{E}$, $\Xi_{2i} = \tilde{E}^{\mathrm{T}}P_i\tilde{A}_{di} + S_i R^{\mathrm{T}}\tilde{A}_{di} +$

$\tilde{E}^{\mathrm{T}}(Z_i - \mathcal{M}_i)\tilde{E}$, $\Xi_{3i} = -(1-\mu)Q_i + \tilde{E}^{\mathrm{T}}(-2Z_i + \mathcal{M}_i + \mathcal{M}_i^{\mathrm{T}})\tilde{E}$, $\Xi_{4i} = \tilde{E}^{\mathrm{T}}P_i\tilde{B}_i +$
$S_iR^{\mathrm{T}}\tilde{B}_i$, $\Delta_i = \tau^2 Z_i + \dfrac{1}{2}\tau^2 W$.

证明　首先证明时滞奇异跳变系统 (5.47) 的正则性和无脉冲性. 由于 $\mathrm{rank}(\tilde{E}) = 2r < 2n$, 则存在非奇异矩阵 $\hat{M}$ 和 $\hat{N}$, 使得

$$\hat{E} = \hat{M}\tilde{E}\hat{N} = \begin{bmatrix} I_{2r} & 0 \\ 0 & 0 \end{bmatrix}, \quad R = \hat{M}^{\mathrm{T}}\begin{bmatrix} 0 \\ I \end{bmatrix}U \tag{5.52}$$

其中, U 是任意非奇异矩阵.

对于每个 $r_t = i \in \mathcal{S}$, 定义

$$\hat{M}\tilde{A}_i\hat{N} = \begin{bmatrix} \tilde{A}_{i1} & \tilde{A}_{i2} \\ \tilde{A}_{i3} & \tilde{A}_{i4} \end{bmatrix}, \quad \hat{M}^{-\mathrm{T}}P_i\hat{M}^{-1} = \begin{bmatrix} P_{i1} & P_{i2} \\ * & P_{i4} \end{bmatrix}, \quad \hat{N}^{\mathrm{T}}S_i = \begin{bmatrix} S_{i1} \\ S_{i2} \end{bmatrix} \tag{5.53}$$

令 $\bar{\Xi}_{1i} = \Xi_{1i} - Q_i - \eta\tau Q$, 由式 (5.51) 易得 $\bar{\Xi}_{1i} < 0$. 将 $\bar{\Xi}_{1i}$ 分别左乘 $\hat{N}^{\mathrm{T}}$、右乘 $\hat{N}$, 可得

$$\tilde{A}_{i4}^{\mathrm{T}}US_{i2}^{\mathrm{T}} + S_{i2}U^{\mathrm{T}}\tilde{A}_{i4} < 0$$

由此可得

$$\alpha(\tilde{A}_{i4}^{\mathrm{T}}US_{i2}^{\mathrm{T}}) \leqslant \mu(\tilde{A}_{i4}^{\mathrm{T}}US_{i2}^{\mathrm{T}}) = \frac{1}{2}\lambda_{\max}(\tilde{A}_{i4}^{\mathrm{T}}US_{i2}^{\mathrm{T}} + S_{i2}U^{\mathrm{T}}\tilde{A}_{i4}) < 0$$

则 $\tilde{A}_{i4}^{\mathrm{T}}US_{i2}^{\mathrm{T}}$ 是非奇异的, 故 $\tilde{A}_{i4}$ 是非奇异的. 由文献 [17] 可知, $(\tilde{E}, \tilde{A}_i)$ 是正则且无脉冲的. 由式 (5.51) 可知

$$\hat{\Xi}_i = \begin{bmatrix} \Xi_{1i} & \Xi_{2i} & \tilde{E}^{\mathrm{T}}\mathcal{M}_i\tilde{E} \\ * & \Xi_{3i} & \tilde{E}^{\mathrm{T}}(Z_i - \mathcal{M}_i)\tilde{E} \\ * & * & -\tilde{E}^{\mathrm{T}}Z_i\tilde{E} - Q \end{bmatrix} < 0$$

将 $\hat{\Xi}_i$ 两边分别乘以 $[I, I, I]$ 及其转置, 得到

$$\Xi_{1i} + \Xi_{2i} + \Xi_{2i}^{\mathrm{T}} + \Xi_{3i} + \tilde{E}^{\mathrm{T}}Z_i\tilde{E} - Q < 0$$

因此

$$\sum_{j=1}^{N}\pi_{ij}\tilde{E}^{\mathrm{T}}P_j\tilde{E} + (\tilde{E}^{\mathrm{T}}P_i + S_iR^{\mathrm{T}})(\tilde{A}_i + \tilde{A}_{di})$$

$$+ (\tilde{A}_i + \tilde{A}_{di})^{\mathrm{T}}(\tilde{E}^{\mathrm{T}}P_i + S_iR^{\mathrm{T}})^{\mathrm{T}} < 0 \tag{5.54}$$

式 (5.54) 意味着 $(\tilde{E},\ \tilde{A}_i + \tilde{A}_{di})$ 对于所有 $i \in \mathcal{S}$ 是正则和无脉冲的. 因此, 根据定义 1.1, 时滞奇异跳变滤波误差系统 (5.47) 是正则和无脉冲的.

接下来, 给出时滞奇异跳变系统 (5.47) 随机稳定性和 H_∞ 性能的证明. 为此, 根据 $\{\xi_t = \xi(t + \theta),\ -\tau \leqslant \theta \leqslant 0\}$ 定义新的随机过程 $\{(\xi_t,\ r_t),\ t \geqslant \tau\}$. 构造时滞奇异跳变系统 (5.47) 的随机 L-K 泛函:

$$V(\xi_t, r_t) = V_1(\xi_t, r_t) + V_2(\xi_t, r_t) + V_3(\xi_t) + V_4(\xi_t) + V_5(\xi_t) \tag{5.55}$$

其中

$$V_1(\xi_t, r_t) = \xi^{\mathrm{T}}(t)\,\tilde{E}^{\mathrm{T}} P(r_t)\tilde{E}\xi(t)$$

$$V_2(\xi_t, r_t) = \int_{t-\tau(t)}^{t} \xi^{\mathrm{T}}(s)\,Q(r_t)\xi(s)\mathrm{d}s$$

$$V_3(\xi_t) = \eta \int_{-\tau}^{0}\int_{t+\beta}^{t} \xi^{\mathrm{T}}(\alpha)\,Q\xi(\alpha)\mathrm{d}\alpha\mathrm{d}\beta + \int_{t-\tau}^{t} \xi^{\mathrm{T}}(s)\,Q\xi(s)\mathrm{d}s$$

$$V_4(\xi_t) = \tau \int_{-\tau}^{0}\int_{t+\beta}^{t} \dot{\xi}^{\mathrm{T}}(\alpha)\,\tilde{E}^{\mathrm{T}} Z(r_t)\tilde{E}\dot{\xi}(\alpha)\mathrm{d}\alpha\mathrm{d}\beta$$

$$V_5(\xi_t) = \int_{-\tau}^{0}\int_{\theta}^{0}\int_{t+\beta}^{t} \dot{\xi}^{\mathrm{T}}(\alpha)\,\tilde{E}^{\mathrm{T}} W\tilde{E}\dot{\xi}(\alpha)\mathrm{d}\alpha\mathrm{d}\beta\mathrm{d}\theta$$

令 $\mathcal{L}V$ 为随机过程 $\{\xi_t,\ r_t\}$ 作用于 $V(\cdot)$ 上的弱无穷小算子, 注意到 $\tilde{E}^{\mathrm{T}} R = 0$ 和式 (5.48)、式 (5.49), 则对于任意 $i \in \mathcal{S}$ 和 $t \geqslant \tau$, 有

$$\mathcal{L}V_1(\xi_t, r_t = i) = \xi^{\mathrm{T}}(t)\left(\sum_{j=1}^{N} \pi_{ij}\tilde{E}^{\mathrm{T}} P_j\tilde{E}\right)\xi(t)$$
$$+ 2\xi^{\mathrm{T}}(t)\left(\tilde{E}^{\mathrm{T}} P_i + S_i R^{\mathrm{T}}\right)\tilde{E}\dot{\xi}(t) \tag{5.56}$$

$$\mathcal{L}V_2(\xi_t, r_t = i) \leqslant \xi^{\mathrm{T}}(t)\,Q_i\xi(t) - (1-\mu)\,\xi^{\mathrm{T}}(t-\tau(t))\,Q_i\xi(t-\tau(t))$$
$$+ \sum_{j=1}^{N} \pi_{ij}\int_{t-\tau(t)}^{t} \xi^{\mathrm{T}}(s)\,Q_i\xi(s)\mathrm{d}s$$

$$\leqslant \xi^{\mathrm{T}}(t)\,Q_i\xi(t) - (1-\mu)\,\xi^{\mathrm{T}}(t-\tau(t))\,Q_i\xi(t-\tau(t))$$
$$+ \eta \int_{t-\tau}^{t} \xi^{\mathrm{T}}(s)\,Q\xi(s)\mathrm{d}s \tag{5.57}$$

和

$$\mathcal{L}V_3\left(\xi_t\right) = (\eta\tau + 1)\xi^{\mathrm{T}}\left(t\right)Q\xi\left(t\right) - \xi^{\mathrm{T}}\left(t - \tau\right)Q\xi\left(t - \tau\right)$$

$$- \eta\int_{t-\tau}^{t}\xi^{\mathrm{T}}\left(s\right)Q\xi\left(s\right)\mathrm{d}s \tag{5.58}$$

$$\mathcal{L}V_4\left(\xi_t\right) = \tau^2\dot{\xi}^{\mathrm{T}}\left(t\right)\tilde{E}^{\mathrm{T}}Z_i\tilde{E}\dot{\xi}\left(t\right) - \tau\int_{t-\tau}^{t}\dot{\xi}^{\mathrm{T}}\left(\alpha\right)\tilde{E}^{\mathrm{T}}Z_i\tilde{E}\dot{\xi}\left(\alpha\right)\mathrm{d}\alpha$$

$$+ \tau\sum_{j=1}^{N}\pi_{ij}\int_{-\tau}^{0}\int_{t+\beta}^{t}\dot{\xi}^{\mathrm{T}}\left(\alpha\right)\tilde{E}^{\mathrm{T}}Z_i\tilde{E}\dot{\xi}\left(\alpha\right)\mathrm{d}\alpha\mathrm{d}\beta$$

$$\leqslant \tau^2\dot{\xi}^{\mathrm{T}}\left(t\right)\tilde{E}^{\mathrm{T}}Z_i\tilde{E}\dot{\xi}\left(t\right) - \tau\int_{t-\tau}^{t}\dot{\xi}^{\mathrm{T}}\left(\alpha\right)\tilde{E}^{\mathrm{T}}Z_i\tilde{E}\dot{\xi}\left(\alpha\right)\mathrm{d}\alpha$$

$$+ \int_{-\tau}^{0}\int_{t+\beta}^{t}\dot{\xi}^{\mathrm{T}}\left(\alpha\right)\tilde{E}^{\mathrm{T}}W\tilde{E}\dot{\xi}\left(\alpha\right)\mathrm{d}\alpha\mathrm{d}\beta \tag{5.59}$$

$$\mathcal{L}V_5\left(\xi_t\right) = \frac{1}{2}\tau^2\dot{\xi}^{\mathrm{T}}\left(t\right)\tilde{E}^{\mathrm{T}}W\tilde{E}\dot{\xi}\left(t\right) - \int_{-\tau}^{0}\int_{t+\beta}^{t}\dot{\xi}^{\mathrm{T}}\left(\alpha\right)\tilde{E}^{\mathrm{T}}W\tilde{E}\dot{\xi}\left(\alpha\right)\mathrm{d}\alpha\mathrm{d}\beta \tag{5.60}$$

根据式 (5.50) 并应用引理 1.3, 有

$$-\tau\int_{t-\tau}^{t}\dot{\xi}^{\mathrm{T}}\left(\alpha\right)\tilde{E}^{\mathrm{T}}Z_i\tilde{E}\dot{\xi}\left(\alpha\right)\mathrm{d}\alpha \leqslant \phi^{\mathrm{T}}(t)\bar{\mathcal{M}}_i\phi(t) \tag{5.61}$$

其中

$$\phi(t) = \begin{bmatrix} \xi^{\mathrm{T}}(t) & \xi^{\mathrm{T}}(t - \tau(t)) & \xi^{\mathrm{T}}\left(t - \tau\right) & v^{\mathrm{T}}\left(t\right) \end{bmatrix}^{\mathrm{T}}$$

$$\bar{\mathcal{M}}_i = \begin{bmatrix} -\tilde{E}^{\mathrm{T}}Z_i\tilde{E} & \tilde{E}^{\mathrm{T}}(Z_i - \mathcal{M}_i)\tilde{E} & \tilde{E}^{\mathrm{T}}\mathcal{M}_i\tilde{E} & 0 \\ * & \tilde{E}^{\mathrm{T}}(-2Z_i + \mathcal{M}_i + \mathcal{M}_i^{\mathrm{T}})\tilde{E} & \tilde{E}^{\mathrm{T}}(Z_i - \mathcal{M}_i)\tilde{E} & 0 \\ * & * & -\tilde{E}^{\mathrm{T}}Z_i\tilde{E} & 0 \\ * & * & * & 0 \end{bmatrix}$$

结合式 (5.47)、式 (5.51)、式 (5.56) ~ 式 (5.61), 得到

$$\mathcal{L}V\left(\xi_t, r_t\right) + e_f^{\mathrm{T}}\left(t\right)e_f\left(t\right) - \gamma^2 v^{\mathrm{T}}\left(t\right)v\left(t\right) \leqslant \phi^{\mathrm{T}}\left(t\right)\Phi_i\phi\left(t\right) < 0 \tag{5.62}$$

最后, 证明 $v(t) = 0$ 时时滞奇异跳变滤波误差系统 (5.47) 的随机稳定性. 按照前面的步骤, 类似地可以得到

$$\mathcal{L}V\left(\xi_t, r_t\right) \leqslant \tilde{\phi}^{\mathrm{T}}\left(t\right)\tilde{\Phi}_i\tilde{\phi}\left(t\right) \tag{5.63}$$

其中

$$\tilde{\phi}(t) = \begin{bmatrix} \xi^{\mathrm{T}}(t) & \xi^{\mathrm{T}}(t - \tau(t)) & \xi^{\mathrm{T}}\left(t - \tau\right) \end{bmatrix}^{\mathrm{T}}$$

$$\tilde{\Phi}_i = \begin{bmatrix} \Xi_{1i} & \Xi_{2i} & \tilde{E}^{\mathrm{T}}\mathcal{M}_i\tilde{E} \\ * & \Xi_{3i} & \tilde{E}^{\mathrm{T}}(Z_i - \mathcal{M}_i)\tilde{E} \\ * & * & -\tilde{E}^{\mathrm{T}}Z_i\tilde{E} - Q \end{bmatrix} + \begin{bmatrix} \tilde{A}_i^{\mathrm{T}} \\ \tilde{A}_{di}^{\mathrm{T}} \\ 0 \end{bmatrix} \Delta_i \begin{bmatrix} \tilde{A}_i^{\mathrm{T}} \\ \tilde{A}_{di}^{\mathrm{T}} \\ 0 \end{bmatrix}^{\mathrm{T}}$$

应用 Schur 补引理, 式 (5.51) 能保证 $\tilde{\Phi}_i < 0$, 这意味着存在一个标量 $\delta > 0$, 使得

$$\mathcal{L}V(\xi_t, r_t) < -\delta|\xi(t)|^2 \tag{5.64}$$

对于所有 $\xi(t) \neq 0$ 成立. 对于任意 $r_t = i \in \mathcal{S}$ 和 $t > 0$, 存在标量 $\alpha > 0$, 使得

$$\mathcal{E}\left\{\int_0^t |\xi(s)|^2 \mathrm{d}s\right\} \leqslant \alpha\mathcal{E}\left\{\sup_{-\tau \leqslant t \leqslant 0} |\varphi(t)|^2\right\} \tag{5.65}$$

根据定义 1.1, 时滞奇异跳变滤波误差系统 (5.47) 满足随机稳定性.

定义

$$\mathcal{J} = \mathcal{E}\left\{\int_0^\infty \left(e_f^{\mathrm{T}}(t)e_f(t) - \gamma^2 v^{\mathrm{T}}(t)v(t)\right)\mathrm{d}t\right\} \tag{5.66}$$

考虑零初始条件, 则有

$$\mathcal{J} \leqslant \mathcal{E}\left\{\int_0^\infty \left(e_f^{\mathrm{T}}(t)e_f(t) - \gamma^2 v^{\mathrm{T}}(t)v(t)\right)\mathrm{d}t\right\} + \mathcal{E}\left\{V(\xi_\infty, r_\infty)\right\} - \mathcal{E}\left\{V(0, 0)\right\}$$

$$= \mathcal{E}\left\{\int_0^\infty \left(e_f^{\mathrm{T}}(t)e_f(t) - \gamma^2 v^{\mathrm{T}}(t)v(t) + \mathcal{L}V(\xi_t, r_t)\right)\mathrm{d}t\right\} < 0$$

这意味着时滞奇异跳变滤波误差系统 (5.47) 满足 H_∞ 性能指标. □

现在, 基于定理 5.3 设计模态相关奇异跳变滤波器 (5.46).

定理 5.4　时滞奇异跳变滤波误差系统 (5.47) 是随机容许的且满足 H_∞ 性能指标 $\gamma = \sqrt{\kappa}$, 如果对于所有 $i \in \mathcal{S}$ 和给定的标量 $\mu > 0$、$\tau > 0$、$\eta > 0$、$\varepsilon > 0$、$\varepsilon_{1i} > 0$、$\varepsilon_{2i} > 0$、$\varepsilon_{3i} > 0$、$\varepsilon_{4i} > 0$ 存在正定矩阵 $\tilde{Q}$、$\tilde{Q}_i$、$\tilde{Z}_i$、P_{1i}、P_{3i}、$\tilde{W}$ 和矩阵 P_{2i}、$\hat{R}$、Y、Y_{1i}、Y_{2i}、Y_{3i}、Y_{4i}、S_{1i}、S_{2i}、S_{3i}、S_{4i}、$\mathcal{M}_{1i}$、$\mathcal{M}_{2i}$、$\mathcal{M}_{3i}$、$\mathcal{M}_{4i}$、$\mathcal{A}_{fi}$、$\mathcal{B}_{fi}$、$\mathcal{C}_{fi}$、$\mathcal{D}_{fi}$, 使得下列线性矩阵不等式成立:

$$P_i = \begin{bmatrix} P_{1i} & P_{2i} \\ * & P_{3i} \end{bmatrix} > 0 \tag{5.67}$$

$$\sum_{j=1}^N \pi_{ij}\tilde{Q}_j < \eta\tilde{Q} \tag{5.68}$$

$$\tau \sum_{j=1}^{N} \pi_{ij} \tilde{Z}_j < \tilde{W} \tag{5.69}$$

$$\begin{bmatrix} \tilde{Z}_i & 0 & \mathcal{M}_{1i} & \mathcal{M}_{2i} \\ * & \varepsilon I & \mathcal{M}_{3i} & \mathcal{M}_{4i} \\ * & * & \tilde{Z}_i & 0 \\ * & * & * & \varepsilon I \end{bmatrix} > 0 \tag{5.70}$$

$$\Upsilon_i = \begin{bmatrix} \Upsilon_{1i} & \Upsilon_{2i} \\ * & \Upsilon_{3i} \end{bmatrix} < 0 \tag{5.71}$$

$E^{\mathrm{T}} \hat{R} = 0$, 并且 $\hat{R} \in \mathbb{R}^{n \times (n-r)}$ 是任意列满秩矩阵, 且

$$\Upsilon_{1i} = \begin{bmatrix} \Upsilon_{11i} & \Upsilon_{12i} \\ * & \Upsilon_{13i} \end{bmatrix} \tag{5.72}$$

$$\Upsilon_{2i} = \begin{bmatrix} \Upsilon_{2i}^{11} & 0_{2 \times 2} & 0_{2 \times 3} \\ \Upsilon_{2i}^{21} & \Upsilon_{2i}^{22} & \Upsilon_{2i}^{23} \\ 0_{5 \times 3} & 0_{5 \times 2} & 0_{5 \times 3} \\ 0_{1 \times 3} & \Upsilon_{2i}^{41} & \Upsilon_{2i}^{42} \end{bmatrix} \tag{5.73}$$

$$\Upsilon_{3i} = -\mathrm{diag}\{\varepsilon_{1i}I,\ \varepsilon_{1i}^{-1}I,\ \varepsilon_{2i}I,\ \varepsilon_{2i}^{-1}I,\ \varepsilon_{3i}I,\ \varepsilon_{3i}^{-1}I,\ \varepsilon_{4i}I,\ \varepsilon_{4i}^{-1}I\}$$

$$\Upsilon_{11i} = \begin{bmatrix} \Upsilon_{1i}^{11} & \Upsilon_{1i}^{12} & \Upsilon_{1i}^{13} & \Upsilon_{1i}^{14} & \Upsilon_{1i}^{15} \\ * & \Upsilon_{1i}^{21} & \Upsilon_{1i}^{22} & \Upsilon_{1i}^{23} & \Upsilon_{1i}^{24} \\ * & * & \Upsilon_{1i}^{31} & \Upsilon_{1i}^{32} & \Upsilon_{1i}^{33} \\ * & * & * & \Upsilon_{1i}^{41} & \Upsilon_{1i}^{42} \\ * & * & * & * & \Upsilon_{1i}^{51} \end{bmatrix} \tag{5.74}$$

$$\Upsilon_{12i} = \begin{bmatrix} \Upsilon_{1i}^{16} & \Upsilon_{1i}^{17} & \Upsilon_{1i}^{18} & \Upsilon_{1i}^{19} & \Upsilon_{1i}^{110} & \Upsilon_{1i}^{111} \\ \Upsilon_{1i}^{25} & \Upsilon_{1i}^{26} & \Upsilon_{1i}^{27} & \Upsilon_{1i}^{28} & \Upsilon_{1i}^{29} & \Upsilon_{1i}^{210} \\ 0 & 0 & 0 & \Upsilon_{1i}^{34} & \Upsilon_{1i}^{35} & 0 \\ 0 & 0 & 0 & \Upsilon_{1i}^{43} & \Upsilon_{1i}^{44} & 0 \\ \Upsilon_{1i}^{52} & \Upsilon_{1i}^{53} & \Upsilon_{1i}^{54} & 0 & 0 & \Upsilon_{1i}^{55} \end{bmatrix} \tag{5.75}$$

$$\Upsilon_{13i} = \begin{bmatrix} \Upsilon_{1i}^{61} & \Upsilon_{1i}^{62} & \Upsilon_{1i}^{63} & 0 & 0 & 0 \\ * & * & \Upsilon_{1i}^{71} & 0 & 0 & 0 \\ * & * & \Upsilon_{1i}^{81} & 0 & 0 & 0 \\ * & * & * & -\kappa I & 0 & \Upsilon_{1i}^{91} \\ * & * & * & * & -\kappa I & \Upsilon_{1i}^{101} \\ * & * & * & * & * & -I \end{bmatrix} \tag{5.76}$$

$$\Upsilon_{1i}^{11} = \sum_{j=1}^{N} \pi_{ij} E^{\mathrm{T}} P_{1j} E + \tilde{Q}_i + (\eta\tau + 1)\tilde{Q} - E^{\mathrm{T}}\tilde{Z}_i E + Y_{1i} A_i + A_i^{\mathrm{T}} Y_{1i}^{\mathrm{T}} + \mathcal{B}_{fi} C_i + C_i^{\mathrm{T}} \mathcal{B}_{fi}^{\mathrm{T}}$$

$$\Upsilon_{1i}^{12} = \sum_{j=1}^{N} \pi_{ij} E^{\mathrm{T}} P_{2j} E + \mathcal{A}_{fi} + A_i^{\mathrm{T}} Y_{2i}^{\mathrm{T}} + C_i^{\mathrm{T}} \mathcal{B}_{fi}^{\mathrm{T}}$$

$$\Upsilon_{1i}^{13} = E^{\mathrm{T}} P_{1i} + S_{1i} \hat{R}^{\mathrm{T}} - Y_{1i} + A_i^{\mathrm{T}} Y_{3i}^{\mathrm{T}} + C_i^{\mathrm{T}} \mathcal{B}_{fi}^{\mathrm{T}}$$

$$\Upsilon_{1i}^{14} = E^{\mathrm{T}} P_{2i} + S_{2i} \hat{R}^{\mathrm{T}} - Y + A_i^{\mathrm{T}} Y_{4i}^{\mathrm{T}} + C_i^{\mathrm{T}} \mathcal{B}_{fi}^{\mathrm{T}}$$

$$\Upsilon_{1i}^{15} = Y_{1i} A_{di} + \mathcal{B}_{fi} C_{di} + E^{\mathrm{T}}\tilde{Z}_i E - E^{\mathrm{T}}\mathcal{M}_{1i} E$$

$$\Upsilon_{1i}^{16} = -E^{\mathrm{T}}\mathcal{M}_{2i} E, \quad \Upsilon_{1i}^{17} = E^{\mathrm{T}}\mathcal{M}_{1i} E, \quad \Upsilon_{1i}^{18} = E^{\mathrm{T}}\mathcal{M}_{2i} E$$

$$\Upsilon_{1i}^{19} = Y_{1i} B_i + \mathcal{B}_{fi} D_i, \quad \Upsilon_{1i}^{110} = Y_{1i} E_i + \mathcal{B}_{fi} F_i, \quad \Upsilon_{1i}^{111} = C_i^{\mathrm{T}} \mathcal{D}_{fi}^{\mathrm{T}}$$

$$\Upsilon_{1i}^{21} = \sum_{j=1}^{N} \pi_{ij} E^{\mathrm{T}} P_{3j} E + 3\varepsilon I + 2\varepsilon\eta\tau I - \varepsilon E^{\mathrm{T}} E + \mathcal{A}_{fi} + \mathcal{A}_{fi}^{\mathrm{T}}$$

$$\Upsilon_{1i}^{22} = E^{\mathrm{T}} P_{2i}^{\mathrm{T}} + S_{3i} \hat{R}^{\mathrm{T}} - Y_{2i} + \mathcal{A}_{fi}^{\mathrm{T}}$$

$$\Upsilon_{1i}^{23} = E^{\mathrm{T}} P_{3i} + S_{4i} \hat{R}^{\mathrm{T}} - Y + \mathcal{A}_{fi}^{\mathrm{T}}$$

$$\Upsilon_{1i}^{24} = Y_{2i} A_{di} + \mathcal{B}_{fi} C_{di} - E^{\mathrm{T}}\mathcal{M}_{3i} E, \quad \Upsilon_{1i}^{25} = \varepsilon E^{\mathrm{T}} E - E^{\mathrm{T}}\mathcal{M}_{4i} E$$

$$\Upsilon_{1i}^{26} = E^{\mathrm{T}}\mathcal{M}_{3i} E, \quad \Upsilon_{1i}^{27} = E^{\mathrm{T}}\mathcal{M}_{4i} E, \quad \Upsilon_{1i}^{28} = Y_{2i} B_i + \mathcal{B}_{fi} D_i$$

$$\Upsilon_{1i}^{29} = Y_{2i} E_i + \mathcal{B}_{fi} F_i, \quad \Upsilon_{1i}^{210} = \mathcal{C}_{fi}^{\mathrm{T}}$$

$$\Upsilon_{1i}^{31} = -Y_{3i} - Y_{3i}^{\mathrm{T}} + \tau^2 \tilde{Z}_i + \frac{1}{2}\tau^2 \tilde{W}, \quad \Upsilon_{1i}^{32} = -Y - Y_{4i}^{\mathrm{T}}$$

$$\Upsilon_{1i}^{33} = Y_{3i} A_{di} + \mathcal{B}_{fi} C_{di}, \quad \Upsilon_{1i}^{34} = Y_{3i} B_i + \mathcal{B}_{fi} D_i$$

$$\Upsilon_{1i}^{35} = Y_{3i} E_i + \mathcal{B}_{fi} F_i, \quad \Upsilon_{1i}^{41} = -Y - Y^{\mathrm{T}} + \frac{3}{2}\varepsilon\tau^2 I$$

$$\Upsilon_{1i}^{42} = Y_{4i} A_{di} + \mathcal{B}_{fi} C_{di}, \quad \Upsilon_{1i}^{43} = Y_{4i} B_i + \mathcal{B}_{fi} D_i, \quad \Upsilon_{1i}^{44} = Y_{4i} E_i + \mathcal{B}_{fi} F_i$$

$$\Upsilon_{1i}^{51} = -(1-\mu)\tilde{Q}_i - 2E^{\mathrm{T}}\tilde{Z}_i E + E^{\mathrm{T}}(\mathcal{M}_{1i} + \mathcal{M}_{1i}^{\mathrm{T}})E$$

$$\Upsilon_{1i}^{52} = E^{\mathrm{T}}(\mathcal{M}_{2i} + \mathcal{M}_{3i}^{\mathrm{T}})E, \quad \Upsilon_{1i}^{53} = E^{\mathrm{T}}(\tilde{Z}_i - \mathcal{M}_{1i})E, \quad \Upsilon_{1i}^{54} = -E^{\mathrm{T}}\mathcal{M}_{2i}E$$

$$\Upsilon_{1i}^{55} = C_{di}^{\mathrm{T}}\mathcal{D}_{fi}^{\mathrm{T}}, \quad \Upsilon_{1i}^{61} = -(1-\mu)\varepsilon I - 2\varepsilon E^{\mathrm{T}}E + E^{\mathrm{T}}(\mathcal{M}_{4i} + \mathcal{M}_{4i}^{\mathrm{T}})E$$

$$\Upsilon_{1i}^{62} = -E^{\mathrm{T}}\mathcal{M}_{3i}E, \quad \Upsilon_{1i}^{63} = E^{\mathrm{T}}(\varepsilon I - \mathcal{M}_{4i})E, \quad \Upsilon_{1i}^{71} = -E^{\mathrm{T}}\tilde{Z}_i E - \tilde{Q}$$

$$\Upsilon_{1i}^{81} = -\varepsilon E^{\mathrm{T}}E - 2\varepsilon I, \quad \Upsilon_{1i}^{91} = D_i^{\mathrm{T}}\mathcal{D}_{fi}^{\mathrm{T}} - I, \quad \Upsilon_{1i}^{101} = F_i^{\mathrm{T}}\mathcal{D}_{fi}^{\mathrm{T}}$$

$$\Upsilon_{2i}^{11} = \begin{bmatrix} Y_{1i}M_{1i} + \mathcal{B}_{fi}M_{2i} & N_{1i}^{\mathrm{T}} & N_{1i}^{\mathrm{T}} \\ Y_{2i}M_{1i} + \mathcal{B}_{fi}M_{2i} & 0 & 0 \end{bmatrix}, \quad \Upsilon_{2i}^{21} = \begin{bmatrix} 0 & 0 & 0 \\ 0 & 0 & 0 \\ 0 & N_{2i}^{\mathrm{T}} & 0 \end{bmatrix}$$

$$\Upsilon_{2i}^{22} = \begin{bmatrix} Y_{3i}M_{1i} + \mathcal{B}_{fi}M_{2i} & Y_{3i}M_{1i} + \mathcal{B}_{fi}M_{2i} \\ Y_{4i}M_{1i} + \mathcal{B}_{fi}M_{2i} & Y_{4i}M_{1i} + \mathcal{B}_{fi}M_{2i} \\ 0 & 0 \end{bmatrix}, \quad \Upsilon_{2i}^{23} = \begin{bmatrix} 0 & 0 & 0 \\ 0 & 0 & 0 \\ N_{2i}^{\mathrm{T}} & N_{2i}^{\mathrm{T}} & 0 \end{bmatrix}$$

$$\Upsilon_{2i}^{41} = \begin{bmatrix} \mathcal{D}_{fi}M_{2i} & 0 \end{bmatrix}, \quad \Upsilon_{2i}^{42} = \begin{bmatrix} 0 & 0 & \mathcal{D}_{fi}M_{2i} \end{bmatrix}$$

此时, 所期望的奇异跳变滤波器 (5.46) 的参数为

$$A_{fi} = Y^{-1}\mathcal{A}_{fi}, \quad B_{fi} = Y^{-1}\mathcal{B}_{fi}, \quad C_{fi} = \mathcal{C}_{fi}, \quad D_{fi} = \mathcal{D}_{fi} \tag{5.77}$$

证明 选择

$$\Pi_i = \begin{bmatrix} \Pi_{1i} & \Pi_{2i} & \Pi_{4i} & \tilde{E}^{\mathrm{T}}\mathcal{M}_i\tilde{E} & W_i^{\mathrm{T}}\tilde{B}_i & \tilde{C}_i^{\mathrm{T}} \\ * & \Pi_{3i} & N_i^{\mathrm{T}}\tilde{A}_{di} & 0 & N_i^{\mathrm{T}}\tilde{B}_i & 0 \\ * & * & \Xi_{3i} & \tilde{E}^{\mathrm{T}}(Z_i - \mathcal{M}_i)\tilde{E} & 0 & \tilde{C}_{di}^{\mathrm{T}} \\ * & * & * & -\tilde{E}^{\mathrm{T}}Z_i\tilde{E} - Q & 0 & 0 \\ * & * & * & * & -\kappa I & \tilde{D}_i^{\mathrm{T}} \\ * & * & * & * & * & -I \end{bmatrix} \tag{5.78}$$

其中

$$\Pi_{1i} = \sum_{j=1}^{N} \pi_{ij}\tilde{E}^{\mathrm{T}}P_j\tilde{E} + Q_i + (\eta\tau + 1)Q - \tilde{E}^{\mathrm{T}}Z_i\tilde{E} + W_i^{\mathrm{T}}\tilde{A}_i + \tilde{A}_i^{\mathrm{T}}W_i$$

$$\Pi_{2i} = \tilde{E}^{\mathrm{T}}P_i + S_i R^{\mathrm{T}} - W_i^{\mathrm{T}} + \tilde{A}_i^{\mathrm{T}}N_i$$

$$\Pi_{3i} = -N_i - N_i^{\mathrm{T}} + \tau^2 Z_i + \frac{1}{2}\tau^2 W, \quad \Pi_{4i} = W_i^{\mathrm{T}}\tilde{A}_{di} + \tilde{E}^{\mathrm{T}}(Z_i - \mathcal{M}_i)\tilde{E}$$

令

$$\Psi_i = \begin{bmatrix} I & \tilde{A}_i^{\mathrm{T}} & 0 & 0 & 0 & 0 \\ 0 & \tilde{A}_{di}^{\mathrm{T}} & I & 0 & 0 & 0 \\ 0 & 0 & 0 & I & 0 & 0 \\ 0 & \tilde{B}_i^{\mathrm{T}} & 0 & 0 & I & 0 \\ 0 & 0 & 0 & 0 & 0 & I \end{bmatrix}$$

则有

$$\Phi_i = \Psi_i \Pi_i \Psi_i^{\mathrm{T}} \tag{5.79}$$

因此, $\Pi_i < 0$ 意味着 $\Phi_i < 0$. 注意到

$$\Pi_i = r_{1i} + r_{3i} W_i(r) r_{2i} + r_{2i}^{\mathrm{T}} W_i^{\mathrm{T}}(r) r_{3i}^{\mathrm{T}} + r_{5i} W_i^{\mathrm{T}}(r) r_{4i} + r_{4i}^{\mathrm{T}} W_i(r) r_{5i}^{\mathrm{T}}$$
$$+ r_{7i} W_i(r) r_{6i} + r_{6i}^{\mathrm{T}} W_i^{\mathrm{T}}(r) r_{7i}^{\mathrm{T}} + r_{9i} W_i^{\mathrm{T}}(r) r_{8i} + r_{8i}^{\mathrm{T}} W_i(r) r_{9i}^{\mathrm{T}} \tag{5.80}$$

其中

$$r_{1i} = \begin{bmatrix} \bar{\Pi}_{1i} & \bar{\Pi}_{2i} & \bar{\Pi}_{4i} & \tilde{E}^{\mathrm{T}} \mathcal{M}_i \tilde{E} & W_i^{\mathrm{T}} \tilde{B}_i & \bar{C}_i^{\mathrm{T}} \\ * & \bar{\Pi}_{3i} & N_i^{\mathrm{T}} \bar{A}_{di} & 0 & N_i^{\mathrm{T}} \tilde{B}_i & 0 \\ * & * & \Xi_{3i} & \tilde{E}^{\mathrm{T}}(Z_i - \mathcal{M}_i)\tilde{E} & 0 & \bar{C}_{di}^{\mathrm{T}} \\ * & * & * & -\tilde{E}^{\mathrm{T}} Z_i \tilde{E} - Q & 0 & 0 \\ * & * & * & * & -\kappa I & \tilde{D}_i^{\mathrm{T}} \\ * & * & * & * & * & -I \end{bmatrix}$$

$$\bar{\Pi}_{1i} = \sum_{j=1}^{N} \pi_{ij} \tilde{E}^{\mathrm{T}} P_j \tilde{E} + Q_i + (\eta\tau + 1)Q - \tilde{E}^{\mathrm{T}} Z_i \tilde{E} + W_i^{\mathrm{T}} \bar{A}_i + \bar{A}_i^{\mathrm{T}} W_i$$

$$\bar{\Pi}_{2i} = \tilde{E}^{\mathrm{T}} P_i + S_i R^{\mathrm{T}} - W_i^{\mathrm{T}} + \bar{A}_i^{\mathrm{T}} N_i, \quad \bar{\Pi}_{3i} = -N_i - N_i^{\mathrm{T}} + \tau^2 Z_i + \frac{1}{2}\tau^2 W$$

$$\bar{\Pi}_{4i} = W_i^{\mathrm{T}} \bar{A}_{di} + \tilde{E}^{\mathrm{T}}(Z_i - \mathcal{M}_i)\tilde{E}, \quad r_{2i} = \begin{bmatrix} \tilde{N}_{1i} & 0 & \tilde{N}_{2i} & 0 & 0 & 0 \end{bmatrix}$$

$$r_{3i} = \begin{bmatrix} \tilde{M}_{1i}^{\mathrm{T}} W_i & 0 & 0 & 0 & 0 & 0 \end{bmatrix}^{\mathrm{T}}, \quad r_{4i} = \begin{bmatrix} 0 & \tilde{M}_{1i}^{\mathrm{T}} N_i & 0 & 0 & 0 & M_{2i}^{\mathrm{T}} D_{fi}^{\mathrm{T}} \end{bmatrix}$$

$$r_{5i} = \begin{bmatrix} \tilde{N}_{1i} & 0 & 0 & 0 & 0 & 0 \end{bmatrix}^{\mathrm{T}}, \quad r_{6i} = \begin{bmatrix} 0 & 0 & \tilde{N}_{2i} & 0 & 0 & 0 \end{bmatrix}$$

$$r_{7i} = \begin{bmatrix} 0 & \tilde{M}_{1i}^{\mathrm{T}} N_i & 0 & 0 & 0 & 0 \end{bmatrix}^{\mathrm{T}}, \quad r_{8i} = \begin{bmatrix} 0 & 0 & 0 & 0 & 0 & M_{2i}^{\mathrm{T}} D_{fi}^{\mathrm{T}} \end{bmatrix}$$

$$r_{9i} = \begin{bmatrix} 0 & 0 & \tilde{N}_{2i} & 0 & 0 & 0 \end{bmatrix}^{\mathrm{T}}$$

应用引理 1.6, 对于 $\varepsilon_{1i} > 0$、$\varepsilon_{2i} > 0$、$\varepsilon_{3i} > 0$、$\varepsilon_{4i} > 0$, $\Pi_i < 0$ 等价于

$$\bar{\Pi}_i = r_{1i} + \varepsilon_{1i}^{-1} r_{3i} r_{3i}^{\mathrm{T}} + \varepsilon_{1i} r_{2i}^{\mathrm{T}} r_{2i} + \varepsilon_{2i}^{-1} r_{5i} r_{5i}^{\mathrm{T}} + \varepsilon_{2i} r_{4i}^{\mathrm{T}} r_{4i}$$

$$+ \varepsilon_{3i}^{-1} r_{7i} r_{7i}^{\mathrm{T}} + \varepsilon_{3i} r_{6i}^{\mathrm{T}} r_{6i} + \varepsilon_{4i}^{-1} r_{9i} r_{9i}^{\mathrm{T}} + \varepsilon_{4i} r_{8i}^{\mathrm{T}} r_{8i} < 0 \tag{5.81}$$

令

$$P_i = \begin{bmatrix} P_{1i} & P_{2i} \\ * & P_{3i} \end{bmatrix}, \quad W_i^{\mathrm{T}} = \begin{bmatrix} Y_{1i} & Y \\ Y_{2i} & Y \end{bmatrix}, \quad N_i^{\mathrm{T}} = \begin{bmatrix} Y_{3i} & Y \\ Y_{4i} & Y \end{bmatrix}, \quad S_i = \begin{bmatrix} S_{1i} & S_{2i} \\ S_{3i} & S_{4i} \end{bmatrix}$$

$$R = \begin{bmatrix} \hat{R} & 0 \\ 0 & \hat{R} \end{bmatrix}, \quad Q_i = \begin{bmatrix} \tilde{Q}_i & 0 \\ 0 & \varepsilon I \end{bmatrix}, \quad Q = \begin{bmatrix} \tilde{Q} & 0 \\ 0 & 2\varepsilon I \end{bmatrix}, \quad Z_i = \begin{bmatrix} \tilde{Z}_i & 0 \\ 0 & \varepsilon I \end{bmatrix}$$

$$W = \begin{bmatrix} \tilde{W} & 0 \\ 0 & \varepsilon I \end{bmatrix}, \quad \mathcal{M}_i = \begin{bmatrix} \mathcal{M}_{1i} & \mathcal{M}_{2i} \\ \mathcal{M}_{3i} & \mathcal{M}_{4i} \end{bmatrix} \tag{5.82}$$

并结合式 (5.48) ~ 式 (5.50), 得到式 (5.67) ~ 式 (5.71). 同时, 所期望的奇异跳变滤波器的参数可由式 (5.77) 给出. □

奇异滤波器 (5.46) 的物理实现是非常困难的, 而正则 (正常) 滤波器的物理实现是容易的. 当 $r_t = i \in \mathcal{S}$ 时, 考虑下面的全阶正则跳变滤波器:

$$\begin{cases} \dot{x}_f(t) = A_{fi}\, x_f(t) + B_{fi}\, y(t) \\ u_f(t) = C_{fi}\, x_f(t) + D_{fi}\, y(t) \end{cases} \tag{5.83}$$

其中, $x_f(t) \in \mathbb{R}^n$ 是滤波器的状态向量; $u_f(t) \in \mathbb{R}^l$ 是滤波器输出; A_{fi}、B_{fi}、C_{fi}、D_{fi} 是需要实现的滤波器参数.

当 $r_t = i \in \mathcal{S}$ 时, 时滞奇异跳变滤波误差系统为

$$\begin{cases} \bar{E}\dot{\xi}(t) = \tilde{A}_i \xi(t) + \tilde{A}_{di}\xi(t - \tau(t)) + \tilde{B}_i v(t) \\ e_f(t) = \tilde{C}_i \xi(t) + \tilde{C}_{di}\xi(t - \tau(t)) + \tilde{D}_i v(t) \\ \xi(t) = \varphi(t), \quad t \in [-\tau,\, 0] \end{cases} \tag{5.84}$$

其中

$$\xi(t) = \begin{bmatrix} x^{\mathrm{T}}(t) & x_f^{\mathrm{T}}(t) \end{bmatrix}^{\mathrm{T}}, \quad v(t) = \begin{bmatrix} u(t) \\ \omega(t) \end{bmatrix}, \quad \bar{E} = \begin{bmatrix} E & 0 \\ 0 & I \end{bmatrix}$$

根据定理 5.3 和定理 5.4, 令式 (5.82) 中的 $R = \begin{bmatrix} \hat{R} & 0 \\ 0 & 0 \end{bmatrix}$, 可以得到以下结果.

定理 5.5 时滞奇异跳变滤波误差系统 (5.84) 是随机容许的且满足 H_∞ 性能指标 $\gamma = \sqrt{\kappa}$, 如果对于所有 $i \in \mathcal{S}$ 和给定的标量 $\mu > 0$、$\tau > 0$、$\eta > 0$、$\varepsilon > 0$、

$\varepsilon_{1i} > 0$、$\varepsilon_{2i} > 0$、$\varepsilon_{3i} > 0$、$\varepsilon_{4i} > 0$, 存在正定矩阵 $\tilde{Q}$、$\tilde{Q}_i$、$\tilde{Z}_i$、P_{1i}、P_{3i}、$\tilde{W}$ 和矩阵 P_{2i}、$\hat{R}$、Y、Y_{1i}、Y_{2i}、Y_{3i}、Y_{4i}、S_{1i}、S_{2i}、S_{3i}、S_{4i}、$\mathcal{M}_{1i}$、$\mathcal{M}_{2i}$、$\mathcal{M}_{3i}$、$\mathcal{M}_{4i}$、$\mathcal{A}_{fi}$、$\mathcal{B}_{fi}$、$\mathcal{C}_{fi}$、$\mathcal{D}_{fi}$, 使得线性矩阵不等式 (5.67)~(5.70) 和 (5.85) 成立.

$$\bar{Y}_i = \begin{bmatrix} \bar{Y}_{1i} & Y_{2i} \\ * & Y_{3i} \end{bmatrix} < 0 \tag{5.85}$$

$E^{\mathrm{T}}\hat{R} = 0$, 并且 $\hat{R} \in \mathbb{R}^{n \times (n-r)}$ 是列满秩矩阵, 且

$$\bar{Y}_{1i} = \begin{bmatrix} \bar{Y}_{11i} & \bar{Y}_{12i} \\ * & \bar{Y}_{13i} \end{bmatrix} \tag{5.86}$$

$$Y_{2i} = \begin{bmatrix} Y_{2i}^{11} & 0_{2 \times 2} & 0_{2 \times 3} \\ Y_{2i}^{21} & Y_{2i}^{22} & Y_{2i}^{23} \\ 0_{5 \times 3} & 0_{5 \times 2} & 0_{5 \times 3} \\ 0_{1 \times 3} & Y_{2i}^{41} & Y_{2i}^{42} \end{bmatrix} \tag{5.87}$$

$$Y_{3i} = -\mathrm{diag}\{\varepsilon_{1i}I,\ \varepsilon_{1i}^{-1}I,\ \varepsilon_{2i}I,\ \varepsilon_{2i}^{-1}I,\ \varepsilon_{3i}I,\ \varepsilon_{3i}^{-1}I,\ \varepsilon_{4i}I,\ \varepsilon_{4i}^{-1}I\}$$

$$\bar{Y}_{11i} = \begin{bmatrix} Y_{1i}^{11} & \bar{Y}_{1i}^{12} & Y_{1i}^{13} & Y_{1i}^{14} & Y_{1i}^{15} & Y_{1i}^{16} \\ * & Y_{1i}^{21} & Y_{1i}^{22} & Y_{1i}^{23} & \bar{Y}_{1i}^{24} & Y_{1i}^{25} \\ * & * & Y_{1i}^{31} & Y_{1i}^{32} & Y_{1i}^{33} & 0 \\ * & * & * & Y_{1i}^{41} & Y_{1i}^{42} & 0 \\ * & * & * & * & Y_{1i}^{51} & \bar{Y}_{1i}^{52} \\ * & * & * & * & * & \bar{Y}_{1i}^{61} \end{bmatrix} \tag{5.88}$$

$$\bar{Y}_{12i} = \begin{bmatrix} Y_{1i}^{17} & \bar{Y}_{1i}^{18} & Y_{1i}^{19} & Y_{1i}^{110} & Y_{1i}^{111} \\ \bar{Y}_{1i}^{26} & \bar{Y}_{1i}^{27} & Y_{1i}^{28} & Y_{1i}^{29} & Y_{1i}^{210} \\ 0 & 0 & Y_{1i}^{34} & Y_{1i}^{35} & 0 \\ 0 & 0 & Y_{1i}^{43} & Y_{1i}^{44} & 0 \\ Y_{1i}^{53} & \bar{Y}_{1i}^{54} & 0 & 0 & Y_{1i}^{55} \\ \bar{Y}_{1i}^{62} & \bar{Y}_{1i}^{63} & 0 & 0 & 0 \end{bmatrix} \tag{5.89}$$

$$\bar{Y}_{13i} = \begin{bmatrix} Y_{1i}^{71} & 0 & 0 & 0 & 0 \\ * & \bar{Y}_{1i}^{81} & 0 & 0 & 0 \\ * & * & -\kappa I & 0 & Y_{1i}^{91} \\ * & * & * & -\kappa I & Y_{1i}^{101} \\ * & * & * & * & -I \end{bmatrix} \tag{5.90}$$

$$\Upsilon_{1i}^{11} = \sum_{j=1}^{N} \pi_{ij} E^{\mathrm{T}} P_{1j} E + \tilde{Q}_i + (\eta\tau + 1)\tilde{Q} - E^{\mathrm{T}}\tilde{Z}_i E + Y_{1i}A_i + A_i^{\mathrm{T}}Y_{1i}^{\mathrm{T}} + \mathcal{B}_{fi}C_i + C_i^{\mathrm{T}}\mathcal{B}_{fi}^{\mathrm{T}}$$

$$\bar{\Upsilon}_{1i}^{12} = \sum_{j=1}^{N} \pi_{ij} E^{\mathrm{T}} P_{2j} + \mathcal{A}_{fi} + A_i^{\mathrm{T}}Y_{2i}^{\mathrm{T}} + C_i^{\mathrm{T}}\mathcal{B}_{fi}^{\mathrm{T}}$$

$$\Upsilon_{1i}^{13} = E^{\mathrm{T}}P_{1i} + S_{1i}\hat{R}^{\mathrm{T}} - Y_{1i} + A_i^{\mathrm{T}}Y_{3i}^{\mathrm{T}} + C_i^{\mathrm{T}}\mathcal{B}_{fi}^{\mathrm{T}}$$

$$\bar{\Upsilon}_{1i}^{14} = E^{\mathrm{T}}P_{2i} - Y + A_i^{\mathrm{T}}Y_{4i}^{\mathrm{T}} + C_i^{\mathrm{T}}\mathcal{B}_{fi}^{\mathrm{T}}, \quad \Upsilon_{1i}^{16} = -E^{\mathrm{T}}M_{2i}E$$

$$\Upsilon_{1i}^{15} = Y_{1i}A_{di} + \mathcal{B}_{fi}C_{di} + E^{\mathrm{T}}\tilde{Z}_i E - E^{\mathrm{T}}M_{1i}E, \quad \Upsilon_{1i}^{17} = E^{\mathrm{T}}M_{1i}E$$

$$\bar{\Upsilon}_{1i}^{18} = E^{\mathrm{T}}M_{2i}, \quad \Upsilon_{1i}^{19} = Y_{1i}B_i + \mathcal{B}_{fi}D_i, \quad \Upsilon_{1i}^{110} = Y_{1i}E_i + \mathcal{B}_{fi}F_i$$

$$\Upsilon_{1i}^{111} = C_i^{\mathrm{T}}\mathcal{D}_{fi}^{\mathrm{T}}, \quad \bar{\Upsilon}_{1i}^{21} = \sum_{j=1}^{N} \pi_{ij}P_{3j} + 2\varepsilon I + 2\varepsilon\eta\tau I + \mathcal{A}_{fi} + \mathcal{A}_{fi}^{\mathrm{T}}$$

$$\bar{\Upsilon}_{1i}^{22} = P_{2i}^{\mathrm{T}} + S_{3i}\hat{R}^{\mathrm{T}} - Y_{2i} + \mathcal{A}_{fi}^{\mathrm{T}}, \quad \bar{\Upsilon}_{1i}^{23} = P_{3i} - Y + \mathcal{A}_{fi}^{\mathrm{T}}$$

$$\bar{\Upsilon}_{1i}^{24} = Y_{2i}A_{di} + \mathcal{B}_{fi}C_{di} - M_{3i}E, \quad \bar{\Upsilon}_{1i}^{25} = \varepsilon I - M_{4i}$$

$$\bar{\Upsilon}_{1i}^{26} = M_{3i}E, \quad \bar{\Upsilon}_{1i}^{27} = M_{4i}, \quad \Upsilon_{1i}^{210} = \mathcal{C}_{fi}^{\mathrm{T}}$$

$$\Upsilon_{1i}^{28} = Y_{2i}B_i + \mathcal{B}_{fi}D_i, \quad \Upsilon_{1i}^{29} = Y_{2i}E_i + \mathcal{B}_{fi}F_i$$

$$\Upsilon_{1i}^{31} = -Y_{3i} - Y_{3i}^{\mathrm{T}} + \tau^2\tilde{Z}_i + \frac{1}{2}\tau^2\tilde{W}$$

$$\Upsilon_{1i}^{32} = -Y - Y_{4i}^{\mathrm{T}}, \quad \Upsilon_{1i}^{33} = Y_{3i}A_{di} + \mathcal{B}_{fi}C_{di}$$

$$\Upsilon_{1i}^{34} = Y_{3i}B_i + \mathcal{B}_{fi}D_i, \quad \Upsilon_{1i}^{35} = Y_{3i}E_i + \mathcal{B}_{fi}F_i$$

$$\Upsilon_{1i}^{41} = -Y - Y^{\mathrm{T}} + \frac{3}{2}\varepsilon\tau^2 I, \quad \Upsilon_{1i}^{42} = Y_{4i}A_{di} + \mathcal{B}_{fi}C_{di}$$

$$\Upsilon_{1i}^{43} = Y_{4i}B_i + \mathcal{B}_{fi}D_i, \quad \Upsilon_{1i}^{44} = Y_{4i}E_i + \mathcal{B}_{fi}F_i$$

$$\Upsilon_{1i}^{51} = -(1 - \mu)\tilde{Q}_i - 2E^{\mathrm{T}}\tilde{Z}_i E + E^{\mathrm{T}}(M_{1i} + M_{1i}^{\mathrm{T}})E$$

$$\bar{\Upsilon}_{1i}^{52} = E^{\mathrm{T}}(M_{2i} + M_{3i}^{\mathrm{T}}), \quad \Upsilon_{1i}^{53} = E^{\mathrm{T}}(\tilde{Z}_i - M_{1i})E$$

$$\bar{\Upsilon}_{1i}^{54} = -E^{\mathrm{T}}M_{2i}, \quad \Upsilon_{1i}^{55} = C_{di}^{\mathrm{T}}\mathcal{D}_{fi}^{\mathrm{T}}$$

$$\bar{\Upsilon}_{1i}^{61} = -(1 - \mu)\varepsilon I - 2\varepsilon I + (M_{4i} + M_{4i}^{\mathrm{T}}), \quad \bar{\Upsilon}_{1i}^{62} = -M_{3i}E$$

$$\bar{\Upsilon}_{1i}^{63} = \varepsilon I - M_{4i}, \quad \Upsilon_{1i}^{71} = -E^{\mathrm{T}}\tilde{Z}_i E - \tilde{Q}, \quad \bar{\Upsilon}_{1i}^{81} = -3\varepsilon I$$

$$\Upsilon_{1i}^{91} = D_i^{\mathrm{T}} \mathcal{D}_{fi}^{\mathrm{T}} - I, \quad \Upsilon_{1i}^{101} = F_i^{\mathrm{T}} \mathcal{D}_{fi}^{\mathrm{T}}$$

$$\Upsilon_{2i}^{11} = \begin{bmatrix} Y_{1i} M_{1i} + \mathcal{B}_{fi} M_{2i} & N_{1i}^{\mathrm{T}} & N_{1i}^{\mathrm{T}} \\ Y_{2i} M_{1i} + \mathcal{B}_{fi} M_{2i} & 0 & 0 \end{bmatrix}, \quad \Upsilon_{2i}^{21} = \begin{bmatrix} 0 & 0 & 0 \\ 0 & 0 & 0 \\ 0 & N_{2i}^{\mathrm{T}} & 0 \end{bmatrix}$$

$$\Upsilon_{2i}^{22} = \begin{bmatrix} Y_{3i} M_{1i} + \mathcal{B}_{fi} M_{2i} & Y_{3i} M_{1i} + \mathcal{B}_{fi} M_{2i} \\ Y_{4i} M_{1i} + \mathcal{B}_{fi} M_{2i} & Y_{4i} M_{1i} + \mathcal{B}_{fi} M_{2i} \\ 0 & 0 \end{bmatrix}, \quad \Upsilon_{2i}^{23} = \begin{bmatrix} 0 & 0 & 0 \\ 0 & 0 & 0 \\ N_{2i}^{\mathrm{T}} & N_{2i}^{\mathrm{T}} & 0 \end{bmatrix}$$

$$\Upsilon_{2i}^{41} = \begin{bmatrix} \mathcal{D}_{fi} M_{2i} & 0 \end{bmatrix}, \quad \Upsilon_{2i}^{42} = \begin{bmatrix} 0 & 0 & \mathcal{D}_{fi} M_{2i} \end{bmatrix}$$

此时, 所期望的正则跳变滤波器参数由式 (5.77) 给出.

5.2.3 仿真算例

例 5.2 考虑具有两个模态和以下参数的时滞奇异跳变系统 (5.42):

$$A_1 = \begin{bmatrix} -3.5 & 0.2 \\ 0.3 & -3.3 \end{bmatrix}, \quad A_2 = \begin{bmatrix} -4.2 & 0.2 \\ 0.4 & -3.5 \end{bmatrix}, \quad A_{d1} = \begin{bmatrix} 0.4 & -0.1 \\ 0.3 & 0.4 \end{bmatrix}$$

$$A_{d2} = \begin{bmatrix} 0.3 & -0.2 \\ 0.4 & 0.5 \end{bmatrix}, \quad C_1 = \begin{bmatrix} 2.4 & -1.3 \end{bmatrix}, \quad C_2 = \begin{bmatrix} 2.2 & -1.4 \end{bmatrix}$$

$$\Pi = \begin{bmatrix} -1.6 & 1.6 \\ 0.8 & -0.8 \end{bmatrix}, \quad B_1 = \begin{bmatrix} 0.2 \\ 0.1 \end{bmatrix}, \quad B_2 = \begin{bmatrix} 0.3 \\ 0.2 \end{bmatrix}, \quad E_1 = \begin{bmatrix} -0.2 \\ 0.3 \end{bmatrix}$$

$$E_2 = \begin{bmatrix} -0.1 \\ 0.2 \end{bmatrix}, \quad C_{d1} = \begin{bmatrix} 1.4 & -0.4 \end{bmatrix}, \quad C_{d2} = \begin{bmatrix} 1.2 & -0.3 \end{bmatrix}, \quad D_1 = 1.1$$

$$D_2 = 1.2, \quad F_1 = 0.7, \quad F_2 = 0.8, \quad M_{11} = M_{12} = \begin{bmatrix} -0.01 & 0.01 \\ 0.02 & 0 \end{bmatrix}$$

$$N_{11} = N_{12} = \begin{bmatrix} -0.03 & 0 \\ 0.01 & 0.02 \end{bmatrix}, \quad N_{21} = N_{22} = \begin{bmatrix} -0.01 & 0.02 \\ 0 & 0.03 \end{bmatrix}$$

$$M_{21} = M_{22} = \begin{bmatrix} 0.01 & 0.02 \end{bmatrix}, \quad E = \begin{bmatrix} 1 & 0 \\ 0 & 0 \end{bmatrix}, \quad R = \begin{bmatrix} 0 \\ 2 \end{bmatrix}$$

$$\varepsilon_{11} = \varepsilon_{12} = 1.4, \quad \varepsilon_{31} = \varepsilon_{32} = 0.5, \quad \varepsilon = 2.6$$

$$\varepsilon_{21} = \varepsilon_{22} = 0.3, \quad \varepsilon_{41} = \varepsilon_{42} = 0.5, \quad \mu = 0.5$$

当 $\tau = 0.5$ 时, 解定理 5.4 中线性矩阵不等式 (5.67)$\sim$(5.71) 和 (5.77), 得到 H_∞ 性能指标 $\gamma = 0.6384$, 所期望的滤波器 (5.46) 的参数如下所示:

$$A_{f1} = \begin{bmatrix} -2.6463 & 9.0309 \\ -3.9630 & -13.4408 \end{bmatrix}, \quad B_{f1} = \begin{bmatrix} -0.3558 \\ -0.0308 \end{bmatrix}, \quad C_{f1} = \begin{bmatrix} -1.4168 & 2.1682 \end{bmatrix}$$

$$A_{f2} = \begin{bmatrix} -9.4635 & 15.2292 \\ 6.6628 & -17.0837 \end{bmatrix}, \quad B_{f2} = \begin{bmatrix} 0.0385 \\ -0.1192 \end{bmatrix}, \quad C_{f2} = \begin{bmatrix} -1.7906 & 2.2750 \end{bmatrix}$$

$$D_{f1} = 0.3428, \quad D_{f2} = 0.7003 \tag{5.91}$$

当 $\tau = 2.5$ 时, 得到 H_∞ 性能指标 $\gamma = 1.8431$, 所期望的滤波器 (5.46) 的参数如下所示:

$$A_{f1} = \begin{bmatrix} -1.6516 & -0.3217 \\ -1.1978 & -2.3860 \end{bmatrix}, \quad B_{f1} = \begin{bmatrix} -0.0673 \\ -0.1368 \end{bmatrix}, \quad C_{f1} = \begin{bmatrix} -2.5842 & -0.4838 \end{bmatrix}$$

$$A_{f2} = \begin{bmatrix} -2.1504 & -0.3779 \\ -1.2670 & -2.1969 \end{bmatrix}, \quad B_{f2} = \begin{bmatrix} -0.1180 \\ -0.1773 \end{bmatrix}, \quad C_{f2} = \begin{bmatrix} 1.7117 & -1.6009 \end{bmatrix}$$

$$D_{f1} = -0.1867, \quad D_{f2} = 0.8000 \tag{5.92}$$

通过相同的方法, 对于不同的时滞 τ 可以相应得到 H_∞ 性能指标 γ 和对应的滤波器参数. 表 5.2 展示了不同的时滞 τ 所对应的 H_∞ 性能指标 γ.

表 5.2   不同的时滞 τ 对应的 H_∞ 性能指标 γ

参数	情况 1	情况 2	情况 3	情况 4	情况 5
τ	$\tau = 0$	$\tau = 0.5$	$\tau = 1.5$	$\tau = 2.5$	$\tau = 3$
γ	0.5396	0.6384	1.1549	1.8431	2.2250

令 $x(0) = \begin{bmatrix} -0.1 & 0.1 \end{bmatrix}^{\mathrm{T}}$, 初始模态 $r_0 = 1$, $r_t \in \{1, 2\}$ 在两个模态之间变化. $\omega(t)$ 是在时间区间 $[0, 20]$ 均匀分布在 $[-0.05, 0.05]$ 上的均匀噪声, 输入信号 $u(t) = 0.5\sin(t)\mathrm{e}^{-0.5t}$, 如图 5.4 和图 5.5所示.

图 5.6 为具有输入 $u(t)$ 和噪声干扰 $\omega(t)$ 的滤波器状态 $x_f(t)$ 的轨迹. 图 5.7 给出了带有噪声干扰 $\omega(t)$ 的输入估计 $u_f(t)$ 的轨迹. 图 5.8 展示了无噪声干扰 $\omega(t)$ 的输入估计 $u_f(t)$ 的轨迹.

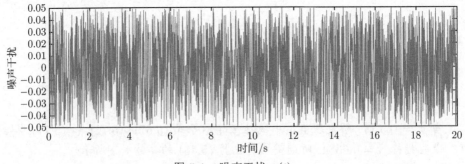

图 5.4   噪声干扰 $\omega(t)$

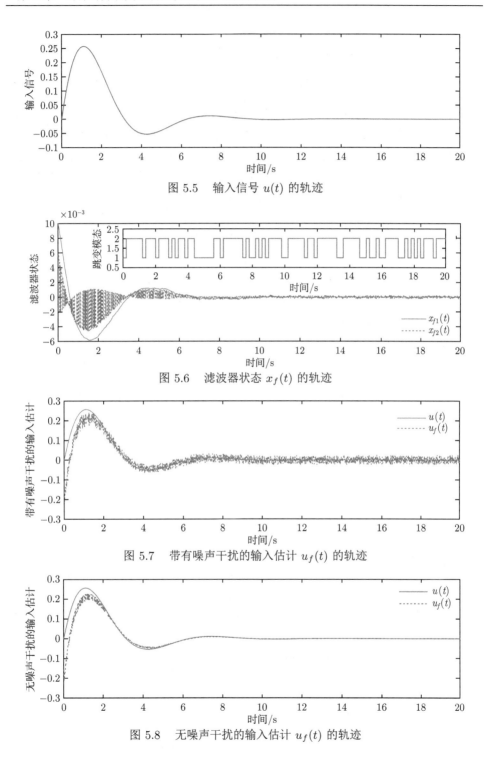

图 5.5　输入信号 $u(t)$ 的轨迹

图 5.6　滤波器状态 $x_f(t)$ 的轨迹

图 5.7　带有噪声干扰的输入估计 $u_f(t)$ 的轨迹

图 5.8　无噪声干扰的输入估计 $u_f(t)$ 的轨迹

5.3　具有有限通信容量与未知转移率的时滞不确定奇异跳变系统 H_∞ 反卷积滤波器设计

本节研究一类具有有限通信容量和部分未知转移率的时变时滞不确定奇异跳变系统 H_∞ 反卷积滤波问题, 利用滤波器输出来估计系统未知输入信号. 通过构造综合的随机 L-K 泛函, 给出新颖的模态相关和时滞相关条件, 以确保滤波误差系统不仅是随机容许的, 而且在参数不确定、信号传输时滞和数据包丢失情况下满足 H_∞ 性能要求. 利用仿真算例验证设计方法的有效性.

本节的贡献和创新点归纳如下:

(1) 构建了体现马尔可夫跳变模态信息和时变时滞信息的随机 L-K 泛函, 给出了新颖的滤波误差系统 H_∞ 随机容许性条件;

(2) 在设计奇异跳变反卷积滤波器时, 考虑了状态快变时滞、参数不确定性、部分未知转移率和有限的通信容量, 取消了时滞导数严格小于 1 的限制条件;

(3) 利用奇异反卷积滤波器输出来估计系统未知输入这一思想可以推广到正则 (正常) 反卷积滤波器的设计和干扰估计问题.

5.3.1　问题描述

给定概率空间 $(\Omega, \mathfrak{F}, \mathcal{P})$, 考虑以下时变时滞不确定奇异跳变系统:

$$
\begin{cases}
E\dot{x}(t) = (A(r_t) + \Delta A(r_t))x(t) + (A_d(r_t) + \Delta A_d(r_t))x(t - \tau(t)) \\
\qquad\quad + B(r_t)u(t) + D(r_t)\omega(t) \\
y(t) = (C(r_t) + \Delta C(r_t))x(t) \\
x(t) = \phi(t), \quad \forall\, t \in [-\tau,\, 0]
\end{cases}
\tag{5.93}
$$

其中, $x(t) \in \mathbb{R}^n$ 为状态向量; $y(t) \in \mathbb{R}^m$ 为量测输出; $u(t) \in \mathbb{R}^q$ 为未知的控制输入; $\omega(t) \in \mathbb{R}^w$ 为干扰输入; $u(t)$ 和 $\omega(t)$ 属于 $\mathcal{L}_2[0, \infty)$; $\phi(t)$ 为一个定义在区间 $[-\tau,\, 0]$ 上的向量值连续初始函数; 矩阵 $E \in \mathbb{R}^{n \times n}$ 是奇异的, 且 $\mathrm{rank}(E) = \mathcal{R} < n$.

$\{r_t\}$ 是一个右连续的马尔可夫过程, 在有限集 $\mathcal{S} = \{1, 2, \cdots, N\}$ 中取值, $\Pi = [\pi_{ij}]$ 是转移率矩阵, 满足文献 [1] 和 [2] 中的条件. 马尔可夫过程 $\{r_t\}$ 的具体性质详见 2.1 节. 在本节中, 未知的转移率满足:

$$
0 \leqslant \underline{\pi}_i \leqslant \pi_{ij} \leqslant \overline{\pi}_i, \quad \forall\, i, j \in \mathcal{S}, i \neq j
\tag{5.94}
$$

$\tau(t)$ 为时变时滞, 满足条件:

$$
0 < \tau(t) \leqslant \tau < \infty, \quad \dot{\tau}(t) \leqslant \mu
\tag{5.95}
$$

其中, $\underline{\pi}_i$、$\overline{\pi}_i$、τ 和 $\mu > 0$ 为已知标量.

注 5.4　在马尔可夫跳变系统的实际应用中, 精确的转移率是很难得到的. 因此, 无论在理论上还是实践中, 深入研究更具一般性的转移率限制条件是非常必要的. 另外, 当时变时滞 $\tau(t)$ 出现时, 通常视为慢变时滞, 其导数 $\dot{\tau}(t) \leqslant \mu < 1$, 这是非常有局限性的[17]. 本节考虑了快变时滞, 只要求 $\dot{\tau}(t) \leqslant \mu$, 取消了 $\mu < 1$ 这一限制条件. 因此, 本节给出的时变时滞条件更具一般性.

方便起见, 对于 $r_t = i \in \mathcal{S}$, 将矩阵 $A(r_t)$ 记为 A_i, $\Delta A_d(r_t)$ 记为 ΔA_{di}. 在系统 (5.93) 的参数中, A_i、A_{di}、B_i、C_i、D_i 是已知的具有适当维数的常数矩阵, ΔA_i、ΔA_{di}、ΔC_i 表示范数有界的不确定参数, 满足如下条件:

$$\left[\begin{array}{c} \Delta A_i \\ \Delta A_{di} \\ \Delta C_i \end{array}\right] = \left[\begin{array}{c} M_{1i} \\ M_{2i} \\ M_{3i} \end{array}\right] W_i(r) N_{1i} \tag{5.96}$$

其中, M_{1i}、M_{2i}、M_{3i}、N_{1i} 是已知常数矩阵; $W_i(r)$ 是不确定矩阵且满足

$$W_i^{\mathrm{T}}(r)W_i(r) \leqslant I, \quad \forall\, i \in \mathcal{S} \tag{5.97}$$

$r \in \Theta$, Θ 是 $\mathbb{R}$ 中的一个紧集.

不确定参数 ΔA_i、ΔA_{di}、ΔC_i 是容许的, 即存在矩阵满足条件 (5.96) 和 (5.97).

本节考虑模态相关的全阶奇异跳变滤波器来估计未知输入 $u(t)$, 当 $r_t = i \in \mathcal{S}$ 时, 滤波器设计如下:

$$\left\{\begin{array}{l} E_f \dot{x}_f(t) = A_{fi} x_f(t) + B_{fi} \tilde{y}(t) \\ u_f(t) = C_{fi} x_f(t) + D_{fi} \tilde{y}(t) \end{array}\right. \tag{5.98}$$

其中, $x_f(t) \in \mathbb{R}^n$ 是滤波器的状态向量; $\tilde{y}(t) \in \mathbb{R}^m$ 是滤波器的输入; $u_f(t) \in \mathbb{R}^l$ 是滤波器的输出; 矩阵 $E_f \in \mathbb{R}^{n \times n}$ 是奇异的, 且 $\mathrm{rank}(E_f) = \mathcal{R} < n$; A_{fi}、B_{fi}、C_{fi}、D_{fi} 是需要实现的滤波器参数.

图 5.9 是通信容量有限的反卷积滤波器设计流程图, 可以看到 $y(t)$ 和 $\tilde{y}(t)$ 之间存在一个网络化环境下的通信信道. 在现有文献中大多预先假设在量测输出 $y(t)$ 和滤波器输入 $\tilde{y}(t)$ 之间存在一个完美的通信通道, 也就是说, $y(t) = \tilde{y}(t)$. 然而, 在实际情况中, 特别是在网络化环境下, 总是存在信号传输时滞和数据包丢失等问题. 在本节中, 采用以下策略来描述滤波器输入 $\tilde{y}(t)$:

$$\tilde{y}(t) = \theta y(t) + (1-\theta)y(t-\tau(t)) + E_i \omega(t) + F_i u(t) \tag{5.99}$$

其中, E_i、F_i 是具有适当维数的已知常数矩阵; 随机变量 $\theta \in \{0,1\}$, θ 服从 Bernoulli 分布且

$$\begin{cases} \text{Prob}\,\{\theta = 1\} = \mathcal{E}\{\theta\} = p \\ \text{Prob}\,\{\theta = 0\} = 1 - \mathcal{E}\{\theta\} = 1 - p \end{cases} \tag{5.100}$$

$p \in [0, 1]$ 是一个已知的正标量, $\mathcal{E}\{\theta - \mathcal{E}\{\theta\}\}^2 = p\,(1 - p)$.

本节中 Bernoulli 随机变量 θ、马尔可夫随机过程 $\{r_t\}$ 中的 r_t 和后续出现的其他随机变量相互独立.

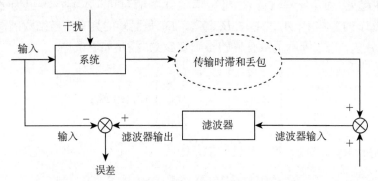

图 5.9 通信容量有限的反卷积滤波器设计流程图

定义 $e_f\,(t) \overset{\text{def}}{=\!=} u_f\,(t) - u\,(t)$, 增广后可得滤波误差系统:

$$\begin{cases} \tilde{E}\dot{\xi}\,(t) = \tilde{A}_i \xi\,(t) + \tilde{A}_{di}\xi\,(t - \tau\,(t)) + \tilde{B}_i v\,(t) \\ e_f\,(t) = \tilde{C}_i \xi\,(t) + \tilde{C}_{di}\xi\,(t - \tau\,(t)) + \tilde{D}_i v\,(t) \\ \xi(t) = \varphi(t), \quad t \in [-\tau,\, 0] \end{cases} \tag{5.101}$$

其中

$$\xi\,(t) = \begin{bmatrix} x\,(t) \\ x_f\,(t) \end{bmatrix}, \quad v\,(t) = \begin{bmatrix} u\,(t) \\ \omega\,(t) \end{bmatrix}, \quad \tilde{E} = \begin{bmatrix} E & 0 \\ 0 & E_f \end{bmatrix}$$

$$\tilde{B}_i = \begin{bmatrix} B_i & D_i \\ B_{fi}F_i & B_{fi}E_i \end{bmatrix}, \quad \tilde{D}_i = \begin{bmatrix} D_{fi}F_i - I & D_{fi}E_i \end{bmatrix}, \quad \tilde{C}_{di} = \check{C}_{di} + (p - \theta)\hat{C}_{di}$$

$$\tilde{A}_i = \check{A}_i + (\theta - p)\hat{A}_i, \quad \tilde{A}_{di} = \check{A}_{di} + (p - \theta)\hat{A}_{di}, \quad \tilde{C}_i = \check{C}_i + (\theta - p)\hat{C}_i$$

$$\check{A}_i = \begin{bmatrix} A_i + \Delta A_i & 0 \\ pB_{fi}(C_i + \Delta C_i) & A_{fi} \end{bmatrix}, \quad \check{A}_{di} = \begin{bmatrix} A_{di} + \Delta A_{di} & 0 \\ (1 - p)B_{fi}(C_i + \Delta C_i) & 0 \end{bmatrix}$$

$$\hat{A}_i = \hat{A}_{di} = \begin{bmatrix} 0 & 0 \\ B_{fi}(C_i + \Delta C_i) & 0 \end{bmatrix}, \quad \hat{C}_i = \hat{C}_{di} = \begin{bmatrix} D_{fi}(C_i + \Delta C_i) & 0 \end{bmatrix}$$

$$\check{C}_i = \left[\begin{array}{cc} pD_{fi}(C_i + \Delta C_i) & C_{fi} \end{array} \right], \quad \check{C}_{di} = \left[\begin{array}{cc} (1-p)D_{fi}(C_i + \Delta C_i) & 0 \end{array} \right]$$

根据条件 (5.96)，以上参数可以进一步表述为

$$\check{A}_i = \bar{\check{A}}_i + \Delta\check{A}_i \stackrel{\text{def}}{=\!=} \left[\begin{array}{cc} A_i & 0 \\ pB_{fi}C_i & A_{fi} \end{array} \right] + \left[\begin{array}{cc} \Delta A_i & 0 \\ pB_{fi}\Delta C_i & 0 \end{array} \right]$$

$$\check{A}_{di} = \bar{\check{A}}_{di} + \Delta\check{A}_{di} \stackrel{\text{def}}{=\!=} \left[\begin{array}{cc} A_{di} & 0 \\ (1-p)B_{fi}C_i & 0 \end{array} \right] + \left[\begin{array}{cc} \Delta A_{di} & 0 \\ (1-p)B_{fi}\Delta C_i & 0 \end{array} \right]$$

$$\bar{\hat{A}}_i = \bar{\hat{A}}_{di} = \left[\begin{array}{cc} 0 & 0 \\ B_{fi}C_i & 0 \end{array} \right], \quad \Delta\hat{A}_i = \Delta\hat{A}_{di} = \left[\begin{array}{cc} 0 & 0 \\ B_{fi}\Delta C_i & 0 \end{array} \right]$$

$$\check{C}_i = \bar{\check{C}}_i + \Delta\check{C}_i \stackrel{\text{def}}{=\!=} \left[\begin{array}{cc} pD_{fi}C_i & C_{fi} \end{array} \right] + \left[\begin{array}{cc} pD_{fi}\Delta C_i & 0 \end{array} \right]$$

$$\check{C}_{di} = \bar{\check{C}}_{di} + \Delta\check{C}_{di} \stackrel{\text{def}}{=\!=} \left[\begin{array}{cc} (1-p)D_{fi}C_i & 0 \end{array} \right] + \left[\begin{array}{cc} (1-p)D_{fi}\Delta C_i & 0 \end{array} \right]$$

$$\bar{\hat{C}}_i = \bar{\hat{C}}_{di} = \left[\begin{array}{cc} D_{fi}C_i & 0 \end{array} \right], \quad \Delta\hat{C}_i = \Delta\hat{C}_{di} = \left[\begin{array}{cc} D_{fi}\Delta C_i & 0 \end{array} \right]$$

其中

$$\left\{ \begin{array}{l} \Delta\check{A}_i = \tilde{M}_{1i}W_i(r)\tilde{N}_{1i}, \quad \Delta\check{A}_{di} = \tilde{M}_{2i}W_i(r)\tilde{N}_{1i}, \quad \Delta\hat{A}_i = \Delta\hat{A}_{di} = \tilde{M}_{3i}W_i(r)\tilde{N}_{1i} \\ \Delta\check{C}_i = pD_{fi}M_{3i}W_i(r)\tilde{N}_{1i}, \quad \Delta\check{C}_{di} = (1-p)D_{fi}M_{3i}W_i(r)\tilde{N}_{1i} \\ \Delta\hat{C}_i = \Delta\hat{C}_{di} = D_{fi}M_{3i}W_i(r)\tilde{N}_{1i}, \quad \tilde{N}_{1i} = \left[\begin{array}{cc} N_{1i} & 0 \end{array} \right] \\ \tilde{M}_{1i} = \left[\begin{array}{c} M_{1i} \\ pB_{fi}M_{3i} \end{array} \right], \quad \tilde{M}_{2i} = \left[\begin{array}{c} M_{2i} \\ (1-p)B_{fi}M_{3i} \end{array} \right], \quad \tilde{M}_{3i} = \left[\begin{array}{c} 0 \\ B_{fi}M_{3i} \end{array} \right] \end{array} \right. \tag{5.102}$$

5.3.2 主要结论

定理 5.6　时滞奇异跳变滤波误差系统 (5.101) 是随机容许的且具有 H_∞ 性能指标 γ，如果对于任意 $i \in \mathcal{S}$ 和给定的标量 $\mu > 0$、$\tau > 0$，存在正定矩阵 P_i、Q_i、Z_i、Q、W，矩阵 S_i、$\mathcal{M}_i$，使得下列矩阵不等式成立：

$$\sum_{j=1}^{N} \pi_{ij}Q_j < Q \tag{5.103}$$

$$\tau \sum_{j=1}^{N} \pi_{ij}Z_j < W \tag{5.104}$$

$$
\begin{bmatrix} Z_i & \mathcal{M}_i \\ * & Z_i \end{bmatrix} > 0 \tag{5.105}
$$

$$
\Phi_i = \bar{\Phi}_i + \begin{bmatrix} \check{A}_i^{\mathrm{T}} \\ \check{A}_{di}^{\mathrm{T}} \\ 0 \\ \tilde{B}_i^{\mathrm{T}} \\ 0 \end{bmatrix} \Delta_i \begin{bmatrix} \check{A}_i^{\mathrm{T}} \\ \check{A}_{di}^{\mathrm{T}} \\ 0 \\ \tilde{B}_i^{\mathrm{T}} \\ 0 \end{bmatrix}^{\mathrm{T}} + q^2 \begin{bmatrix} \hat{A}_i^{\mathrm{T}} \\ -\hat{A}_{di}^{\mathrm{T}} \\ 0 \\ 0 \\ 0 \end{bmatrix} \Delta_i \begin{bmatrix} \hat{A}_i^{\mathrm{T}} \\ -\hat{A}_{di}^{\mathrm{T}} \\ 0 \\ 0 \\ 0 \end{bmatrix}^{\mathrm{T}}
$$

$$
+ q^2 \begin{bmatrix} \hat{C}_i^{\mathrm{T}} \\ -\hat{C}_{di}^{\mathrm{T}} \\ 0 \\ 0 \\ 0 \end{bmatrix} \begin{bmatrix} \hat{C}_i^{\mathrm{T}} \\ -\hat{C}_{di}^{\mathrm{T}} \\ 0 \\ 0 \\ 0 \end{bmatrix}^{\mathrm{T}} < 0 \tag{5.106}
$$

$\tilde{E}^{\mathrm{T}} R = 0$ 并且 $R \in \mathbb{R}^{2n \times 2(n-r)}$ 是任意列满秩矩阵, 且

$$
\bar{\Phi}_i = \begin{bmatrix} \Xi_{1i} & \Xi_{2i} & \tilde{E}^{\mathrm{T}} \mathcal{M}_i \tilde{E} & \Xi_{4i} & \check{C}_i^{\mathrm{T}} \\ * & \Xi_{3i} & \tilde{E}^{\mathrm{T}}(Z_i - \mathcal{M}_i)\tilde{E} & 0 & \check{C}_{di}^{\mathrm{T}} \\ * & * & -\tilde{E}^{\mathrm{T}} Z_i \tilde{E} - Q & 0 & 0 \\ * & * & * & -\gamma^2 I & \tilde{D}_i^{\mathrm{T}} \\ * & * & * & * & -I \end{bmatrix}
$$

$$
\Xi_{1i} = \sum_{j=1}^{N} \pi_{ij} \tilde{E}^{\mathrm{T}} P_j \tilde{E} + \tilde{E}^{\mathrm{T}} P_i \check{A}_i + \check{A}_i^{\mathrm{T}} P_i \tilde{E} + S_i R^{\mathrm{T}} \check{A}_i + \check{A}_i^{\mathrm{T}} R S_i^{\mathrm{T}}
$$

$$
+ Q_i + (\tau + 1)Q - \tilde{E}^{\mathrm{T}} Z_i \tilde{E}
$$

$$
\Xi_{2i} = \tilde{E}^{\mathrm{T}} P_i \check{A}_{di} + S_i R^{\mathrm{T}} \check{A}_{di} + \tilde{E}^{\mathrm{T}}(Z_i - \mathcal{M}_i)\tilde{E}
$$

$$
\Xi_{3i} = -(1-\mu)Q_i + \tilde{E}^{\mathrm{T}}(-2Z_i + \mathcal{M}_i + \mathcal{M}_i^{\mathrm{T}})\tilde{E}, \quad \Xi_{4i} = \tilde{E}^{\mathrm{T}} P_i \tilde{B}_i + S_i R^{\mathrm{T}} \tilde{B}_i
$$

$$
\Delta_i = \tau^2 Z_i + \frac{1}{2}\tau^2 W, \quad q = \sqrt{p(1-p)}
$$

证明 由文献 [17], 根据奇异值分解技术, 存在非奇异矩阵 $\hat{M}$、$\hat{N}$ 使得

$$
\hat{E} = \hat{M}\tilde{E}\hat{N} = \begin{bmatrix} I_{2r} & 0 \\ 0 & 0 \end{bmatrix}, \quad R = \hat{M}^{\mathrm{T}} \begin{bmatrix} 0 \\ I \end{bmatrix} U \tag{5.107}
$$

其中, U 是非奇异矩阵.

对于每一个 $i \in \mathcal{S}$, 定义

$$
\hat{M}\check{A}_i\hat{N} = \begin{bmatrix} \check{A}_{i1} & \check{A}_{i2} \\ \check{A}_{i3} & \check{A}_{i4} \end{bmatrix}, \quad \hat{M}^{-\mathrm{T}}P_i\hat{M}^{-1} = \begin{bmatrix} P_{i1} & P_{i2} \\ * & P_{i4} \end{bmatrix}, \quad \hat{N}^{\mathrm{T}}S_i = \begin{bmatrix} S_{i1} \\ S_{i2} \end{bmatrix}
$$

$$(5.108)$$

令 $\bar{\Xi}_{1i} = \Xi_{1i} - Q_i - (\tau+1)Q$, 由式 (5.106), 根据 Schur 补引理, 得到 $\bar{\Xi}_{1i} < 0$. 对 $\bar{\Xi}_{1i}$ 分别左乘 $\hat{N}^{\mathrm{T}}$、右乘 $\hat{N}$, 可得

$$
\check{A}_{i4}^{\mathrm{T}}US_{i2}^{\mathrm{T}} + S_{i2}U^{\mathrm{T}}\check{A}_{i4} < 0
$$

则

$$
\alpha(\check{A}_{i4}^{\mathrm{T}}US_{i2}^{\mathrm{T}}) \leqslant \mu(\check{A}_{i4}^{\mathrm{T}}US_{i2}^{\mathrm{T}}) = \frac{1}{2}\lambda_{\max}(\check{A}_{i4}^{\mathrm{T}}US_{i2}^{\mathrm{T}} + S_{i2}U^{\mathrm{T}}\check{A}_{i4}) < 0
$$

因此, $\check{A}_{i4}^{\mathrm{T}}US_{i2}^{\mathrm{T}}$ 非奇异, 这意味着 $\check{A}_{i4}$ 是非奇异的. 由文献 [16], 可以得到 $(\tilde{E}, \check{A}_i)$ 是正则和无脉冲的.

另外, 由式 (5.106), 根据 Schur 补引理, 有

$$
\hat{\Xi}_i = \begin{bmatrix} \Xi_{1i} & \Xi_{2i} & \tilde{E}^{\mathrm{T}}\mathcal{M}_i\tilde{E} \\ * & \Xi_{3i} & \tilde{E}^{\mathrm{T}}(Z_i - \mathcal{M}_i)\tilde{E} \\ * & * & -\tilde{E}^{\mathrm{T}}Z_i\tilde{E} - Q \end{bmatrix} < 0
$$

然后, 对 $\hat{\Xi}_i$ 两边分别乘以 $[I, I, I]$ 及其转置, 得到

$$
\Xi_{1i} + \Xi_{2i} + \Xi_{2i}^{\mathrm{T}} + \Xi_{3i} + \tilde{E}^{\mathrm{T}}Z_i\tilde{E} - Q < 0
$$

因此

$$
\sum_{j=1}^{N} \pi_{ij}\tilde{E}^{\mathrm{T}}P_j\tilde{E} + (\tilde{E}^{\mathrm{T}}P_i + S_iR^{\mathrm{T}})(\check{A}_i + \check{A}_{di}) + (\check{A}_i + \check{A}_{di})^{\mathrm{T}}(\tilde{E}^{\mathrm{T}}P_i + S_iR^{\mathrm{T}})^{\mathrm{T}} < 0
$$

$$(5.109)$$

由文献 [4], 式 (5.109) 意味着 $(\tilde{E}, \check{A}_i + \check{A}_{di})$ 对于所有 $i \in \mathcal{S}$ 是正则和无脉冲的.

注意到

$$
\det(\mathcal{E}\{s\tilde{E} - \check{A}_i\}) = \det(s\tilde{E} - \check{A}_i)
$$

$$
\deg(\det(\mathcal{E}\{s\tilde{E} - \check{A}_i\})) = \deg(\det(s\tilde{E} - \check{A}_i)) = \mathrm{rank}(\tilde{E})
$$

根据上述证明和定义 1.1, 对于所有 $i \in \mathcal{S}$, 时滞奇异跳变滤波误差系统 (5.101) 是正则和无脉冲的.

令 $\{\xi_t = \xi(t+\theta),\ -\tau \leqslant \theta \leqslant 0\}$, 则随机过程 $\{(\xi_t,\ r_t),\ t \geqslant \tau\}$ 是具有初始状态 $(\varphi(\cdot),\ r_0)$ 的马尔可夫过程. 对时滞奇异跳变滤波误差系统 (5.101), 构建随机 L-K 泛函:

$$V(\xi_t, r_t) = V_1(\xi_t, r_t) + V_2(\xi_t, r_t) + V_3(\xi_t) + V_4(\xi_t, r_t) + V_5(\xi_t) \tag{5.110}$$

其中

$$V_1(\xi_t, r_t) = \xi^{\mathrm{T}}(t)\tilde{E}^{\mathrm{T}}P(r_t)\tilde{E}\xi(t)$$

$$V_2(\xi_t, r_t) = \int_{t-\tau(t)}^{t} \xi^{\mathrm{T}}(s)Q(r_t)\xi(s)\mathrm{d}s$$

$$V_3(\xi_t) = \int_{-\tau}^{0}\int_{t+\beta}^{t} \xi^{\mathrm{T}}(\alpha)Q\xi(\alpha)\mathrm{d}\alpha\mathrm{d}\beta + \int_{t-\tau}^{t} \xi^{\mathrm{T}}(s)Q\xi(s)\mathrm{d}s$$

$$V_4(\xi_t, r_t) = \tau\int_{-\tau}^{0}\int_{t+\beta}^{t} \dot{\xi}^{\mathrm{T}}(\alpha)\tilde{E}^{\mathrm{T}}Z(r_t)\tilde{E}\dot{\xi}(\alpha)\mathrm{d}\alpha\mathrm{d}\beta$$

$$V_5(\xi_t) = \int_{-\tau}^{0}\int_{\theta}^{0}\int_{t+\beta}^{t} \dot{\xi}^{\mathrm{T}}(\alpha)\tilde{E}^{\mathrm{T}}W\tilde{E}\dot{\xi}(\alpha)\mathrm{d}\alpha\mathrm{d}\beta\mathrm{d}\theta$$

令 $\mathcal{L}V$ 为随机过程 $\{\xi_t,\ r_t\}$ 作用于 $V(\cdot)$ 上的弱无穷小算子, 结合 $\tilde{E}^{\mathrm{T}}R = 0$ 和式 (5.103)、式 (5.104), 对于所有 $i \in \mathcal{S}$ 和 $t \geqslant \tau$, 可得

$$\mathcal{E}\{\mathcal{L}V_1(\xi_t, r_t = i)\} = \mathcal{E}\left\{\xi^{\mathrm{T}}(t)\left(\sum_{j=1}^{N}\pi_{ij}\tilde{E}^{\mathrm{T}}P_j\tilde{E}\right)\xi(t)\right.$$

$$\left. + 2\xi^{\mathrm{T}}(t)(\tilde{E}^{\mathrm{T}}P_i + S_iR^{\mathrm{T}})\tilde{E}\dot{\xi}(t)\right\} \tag{5.111}$$

$$\mathcal{E}\{\mathcal{L}V_2(\xi_t, r_t = i)\} \leqslant \mathcal{E}\left\{\xi^{\mathrm{T}}(t)Q_i\xi(t) - (1-\mu)\xi^{\mathrm{T}}(t-\tau(t))Q_i\xi(t-\tau(t))\right.$$

$$\left. + \sum_{j=1}^{N}\pi_{ij}\int_{t-\tau(t)}^{t} \xi^{\mathrm{T}}(s)Q_i\xi(s)\mathrm{d}s\right\}$$

$$\leqslant \mathcal{E}\left\{\xi^{\mathrm{T}}(t)Q_i\xi(t) - (1-\mu)\xi^{\mathrm{T}}(t-\tau(t))Q_i\xi(t-\tau(t))\right.$$

$$\left. + \int_{t-\tau}^{t} \xi^{\mathrm{T}}(s)Q\xi(s)\mathrm{d}s\right\} \tag{5.112}$$

$$\mathcal{E}\{\mathcal{L}V_3(\xi_t)\} = \mathcal{E}\left\{(\tau+1)\xi^{\mathrm{T}}(t)Q\xi(t) - \xi^{\mathrm{T}}(t-\tau)Q\xi(t-\tau)\right.$$

$$-\int_{t-\tau}^{t} \xi^{\mathrm{T}}(s)\,Q\xi(s)\mathrm{d}s\Bigg\} \tag{5.113}$$

$$\mathcal{E}\{\mathcal{L}V_4(\xi_t)\} = \mathcal{E}\Bigg\{\tau^2\dot{\xi}^{\mathrm{T}}(t)\tilde{E}^{\mathrm{T}}Z_i\tilde{E}\dot{\xi}(t) - \tau\int_{t-\tau}^{t}\dot{\xi}^{\mathrm{T}}(\alpha)\tilde{E}^{\mathrm{T}}Z_i\tilde{E}\dot{\xi}(\alpha)\,\mathrm{d}\alpha$$

$$+\tau\sum_{j=1}^{N}\pi_{ij}\int_{-\tau}^{0}\int_{t+\beta}^{t}\dot{\xi}^{\mathrm{T}}(\alpha)\tilde{E}^{\mathrm{T}}Z_i\tilde{E}\dot{\xi}(\alpha)\mathrm{d}\alpha\mathrm{d}\beta\Bigg\}$$

$$\leqslant \mathcal{E}\Bigg\{\tau^2\dot{\xi}^{\mathrm{T}}(t)\tilde{E}^{\mathrm{T}}Z_i\tilde{E}\dot{\xi}(t) - \tau\int_{t-\tau}^{t}\dot{\xi}^{\mathrm{T}}(\alpha)\tilde{E}^{\mathrm{T}}Z_i\tilde{E}\dot{\xi}(\alpha)\,\mathrm{d}\alpha$$

$$+\int_{-\tau}^{0}\int_{t+\beta}^{t}\dot{\xi}^{\mathrm{T}}(\alpha)\tilde{E}^{\mathrm{T}}W\tilde{E}\dot{\xi}(\alpha)\mathrm{d}\alpha\mathrm{d}\beta\Bigg\} \tag{5.114}$$

$$\mathcal{E}\{\mathcal{L}V_5(\xi_t)\} = \mathcal{E}\Bigg\{\frac{1}{2}\tau^2\dot{\xi}^{\mathrm{T}}(t)\tilde{E}^{\mathrm{T}}W\tilde{E}\dot{\xi}(t)$$

$$-\int_{-\tau}^{0}\int_{t+\beta}^{t}\dot{\xi}^{\mathrm{T}}(\alpha)\tilde{E}^{\mathrm{T}}W\tilde{E}\dot{\xi}(\alpha)\mathrm{d}\alpha\mathrm{d}\beta\Bigg\} \tag{5.115}$$

由式 (5.105) 并应用引理 1.3, 则有

$$-\tau\int_{t-\tau}^{t}\dot{\xi}^{\mathrm{T}}(\alpha)\tilde{E}^{\mathrm{T}}Z_i\tilde{E}\dot{\xi}(\alpha)\,\mathrm{d}\alpha \leqslant \phi^{\mathrm{T}}(t)\bar{\mathcal{M}}_i\phi(t) \tag{5.116}$$

其中

$$\phi(t) = \begin{bmatrix} \xi^{\mathrm{T}}(t) & \xi^{\mathrm{T}}(t-\tau(t)) & \xi^{\mathrm{T}}(t-\tau) & v^{\mathrm{T}}(t) \end{bmatrix}^{\mathrm{T}}$$

$$\bar{\mathcal{M}}_i = \begin{bmatrix} -\tilde{E}^{\mathrm{T}}Z_i\tilde{E} & \tilde{E}^{\mathrm{T}}(Z_i-\mathcal{M}_i)\tilde{E} & \tilde{E}^{\mathrm{T}}\mathcal{M}_i\tilde{E} & 0 \\ * & \tilde{E}^{\mathrm{T}}(-2Z_i+\mathcal{M}_i+\mathcal{M}_i^{\mathrm{T}})\tilde{E} & \tilde{E}^{\mathrm{T}}(Z_i-\mathcal{M}_i)\tilde{E} & 0 \\ * & * & -\tilde{E}^{\mathrm{T}}Z_i\tilde{E} & 0 \\ * & * & * & 0 \end{bmatrix}$$

当 $v(t) = 0$ 时, 有

$$\mathcal{E}\{\mathcal{L}V(\xi_t, r_t)\} \leqslant \tilde{\phi}^{\mathrm{T}}(t)\tilde{\Phi}_i\tilde{\phi}(t) \tag{5.117}$$

其中

$$\tilde{\phi}(t) = \begin{bmatrix} \xi^{\mathrm{T}}(t) & \xi^{\mathrm{T}}(t-\tau(t)) & \xi^{\mathrm{T}}(t-\tau) \end{bmatrix}^{\mathrm{T}}$$

$$\tilde{\Phi}_i = \hat{\Phi}_i + \begin{bmatrix} \check{A}_i^{\mathrm{T}} \\ \check{A}_{di}^{\mathrm{T}} \\ 0 \end{bmatrix} \Delta_i \begin{bmatrix} \check{A}_i^{\mathrm{T}} \\ \check{A}_{di}^{\mathrm{T}} \\ 0 \end{bmatrix}^{\mathrm{T}} + p(1-p) \begin{bmatrix} \hat{A}_i^{\mathrm{T}} \\ -\hat{A}_{di}^{\mathrm{T}} \\ 0 \end{bmatrix} \Delta_i \begin{bmatrix} \hat{A}_i^{\mathrm{T}} \\ -\hat{A}_{di}^{\mathrm{T}} \\ 0 \end{bmatrix}^{\mathrm{T}}$$

$$+ p(1-p) \begin{bmatrix} \hat{C}_i^{\mathrm{T}} \\ -\hat{C}_{di}^{\mathrm{T}} \\ 0 \end{bmatrix} \begin{bmatrix} \hat{C}_i^{\mathrm{T}} \\ -\hat{C}_{di}^{\mathrm{T}} \\ 0 \end{bmatrix}^{\mathrm{T}}$$

$$\hat{\Phi}_i = \begin{bmatrix} \Xi_{1i} & \Xi_{2i} & \tilde{E}^{\mathrm{T}} \mathcal{M}_i \tilde{E} \\ * & \Xi_{3i} & \tilde{E}^{\mathrm{T}} (Z_i - \mathcal{M}_i) \tilde{E} \\ * & * & -\tilde{E}^{\mathrm{T}} Z_i \tilde{E} - Q \end{bmatrix}$$

由 Schur 补引理, 式 (5.106) 保证了 $\tilde{\Phi}_i < 0$, 这意味着存在标量 $\delta > 0$, 使得

$$\mathcal{E}\{\mathcal{L}V(\xi_t, r_t)\} < -\delta |\xi(t)|^2 \tag{5.118}$$

对于所有 $\xi(t) \neq 0$ 成立. 对每一个 $r_t = i \in \mathcal{S}$ 和 $t > 0$, 存在标量 $\alpha > 0$, 使得

$$\mathcal{E}\left\{ \int_0^t |\xi(s)|^2 \mathrm{d}s \right\} \leqslant \alpha \mathcal{E}\left\{ \sup_{-\tau \leqslant t \leqslant 0} |\varphi(t)|^2 \right\} \tag{5.119}$$

根据定义 1.1, 当 $v(t) = 0$ 时, 时滞奇异跳变滤波误差系统 (5.101) 满足随机稳定性.

当 $v(t) \neq 0$ 时, 由式 (5.101)、式 (5.111) ~ 式 (5.116), 有

$$\mathcal{E}\{\mathcal{L}V(\xi_t, r_t) + e_f^{\mathrm{T}}(t) e_f(t) - \gamma^2 v^{\mathrm{T}}(t) v(t)\} \leqslant \phi^{\mathrm{T}}(t) \check{\Phi}_i \phi(t) \tag{5.120}$$

其中

$$\check{\Phi}_i = \breve{\Phi}_i + \begin{bmatrix} \check{C}_i^{\mathrm{T}} \\ \check{C}_{di}^{\mathrm{T}} \\ 0 \\ \tilde{D}_i^{\mathrm{T}} \end{bmatrix} \begin{bmatrix} \check{C}_i^{\mathrm{T}} \\ \check{C}_{di}^{\mathrm{T}} \\ 0 \\ \tilde{D}_i^{\mathrm{T}} \end{bmatrix}^{\mathrm{T}} + \begin{bmatrix} \check{A}_i^{\mathrm{T}} \\ \check{A}_{di}^{\mathrm{T}} \\ 0 \\ \tilde{B}_i^{\mathrm{T}} \end{bmatrix} \Delta_i \begin{bmatrix} \check{A}_i^{\mathrm{T}} \\ \check{A}_{di}^{\mathrm{T}} \\ 0 \\ \tilde{B}_i^{\mathrm{T}} \end{bmatrix}^{\mathrm{T}}$$

$$+ q^2 \begin{bmatrix} \hat{A}_i^{\mathrm{T}} \\ -\hat{A}_{di}^{\mathrm{T}} \\ 0 \\ 0 \end{bmatrix} \Delta_i \begin{bmatrix} \hat{A}_i^{\mathrm{T}} \\ -\hat{A}_{di}^{\mathrm{T}} \\ 0 \\ 0 \end{bmatrix}^{\mathrm{T}} + q^2 \begin{bmatrix} \hat{C}_i^{\mathrm{T}} \\ -\hat{C}_{di}^{\mathrm{T}} \\ 0 \\ 0 \end{bmatrix} \begin{bmatrix} \hat{C}_i^{\mathrm{T}} \\ -\hat{C}_{di}^{\mathrm{T}} \\ 0 \\ 0 \end{bmatrix}^{\mathrm{T}}$$

$$\breve{\Phi}_i = \begin{bmatrix} \Xi_{1i} & \Xi_{2i} & \tilde{E}^{\mathrm{T}} \mathcal{M}_i \tilde{E} & \Xi_{4i} \\ * & \Xi_{3i} & \tilde{E}^{\mathrm{T}}(Z_i - \mathcal{M}_i)\tilde{E} & 0 \\ * & * & -\tilde{E}^{\mathrm{T}} Z_i \tilde{E} - Q & 0 \\ * & * & * & -\gamma^2 I \end{bmatrix}$$

由 Schur 补引理, 式 (5.106) 意味着 $\breve{\Phi}_i < 0$, 从而保证了 $\phi^{\mathrm{T}}(t)\breve{\Phi}_i\phi(t) < 0$. 定义

$$\mathcal{J} = \mathcal{E}\left\{\int_0^\infty \left(e_f^{\mathrm{T}}(t)e_f(t) - \gamma^2 v^{\mathrm{T}}(t)v(t)\right)\mathrm{d}t\right\} \tag{5.121}$$

考虑零初始条件, 可得

$$\mathcal{J} \leqslant \mathcal{E}\left\{\int_0^\infty \left(e_f^{\mathrm{T}}(t)e_f(t) - \gamma^2 v^{\mathrm{T}}(t)v(t)\right)\mathrm{d}t\right\} + \mathcal{E}\left\{V(\xi_\infty, r_\infty)\right\} - \mathcal{E}\left\{V(0, 0)\right\}$$

$$= \int_0^\infty \mathcal{E}\left\{e_f^{\mathrm{T}}(t)e_f(t) - \gamma^2 v^{\mathrm{T}}(t)v(t) + \mathcal{L}V(\xi_t, r_t)\right\}\mathrm{d}t < 0$$

则时滞奇异跳变滤波误差系统 (5.101) 的 H_∞ 性能得以证明. □

定理 5.7　时滞奇异跳变滤波误差系统 (5.101) 是随机容许的且具有 H_∞ 性能指标 $\gamma = \sqrt{\kappa}$, 如果对于任意 $i \in \mathcal{S}$ 和给定的标量 $\mu > 0$、$\tau > 0$、$\varepsilon > 0$、$\varepsilon_{1i} > 0$、$\varepsilon_{2i} > 0$、$\varepsilon_{3i} > 0$、$\varepsilon_{4i} > 0$、$\varepsilon_{5i} > 0$, 存在正定矩阵 $\tilde{Q}$、$\tilde{Q}_i$、$\tilde{Z}_i$、P_{1i}、P_{3i}、$\tilde{W}$, 矩阵 P_{2i}、$\hat{R}$、Y、Y_{1i}、Y_{2i}、Y_{3i}、Y_{4i}、S_{1i}、S_{2i}、S_{3i}、S_{4i}、$\mathcal{M}_{1i}$、$\mathcal{M}_{2i}$、$\mathcal{M}_{3i}$、$\mathcal{M}_{4i}$、$\mathcal{A}_{fi}$、$\mathcal{B}_{fi}$、$\mathcal{C}_{fi}$、$\mathcal{D}_{fi}$, 使得线性矩阵不等式 (5.122)~(5.126) 成立.

$$P_i = \begin{bmatrix} P_{1i} & P_{2i} \\ * & P_{3i} \end{bmatrix} > 0 \tag{5.122}$$

$$\overline{\pi}_i \sum_{j \neq i, j=1}^N \tilde{Q}_j - (N-1)\underline{\pi}\tilde{Q}_i < \tilde{Q} \tag{5.123}$$

$$\tau\overline{\pi}_i \sum_{j \neq i, j=1}^N \tilde{Z}_j - \tau(N-1)\underline{\pi}\tilde{Z}_i < \tilde{W} \tag{5.124}$$

$$\begin{bmatrix} \tilde{Z}_i & 0 & \mathcal{M}_{1i} & \mathcal{M}_{2i} \\ * & \varepsilon I & \mathcal{M}_{3i} & \mathcal{M}_{4i} \\ * & * & \tilde{Z}_i & 0 \\ * & * & * & \varepsilon I \end{bmatrix} > 0 \tag{5.125}$$

$$\Upsilon_i = \begin{bmatrix} \Upsilon_{1i} & \Upsilon_{2i} & \Upsilon_{4i} \\ * & \Upsilon_{3i} & \Upsilon_{5i} \\ * & * & \Upsilon_{6i} \end{bmatrix} < 0 \tag{5.126}$$

$E^{\mathrm{T}}\hat{R}=0$ 并且 $\hat{R}\in\mathbb{R}^{n\times(n-r)}$ 是列满秩矩阵, 且

$$
\Upsilon_{1i}=\begin{bmatrix}
\Upsilon_{1i}^{11} & \Upsilon_{1i}^{12} & \Upsilon_{1i}^{13} & \Upsilon_{1i}^{14} & \Upsilon_{1i}^{15} & \Upsilon_{1i}^{16} & \Upsilon_{1i}^{17} & \Upsilon_{1i}^{18} \\
* & \Upsilon_{1i}^{21} & \Upsilon_{1i}^{22} & \Upsilon_{1i}^{23} & \Upsilon_{1i}^{24} & \Upsilon_{1i}^{25} & \Upsilon_{1i}^{26} & \Upsilon_{1i}^{27} \\
* & * & \Upsilon_{1i}^{31} & \Upsilon_{1i}^{32} & \Upsilon_{1i}^{33} & 0 & 0 & 0 \\
* & * & * & \Upsilon_{1i}^{41} & \Upsilon_{1i}^{42} & 0 & 0 & 0 \\
* & * & * & * & \Upsilon_{1i}^{51} & \Upsilon_{1i}^{52} & \Upsilon_{1i}^{53} & \Upsilon_{1i}^{54} \\
* & * & * & * & * & \Upsilon_{1i}^{61} & \Upsilon_{1i}^{62} & \Upsilon_{1i}^{63} \\
* & * & * & * & * & * & \Upsilon_{1i}^{71} & 0 \\
* & * & * & * & * & * & * & \Upsilon_{1i}^{81}
\end{bmatrix}
\tag{5.127}
$$

$$
\Upsilon_{2i}=\begin{bmatrix}
\Upsilon_{2i}^{11} & \Upsilon_{2i}^{12} & \Upsilon_{2i}^{13} & \Upsilon_{2i}^{14} & \Upsilon_{2i}^{15} & \Upsilon_{2i}^{16} & \Upsilon_{2i}^{17} & \Upsilon_{2i}^{18} \\
\Upsilon_{2i}^{21} & \Upsilon_{2i}^{22} & \Upsilon_{2i}^{23} & 0 & 0 & 0 & 0 & 0 \\
\Upsilon_{2i}^{31} & \Upsilon_{2i}^{32} & 0 & 0 & 0 & 0 & 0 & 0 \\
\Upsilon_{2i}^{41} & \Upsilon_{2i}^{42} & 0 & 0 & 0 & 0 & 0 & 0 \\
0 & 0 & \Upsilon_{2i}^{51} & \Upsilon_{2i}^{52} & \Upsilon_{2i}^{53} & \Upsilon_{2i}^{54} & \Upsilon_{2i}^{55} & \Upsilon_{2i}^{56} \\
0 & 0 & 0 & 0 & 0 & 0 & 0 & 0 \\
0 & 0 & 0 & 0 & 0 & 0 & 0 & 0 \\
0 & 0 & 0 & 0 & 0 & 0 & 0 & 0
\end{bmatrix}
\tag{5.128}
$$

$$
\Upsilon_{3i}=\begin{bmatrix}
-\kappa I & 0 & -I & 0 & 0 & 0 & 0 & 0 \\
* & -\kappa I & \Upsilon_{3i}^{21} & 0 & 0 & 0 & 0 & 0 \\
* & * & -I & 0 & 0 & 0 & 0 & 0 \\
* & * & * & \Upsilon_{3i}^{41} & \Upsilon_{3i}^{42} & 0 & 0 & 0 \\
* & * & * & * & \Upsilon_{3i}^{51} & 0 & 0 & 0 \\
* & * & * & * & * & \Upsilon_{3i}^{61} & \Upsilon_{3i}^{62} & 0 \\
* & * & * & * & * & * & \Upsilon_{1i}^{71} & 0 \\
* & * & * & * & * & * & * & -I
\end{bmatrix}
\tag{5.129}
$$

$$
\varUpsilon_{4i} = \begin{bmatrix}
N_{1i}^{\mathrm{T}} & \varUpsilon_{4i}^{11} & \varUpsilon_{4i}^{12} & 0 & qN_{1i}^{\mathrm{T}} & 0 & N_{1i}^{\mathrm{T}} & 0 & 0 & 0 \\
0 & \varUpsilon_{4i}^{21} & \varUpsilon_{4i}^{22} & 0 & 0 & 0 & 0 & 0 & 0 & 0 \\
0 & \varUpsilon_{4i}^{31} & \varUpsilon_{4i}^{32} & 0 & 0 & 0 & 0 & 0 & 0 & 0 \\
0 & \varUpsilon_{4i}^{41} & \varUpsilon_{4i}^{42} & 0 & 0 & 0 & 0 & 0 & 0 & 0 \\
0 & 0 & 0 & N_{1i}^{\mathrm{T}} & qN_{1i}^{\mathrm{T}} & 0 & 0 & 0 & N_{1i}^{\mathrm{T}} & 0 \\
0 & 0 & 0 & 0 & 0 & 0 & 0 & 0 & 0 & 0 \\
0 & 0 & 0 & 0 & 0 & 0 & 0 & 0 & 0 & 0 \\
0 & 0 & 0 & 0 & 0 & 0 & 0 & 0 & 0 & 0
\end{bmatrix} \tag{5.130}
$$

$$
\varUpsilon_{5i} = \begin{bmatrix}
0 & 0 & 0 & 0 & 0 & 0 & 0 & 0 & 0 & 0 \\
0 & 0 & 0 & 0 & 0 & 0 & 0 & 0 & 0 & 0 \\
0 & 0 & 0 & 0 & 0 & 0 & 0 & \varUpsilon_{5i}^{31} & 0 & \varUpsilon_{5i}^{32} \\
0 & 0 & 0 & 0 & 0 & \varUpsilon_{5i}^{41} & 0 & 0 & 0 & 0 \\
0 & 0 & 0 & 0 & 0 & \varUpsilon_{5i}^{51} & 0 & 0 & 0 & 0 \\
0 & 0 & 0 & 0 & 0 & \varUpsilon_{5i}^{61} & 0 & 0 & 0 & 0 \\
0 & 0 & 0 & 0 & 0 & \varUpsilon_{5i}^{71} & 0 & 0 & 0 & 0 \\
0 & 0 & 0 & 0 & 0 & 0 & 0 & \varUpsilon_{5i}^{81} & 0 & \varUpsilon_{5i}^{82}
\end{bmatrix} \tag{5.131}
$$

$$
\varUpsilon_{6i} = -\mathrm{diag}\{\varepsilon_{1i}^{-1}I,\ \varepsilon_{1i}I,\ \varepsilon_{2i}^{-1}I,\ \varepsilon_{2i}I,\ \varepsilon_{3i}^{-1}I,\ \varepsilon_{3i}I,\ \varepsilon_{4i}^{-1}I,\ \varepsilon_{4i}I,\ \varepsilon_{5i}^{-1}I,\ \varepsilon_{5i}I\}
$$

$$
\varUpsilon_{1i}^{11} = \overline{\pi}_i \sum_{j \neq i, j=1}^{N} E^{\mathrm{T}} P_{1j} E - (N-1)\underline{\pi}_i E^{\mathrm{T}} P_{1i} E + \tilde{Q}_i + (\tau+1)\tilde{Q}
$$
$$
\quad - 4E^{\mathrm{T}} \tilde{Z}_i E + Y_{1i} A_i + A_i^{\mathrm{T}} Y_{1i}^{\mathrm{T}} + p\mathcal{B}_{fi} C_i + pC_i^{\mathrm{T}} \mathcal{B}_{fi}^{\mathrm{T}}
$$

$$
\varUpsilon_{1i}^{12} = \overline{\pi}_i \sum_{j \neq i, j=1}^{N} E^{\mathrm{T}} P_{2j} E_f - (N-1)\underline{\pi}_i E^{\mathrm{T}} P_{2i} E_f + \mathcal{A}_{fi} + A_i^{\mathrm{T}} Y_{2i}^{\mathrm{T}} + pC_i^{\mathrm{T}} \mathcal{B}_{fi}^{\mathrm{T}}
$$

$$
\varUpsilon_{1i}^{13} = E^{\mathrm{T}} P_{1i} + S_{1i}\hat{R}^{\mathrm{T}} - Y_{1i} + A_i^{\mathrm{T}} Y_{3i}^{\mathrm{T}} + pC_i^{\mathrm{T}} \mathcal{B}_{fi}^{\mathrm{T}}
$$

$$
\varUpsilon_{1i}^{14} = E^{\mathrm{T}} P_{2i} + S_{2i}\hat{R}^{\mathrm{T}} - Y + A_i^{\mathrm{T}} Y_{4i}^{\mathrm{T}} + pC_i^{\mathrm{T}} \mathcal{B}_{fi}^{\mathrm{T}}
$$

$$
\varUpsilon_{1i}^{15} = Y_{1i} A_{di} + (1-p)\mathcal{B}_{fi} C_i + 4E^{\mathrm{T}} \tilde{Z}_i E - E^{\mathrm{T}} \mathcal{M}_{1i} E
$$

$$
\varUpsilon_{1i}^{16} = -E^{\mathrm{T}} \mathcal{M}_{2i} E_f, \quad \varUpsilon_{1i}^{17} = E^{\mathrm{T}} \mathcal{M}_{1i} E, \quad \varUpsilon_{1i}^{18} = E^{\mathrm{T}} \mathcal{M}_{2i} E_f
$$

$$
\varUpsilon_{1i}^{21} = \overline{\pi}_i \sum_{j \neq i, j=1}^{N} E_f^{\mathrm{T}} P_{3j} E_f - (N-1)\underline{\pi}_i E_f^{\mathrm{T}} P_{3i} E_f + 3\varepsilon I + 2\tau\varepsilon I - \varepsilon E_f^{\mathrm{T}} E_f
$$
$$
\quad + \mathcal{A}_{fi} + \mathcal{A}_{fi}^{\mathrm{T}}
$$

$$\Upsilon_{1i}^{22} = E_f^{\mathrm{T}} P_{2i}^{\mathrm{T}} + S_{3i}\hat{R}^{\mathrm{T}} - Y_{2i} + \mathcal{A}_{fi}^{\mathrm{T}}$$

$$\Upsilon_{1i}^{23} = E_f^{\mathrm{T}} P_{3i} + S_{4i}\hat{R}^{\mathrm{T}} - Y + \mathcal{A}_{fi}^{\mathrm{T}}, \quad \Upsilon_{1i}^{24} = Y_{2i}A_{di} + (1-p)\mathcal{B}_{fi}C_i - E_f^{\mathrm{T}}\mathcal{M}_{3i}E$$

$$\Upsilon_{1i}^{25} = \varepsilon E_f^{\mathrm{T}} E_f - E_f^{\mathrm{T}}\mathcal{M}_{4i}E_f, \quad \Upsilon_{1i}^{26} = E_f^{\mathrm{T}}\mathcal{M}_{3i}E, \quad \Upsilon_{1i}^{27} = E_f^{\mathrm{T}}\mathcal{M}_{4i}E$$

$$\Upsilon_{1i}^{31} = -Y_{3i} - Y_{3i}^{\mathrm{T}} + 4\tau^2 \tilde{Z}_i + \frac{1}{2}\tau^2 \tilde{W}, \quad \Upsilon_{1i}^{32} = -Y - Y_{4i}^{\mathrm{T}}$$

$$\Upsilon_{1i}^{33} = Y_{3i}A_{di} + (1-p)\mathcal{B}_{fi}C_i, \quad \Upsilon_{1i}^{41} = -Y - Y^{\mathrm{T}} + \frac{3}{2}\varepsilon\tau^2 I$$

$$\Upsilon_{1i}^{42} = Y_{4i}A_{di} + (1-p)\mathcal{B}_{fi}C_i, \quad \Upsilon_{1i}^{51} = -(1-\mu)\tilde{Q}_i - 8E^{\mathrm{T}}\tilde{Z}_i E + E^{\mathrm{T}}(\mathcal{M}_{1i} + \mathcal{M}_{1i}^{\mathrm{T}})E$$

$$\Upsilon_{1i}^{52} = E^{\mathrm{T}}(\mathcal{M}_{2i} + \mathcal{M}_{3i}^{\mathrm{T}})E_f, \quad \Upsilon_{1i}^{53} = E^{\mathrm{T}}(4\tilde{Z}_i - \mathcal{M}_{1i})E, \quad \Upsilon_{1i}^{54} = -E^{\mathrm{T}}\mathcal{M}_{2i}E_f$$

$$\Upsilon_{1i}^{61} = -(1-\mu)\varepsilon I - 2\varepsilon E_f^{\mathrm{T}} E_f + E_f^{\mathrm{T}}(\mathcal{M}_{4i} + \mathcal{M}_{4i}^{\mathrm{T}})E_f, \quad \Upsilon_{1i}^{62} = -E_f^{\mathrm{T}}\mathcal{M}_{3i}E$$

$$\Upsilon_{1i}^{63} = E_f^{\mathrm{T}}(\varepsilon I - \mathcal{M}_{4i})E_f, \quad \Upsilon_{1i}^{71} = -4E^{\mathrm{T}}\tilde{Z}_i E - \tilde{Q}, \quad \Upsilon_{1i}^{81} = -\varepsilon E_f^{\mathrm{T}} E_f - 2\varepsilon I$$

$$\Upsilon_{2i}^{11} = Y_{1i}B_i + \mathcal{B}_{fi}F_i, \quad \Upsilon_{2i}^{12} = Y_{1i}D_i + \mathcal{B}_{fi}E_i$$

$$\Upsilon_{2i}^{13} = pC_i^{\mathrm{T}}\mathcal{D}_{fi}^{\mathrm{T}}, \quad \Upsilon_{2i}^{14} = \Upsilon_{2i}^{15} = \Upsilon_{2i}^{16} = \Upsilon_{2i}^{17} = qC_i^{\mathrm{T}}\mathcal{B}_{fi}^{\mathrm{T}}$$

$$\Upsilon_{2i}^{18} = qC_i^{\mathrm{T}}\mathcal{D}_{fi}^{\mathrm{T}}, \quad \Upsilon_{2i}^{21} = Y_{2i}B_i + \mathcal{B}_{fi}F_i, \quad \Upsilon_{2i}^{22} = Y_{2i}D_i + \mathcal{B}_{fi}E_i, \quad \Upsilon_{2i}^{23} = \mathcal{C}_{fi}^{\mathrm{T}}$$

$$\Upsilon_{2i}^{31} = Y_{3i}B_i + \mathcal{B}_{fi}F_i, \quad \Upsilon_{2i}^{32} = Y_{3i}D_i + \mathcal{B}_{fi}E_i$$

$$\Upsilon_{2i}^{41} = Y_{4i}B_i + \mathcal{B}_{fi}F_i, \quad \Upsilon_{2i}^{42} = Y_{4i}D_i + \mathcal{B}_{fi}E_i, \quad \Upsilon_{2i}^{51} = (1-p)C_i^{\mathrm{T}}\mathcal{D}_{fi}^{\mathrm{T}}$$

$$\Upsilon_{2i}^{52} = \Upsilon_{2i}^{53} = \Upsilon_{2i}^{54} = \Upsilon_{2i}^{55} = -qC_i^{\mathrm{T}}\mathcal{B}_{fi}^{\mathrm{T}}, \quad \Upsilon_{2i}^{56} = -qC_i^{\mathrm{T}}\mathcal{D}_{fi}^{\mathrm{T}}$$

$$\Upsilon_{3i}^{21} = E_i^{\mathrm{T}}\mathcal{D}_{fi}^{\mathrm{T}}, \quad \Upsilon_{3i}^{41} = -Y_{1i} - Y_{1i}^{\mathrm{T}} + 4\tau^2 \tilde{Z}_i, \quad \Upsilon_{3i}^{42} = -Y - Y_{2i}^{\mathrm{T}}$$

$$\Upsilon_{3i}^{51} = -Y - Y^{\mathrm{T}} + \tau^2\varepsilon I, \quad \Upsilon_{3i}^{61} = -Y_{1i} - Y_{1i}^{\mathrm{T}} + \frac{1}{2}\tau^2 \tilde{W}_i$$

$$\Upsilon_{3i}^{62} = -Y - Y_{2i}^{\mathrm{T}}, \quad \Upsilon_{3i}^{71} = -Y - Y^{\mathrm{T}} + \frac{1}{2}\tau^2\varepsilon I$$

$$\Upsilon_{4i}^{11} = Y_{1i}M_{1i} + p\mathcal{B}_{fi}M_{3i}, \quad \Upsilon_{4i}^{12} = Y_{1i}M_{2i} + (1-p)\mathcal{B}_{fi}M_{3i}$$

$$\Upsilon_{4i}^{21} = Y_{2i}M_{1i} + p\mathcal{B}_{fi}M_{3i}, \quad \Upsilon_{4i}^{22} = Y_{2i}M_{2i} + (1-p)\mathcal{B}_{fi}M_{3i}$$

$$\Upsilon_{4i}^{31} = Y_{3i}M_{1i} + p\mathcal{B}_{fi}M_{3i}, \quad \Upsilon_{4i}^{32} = Y_{3i}M_{2i} + (1-p)\mathcal{B}_{fi}M_{3i}$$

$$\Upsilon_{4i}^{41} = Y_{4i}M_{1i} + p\mathcal{B}_{fi}M_{3i}, \quad \Upsilon_{4i}^{42} = Y_{4i}M_{2i} + (1-p)\mathcal{B}_{fi}M_{3i}$$

$$\Upsilon_{5i}^{31} = p\mathcal{D}_{fi}M_{3i}, \quad \Upsilon_{5i}^{32} = (1-p)\mathcal{D}_{fi}M_{3i}$$

$$\Upsilon_{5i}^{41} = \Upsilon_{5i}^{51} = \Upsilon_{5i}^{61} = \Upsilon_{5i}^{71} = \mathcal{B}_{fi}M_{3i}, \quad \Upsilon_{5i}^{81} = q\mathcal{D}_{fi}M_{3i}, \quad \Upsilon_{5i}^{82} = -q\mathcal{D}_{fi}M_{3i}$$

此时所期望的模态相关的奇异跳变滤波器参数为

$$E_f = E, \quad A_{fi} = Y^{-1}\mathcal{A}_{fi}, \quad B_{fi} = Y^{-1}\mathcal{B}_{fi}, \quad C_{fi} = \mathcal{C}_{fi}, \quad D_{fi} = \mathcal{D}_{fi} \quad (5.132)$$

证明　令

$$\Pi_i = \begin{bmatrix} \Pi_{11i} & \Pi_{12i} \\ * & \Pi_{13i} \end{bmatrix} \quad (5.133)$$

$$\Pi_{11i} = \begin{bmatrix} \Pi_{1i} & \Pi_{2i} & \Pi_{4i} & \tilde{E}^{\mathrm{T}}\mathcal{M}_i\tilde{E} \\ * & \Pi_{3i} & N_i^{\mathrm{T}}\breve{A}_{di} & 0 \\ * & * & \Xi_{3i} & \tilde{E}^{\mathrm{T}}(Z_i - \mathcal{M}_i)\tilde{E} \\ * & * & * & -\tilde{E}^{\mathrm{T}}Z_i\tilde{E} - Q \end{bmatrix} \quad (5.134)$$

$$\Pi_{12i} = \begin{bmatrix} W_i^{\mathrm{T}}\tilde{B}_i & \breve{C}_i^{\mathrm{T}} & q\hat{A}_i^{\mathrm{T}} & q\hat{A}_i^{\mathrm{T}} & q\hat{C}_i^{\mathrm{T}} \\ N_i^{\mathrm{T}}\tilde{B}_i & 0 & 0 & 0 & 0 \\ 0 & \breve{C}_{di}^{\mathrm{T}} & -q\hat{A}_{di}^{\mathrm{T}} & -q\hat{A}_{di}^{\mathrm{T}} & -q\hat{C}_{di}^{\mathrm{T}} \\ 0 & 0 & 0 & 0 & 0 \end{bmatrix} \quad (5.135)$$

$$\Pi_{13i} = \begin{bmatrix} -\kappa I & \tilde{D}_i^{\mathrm{T}} & 0 & 0 & 0 \\ * & -I & 0 & 0 & 0 \\ * & * & -\tau^{-2}Z_i^{-1} & 0 & 0 \\ * & * & * & -2\tau^{-2}W^{-1} & 0 \\ * & * & * & * & -I \end{bmatrix} \quad (5.136)$$

其中

$$\Pi_{1i} = \sum_{j=1}^{N} \pi_{ij}\tilde{E}^{\mathrm{T}}P_j\tilde{E} + Q_i + (\tau+1)Q - \tilde{E}^{\mathrm{T}}Z_i\tilde{E} + W_i^{\mathrm{T}}\breve{A}_i + \breve{A}_i^{\mathrm{T}}W_i$$

$$\Pi_{2i} = \tilde{E}^{\mathrm{T}} P_i + S_i R^{\mathrm{T}} - W_i^{\mathrm{T}} + \check{A}_i^{\mathrm{T}} N_i, \quad \Pi_{3i} = -N_i - N_i^{\mathrm{T}} + \tau^2 Z_i + \frac{1}{2}\tau^2 W$$

$$\Pi_{4i} = W_i^{\mathrm{T}} \check{A}_{di} + \tilde{E}^{\mathrm{T}}(Z_i - \mathcal{M}_i)\tilde{E}, \quad q = \sqrt{p(1-p)}$$

对式 (5.133) 两边都分别乘以 Ψ_i 及其转置:

$$\Psi_i = \begin{bmatrix} I & \check{A}_i^{\mathrm{T}} & 0 & 0 & 0 & 0 & 0 & 0 & 0 \\ 0 & \check{A}_{di}^{\mathrm{T}} & I & 0 & 0 & 0 & 0 & 0 & 0 \\ 0 & 0 & 0 & I & 0 & 0 & 0 & 0 & 0 \\ 0 & \tilde{B}_i^{\mathrm{T}} & 0 & 0 & I & 0 & 0 & 0 & 0 \\ 0 & 0 & 0 & 0 & 0 & I & 0 & 0 & 0 \\ 0 & 0 & 0 & 0 & 0 & 0 & I & 0 & 0 \\ 0 & 0 & 0 & 0 & 0 & 0 & 0 & I & 0 \\ 0 & 0 & 0 & 0 & 0 & 0 & 0 & 0 & I \end{bmatrix}$$

可得

$$\check{\Phi}_i = \Psi_i \Pi_i \Psi_i^{\mathrm{T}}$$

$$= \begin{bmatrix} \Xi_{1i} & \Xi_{2i} & \tilde{E}^{\mathrm{T}}\mathcal{M}_i\tilde{E} & \Xi_{4i} & \check{C}_i^{\mathrm{T}} & q\hat{A}_i^{\mathrm{T}} & q\hat{A}_i^{\mathrm{T}} & q\hat{C}_i^{\mathrm{T}} \\ * & \Xi_{3i} & \tilde{E}^{\mathrm{T}}(Z_i - \mathcal{M}_i)\tilde{E} & 0 & \check{C}_{di}^{\mathrm{T}} & 0 & 0 & 0 \\ * & * & -\tilde{E}^{\mathrm{T}}Z_i\tilde{E} - Q & 0 & 0 & -q\hat{A}_{di}^{\mathrm{T}} & -q\hat{A}_{di}^{\mathrm{T}} & -q\hat{C}_{di}^{\mathrm{T}} \\ * & * & * & -\kappa I & \tilde{D}_i^{\mathrm{T}} & 0 & 0 & 0 \\ * & * & * & * & -I & 0 & 0 & 0 \\ * & * & * & * & * & -\tau^{-2}Z_i^{-1} & 0 & 0 \\ * & * & * & * & * & * & -2\tau^{-2}W^{-1} & 0 \\ * & * & * & * & * & * & * & -I \end{bmatrix}$$

$$+ \begin{bmatrix} \check{A}_i & \check{A}_{di} & 0 & \tilde{B}_i & 0 & 0 & 0 & 0 \end{bmatrix}^{\mathrm{T}} \Delta_i \begin{bmatrix} \check{A}_i & \check{A}_{di} & 0 & \tilde{B}_i & 0 & 0 & 0 & 0 \end{bmatrix}$$

$$(5.137)$$

因此, $\Pi_i < 0$ 即 $\check{\Phi}_i < 0$, 由 Schur 补引理可得 $\Phi_i < 0$. 考虑到 $(W_i - Z_i)^{\mathrm{T}}$ ·

$Z_i^{-1}(W_i - Z_i) \geqslant 0,\ (W_i - W)^{\mathrm{T}} W^{-1}(W_i - W) \geqslant 0$, 得到

$$-W_i^{\mathrm{T}} \tau^{-2} Z_i^{-1} W_i \leqslant \tau^2 Z_i - W_i^{\mathrm{T}} - W_i, \quad -2W_i^{\mathrm{T}} \tau^{-2} W^{-1} W_i \leqslant \frac{1}{2}\tau^2 W - W_i^{\mathrm{T}} - W_i$$

$$(5.138)$$

对 Π_i 两边分别乘以 $\mathrm{diag}\{I,\ I,\ I,\ I,\ I,\ I,\ W_i^{\mathrm{T}},\ W_i^{\mathrm{T}},\ I\}$ 及其转置, 结合式 (5.138) 和式 (5.102), 则有

$$\bar{\Pi}_i = r_i + r_{1i} W_i^{\mathrm{T}}(r) r_{2i} + r_{2i}^{\mathrm{T}} W_i(r) r_{1i}^{\mathrm{T}} + r_{3i} W_i(r) r_{4i}$$

$$+ r_{4i}^{\mathrm{T}} W_i^{\mathrm{T}}(r) r_{3i}^{\mathrm{T}} + r_{5i} W_i^{\mathrm{T}}(r) r_{6i} + r_{6i}^{\mathrm{T}} W_i(r) r_{5i}^{\mathrm{T}} + r_{7i} W_i^{\mathrm{T}}(r) r_{8i}$$

$$+ r_{8i}^{\mathrm{T}} W_i(r) r_{7i}^{\mathrm{T}} + r_{9i} W_i^{\mathrm{T}}(r) r_{10i} + r_{10i}^{\mathrm{T}} W_i(r) r_{9i}^{\mathrm{T}}$$

$$(5.139)$$

其中

$$r_i = \begin{bmatrix} r_{11i} & r_{12i} \\ * & r_{13i} \end{bmatrix}$$

$$r_{11i} = \begin{bmatrix} \bar{\Pi}_{1i} & \bar{\Pi}_{2i} & \bar{\Pi}_{4i} & \tilde{E}^{\mathrm{T}} \mathcal{M}_i \tilde{E} & W_i^{\mathrm{T}} \tilde{B}_i \\ * & \bar{\Pi}_{3i} & N_i^{\mathrm{T}} \bar{\tilde{A}}_{di} & 0 & N_i^{\mathrm{T}} \tilde{B}_i \\ * & * & \Xi_{3i} & \tilde{E}^{\mathrm{T}}(Z_i - \mathcal{M}_i)\tilde{E} & 0 \\ * & * & * & -\tilde{E}^{\mathrm{T}} Z_i \tilde{E} - Q & 0 \\ * & * & * & * & -\kappa I \end{bmatrix}$$

$$r_{12i} = \begin{bmatrix} \bar{C}_i^{\mathrm{T}} & q\bar{\tilde{A}}_i^{\mathrm{T}} W_i & q\bar{\tilde{A}}_i^{\mathrm{T}} W_i & q\bar{\tilde{C}}_i^{\mathrm{T}} \\ 0 & 0 & 0 & 0 \\ \bar{C}_{di}^{\mathrm{T}} & -q\bar{\tilde{A}}_{di}^{\mathrm{T}} W_i & -q\bar{\tilde{A}}_{di}^{\mathrm{T}} W_i & -q\bar{\tilde{C}}_{di}^{\mathrm{T}} \\ 0 & 0 & 0 & 0 \\ \tilde{D}_i^{\mathrm{T}} & 0 & 0 & 0 \end{bmatrix}$$

$$r_{13i} = \begin{bmatrix} 0 & 0 & 0 & 0 \\ * & \tau^2 Z_i - W_i^{\mathrm{T}} - W_i & 0 & 0 \\ * & * & \frac{1}{2}\tau^2 W - W_i^{\mathrm{T}} - W_i & 0 \\ * & * & * & -I \end{bmatrix}$$

$$\bar{\Pi}_{1i} = \sum_{j=1}^{N} \pi_{ij} \tilde{E}^{\mathrm{T}} P_j \tilde{E} + Q_i + (\tau + 1)Q - \tilde{E}^{\mathrm{T}} Z_i \tilde{E} + W_i^{\mathrm{T}} \bar{\tilde{A}}_i + \bar{\tilde{A}}_i^{\mathrm{T}} W_i$$

$$\bar{\Pi}_{2i} = \tilde{E}^{\mathrm{T}} P_i + S_i R^{\mathrm{T}} - W_i^{\mathrm{T}} + \bar{A}_i^{\mathrm{T}} N_i$$

$$\bar{\Pi}_{3i} = -N_i - N_i^{\mathrm{T}} + \tau^2 Z_i + \frac{1}{2}\tau^2 W, \quad \bar{\Pi}_{4i} = W_i^{\mathrm{T}} \bar{A}_{di} + \tilde{E}^{\mathrm{T}}(Z_i - \mathcal{M}_i)\tilde{E}$$

$$r_{1i} = r_{7i} = \left[\begin{array}{ccccccccc} \tilde{N}_{1i} & 0 & 0 & 0 & 0 & 0 & 0 & 0 & 0 \end{array}\right]^{\mathrm{T}}$$

$$r_{2i} = \left[\begin{array}{ccccccccc} \tilde{M}_{1i}^{\mathrm{T}} W_i & \tilde{M}_{1i}^{\mathrm{T}} N_i & 0 & 0 & 0 & 0 & 0 & 0 & 0 \end{array}\right]^{\mathrm{T}}$$

$$r_{3i} = \left[\begin{array}{ccccccccc} \tilde{M}_{2i}^{\mathrm{T}} W_i & \tilde{M}_{2i}^{\mathrm{T}} N_i & 0 & 0 & 0 & 0 & 0 & 0 & 0 \end{array}\right]^{\mathrm{T}}$$

$$r_{4i} = \left[\begin{array}{cccccccc} 0 & 0 & \tilde{N}_{1i} & 0 & 0 & 0 & 0 & 0 \end{array}\right]$$

$$r_{5i} = \left[\begin{array}{cccccccc} q\tilde{N}_{1i} & 0 & -q\tilde{N}_{1i} & 0 & 0 & 0 & 0 & 0 \end{array}\right]^{\mathrm{T}}$$

$$r_{6i} = \left[\begin{array}{ccccccccc} 0 & 0 & 0 & 0 & 0 & 0 & \tilde{M}_{3i}^{\mathrm{T}} W_i & \tilde{M}_{3i}^{\mathrm{T}} W_i & 0 \end{array}\right]$$

$$r_{8i} = \left[\begin{array}{ccccccccc} 0 & 0 & 0 & 0 & 0 & p M_{3i}^{\mathrm{T}} D_{fi}^{\mathrm{T}} & 0 & 0 & q M_{3i}^{\mathrm{T}} D_{fi}^{\mathrm{T}} \end{array}\right]$$

$$r_{9i} = \left[\begin{array}{ccccccccc} 0 & 0 & \tilde{N}_{1i} & 0 & 0 & 0 & 0 & 0 & 0 \end{array}\right]^{\mathrm{T}}$$

$$r_{10i} = \left[\begin{array}{ccccccccc} 0 & 0 & 0 & 0 & 0 & (1-p) M_{3i}^{\mathrm{T}} D_{fi}^{\mathrm{T}} & 0 & 0 & -q M_{3i}^{\mathrm{T}} D_{fi}^{\mathrm{T}} \end{array}\right]$$

根据以上分析, $\bar{\Pi}_i < 0$ 意味着 $\Pi_i < 0$, 应用引理 1.6, 对于 $\varepsilon_{1i} > 0$、$\varepsilon_{2i} > 0$、$\varepsilon_{3i} > 0$、$\varepsilon_{4i} > 0$ 和 $\varepsilon_{5i} > 0$, $\bar{\Pi}_i < 0$ 等价于

$$\hat{\bar{\Pi}}_i = r_i + \varepsilon_{1i} r_{1i} r_{1i}^{\mathrm{T}} + \varepsilon_{1i}^{-1} r_{2i}^{\mathrm{T}} r_{2i} + \varepsilon_{2i} r_{3i} r_{3i}^{\mathrm{T}} + \varepsilon_{2i}^{-1} r_{4i}^{\mathrm{T}} r_{4i} + \varepsilon_{3i} r_{5i} r_{5i}^{\mathrm{T}}$$

$$+ \varepsilon_{3i}^{-1} r_{6i}^{\mathrm{T}} r_{6i} + \varepsilon_{4i} r_{7i} r_{7i}^{\mathrm{T}} + \varepsilon_{4i}^{-1} r_{8i}^{\mathrm{T}} r_{8i} + \varepsilon_{5i} r_{9i} r_{9i}^{\mathrm{T}} + \varepsilon_{5i}^{-1} r_{10i}^{\mathrm{T}} r_{10i} < 0 \quad (5.140)$$

令

$$P_i = \left[\begin{array}{cc} P_{1i} & P_{2i} \\ * & P_{3i} \end{array}\right], \quad W_i^{\mathrm{T}} = \left[\begin{array}{cc} Y_{1i} & Y \\ Y_{2i} & Y \end{array}\right], \quad N_i^{\mathrm{T}} = \left[\begin{array}{cc} Y_{3i} & Y \\ Y_{4i} & Y \end{array}\right]$$

$$S_i = \left[\begin{array}{cc} S_{1i} & S_{2i} \\ S_{3i} & S_{4i} \end{array}\right], \quad Q_i = \left[\begin{array}{cc} \tilde{Q}_i & 0 \\ 0 & \varepsilon I \end{array}\right], \quad Q = \left[\begin{array}{cc} \tilde{Q} & 0 \\ 0 & 2\varepsilon I \end{array}\right], \quad Z_i = \left[\begin{array}{cc} 4\tilde{Z}_i & 0 \\ 0 & \varepsilon I \end{array}\right]$$

$$W = \left[\begin{array}{cc} \tilde{W} & 0 \\ 0 & \varepsilon I \end{array}\right], \quad \mathcal{M}_i = \left[\begin{array}{cc} \mathcal{M}_{1i} & \mathcal{M}_{2i} \\ \mathcal{M}_{3i} & \mathcal{M}_{4i} \end{array}\right], \quad R = \left[\begin{array}{cc} \hat{R} & 0 \\ 0 & \hat{R} \end{array}\right] \quad (5.141)$$

并结合式 (5.103) ～ 式 (5.105)，得到式 (5.122) ～ 式 (5.126). 同时, 所期望的模态相关的奇异跳变滤波器参数可由式 (5.132) 给出.　　　　　　　　　　　　　　□

注 5.5　对于实际系统, 奇异滤波器的物理实现较为困难, 而正则滤波器的物理实现是容易的. 应用定理 5.6 和定理 5.7 的方法, 令 $E_f = I$, $R = \begin{bmatrix} \hat{R} & 0 \\ 0 & 0 \end{bmatrix}$, 可以得到相应的正则反卷积滤波器. 此外, 本节的方法可以用于设计模态无关的奇异/正则反卷积滤波器.

5.3.3　仿真算例

例 5.3　考虑具有三个模态和以下参数的时滞奇异跳变系统 (5.93):

$$A_1 = \begin{bmatrix} -4.1 & 0.3 \\ 0.2 & -3.5 \end{bmatrix}, \quad A_2 = \begin{bmatrix} -5.4 & 0.35 \\ 0.5 & -3.7 \end{bmatrix}, \quad A_3 = \begin{bmatrix} -3.3 & 0.2 \\ 0.4 & -3.6 \end{bmatrix}$$

$$A_{d1} = \begin{bmatrix} 0.4 & -0.3 \\ 0.2 & 0.4 \end{bmatrix}, \quad B_3 = \begin{bmatrix} 0.3 \\ 0.2 \end{bmatrix}, \quad \begin{cases} E_1 = 0.2 \\ E_2 = 0.4, \\ E_3 = 0.3 \end{cases} \begin{cases} F_1 = 1.4 \\ F_2 = 1.3 \\ F_3 = 1.1 \end{cases}$$

$$A_{d2} = \begin{bmatrix} 0.3 & -0.2 \\ 0.3 & 0.4 \end{bmatrix}, \quad A_{d3} = \begin{bmatrix} 0.4 & -0.1 \\ 0.3 & 0.5 \end{bmatrix}, \quad B_1 = \begin{bmatrix} 0.2 \\ 0.1 \end{bmatrix}, \quad B_2 = \begin{bmatrix} 0.1 \\ 0.3 \end{bmatrix}$$

$$D_1 = \begin{bmatrix} -0.2 \\ 0.3 \end{bmatrix}, \quad D_2 = \begin{bmatrix} -0.1 \\ 0.3 \end{bmatrix}, \quad D_3 = \begin{bmatrix} -0.2 \\ 0.2 \end{bmatrix}, \quad \begin{cases} C_1 = \begin{bmatrix} 4.2 & -2.3 \end{bmatrix} \\ C_2 = \begin{bmatrix} 5.4 & -3.1 \end{bmatrix} \\ C_3 = \begin{bmatrix} 5.3 & -3.2 \end{bmatrix} \end{cases}$$

$$\begin{cases} M_{11} = M_{12} = M_{13} = \begin{bmatrix} -0.01 & 0.01 \\ 0.02 & 0 \end{bmatrix}, \quad M_{31} = M_{32} = M_{33} = \begin{bmatrix} 0.01 & 0.02 \end{bmatrix} \\ M_{21} = M_{22} = M_{23} = \end{cases}$$

$$\varepsilon_{11} = \varepsilon_{12} = \varepsilon_{13} = 1.2, \quad \varepsilon_{41} = \varepsilon_{42} = \varepsilon_{43} = 0.5, \quad \overline{\pi}_1 = 0.6, \quad \underline{\pi}_1 = 0.1$$

$$\varepsilon_{21} = \varepsilon_{22} = \varepsilon_{23} = 1.4, \quad \varepsilon_{51} = \varepsilon_{52} = \varepsilon_{53} = 0.5, \quad \overline{\pi}_2 = 0.8, \quad \underline{\pi}_2 = 0.4$$

$$\varepsilon_{31} = \varepsilon_{32} = \varepsilon_{33} = 0.6, \quad \mu = 0.5, \quad \varepsilon = 3, \quad \overline{\pi}_1 = 0.5, \quad \underline{\pi}_1 = 0.2$$

$$E = E_f = \begin{bmatrix} 1 & 0 \\ 0 & 0 \end{bmatrix}, \quad R = \begin{bmatrix} 0 \\ 2 \end{bmatrix}, \quad N_{11} = N_{12} = N_{13} = \begin{bmatrix} -0.03 & 0 \\ 0.01 & 0.02 \end{bmatrix}$$

当 $p = 0.6$ 且 $\tau = 1.5$ 时, 解定理 5.7 中线性矩阵不等式 (5.122)～(5.126) 和

式 (5.132), 得到 H_∞ 性能指标 $\gamma = 1.4638$, 所期望的滤波器 (5.98) 的参数为

$$A_{f1} = \begin{bmatrix} -2.7327 & -0.4150 \\ 0.4232 & -3.7053 \end{bmatrix}, \quad B_{f1} = \begin{bmatrix} -0.0287 \\ 0.0099 \end{bmatrix}, \quad C_{f1} = \begin{bmatrix} 0.4013 & 2.0315 \end{bmatrix}$$

$$A_{f2} = \begin{bmatrix} -2.9380 & -0.2473 \\ -0.0574 & -2.1050 \end{bmatrix}, \quad B_{f2} = \begin{bmatrix} 0.0126 \\ -0.0069 \end{bmatrix}, \quad C_{f2} = \begin{bmatrix} 0.2604 & -2.3278 \end{bmatrix}$$

$$A_{f3} = \begin{bmatrix} -1.9749 & 0.1135 \\ 0.1043 & -1.9717 \end{bmatrix}, \quad B_{f3} = \begin{bmatrix} -0.0492 \\ 0.0025 \end{bmatrix}, \quad C_{f3} = \begin{bmatrix} 1.7842 & -3.8701 \end{bmatrix}$$

$$D_{f1} = 0.1875, \quad D_{f2} = 0.5470, \quad D_{f3} = 0.5642 \tag{5.142}$$

当 $p = 0.6$ 且 $\tau = 2$ 时, 得到 H_∞ 性能指标 $\gamma = 1.9868$, 所期望的滤波器 (5.98) 的参数为

$$A_{f1} = \begin{bmatrix} -2.3495 & 0.6244 \\ 0.4993 & -2.6675 \end{bmatrix}, \quad B_{f1} = \begin{bmatrix} -0.0220 \\ 0.0083 \end{bmatrix}, \quad C_{f1} = \begin{bmatrix} 0.3673 & 1.7845 \end{bmatrix}$$

$$A_{f2} = \begin{bmatrix} -2.5359 & -0.5387 \\ -0.0410 & -1.6302 \end{bmatrix}, \quad B_{f2} = \begin{bmatrix} 0.0124 \\ -0.0037 \end{bmatrix}, \quad C_{f2} = \begin{bmatrix} 0.2159 & -2.9051 \end{bmatrix}$$

$$A_{f3} = \begin{bmatrix} -1.5891 & 0.0512 \\ 0.1304 & -1.3427 \end{bmatrix}, \quad B_{f3} = \begin{bmatrix} -0.0290 \\ 0.0048 \end{bmatrix}, \quad C_{f3} = \begin{bmatrix} 2.0709 & -4.0825 \end{bmatrix}$$

$$D_{f1} = 0.1313, \quad D_{f2} = 0.5244, \quad D_{f3} = 0.5316 \tag{5.143}$$

对于不同的时滞 τ, 可以得到相应的 H_∞ 性能指标 γ 和滤波器参数. 表 5.3 描述了不同时滞 τ 所对应的 H_∞ 性能指标 γ.

表 5.3   不同时滞 τ 所对应的 H_∞ 性能指标 γ

参数	情况 1	情况 2	情况 3	情况 4	情况 5
τ	$\tau = 0$	$\tau = 0.5$	$\tau = 1.5$	$\tau = 2.5$	$\tau = 3$
γ	0.5284	0.6610	1.4638	1.9868	3.7016

令 $x(0) = \begin{bmatrix} -0.1 & 0.1 \end{bmatrix}^{\mathrm{T}}$, $r_0 = 1$, $r_t \in \{1, 2, 3\}$, $W_1(r) = W_2(r) = I$. 噪声干扰为 $[-0.05, 0.05]$ 区间内的均匀噪声, $u(t) = 0.6 \sin(t) \mathrm{e}^{-0.1t}$.

图 5.10 描述了存在外部输入 $u(t)$ 和噪声干扰 $\omega(t)$ 的情况下滤波器状态 $x_f(t)$ 的轨迹. 图 5.11 展示了存在噪声干扰 $\omega(t)$ 的情况下输入估计 $u_f(t)$ 的轨迹.

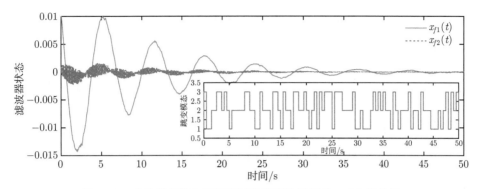

图 5.10　存在外部输入和噪声干扰时滤波器状态 $x_f(t)$ 的轨迹

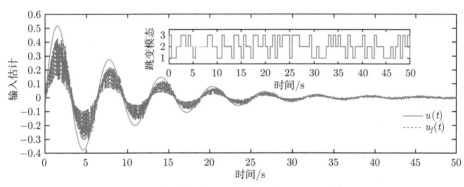

图 5.11　输入信号 $u(t)$ 的输入估计 $u_f(t)$ 的轨迹

例 5.4　基于例 5.3, 令 $E = E_f = I$, $R = 0$, 奇异跳变系统 (5.93) 退化为正常马尔可夫跳变系统. 当 $p = 0.6$、$\tau = 1.5$ 和 $\mu = 2.5$ 时, 解定理 5.7 中线性矩阵不等式 (5.122)~(5.126) 和式 (5.132), 得到 H_∞ 性能指标 $\gamma = 2.0910$, 模态相关滤波器 (5.98) 的参数如下:

$$A_{f1} = \begin{bmatrix} -3.0592 & -0.1189 \\ -0.1433 & -2.7783 \end{bmatrix}, \quad B_{f1} = \begin{bmatrix} -0.0063 \\ 0.0089 \end{bmatrix}, \quad C_{f1} = \begin{bmatrix} 0.0831 & 0.1143 \end{bmatrix}$$

$$A_{f2} = \begin{bmatrix} -3.0028 & -0.0076 \\ -0.0357 & -2.6586 \end{bmatrix}, \quad B_{f2} = \begin{bmatrix} 0.0045 \\ 0.0049 \end{bmatrix}, \quad C_{f2} = \begin{bmatrix} -1.0598 & -0.4047 \end{bmatrix}$$

$$A_{f3} = \begin{bmatrix} -2.3623 & 0.1293 \\ 0.0556 & -2.1660 \end{bmatrix}, \quad B_{f3} = \begin{bmatrix} -0.0138 \\ 0.0150 \end{bmatrix}, \quad C_{f3} = \begin{bmatrix} -1.2180 & -0.0219 \end{bmatrix}$$

$$D_{f1} = 0.1149, \quad D_{f2} = 0.4096, \quad D_{f3} = 0.5492$$

当 $p = 0.6$、$\tau = 1.5$ 和 $\mu = 3.6$ 时, 得到 H_∞ 性能指标 $\gamma = 2.5840$, 模态相关滤波器 (5.98) 的参数如下:

$$A_{f1} = \begin{bmatrix} -4.4744 & 0.0462 \\ 0.3935 & -4.5645 \end{bmatrix}, \quad B_{f1} = \begin{bmatrix} -0.0391 \\ 0.0416 \end{bmatrix}, \quad C_{f1} = \begin{bmatrix} -0.3699 & -0.3816 \end{bmatrix}$$

$$A_{f2} = \begin{bmatrix} -5.0560 & 0.2942 \\ 0.1523 & -4.1008 \end{bmatrix}, \quad B_{f2} = \begin{bmatrix} -0.0089 \\ -0.0698 \end{bmatrix}, \quad C_{f2} = \begin{bmatrix} 0.5910 & -1.2526 \end{bmatrix}$$

$$A_{f3} = \begin{bmatrix} -4.1461 & 0.4886 \\ 0.2767 & -3.9232 \end{bmatrix}, \quad B_{f3} = \begin{bmatrix} -0.1060 \\ -0.0534 \end{bmatrix}, \quad C_{f3} = \begin{bmatrix} -0.0362 & -0.9814 \end{bmatrix}$$

$$D_{f1} = 0.0735, \quad D_{f2} = 0.3290, \quad D_{f3} = 0.4591$$

5.4　隐马尔可夫模型机制下时变时滞奇异跳变系统异步滤波与 H_∞ 故障检测

本节研究隐马尔可夫模型机制下时变时滞奇异跳变系统异步滤波与 H_∞ 故障检测问题, 目的是设计异步故障检测滤波器, 使得时滞奇异跳变误差系统满足随机容许性 (包括正则性、无脉冲性和随机稳定性) 和 H_∞ 性能要求, 进而实现时滞奇异跳变系统的 H_∞ 故障检测. 本节构建马尔可夫跳变模态相关和时滞相关的 L-K 泛函, 在线性矩阵不等式框架下给出异步故障检测滤波器的实现条件. 考虑模态相关的时变时滞, 基于隐马尔可夫模型机制和故障加权策略, 设计异步 H_∞ 滤波器, 将鲁棒故障检测问题转化为 H_∞ 滤波问题, 实现时滞奇异跳变系统的 H_∞ 故障检测. 利用含多周期微小故障的石油催化裂化过程的仿真算例验证所提出的异步滤波与 H_∞ 故障检测技术的有效性和实用性.

本节的贡献和创新点归纳如下:

(1) 构建了马尔可夫跳变模态相关和时滞相关的 L-K 泛函, 进而给出了新颖的时滞奇异跳变系统 H_∞ 随机容许性条件;

(2) 基于隐马尔可夫模型机制和故障加权策略, 设计了异步 H_∞ 滤波器, 将鲁棒故障检测问题转化为 H_∞ 滤波问题, 实现了时滞奇异跳变系统的 H_∞ 故障检测;

(3) 在线性矩阵不等式框架下提出了异步故障检测滤波器的实现条件, 用多周期微小故障验证了所提出的故障检测策略的有效性和实用性.

5.4.1　问题描述

给定概率空间 $(\Omega, \mathfrak{F}, \mathcal{P})$, 考虑以下具有时变时滞的奇异跳变系统:

$$
\begin{cases}
H\dot{x}\left(t\right) = A\left(r_t\right)x\left(t\right) + A_d\left(r_t\right)x\left(t - d_{r_t}\left(t\right)\right) \\
\qquad + B\left(r_t\right)u\left(t\right) + C\left(r_t\right)\omega\left(t\right) + D\left(r_t\right)f\left(t\right) \\
y\left(t\right) = E\left(r_t\right)x\left(t\right) + E_d\left(r_t\right)x\left(t - d_{r_t}\left(t\right)\right) \\
\qquad + F\left(r_t\right)u\left(t\right) + G\left(r_t\right)\omega\left(t\right) + I\left(r_t\right)f\left(t\right) \\
x(t) = \phi(t), \quad \forall\, t \in [-d,\ 0]
\end{cases}
\tag{5.144}
$$

其中, $x(t) \in \mathbb{R}^n$ 为系统状态; $\phi(t)$ 为 $t \in [-d,\ 0]$ 时的初始值; $y(t) \in \mathbb{R}^l$ 为量测输出; $u(t) \in \mathbb{R}^p$ 为控制输入; $\omega(t) \in \mathbb{R}^q$ 为外部干扰; $f(t) \in \mathbb{R}^s$ 为故障; $H \in \mathbb{R}^{n \times n}$ 为奇异矩阵, 且 $\mathrm{rank}(H) = r < n$. $u(t)$、$\omega(t)$、$f(t)$ 属于 $\mathcal{L}_2[0, \infty)$.

$\{r_t\}$ 表示在有限集 $\mathcal{S} = \{1,\ 2,\ \cdots,\ N\}$ 中取值的马尔可夫跳变过程, $\Pi = [\pi_{ij}]$ 代表转移率矩阵. 马尔可夫跳变过程 $\{r_t\}$ 的具体性质详见 2.1 节.

系统矩阵 $A\left(r_t\right) \in \mathbb{R}^{n \times n}$、$A_d\left(r_t\right) \in \mathbb{R}^{n \times n}$、$B\left(r_t\right) \in \mathbb{R}^{n \times p}$、$C\left(r_t\right) \in \mathbb{R}^{n \times q}$、$D\left(r_t\right) \in \mathbb{R}^{n \times s}$、$E\left(r_t\right) \in \mathbb{R}^{l \times n}$、$E_d\left(r_t\right) \in \mathbb{R}^{l \times n}$、$F\left(r_t\right) \in \mathbb{R}^{l \times p}$、$G\left(r_t\right) \in \mathbb{R}^{l \times q}$、$I\left(r_t\right) \in \mathbb{R}^{l \times s}$. 简便起见, 当 $r_t = i \in \mathcal{S}$ 时, 将 $A\left(r_t\right)$ 记为 A_i, $A_d\left(r_t\right)$ 记为 A_{di} 等.

$d_{r_t}\left(t\right)$ 表示时变时滞且具有以下特征:

$$
0 \leqslant d_i\left(t\right) \leqslant d < \infty, \quad \dot{d}_i\left(t\right) \leqslant \varrho_i < 1, \quad \forall\, r_t = i \in \mathcal{S}
\tag{5.145}
$$

其中, d、ϱ_i 为已知的常数.

本节设计异步故障检测滤波器来实现时滞奇异跳变系统的故障检测:

$$
\begin{cases}
H_f\dot{\hat{x}}\left(t\right) = A_f\left(r_t, \theta_t\right)\hat{x}\left(t\right) + B_f\left(r_t, \theta_t\right)y\left(t\right) \\
z\left(t\right) = C_f\left(r_t, \theta_t\right)\hat{x}\left(t\right) + D_f\left(r_t, \theta_t\right)y\left(t\right)
\end{cases}
\tag{5.146}
$$

其中, $H_f \in \mathbb{R}^{n_f \times n_f}$ 为奇异矩阵, 且 $\mathrm{rank}(H_f) = r_f < n_f$; $\hat{x}(t) \in \mathbb{R}^{n_f}$ 为异步故障检测滤波器状态; $z(t) \in \mathbb{R}^m$ 为残差信号; $A_f\left(r_t, \theta_t\right)$、$B_f\left(r_t, \theta_t\right)$、$C_f\left(r_t, \theta_t\right)$、$D_f\left(r_t, \theta_t\right)$ 为需要设计的异步故障检测滤波器参数.

$\{\theta_t\}$ 是在有限集 $S_2 = \{1,\ 2,\ \cdots,\ \mathcal{L}\}$ 中取值, 并取决于 $\{r_t\}$ 的马尔可夫过程. $\Lambda = [\lambda_{i\theta}]$ 为条件概率矩阵, 其中

$$
P\{\theta_t = \theta\,|\,r_t = i\} = \lambda_{i\theta}
\tag{5.147}
$$

对于每个 $i \in \mathcal{S}$, $\lambda_{i\theta} \geqslant 0$, $\sum\limits_{\theta=1}^{\mathcal{L}} \lambda_{i\theta} = 1$. $(r_t, \theta_t, \Pi, \Lambda)$ 表示隐马尔可夫模型[31], 本节用隐马尔可夫模型来刻画被控时滞奇异跳变系统模态和滤波器模态之间的异步机制.

注 5.6 由于时滞、网络化机制、量测误差等因素在实际应用中是不可避免的, 被控系统的模态往往不能被滤波器或控制器直接访问, 这导致滤波器或控制器的模态与初始被控系统的模态异步运行[34]. 隐马尔可夫模型由两个依赖于条件概率矩阵的马尔可夫过程来描述. 作为一种有效的异步机制模型, 隐马尔可夫模型已经被广泛地用来处理异步控制问题[35].

为了约束故障频率, 提高故障检测系统性能, 引入权重函数 $w(s)$, 满足 $f_w(s) = w(s)f(s)$, 其中 $f_w(s)$、$f(s)$ 分别表示 $z_w(t)$ 和 $f(t)$ 的拉普拉斯变换. 故障加权系统状态空间最小实现可描述为

$$\begin{cases} \dot{x}_w(t) = A_w x_w(t) + B_w f(t) \\ z_w(t) = C_w x_w(t) + D_w f(t) \\ x_w(0) = 0 \end{cases} \tag{5.148}$$

其中, $x_w \in \mathbb{R}^{n_w}$ 为故障加权系统状态; A_w、B_w、C_w、D_w 为给定参数.

结合式 (5.144)、式 (5.146) 和式 (5.148), 得到增广的时滞奇异跳变误差系统:

$$\begin{cases} H_c \dot{\eta}(t) = A_c(r_t, \theta_t) \eta(t) + A_{dc}(r_t, \theta_t) \eta(t - d_{r_t}(t)) + B_c(r_t, \theta_t) v(t) \\ e(t) = C_c(r_t, \theta_t) \eta(t) + C_{dc}(r_t, \theta_t) \eta(t - d_{r_t}(t)) + D_c(r_t, \theta_t) v(t) \\ \eta(t) = \varphi(t), \quad \forall t \in [-d, 0] \end{cases} \tag{5.149}$$

其中

$$e(t) = z(t) - z_w(t), \quad \eta(t) = \begin{bmatrix} x(t) \\ \hat{x}(t) \\ x_w(t) \end{bmatrix}, \quad v(t) = \begin{bmatrix} u(t) \\ \omega(t) \\ f(t) \end{bmatrix}$$

$$H_c = \begin{bmatrix} H & 0 & 0 \\ 0 & H_f & 0 \\ 0 & 0 & I \end{bmatrix}, \quad A_{dc}(r_t, \theta_t) = \begin{bmatrix} A_d(r_t) & 0 & 0 \\ B_f(r_t, \theta_t) E_d(r_t) & 0 & 0 \\ 0 & 0 & 0 \end{bmatrix}$$

$$A_c(r_t, \theta_t) = \begin{bmatrix} A(r_t) & 0 & 0 \\ B_f(r_t, \theta_t) E(r_t) & A_f(r_t, \theta_t) & 0 \\ 0 & 0 & A_w \end{bmatrix}$$

$$B_c(r_t, \theta_t) = \begin{bmatrix} B(r_t) & C(r_t) & D(r_t) \\ B_f(r_t, \theta_t) F(r_t) & B_f(r_t, \theta_t) G(r_t) & B_f(r_t, \theta_t) I(r_t) \\ 0 & 0 & B_w \end{bmatrix}$$

$$C_c\left(r_t,\theta_t\right) = \left[\begin{array}{ccc} D_f\left(r_t,\theta_t\right)E\left(r_t\right) & C_f\left(r_t,\theta_t\right) & -C_w \end{array}\right]$$

$$C_{dc}\left(r_t,\theta_t\right) = \left[\begin{array}{ccc} D_f\left(r_t,\theta_t\right)E_d\left(r_t\right) & 0 & 0 \end{array}\right]$$

$$D_c\left(r_t,\theta_t\right) = \left[\begin{array}{ccc} D_f\left(r_t,\theta_t\right)F\left(r_t\right) & D_f\left(r_t,\theta_t\right)G\left(r_t\right) & D_f\left(r_t,\theta_t\right)I\left(r_t\right)-D_w \end{array}\right]$$

对于每个 $r_t = i \in \mathcal{S}, \theta_t = \theta \in \mathcal{S}_2$, 增广的时滞奇异跳变误差系统表示为

$$\begin{cases} H_c\dot{\eta}\left(t\right) = A_{ci\theta}\eta\left(t\right) + A_{dci\theta}\eta\left(t - d_i\left(t\right)\right) + B_{ci\theta}v\left(t\right) \\ e\left(t\right) = C_{ci\theta}\eta\left(t\right) + C_{dci\theta}\eta\left(t - d_i\left(t\right)\right) + D_{ci\theta}v\left(t\right) \end{cases} \tag{5.150}$$

其中

$$A_{ci\theta} = \left[\begin{array}{ccc} A_i & 0 & 0 \\ B_{fi\theta}E_i & A_{fi\theta} & 0 \\ 0 & 0 & A_w \end{array}\right], \quad A_{dci\theta} = \left[\begin{array}{ccc} A_{di} & 0 & 0 \\ B_{fi\theta}E_{di} & 0 & 0 \\ 0 & 0 & 0 \end{array}\right]$$

$$C_{ci\theta} = \left[\begin{array}{ccc} D_{fi\theta}E_i & C_{fi\theta} & -C_w \end{array}\right], \quad C_{dci\theta} = \left[\begin{array}{ccc} D_{fi\theta}E_{di} & 0 & 0 \end{array}\right]$$

$$B_{ci\theta} = \left[\begin{array}{ccc} B_i & C_i & D_i \\ B_{fi\theta}F_i & B_{fi\theta}G_i & B_{fi\theta}I_i \\ 0 & 0 & B_w \end{array}\right], \quad D_{ci\theta} = \left[\begin{array}{ccc} D_{fi\theta}F_i & D_{fi\theta}G_i & D_{fi\theta}I_i-D_w \end{array}\right]$$

本节的故障检测策略如下:

(1) 选择合适的评估函数和阈值. 选取残差评价函数 (REF) 和阈值, 分别记为 $\mathcal{J}\left(z(t)\right)$ 和 $\mathcal{J}_{\text{threshold}}$:

$$\mathcal{J}\left(z(t)\right) = \left(\int_{t_0}^{t_0+t} z^{\mathrm{T}}\left(s\right)z\left(s\right)\mathrm{d}s\right)^{\frac{1}{2}} \tag{5.151}$$

$$\mathcal{J}_{\text{threshold}} = \sup_{0 \neq u \in \mathcal{L}_2,\, 0 \neq \omega \in \mathcal{L}_2,\, f=0} \mathcal{E}\{\mathcal{J}\left(z(t)\right)\} \tag{5.152}$$

(2) 基于如下关系进行故障决策:

$\mathcal{J}\left(z(t)\right) \leqslant \mathcal{J}_{\text{threshold}} \Longrightarrow$ 无故障;

$\mathcal{J}\left(z(t)\right) > \mathcal{J}_{\text{threshold}} \Longrightarrow$ 有故障 $\Longrightarrow$ 报警.

5.4.2　主要结论

定理 5.8　时滞奇异跳变误差系统 (5.149) 满足随机容许性且具有 H_∞ 性能指标 $\hbar$, 如果对 $\forall\, r_t = i \in \mathcal{S}, \theta_t = \theta \in \mathcal{S}_2$, 存在 $R > 0$、P_i 和标量 ϱ_i, 使得下列矩

阵不等式成立:

$$H_c^{\mathrm{T}} P_i = P_i^{\mathrm{T}} H_c \geqslant 0 \tag{5.153}$$

$$\mathrm{sym}(P_i^{\mathrm{T}} A_{ci\theta}) + \sum_{j=1}^{N} \pi_{ij} H_c^{\mathrm{T}} P_j < 0 \tag{5.154}$$

$$\Pi_{i\theta} = \begin{bmatrix} \Pi_{i\theta 1} & \sum_{\theta=1}^{\mathcal{L}} \lambda_{i\theta} P_i^{\mathrm{T}} A_{dci\theta} & \sum_{\theta=1}^{\mathcal{L}} \lambda_{i\theta} P_i^{\mathrm{T}} B_{ci\theta} \\ * & (\varrho_i - 1)R + 3\sum_{\theta=1}^{\mathcal{L}} \lambda_{i\theta} C_{dci\theta}^{\mathrm{T}} C_{dci\theta} & 0 \\ * & * & -\hbar^2 I + 3\sum_{\theta=1}^{\mathcal{L}} \lambda_{i\theta} D_{ci\theta}^{\mathrm{T}} D_{ci\theta} \end{bmatrix} < 0 \tag{5.155}$$

其中, $\Pi_{i\theta 1} = \mathrm{sym}\left(\sum_{\theta=1}^{\mathcal{L}} \lambda_{i\theta} P_i^{\mathrm{T}} A_{ci\theta}\right) + \sum_{j=1}^{N} \pi_{ij} H_c^{\mathrm{T}} P_j + (1+\lambda d)R + 3\sum_{\theta=1}^{\mathcal{L}} \lambda_{i\theta} C_{ci\theta}^{\mathrm{T}} C_{ci\theta}.$

证明 由式 (5.154), 当 $i \neq j$ 时, 结合式 (5.153)、式 (5.155) 和 $\pi_{ii} < 0$、$\pi_{ij} > 0$, 可得

$$\mathrm{sym}(P_i^{\mathrm{T}} A_{ci\theta}) + \pi_{ii} H_c^{\mathrm{T}} P_i < 0 \tag{5.156}$$

根据奇异值分解技术, 存在可逆矩阵 $\mathcal{M}$ 和 $\mathcal{N}$, 使得

$$\mathcal{M} H_c \mathcal{N} = \begin{bmatrix} I & 0 \\ 0 & 0 \end{bmatrix} \tag{5.157}$$

和

$$\mathcal{M} A_{ci\theta} \mathcal{N} = \begin{bmatrix} \hat{A}_{ci\theta 1} & \hat{A}_{ci\theta 2} \\ \hat{A}_{ci\theta 3} & \hat{A}_{ci\theta 4} \end{bmatrix} \tag{5.158}$$

记

$$\mathcal{M}^{-\mathrm{T}} P_i \mathcal{N} = \begin{bmatrix} \hat{P}_{i1} & \hat{P}_{i2} \\ \hat{P}_{i3} & \hat{P}_{i4} \end{bmatrix} \tag{5.159}$$

且结合条件 (5.153), 可知 $\hat{P}_{i1} \geqslant 0$ 和 $\hat{P}_{i2} = 0$.

将式 (5.156) 两边都分别左乘 $\mathcal{N}^{\mathrm{T}}$、右乘 $\mathcal{N}$, 可得

$$
\begin{bmatrix}
\star & \star \\
\star & \mathrm{sym}(\hat{A}_{ci\theta4}^{\mathrm{T}}\hat{P}_{i4})
\end{bmatrix} < 0 \tag{5.160}
$$

式 (5.160) 意味着对每个 $r_t = i \in \mathcal{S}$, $\theta_t = \theta \in \mathcal{S}_2$, 都有 $|\hat{A}_{ci\theta4}| \neq 0$. 根据文献 [16] 和定义 1.1, 时滞奇异跳变误差系统 (5.149) 满足正则性和无脉冲性.

令 $\{\eta_t = \eta(t+\vartheta),\ -d \leqslant \vartheta \leqslant 0\}$, 则 $\{(\eta_t, r_t),\ t \geqslant d\}$ 是初始状态为 $(\psi(\cdot), r_0)$ 的马尔可夫过程. 对于时滞奇异跳变误差系统 (5.149) , 构建如下 L-K 泛函:

$$
\mathcal{V}(\eta_t, r_t) = \mathcal{V}_1(\eta_t, r_t) + \mathcal{V}_2(\eta_t, r_t) + \mathcal{V}_3(\eta_t) \tag{5.161}
$$

其中, $\mathcal{V}_1(\eta_t, r_t) = \eta^{\mathrm{T}}(t) H_c^{\mathrm{T}} P(r_t)\eta(t)$, $\mathcal{V}_2(\eta_t, r_t) = \displaystyle\int_{t-d_{r_t}(t)}^{t} \eta^{\mathrm{T}}(s) R\eta(s)\mathrm{d}s$,

$\mathcal{V}_3(\eta_t) = \lambda \displaystyle\int_{-d}^{0}\int_{t+\theta}^{t} \eta^{\mathrm{T}}(s) R\eta(s)\mathrm{d}s\mathrm{d}\theta$.

定义随机过程 $\{\eta_t, r_t\}$ 作用于 $\mathcal{V}(\cdot)$ 上的弱无穷小算子 $\mathcal{L}\mathcal{V}$ 为

$$
\mathcal{L}\mathcal{V}(\eta_t, r_t = i) = \lim_{\Delta t \to 0} \frac{\mathcal{E}\{\mathcal{V}(\eta_{t+\Delta t}, r_{t+\Delta t})\,|\eta_t, r_t = i\} - \mathcal{V}(\eta_t, r_t = i)}{\Delta t} \tag{5.162}
$$

由式 (5.147) 和 $\displaystyle\sum_{j \neq i}^{N} \pi_{ij} = -\lambda_{ii} \geqslant 0$, $\lambda = \max\{|\lambda_{ii}|\}$, 可得

$$
\mathcal{E}\{\mathcal{L}\mathcal{V}_1(\eta_t, r_t)\,|r_t = i\}
$$

$$
= 2\sum_{\theta=1}^{\mathcal{L}} \lambda_{i\theta}\eta^{\mathrm{T}}(t) P_i^{\mathrm{T}}[A_{ci\theta}\eta(t) + A_{dci\theta}\eta(t - d_i(t)) + B_{ci\theta}v(t)]
$$

$$
+ \sum_{j=1}^{N} \pi_{ij}\eta^{\mathrm{T}}(t) H_c^{\mathrm{T}} P_j\eta(t) \tag{5.163}
$$

$$
\mathcal{L}\mathcal{V}_2(\eta_t, r_t = i)
$$

$$
\leqslant \eta^{\mathrm{T}}(t) R\eta(t) + (\varrho_i - 1)\eta^{\mathrm{T}}(t - d_i(t)) R\eta(t - d_i(t))
$$

$$
+ \sum_{j=1}^{N} \pi_{ij}\int_{t-d_j(t)}^{t} \eta^{\mathrm{T}}(s) R\eta(s)\mathrm{d}s
$$

$$
\leqslant \eta^{\mathrm{T}}(t) R\eta(t) + (\varrho_i - 1)\eta^{\mathrm{T}}(t - d_i(t)) R\eta(t - d_i(t))
$$

$$+\lambda \int_{t-d}^{t} \eta^{\mathrm{T}}(s) R\eta(s)\mathrm{d}s \tag{5.164}$$

$$\mathcal{L}\mathcal{V}_3(\eta_t) = \lambda d\eta^{\mathrm{T}}(t) R\eta(t) - \lambda \int_{t-d}^{t} \eta^{\mathrm{T}}(s) R\eta(s)\mathrm{d}s \tag{5.165}$$

结合式 (5.163) $\sim$ 式 (5.165), 当 $v(t) = 0$ 时, 有

$$\mathcal{E}\left\{\mathcal{L}\mathcal{V}(\eta_t, r_t)|r_t = i\right\} \leqslant \mathcal{E}\left\{\hat{\eta}^{\mathrm{T}}(t)\Psi_{i\theta}\hat{\eta}(t)\right\} \tag{5.166}$$

其中

$$\hat{\eta}(t) = \left[\begin{array}{cc} \eta^{\mathrm{T}}(t) & \eta^{\mathrm{T}}(t - d_i(t)) \end{array}\right]^{\mathrm{T}} \tag{5.167}$$

$$\Psi_{i\theta} = \left[\begin{array}{cc} \Psi_{i\theta 1} & \displaystyle\sum_{\theta=1}^{\mathcal{L}} \lambda_{i\theta} P_i^{\mathrm{T}} A_{dci\theta} \\ * & (\varrho_i - 1)R \end{array}\right] < 0 \tag{5.168}$$

$$\Psi_{i\theta 1} = \mathrm{sym}\left(\sum_{\theta=1}^{\mathcal{L}} \lambda_{i\theta} P_i^{\mathrm{T}} A_{ci\theta}\right) + \sum_{j=1}^{N} \pi_{ij} H_c^{\mathrm{T}} P_j + (1 + \lambda d)R \tag{5.169}$$

式 (5.155) 确保了 $\Psi_{i\theta} < 0$, 根据 Dynkin 公式, 时滞奇异跳变误差系统 (5.149) 满足随机稳定性. 结合前面对正则性和无脉冲性的证明, 时滞奇异跳变误差系统 (5.149) 满足随机容许性.

对于非零 $v(t) \in \mathcal{L}_2[0, \infty)$ 和零初始条件, 得到

$$\mathcal{E}\left\{\int_0^t (e^{\mathrm{T}}(s) e(s) - \hbar^2 v^{\mathrm{T}}(s) v(s))\mathrm{d}s\right\}$$

$$\leqslant \mathcal{E}\left\{\int_0^t \mathcal{E}\{e^{\mathrm{T}}(s) e(s) - \hbar^2 v^{\mathrm{T}}(s) v(s) + \mathcal{L}\mathcal{V}(\eta_s, r_s)|r_s = i\}\mathrm{d}s\right\}$$

$$= \mathcal{E}\left\{\int_0^t \bar{\eta}^{\mathrm{T}}(s)\Pi_{i\theta}\bar{\eta}(s)\mathrm{d}s\right\} \tag{5.170}$$

其中

$$\bar{\eta}(t) = \left[\begin{array}{ccc} \eta^{\mathrm{T}}(t) & \eta^{\mathrm{T}}(t - d_i(t)) & v^{\mathrm{T}}(t) \end{array}\right]^{\mathrm{T}}$$

由式 (5.155), 可得 $\mathcal{E}\left\{\displaystyle\int_0^t (e^{\mathrm{T}}(s) e(s) - \hbar^2 v^{\mathrm{T}}(s) v(s))\mathrm{d}s\right\} < 0$, 保证了时滞奇异跳变误差系统 (5.149) 满足 H_∞ 性能要求. $\qquad\square$

注 5.7　由于导数矩阵 H 是奇异矩阵, 奇异系统的时变时滞导数条件 $\varrho_i < 1$ 不易消除. 到目前为止, 在奇异系统框架下将时变时滞导数约束条件扩展到 $\varrho_i \geqslant 1$ 的文献还很少, 这是一项非常重要且极具挑战性的工作.

接下来, 使用矩阵分解技术, 改写定理 5.8 为如下定理.

定理 5.9　时滞奇异跳变误差系统 (5.149) 满足随机容许性且有 H_∞ 性能指标 $\hbar$, 如果对 $\forall\, r_t = i \in \mathcal{S},\, \theta_t = \theta \in \mathcal{S}_2$, 存在 $\hat{P}_i > 0$、$R > 0$、Q_i、S 和标量 ϱ_i, 使得下列矩阵不等式成立:

$$\mathrm{sym}((H_c^{\mathrm{T}}\hat{P}_i + Q_i S^{\mathrm{T}})A_{ci\theta}) + \sum_{j=1}^{N} \pi_{ij} H_c^{\mathrm{T}} \hat{P}_j H_c < 0 \tag{5.171}$$

$$\hat{\Pi}_{i\theta} = \begin{bmatrix} \hat{\Pi}_{i\theta 1} & \hat{\Pi}_{i\theta 2} & \hat{\Pi}_{i\theta 3} \\[2mm] * & (\varrho_i - 1)R + 3\sum_{\theta=1}^{\mathcal{L}} \lambda_{i\theta} C_{dci\theta}^{\mathrm{T}} C_{dci\theta} & 0 \\[2mm] * & * & -\hbar^2 I + 3\sum_{\theta=1}^{\mathcal{L}} \lambda_{i\theta} D_{ci\theta}^{\mathrm{T}} D_{ci\theta} \end{bmatrix} < 0$$

$$\tag{5.172}$$

其中

$$\hat{\Pi}_{i\theta 1} = \mathrm{sym}\left(\sum_{\theta=1}^{\mathcal{L}} \lambda_{i\theta}(H_c^{\mathrm{T}}\hat{P}_i + Q_i S^{\mathrm{T}})A_{ci\theta} \right) + \sum_{j=1}^{N} \pi_{ij} H_c^{\mathrm{T}} \hat{P}_j H_c$$

$$+ (1 + \lambda d)R + 3\sum_{\theta=1}^{\mathcal{L}} \lambda_{i\theta} C_{ci\theta}^{\mathrm{T}} C_{ci\theta}$$

$$\hat{\Pi}_{i\theta 2} = \sum_{\theta=1}^{\mathcal{L}} \lambda_{i\theta}(H_c^{\mathrm{T}}\hat{P}_i + Q_i S^{\mathrm{T}})A_{dci\theta}, \quad \hat{\Pi}_{i\theta 3} = \sum_{\theta=1}^{\mathcal{L}} \lambda_{i\theta}(H_c^{\mathrm{T}}\hat{P}_i + Q_i S^{\mathrm{T}})B_{ci\theta}$$

$H_c^{\mathrm{T}}S = 0$ 并且 $S \in \mathbb{R}^{(n+n_f) \times (n+n_f-r-r_f)}$ 是列满秩矩阵.

证明　令 $P_i = \hat{P}_i H_c + SQ_i^{\mathrm{T}}$. 对于定理 5.8 中的每个 $r_t = i \in \mathcal{S}$, 式 (5.153) 满足且条件 (5.154) 和 (5.155) 可以通过式 (5.171) 和式 (5.172) 分别获得. 设

$$\mathcal{N}^{\mathrm{T}} Q_i = \begin{bmatrix} Q_{i1} \\ Q_{i2} \end{bmatrix}, \quad S^{\mathrm{T}} = V^{\mathrm{T}} \begin{bmatrix} 0 & I \end{bmatrix} \mathcal{M}^{-1} \tag{5.173}$$

其中, V 是适当维数的非奇异矩阵.

将式 (5.171) 两边都分别左乘 $\mathcal{N}^{\mathrm{T}}$、右乘 $\mathcal{N}$, 得到

$$
\begin{bmatrix} \star & \star \\ \star & \operatorname{sym}(Q_{i2}V^{\mathrm{T}}\hat{A}_{ci\theta4}^{\mathrm{T}}) \end{bmatrix} < 0 \tag{5.174}
$$

式 (5.174) 意味着对每个 $r_t = i \in \mathcal{S}$, $\theta_t = \theta \in \mathcal{S}_2$, 都有 $|\hat{A}_{ci\theta4}| \neq 0$. 根据文献 [16] 和定义 1.1, 时滞奇异跳变误差系统 (5.149) 满足正则性和无脉冲性. 此外, 根据式 (5.172) 和定理 5.8, 可证明时滞奇异跳变误差系统 (5.149) 满足随机容许性和 H_∞ 性能要求.　　　　　　　　　　　　　　　　　　　　□

现在, 开始实现对时滞奇异跳变系统故障检测滤波器的设计.

定理 5.10　时滞奇异跳变误差系统 (5.149) 满足随机容许性和 H_∞ 性能指标 $\hbar$, 如果对 $\forall\, r_t = i \in \mathcal{S}$, $\theta_t = \theta \in \mathcal{S}_2$, 存在矩阵 $Y_i > 0$、$Z_i > W_i > 0$、$R_1 > 0$、$R_2 > 0$、$R_3 > 0$、$\hat{A}_{fi\theta}$、$\hat{B}_{fi\theta}$、$\hat{C}_{fi\theta}$、$\hat{D}_{fi\theta}$ 和标量 $\gamma > 0$, 使得下列线性矩阵不等式成立:

$$
\begin{bmatrix} H^{\mathrm{T}}Z_i & -H^{\mathrm{T}}W_i & 0 \\ -H_f^{\mathrm{T}}W_i & H_f^{\mathrm{T}}W_i & 0 \\ 0 & 0 & Y_i \end{bmatrix} \geqslant 0 \tag{5.175}
$$

$$
\Xi_{i\theta} = \begin{bmatrix} \Xi_{i\theta1} & \Xi_{i\theta2} & 0 \\ * & \Xi_{i\theta3} & 0 \\ * & * & \Xi_{i\theta4} \end{bmatrix} < 0 \tag{5.176}
$$

$$
\Gamma_{i\theta} = \begin{bmatrix} \Gamma_{i\theta1} & \Gamma_{i\theta2} & \Gamma_{i\theta3} & \Gamma_{i\theta4} & 0 & 0 \\ * & \Gamma_{i\theta5} & 0 & 0 & \Gamma_{i\theta6} & 0 \\ * & * & \Gamma_{i\theta7} & 0 & 0 & \Gamma_{i\theta8} \\ * & * & * & -I & 0 & 0 \\ * & * & * & * & -I & 0 \\ * & * & * & * & * & -I \end{bmatrix} < 0 \tag{5.177}
$$

其中

$$
\Xi_{i\theta1} = \operatorname{sym}(Z_iA_i - \hat{B}_{fi\theta}E_i) + \sum_{j=1}^{N}\pi_{ij}H^{\mathrm{T}}Z_j
$$

$$
\Xi_{i\theta2} = -\hat{A}_{fi\theta} - A_i^{\mathrm{T}}W_i^{\mathrm{T}} + E_i^{\mathrm{T}}\hat{B}_{fi\theta}^{\mathrm{T}} - \sum_{j=1}^{N}\pi_{ij}H^{\mathrm{T}}W_j
$$

$$\Xi_{i\theta 3} = \mathrm{sym}(\hat{A}_{fi\theta}) + \sum_{j=1}^{N} \pi_{ij} H_f^{\mathrm{T}} W_j, \quad \Xi_{i\theta 4} = \mathrm{sym}(Y_i A_w) + \sum_{j=1}^{N} \pi_{ij} Y_j$$

$$\Gamma_{i\theta 1} = \sum_{\theta=1}^{\mathcal{L}} \lambda_{i\theta} \Xi_{i\theta} + \mathrm{diag}\{(1+\lambda d)R_1, (1+\lambda d)R_2, (1+\lambda d)R_3\}$$

$$\Gamma_{i\theta 2} = \begin{bmatrix} Z_i A_{di} - \displaystyle\sum_{\theta=1}^{\mathcal{L}} \lambda_{i\theta} \hat{B}_{fi\theta} E_{di} & 0 & 0 \\ -W_i A_{di} + \displaystyle\sum_{\theta=1}^{\mathcal{L}} \lambda_{i\theta} \hat{B}_{fi\theta} E_{di} & 0 & 0 \\ 0 & 0 & 0 \end{bmatrix}$$

$$\Gamma_{i\theta 3} = \begin{bmatrix} Z_i B_i - \displaystyle\sum_{\theta=1}^{\mathcal{L}} \lambda_{i\theta} \hat{B}_{fi\theta} F_i & Z_i C_i - \displaystyle\sum_{\theta=1}^{\mathcal{L}} \lambda_{i\theta} \hat{B}_{fi\theta} G_i & Z_i D_i - \displaystyle\sum_{\theta=1}^{\mathcal{L}} \lambda_{i\theta} \hat{B}_{fi\theta} I_i \\ -W_i B_i + \displaystyle\sum_{\theta=1}^{\mathcal{L}} \lambda_{i\theta} \hat{B}_{fi\theta} F_i & -W_i C_i + \displaystyle\sum_{\theta=1}^{\mathcal{L}} \lambda_{i\theta} \hat{B}_{fi\theta} G_i & -W_i D_i + \displaystyle\sum_{\theta=1}^{\mathcal{L}} \lambda_{i\theta} \hat{B}_{fi\theta} I_i \\ 0 & 0 & Y_i B_w \end{bmatrix}$$

$$\Gamma_{i\theta 4} = \sqrt{3} \begin{bmatrix} \sqrt{\lambda_{i1}} \begin{bmatrix} (\hat{D}_{fi1} E_i)^{\mathrm{T}} \\ \hat{C}_{fi1}^{\mathrm{T}} \\ -C_w^{\mathrm{T}} \end{bmatrix} & \sqrt{\lambda_{i2}} \begin{bmatrix} (\hat{D}_{fi2} E_i)^{\mathrm{T}} \\ \hat{C}_{fi2}^{\mathrm{T}} \\ -C_w^{\mathrm{T}} \end{bmatrix} \end{bmatrix}$$

$$\cdots \quad \sqrt{\lambda_{iL}} \begin{bmatrix} (\hat{D}_{fiL} E_i)^{\mathrm{T}} \\ \hat{C}_{fiL}^{\mathrm{T}} \\ -C_w^{\mathrm{T}} \end{bmatrix} \Big]$$

$$\Gamma_{i\theta 5} = \mathrm{diag}\{(\varrho_i - 1)R_1, (\varrho_i - 1)R_2, (\varrho_i - 1)R_3\}$$

$$\Gamma_{i\theta 6} = \sqrt{3} \begin{bmatrix} \sqrt{\lambda_{i1}} \begin{bmatrix} \hat{D}_{fi1} E_{di} & 0 & 0 \end{bmatrix}^{\mathrm{T}} & \sqrt{\lambda_{i2}} \begin{bmatrix} \hat{D}_{fi2} E_{di} & 0 & 0 \end{bmatrix}^{\mathrm{T}} \end{bmatrix}$$

$$\cdots \quad \sqrt{\lambda_{iL}} \begin{bmatrix} \hat{D}_{fiL} E_{di} & 0 & 0 \end{bmatrix}^{\mathrm{T}} \Big]$$

$$\Gamma_{i\theta 7} = -\mathrm{diag}\{\gamma I, \gamma I, \gamma I\}$$

$$\Gamma_{i\theta 8} = \sqrt{3} \left[\sqrt{\lambda_{i1}} \left[\begin{array}{c} (\hat{D}_{fi1}F_i)^{\mathrm{T}} \\ (\hat{D}_{fi1}G_i)^{\mathrm{T}} \\ (\hat{D}_{fi1}I_i - D_w)^{\mathrm{T}} \end{array} \right] \quad \sqrt{\lambda_{i2}} \left[\begin{array}{c} (\hat{D}_{fi2}F_i)^{\mathrm{T}} \\ (\hat{D}_{fi2}G_i)^{\mathrm{T}} \\ (\hat{D}_{fi2}I_i - D_w)^{\mathrm{T}} \end{array} \right] \right.$$

$$\left. \cdots \quad \sqrt{\lambda_{iL}} \left[\begin{array}{c} (\hat{D}_{fiL}F_i)^{\mathrm{T}} \\ (\hat{D}_{fiL}G_i)^{\mathrm{T}} \\ (\hat{D}_{fiL}I_i - D_w)^{\mathrm{T}} \end{array} \right] \right]$$

此时, 时滞奇异跳变系统 (5.144) 的异步故障检测滤波器 (5.146) 的参数为

$$\left[\begin{array}{cc} A_{fi\theta} & B_{fi\theta} \\ C_{fi\theta} & D_{fi\theta} \end{array} \right] = \left[\begin{array}{cc} W_i^{-1} & 0 \\ 0 & I \end{array} \right] \left[\begin{array}{cc} \hat{A}_{fi\theta} & \hat{B}_{fi\theta} \\ \hat{C}_{fi\theta} & \hat{D}_{fi\theta} \end{array} \right] \tag{5.178}$$

证明 令

$$P_i = \left[\begin{array}{cc} X_i & 0 \\ 0 & Y_i \end{array} \right] > 0, \quad X_i = \left[\begin{array}{cc} Z_i & -W_i \\ -W_i & W_i \end{array} \right] > 0$$

则式 (5.175) 保证了定理 5.8 中的式 (5.153), 且式 (5.176) 确保了式 (5.154). 由 Schur 补引理, 且令 $\hbar^2 = \gamma$, $W_i A_{fi\theta} = \hat{A}_{fi\theta}$, $W_i B_{fi\theta} = \hat{B}_{fi\theta}$, 可知式 (5.177) 保证了式 (5.155). 根据定理 5.8, 时滞奇异跳变误差系统 (5.149) 满足随机容许性和 H_∞ 性能指标 $\hbar = \sqrt{\gamma}$, 异步故障检测滤波器的参数 (5.146) 可以由式 (5.178) 来表示. □

5.4.3 仿真算例

例 5.5 基于例 3.1 的石油催化裂化过程可表述为时滞奇异跳变系统 (5.144), 以下参数源于文献 [16]:

$$A_1 = \left[\begin{array}{cc} -1.8 & 0.6 \\ 0.2 & -1.5 \end{array} \right], \quad A_2 = \left[\begin{array}{cc} -1.2 & 0.3 \\ 0.3 & -2.5 \end{array} \right], \quad A_{d1} = \left[\begin{array}{cc} 0.03 & -0.02 \\ 0.01 & 0.03 \end{array} \right]$$

$$A_{d2} = \left[\begin{array}{cc} 0.01 & -0.01 \\ -0.02 & 0.01 \end{array} \right], \quad B_1 = \left[\begin{array}{c} 1.0 \\ 1.2 \end{array} \right], \quad B_2 = \left[\begin{array}{c} 1.2 \\ 1.1 \end{array} \right], \quad C_1 = \left[\begin{array}{c} 0.4 \\ 0.5 \end{array} \right]$$

$$C_2 = \left[\begin{array}{c} 0.3 \\ 0.4 \end{array} \right], \quad D_1 = \left[\begin{array}{c} 2 \\ 3 \end{array} \right], \quad D_2 = \left[\begin{array}{c} 1 \\ 5 \end{array} \right], \quad E_1 = \left[\begin{array}{cc} 12 & 0.2 \\ 0.5 & 11 \end{array} \right]$$

$$E_2 = \left[\begin{array}{cc} 11 & -0.2 \\ 0.2 & 11 \end{array} \right], \quad E_{d1} = \left[\begin{array}{cc} 0.4 & -0.5 \\ 0.3 & 0.2 \end{array} \right], \quad E_{d2} = \left[\begin{array}{cc} 0.3 & -0.6 \\ 0.5 & 0.3 \end{array} \right]$$

$$F_1 = \begin{bmatrix} 5 \\ 6 \end{bmatrix}, \quad F_2 = \begin{bmatrix} 3 \\ 4 \end{bmatrix}, \quad G_1 = \begin{bmatrix} 0.3 \\ 0.5 \end{bmatrix}, \quad G_2 = \begin{bmatrix} 0.1 \\ 0.4 \end{bmatrix}, \quad I_1 = \begin{bmatrix} 1 \\ 7 \end{bmatrix}$$

$$I_2 = \begin{bmatrix} 2 \\ 5 \end{bmatrix}, \quad H = \begin{bmatrix} 1 & 0 \\ 0 & 0 \end{bmatrix}, \quad H_f = \begin{bmatrix} 1 & 0 \\ 0 & 0 \end{bmatrix}, \quad \Pi = \begin{bmatrix} -1.6 & 1.6 \\ 0.5 & -0.5 \end{bmatrix}$$

$$\Lambda = \begin{bmatrix} 0.7 & 0.3 \\ 0.2 & 0.8 \end{bmatrix}, \quad A_w = \begin{bmatrix} -4 & 0 \\ 0 & -2 \end{bmatrix}, \quad B_w = \begin{bmatrix} 2 \\ 5 \end{bmatrix}, \quad C_w = \begin{bmatrix} 1 & 1.7 \end{bmatrix}$$

$$D_w = 0.4, \quad \varrho_1 = 0.5, \quad \varrho_2 = 0.75, \quad d = 2.5$$

解定理 5.10 中线性矩阵不等式 (5.175)~(5.177), 得到 $\hbar = 8.2273$ 和所期望的异步故障检测滤波器 (5.146) 参数:

$$\hat{A}_{f11} = \begin{bmatrix} -3.5040 & -3.0636 \\ 2.0626 & -4.6036 \end{bmatrix}, \quad \hat{B}_{f11} = \begin{bmatrix} 0.1346 & 0.3308 \\ -0.1818 & 0.2689 \end{bmatrix}$$

$$\hat{C}_{f11} = \begin{bmatrix} -1.0354 & 0.0528 \end{bmatrix}, \quad \hat{D}_{f11} = \begin{bmatrix} 0.1627 & 0.0339 \end{bmatrix}$$

$$\hat{A}_{f12} = \begin{bmatrix} -7.2800 & 0.5458 \\ -8.5654 & -10.1654 \end{bmatrix}, \quad \hat{B}_{f12} = \begin{bmatrix} 0.4842 & -0.0036 \\ 0.7759 & 0.7574 \end{bmatrix}$$

$$\hat{C}_{f12} = \begin{bmatrix} -1.0354 & 0.0528 \end{bmatrix}, \quad \hat{D}_{f12} = \begin{bmatrix} 0.1627 & 0.0339 \end{bmatrix}$$

$$\hat{A}_{f21} = \begin{bmatrix} -7.1136 & -2.4282 \\ -21.4732 & -28.4540 \end{bmatrix}, \quad \hat{B}_{f21} = \begin{bmatrix} 0.5773 & 0.2452 \\ 2.0344 & 2.1751 \end{bmatrix}$$

$$\hat{C}_{f21} = \begin{bmatrix} -0.1699 & 0.1696 \end{bmatrix}, \quad \hat{D}_{f21} = \begin{bmatrix} 0.0537 & 0.0585 \end{bmatrix}$$

$$\hat{A}_{f22} = \begin{bmatrix} -1.8712 & 0.8732 \\ -3.8042 & -7.6412 \end{bmatrix}, \quad \hat{B}_{f22} = \begin{bmatrix} 0.0603 & 0.1029 \\ 0.3557 & 0.3992 \end{bmatrix}$$

$$\hat{C}_{f22} = \begin{bmatrix} -0.1699 & 0.1696 \end{bmatrix}, \quad \hat{D}_{f22} = \begin{bmatrix} 0.0537 & 0.0585 \end{bmatrix}$$

令初始条件 $x_{t_0} = \begin{bmatrix} -1.5 & -0.3 \end{bmatrix}^{\mathrm{T}}$. 故障信号 $f(t)$ 是一种多周期微小初始故障, 如图 5.12 所示, $\omega(t)$ 表示范围为 $[-0.06, 0.06]$ 的均匀噪声. 图 5.13 展示了 $d = 2.5$ 时基于隐马尔可夫模型的石油催化裂化过程的状态轨迹, 图 5.14 描述了 $d = 2.5$ 时基于隐马尔可夫模型的残差信号 $z(t)$ 的轨迹, 图 5.15 给出了残差评价

函数值轨迹. 通过 MATLAB 仿真, 得到

$$\mathcal{J}_{\text{threshold}} = \sup_{0 \neq u \in \mathcal{L}_2, \, 0 \neq \omega \in \mathcal{L}_2, \, f=0} \mathcal{E}\left\{\left(\int_0^{50} z^{\mathrm{T}}(s) z(s) \, \mathrm{d}s\right)^{\frac{1}{2}}\right\} = 13$$

$$\mathcal{J}(z(t)) = \left(\int_0^{1.15} z^{\mathrm{T}}(s) z(s) \, \mathrm{d}s\right)^{\frac{1}{2}} = 13.5 > \mathcal{J}_{\text{threshold}}$$

多周期微小初始故障可以在 0.15s 后被检测到.

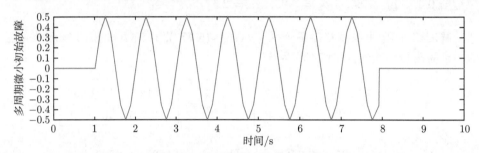

图 5.12   多周期微小初始故障轨迹

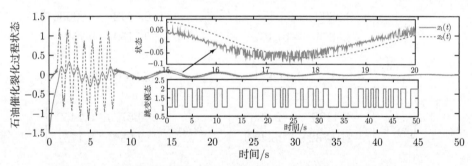

图 5.13 $d = 2.5$ 时基于隐马尔可夫模型的石油催化裂化过程状态轨迹

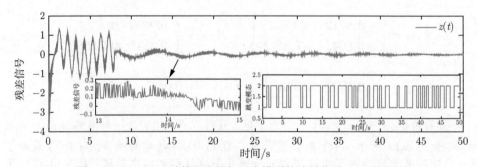

图 5.14 $d = 2.5$ 时基于隐马尔可夫模型的残差信号 $z(t)$ 的轨迹

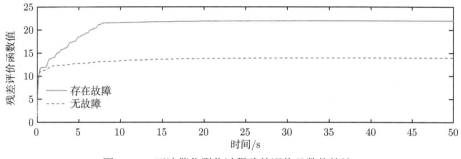

图 5.15　石油催化裂化过程残差评价函数值轨迹

参 考 文 献

[1] Wang G L, Zhang Q L, Yang C Y. Exponential H_∞ filtering for singular systems with Markovian jump parameters[J]. International Journal of Robust and Nonlinear Control, 2013, 23(7): 792-806.

[2] Wang G L, Xu S Y. Robust H_∞ filtering for singular time-delayed systems with uncertain Markovian switching probabilities[J]. International Journal of Robust and Nonlinear Control, 2015, 25(3): 376-393.

[3] Lin J X, Fei S M, Shen J. Delay-dependent H_∞ filtering for discrete-time singular Markovian jump systems with time-varying delay and partially unknown transition probabilities[J]. Signal Processing, 2011, 91: 277-289.

[4] Wu Z G, Su H Y, Chu J. H_∞ filtering for singular Markovian jump systems with time delay[J]. International Journal of Robust and Nonlinear Control, 2010, 20: 939-957.

[5] Yu X G, Hsu C S, Bamberger R H. H_∞ deconvolution filter design and its application in image restoration[C]. Proceedings of the 35th Conference on Decision and Control, 1996: 4802-4807.

[6] Hanshaw T C, Anderson M J, Hsu C S. An H_∞ deconvolution filter and its application to ultrasonic nondestructive evaluation of materials[J]. ISA Transactions, 1999, 38(4): 323-335.

[7] Chadli M, Abdo A, Ding S X. H_-/H_∞ fault detection filter design for discrete-time Takagi-Sugeno fuzzy system[J]. Automatica, 2013, 49(7): 1996-2005.

[8] Li J, Pan K P, Zhang D Z, et al. Robust fault detection and estimation observer design for switched systems[J]. Nonlinear Analysis: Hybrid Systems, 2019, 34: 30-42.

[9] Peng S C, Chen B S. Deconvolution filter design via L_1 optimization technique[J]. IEEE Transactions on Signal Processing, 1997, 45(3): 736-746.

[10] Li L L, Luo H, Ding S X, et al. Performance-based fault detection and fault-tolerant control for automatic control systems[J]. Automatica, 2019, 99: 308-316.

[11] Jiang Y, Yin S, Kaynak O. Optimized design of parity relation-based residual generator for fault detection: Data-driven approaches[J]. IEEE Transactions on Industrial Informatics, 2021, 17(2): 1449-1458.

[12] Su Q Y, Fan Z X, Lu T, et al. Fault detection for switched systems with all modes unstable based on interval observer[J]. Information Sciences, 2020, 517: 167-182.

[13] Cheng P, Chen M Y, Stojanovic V, et al. Asynchronous fault detection filtering for piecewise homogenous Markov jump linear systems via a dual hidden Markov model[J]. Mechanical Systems and Signal Processing, 2021, 151: 107353.

[14] Xie L H, Du C L, Zhang C S, et al. H_∞ deconvolution filtering of 2-D digital systems[J]. IEEE Transactions on Signal Processing, 2002, 50(9): 2319-2332.

[15] Wang Y Q, Zhang S Y, Dong X B, et al. Fault detection for a class of nonlinear networked systems under adaptive event-triggered scheme with randomly occurring nonlinear perturbations[J]. International Journal of Systems Science, 2018, 49(9): 1918-1933.

[16] Dai L Y. Singular Control Systems[M]. Berlin: Springer, 1989.

[17] Xu S Y, Lam J, Zou Y. H_∞ filter for singular systems[J]. IEEE Transactions on Automatic Control, 2003, 48(12): 2217-2222.

[18] Duan G R. Analysis and Design of Descriptor Linear Systems[M]. New York: Springer, 2010.

[19] Lewis F L. A survey of linear singular systems[J]. Circuits, Systems and Signal Processing, 2007, 22(1): 3-36.

[20] Wu H N, Cai K Y. Mode-independent robust stabilization for uncertain Markovian jump nonlinear systems via fuzzy control[J]. IEEE Transactions on Systems, Man, and Cybernetics Part B, Cybernetics, 2006, 36(3): 509-519.

[21] Chen Z R, Zhang B Y, Stojanovic V, et al. Event-based fuzzy control for T-S fuzzy networked systems with various data missing[J]. Neurocomputing, 2020, 417: 322-332.

[22] Zeng H B, Teo K L, He Y, et al. Sampled-data stabilization of chaotic systems based on a T-S fuzzy model[J]. Information Sciences, 2019, 483: 262-272.

[23] Wang Y Q, Zhuang G M, Chen F. Event-based asynchronous dissipative filtering for T-S fuzzy singular Markovian jump systems with redundant channels[J]. Nonlinear Analysis: Hybrid Systems, 2019, 34: 264-283.

[24] Hua C C, Wu S S, Guan X P. Stabilization of T-S fuzzy system with time delay under sampled-data control using a new looped-functional[J]. IEEE Transactions on Fuzzy Systems, 2020, 28(2): 400-407.

[25] Shen H, Xing M P, Huo S C, et al. Finite-time H_∞ asynchronous state estimation for discrete-time fuzzy Markov jump neural networks with uncertain measurements[J]. Fuzzy Sets and Systems, 2019, 356: 113-128.

[26] Cheng J, Park J H, Zhang L X, et al. An asynchronous operation approach to event-triggered control for fuzzy Markovian jump systems with general switching policies[J]. IEEE Transactions on Fuzzy Systems, 2018, 26(1): 6-18.

[27] Cheng J, Park J H, Karimi H R, et al. Static output feedback control of nonhomogeneous Markovian jump systems with asynchronous time delays[J]. Information Sciences, 2017, 399: 219-238.

[28] Gao X W, He H F, Qi W H. Admissibility analysis for discrete-time singular Markov jump systems with asynchronous switching[J]. Applied Mathematics and Computation, 2017, 313: 431-441.

[29] Cheng P, Wang H, Stojanovic V, et al. Asynchronous fault detection observer for 2-D Markov jump systems[J]. IEEE Transactions on Cybernetics, 2021, 52(12): 13623-13634.

[30] Ren H L, Zong G D, Karimi H R. Asynchronous finite-time filtering of networked switched systems and its application: An event-driven method[J]. IEEE Transactions on Circuits and Systems I: Regular Papers, 2019, 66(1): 391-402.

[31] Kim S H. Asynchronous dissipative filter design of nonhomogeneous Markovian jump fuzzy systems via relaxation of triple-parameterized matrix inequalities[J]. Information Sciences, 2019, 478: 564-579.

[32] Li F B, Du C L, Yang C H, et al. Finite-time asynchronous sliding mode control for Markovian jump systems[J]. Automatica, 2019, 109: 108503.

[33] Dong S L, Liu M Q, Wu Z G, et al. Observer-based sliding mode control for Markov jump systems with actuator failures and asynchronous modes[J]. IEEE Transactions on Circuits and Systems II: Express Briefs, 2021, 68(6): 1967-1971.

[34] Song J, Niu Y G, Zou Y Y. Asynchronous sliding mode control of Markovian jump systems with time-varying delays and partly accessible mode detection probabilities[J]. Automatica, 2018, 93(C): 33-41.

[35] Zhang L X, Zhu Y Z, Shi P, et al. Resilient asynchronous H_∞ filtering for Markov jump neural networks with unideal measurements and multiplicative noises[J]. IEEE Transactions on Cybernetics, 2015, 45(12): 2840-2852.

第 6 章　统一框架下时滞奇异跳变系统的扩展耗散分析与控制

耗散性是一种基于输入-输出能量的性能指标, 反映了系统能量的耗损特性, 其中无源性是耗散性的一种特例[1-4]. 近年来, H_∞、L_2-L_∞、无源、耗散等重要性能指标得到了广大学者的广泛关注[5-9]. 特别地, 文献 [10] 提出了扩展耗散性能指标的概念, 将 H_∞、L_2-L_∞、无源、耗散等性能指标扩展到统一框架下考虑. 基于这种扩展耗散思想, 文献 [11]、[12] 和 [13] 分别研究了时滞神经网络、时滞随机系统和采样跳变系统的扩展耗散问题.

需要指出的是, 状态反馈作为常用的反馈控制方法, 在大多数情况下是方便和实用的, 但是由于经济或工具设备上的限制, 许多动态系统的状态是不容易得到的, 此时状态反馈不能直接被实现[14,15]. 幸运的是, 通过充分利用系统的输入、输出信息, 系统的状态可以借助于观测器进行估计[16-18].

近年来, 对奇异跳变系统控制综合的研究引起了广泛关注, 若干经典成果不断涌现, 如文献 [19]~ [27]. 但关于奇异跳变系统扩展耗散控制器和滤波器设计的成果鲜有报道, 这激发了作者对统一框架下时滞奇异跳变系统的扩展耗散分析与基于观测器设计的反馈控制的研究.

本章主要研究统一框架下时滞奇异跳变系统扩展耗散滤波器设计问题, 包括 H_∞ 滤波器、L_2-L_∞ 滤波器、无源滤波器、严格 (Q, S, R)-耗散滤波器和非常严格无源滤波器设计问题; 研究统一框架下基于观测器设计的时滞奇异跳变系统扩展耗散控制器设计问题, 包括 H_∞ 控制器、L_2-L_∞ 控制器、无源控制器和严格 (Q, S, R)-耗散控制器设计问题.

6.1　统一框架下时滞奇异跳变系统的扩展耗散滤波器设计

本节主要研究统一框架下时滞奇异跳变系统的模态相关和模态无关扩展耗散滤波器设计问题, 主要目的是在统一框架下设计 L_2-L_∞、H_∞、无源、严格 (Q, S, R)-耗散和非常严格无源滤波器, 使得滤波误差系统满足随机容许性和扩展耗散性. 通过对加权矩阵的调整, 扩展耗散性能可以分别退化为 L_2-L_∞、H_∞、无源、严格 (Q, S, R)-耗散和非常严格无源性能. 本节构建体现马尔可夫跳变模态信息和时变时滞信息的 L-K 泛函, 在线性矩阵不等式框架下给出扩展耗散滤波器设计的充分条件. 利用石油催化裂化仿真算例验证设计方法的有效性和实用性.

本节的贡献和创新点概括如下:

(1) 在统一框架下设计了包括 L_2-L_∞、H_∞、无源、严格 (Q, S, R)-无源和非常严格无源滤波器在内的时滞奇异跳变系统扩展耗散滤波器;

(2) 构造了体现马尔可夫跳变模态信息和时变时滞信息的 L-K 泛函, 在线性矩阵不等式框架下给出了扩展耗散滤波器设计的充分条件;

(3) 本节的扩展耗散滤波器设计思想可推广到参数不确定、转移率有界或部分未知情况下奇异跳变系统的模态相关和模态无关扩展耗散滤波器设计.

6.1.1　问题描述

给定概率空间 $(\Omega, \mathfrak{F}, \mathcal{P})$, 考虑如下时滞奇异跳变系统:

$$
\begin{cases}
E\dot{x}(t) = A(r_t)x(t) + A_d(r_t)x(t - \tau(t)) + B(r_t)\omega(t) \\
y(t) = C(r_t)x(t) + C_d(r_t)x(t - \tau(t)) + D(r_t)\omega(t) \\
z(t) = L(r_t)x(t) + L_d(r_t)x(t - \tau(t)) + F(r_t)\omega(t) \\
x(t) = \phi(t), \quad \forall\, t \in [-\tau,\, 0]
\end{cases}
\tag{6.1}
$$

其中, $x(t) \in \mathbb{R}^n$ 是状态向量; $y(t) \in \mathbb{R}^m$ 是量测输出; $z(t) \in \mathbb{R}^q$ 是控制输出; $\omega(t) \in \mathbb{R}^p$ 是属于 $\mathcal{L}_2[0, \infty)$ 的噪声干扰; 矩阵 $E \in \mathbb{R}^{n \times n}$ 是奇异矩阵, 且满足 $\mathrm{rank}(E) = r_1 < n$; $\phi(t)$ 表示定义在 $[-\tau,\, 0]$ 上的连续初始函数.

$\{r_t\}$ 为取值于有限集 $\mathcal{S} = \{1,\, 2,\, \cdots,\, N\}$ 具有右连续轨迹的连续时间马尔可夫过程, 且满足文献 [10] 和 [15] 中的一般条件. 马尔可夫过程 $\{r_t\}$ 的具体性质详见 2.1 节. 时变时滞 $\tau(t)$ 满足 $0 \leqslant \tau(t) \leqslant \tau < \infty$, $\dot{\tau}(t) \leqslant \mu$. 当 $r_t = i \in \mathcal{S}$ 时, 时滞奇异跳变系统 (6.1) 的模态相关参数可简写为 A_i、A_{di}、B_i、C_i、C_{di}、D_i、L_i、L_{di}、F_i.

本节设计全阶线性模态相关扩展耗散滤波器, 当 $r_t = i \in \mathcal{S}$ 时, 所期望的扩展耗散滤波器如下所示:

$$
\begin{cases}
E_f\dot{x}_f(t) = A_{fi}x_f(t) + B_{fi}y(t) \\
z_f(t) = C_{fi}x_f(t) \\
x_f(t) = x_{f0}, \quad t \in [-\tau,\, 0]
\end{cases}
\tag{6.2}
$$

其中, $x_f(t) \in \mathbb{R}^n$ 为滤波器状态; $z_f(t) \in \mathbb{R}^q$ 为滤波器输出; $E_f \in \mathbb{R}^{n \times n}$ 为奇异矩阵, 且满足 $\mathrm{rank}(E_f) = r_2 < n$; A_{fi}、B_{fi}、C_{fi} 为待设计的滤波器参数.

定义 $\tilde{z}(t) \overset{\text{def}}{=\!=} z(t) - z_f(t)$, 当 $r_t = i \in \mathcal{S}$ 时, 将系统 (6.1) 和系统 (6.2) 增广为如下时滞奇异跳变滤波误差系统:

$$\begin{cases} \tilde{E}\dot{\xi}(t) = \tilde{A}_i\xi(t) + \tilde{A}_{di}\xi(t-\tau(t)) + \tilde{B}_i\omega(t) \\ \tilde{z}(t) = \tilde{C}_i\xi(t) + \tilde{C}_{di}\xi(t-\tau(t)) + \tilde{F}_i\omega(t) \\ \xi(t) = \varphi(t), \quad t \in [-\tau,\, 0] \end{cases} \tag{6.3}$$

其中

$$\tilde{E} = \begin{bmatrix} E & 0 \\ 0 & E_f \end{bmatrix}, \quad \xi(t) = \begin{bmatrix} x(t) \\ x_f(t) \end{bmatrix}, \quad \varphi(t) = \begin{bmatrix} \phi(t) \\ x_{f0} \end{bmatrix}$$

$$\tilde{A}_i = \begin{bmatrix} A_i & 0 \\ B_{fi}C_i & A_{fi} \end{bmatrix}, \quad \tilde{A}_{di} = \begin{bmatrix} A_{di} & 0 \\ B_{fi}C_{di} & 0 \end{bmatrix}, \quad \tilde{B}_i = \begin{bmatrix} B_i \\ B_{fi}D_i \end{bmatrix}$$

$$\tilde{C}_i = \begin{bmatrix} L_i^{\mathrm{T}} \\ -C_{fi}^{\mathrm{T}} \end{bmatrix}^{\mathrm{T}}, \quad \tilde{C}_{di} = \begin{bmatrix} L_{di}^{\mathrm{T}} \\ 0 \end{bmatrix}^{\mathrm{T}}, \quad \tilde{F}_i = F_i$$

为了有效地研究本节涉及的时滞奇异跳变系统的扩展耗散滤波器设计问题, 首先给出如下条件.

条件 6.1　时滞奇异跳变系统 (6.1) 中的参数矩阵满足下列条件:

$$\ker(L_i) \supseteq \ker(E), \quad \ker(L_{di}) \supseteq \ker(E) \tag{6.4}$$

注 6.1　如果增广的时滞奇异跳变滤波误差系统 (6.3) 在 $\omega(t) = 0$ 时满足随机容许性和扩展耗散性, 那么原时滞奇异跳变系统 (6.1) 在 $\omega(t) = 0$ 时也满足随机容许性和扩展耗散性. 因此, 原系统 (6.1) 满足随机容许性和扩展耗散性是本节的一个必要条件. 另外, 条件 (1.10) 和条件 (6.4) 保证了 L_2-L_∞ 增益的有界性, 同时确保了条件 (6.9) 能够成立; 条件 (1.9) 保证了条件 (1.7) 能够被准确定义; 式 (1.11) 则是计算上的必要条件, 与式 (6.10) 中的 Ξ_{6i} 一起来处理本节中的耗散问题.

注 6.2　定义 1.3 所给出的扩展耗散性能指标 (1.7) 起源于文献 [10]、[12] 和 [13], 此性能指标涵盖如下几个著名的性能指标:

(1) 当 $\Phi = I$、$\Psi_1 = 0$、$\Psi_2 = 0$、$\Psi_3 = \gamma^2 I$ 且 $\varrho = 0$ 时, 扩展耗散性能指标退化为能量-峰值 (L_2-L_∞) 性能指标;

(2) 当 $\Phi = 0$、$\Psi_1 = -I$、$\Psi_2 = 0$、$\Psi_3 = \gamma^2 I$ 且 $\varrho = 0$ 时, 扩展耗散性能变为 H_∞ 性能;

(3) 当 $\Phi = 0$、$\Psi_1 = 0$、$\Psi_2 = I$、$\Psi_3 = \gamma I$ 且 $\varrho = 0$、$\gamma > 0$ 时, 扩展耗散性能指标描述的是无源性;

(4) 当 $\Phi = 0$、$\Psi_1 = Q$、$\Psi_2 = S$、$\Psi_3 = R - \alpha I$ 且 $\varrho = 0$、$\alpha > 0$ 时, 扩展耗散性能指标刻画的是严格 (Q, S, R)-耗散性;

(5) 当 $\Phi = 0$、$\Psi_1 = -\iota I$、$\Psi_2 = I$、$\Psi_3 = -\eta I$ 且 $\varrho \leqslant 0$、$\iota > 0$、$\eta > 0$ 时, 扩展耗散性能指标展现的是非常严格无源性.

6.1.2 主要结论

定理 6.1 时滞奇异跳变滤波误差系统 (6.3) 满足随机容许性和扩展耗散性, 如果对任意的 $i \in \mathcal{S}$ 和给定的标量 $\tau > 0$、$0 < \hbar < 1$ 和 μ, 对称矩阵 Ψ_1、Ψ_3、Φ 和矩阵 Ψ_2 满足式 (1.9) $\sim$ 式 (1.11), 存在对称的正定矩阵 P_i、Q_i、Q、Z_i、Z、G 和矩阵 S_i、$\mathcal{M}_i$, 使得下列矩阵不等式成立:

$$0 < G < P_i \tag{6.5}$$

$$\sum_{j=1}^{N} \pi_{ij} Q_j < Q \tag{6.6}$$

$$\tau \sum_{j=1}^{N} \pi_{ij} Z_j < Z \tag{6.7}$$

$$\begin{bmatrix} Z_i & \mathcal{M}_i \\ * & Z_i \end{bmatrix} > 0 \tag{6.8}$$

$$\mathbb{R}_i = \begin{bmatrix} \hbar \tilde{E}^{\mathrm{T}} G \tilde{E} - \tilde{C}_i^{\mathrm{T}} \Phi \tilde{C}_i & -\tilde{C}_i^{\mathrm{T}} \Phi \tilde{C}_{di} \\ * & (1 - \hbar) \tilde{E}^{\mathrm{T}} G \tilde{E} - \tilde{C}_{di}^{\mathrm{T}} \Phi \tilde{C}_{di} \end{bmatrix} \geqslant 0 \tag{6.9}$$

$$\Lambda_i = \begin{bmatrix} \Xi_{1i} & \Xi_{2i} & \tilde{E}^{\mathrm{T}} \mathcal{M}_i \tilde{E} & \Xi_{3i} \\ * & \Xi_{4i} & \tilde{E}^{\mathrm{T}}(Z_i - \mathcal{M}_i)\tilde{E} & \Xi_{5i} \\ * & * & -\tilde{E}^{\mathrm{T}} Z_i \tilde{E} - Q & 0 \\ * & * & * & \Xi_{6i} \end{bmatrix} + \begin{bmatrix} \tilde{A}_i^{\mathrm{T}} \\ \tilde{A}_{di}^{\mathrm{T}} \\ 0 \\ \tilde{B}_i^{\mathrm{T}} \end{bmatrix} \Delta_i \begin{bmatrix} \tilde{A}_i^{\mathrm{T}} \\ \tilde{A}_{di}^{\mathrm{T}} \\ 0 \\ \tilde{B}_i^{\mathrm{T}} \end{bmatrix}^{\mathrm{T}} < 0 \tag{6.10}$$

$\tilde{E}^{\mathrm{T}} R = 0$ 并且 $R \in \mathbb{R}^{2n \times (2n - r_1 - r_2)}$ 是列满秩矩阵, 且

$$\Xi_{1i} = \sum_{j=1}^{N} \pi_{ij} \tilde{E}^{\mathrm{T}} P_j \tilde{E} + \tilde{E}^{\mathrm{T}} P_i \tilde{A}_i + \tilde{A}_i^{\mathrm{T}} P_i \tilde{E} + S_i R^{\mathrm{T}} \tilde{A}_i + \tilde{A}_i^{\mathrm{T}} R S_i^{\mathrm{T}} + Q_i + (\tau + 1)Q$$

$$- \tilde{E}^{\mathrm{T}} Z_i \tilde{E} - \tilde{C}_i^{\mathrm{T}} \Psi_1 \tilde{C}_i$$

$$\Xi_{2i} = \tilde{E}^{\mathrm{T}} P_i \tilde{A}_{di} + S_i R^{\mathrm{T}} \tilde{A}_{di} + \tilde{E}^{\mathrm{T}}(Z_i - \mathcal{M}_i)\tilde{E} - \tilde{C}_i^{\mathrm{T}} \Psi_1 \tilde{C}_{di}$$

$$\Xi_{3i} = \tilde{E}^{\mathrm{T}} P_i \tilde{B}_i + S_i R^{\mathrm{T}} \tilde{B}_i - \tilde{C}_i^{\mathrm{T}} \Psi_1 F_i - \tilde{C}_i^{\mathrm{T}} \Psi_2$$

$$\Xi_{4i} = -(1-\mu)Q_i + \tilde{E}^{\mathrm{T}}(-2Z_i + \mathcal{M}_i + \mathcal{M}_i^{\mathrm{T}})\tilde{E} - \tilde{C}_{di}^{\mathrm{T}} \Psi_1 \tilde{C}_{di}, \quad \Delta_i = \tau^2 Z_i + \frac{1}{2}\tau^2 Z$$

$$\Xi_{5i} = -\tilde{C}_{di}^{\mathrm{T}} \Psi_1 F_i - \tilde{C}_{di}^{\mathrm{T}} \Psi_2, \quad \Xi_{6i} = -F_i^{\mathrm{T}} \Psi_1 F_i - F_i^{\mathrm{T}} \Psi_2 - \Psi_2^{\mathrm{T}} F_i - \Psi_3$$

证明　由于 $\mathrm{rank}(\tilde{E}) = r_1 + r_2 < 2n$, 根据奇异值分解技术, 存在非奇异矩阵 $\hat{M}$、$\hat{N}$, 使得

$$\hat{E} = \hat{M}\tilde{E}\hat{N} = \begin{bmatrix} I_{r_1+r_2} & 0 \\ 0 & 0 \end{bmatrix} \tag{6.11}$$

以及

$$R = \hat{M}^{\mathrm{T}} \begin{bmatrix} 0 \\ I \end{bmatrix} V$$

其中, V 是任意的非奇异矩阵.

对任意的 $i \in \mathcal{S}$, 定义

$$\hat{M}\tilde{A}_i\hat{N} = \begin{bmatrix} \tilde{A}_{i1} & \tilde{A}_{i2} \\ \tilde{A}_{i3} & \tilde{A}_{i4} \end{bmatrix}, \quad \hat{M}^{-\mathrm{T}} P_i \hat{M}^{-1} = \begin{bmatrix} P_{i1} & P_{i2} \\ * & P_{i4} \end{bmatrix}, \quad \hat{N}^{\mathrm{T}} S_i = \begin{bmatrix} S_{i1} \\ S_{i2} \end{bmatrix} \tag{6.12}$$

令 $\bar{\Xi}_{1i} = \Xi_{1i} - Q_i - (\tau+1)Q + \tilde{C}_i^{\mathrm{T}} \Psi_1 \tilde{C}_i$, 由式 (1.9) 和 $\Psi_1 \leqslant 0$, 可知 $\bar{\Xi}_{1i} < 0$. 用 $\hat{N}$ 对 $\bar{\Xi}_{1i}$ 进行合同变换, 则有

$$\tilde{A}_{i4}^{\mathrm{T}} V S_{i2}^{\mathrm{T}} + S_{i2} V^{\mathrm{T}} \tilde{A}_{i4} < 0$$

由引理 1.5, 得

$$\alpha(\tilde{A}_{i4}^{\mathrm{T}} V S_{i2}^{\mathrm{T}}) \leqslant \mu(\tilde{A}_{i4}^{\mathrm{T}} V S_{i2}^{\mathrm{T}}) = \frac{1}{2}\lambda_{\max}(\tilde{A}_{i4}^{\mathrm{T}} V S_{i2}^{\mathrm{T}} + S_{i2} V^{\mathrm{T}} \tilde{A}_{i4}) < 0$$

则 $\tilde{A}_{i4}^{\mathrm{T}} V S_{i2}^{\mathrm{T}}$ 非奇异, 这意味着 $\tilde{A}_{i4}$ 非奇异. 根据文献 [9] 和 [20], 可知 $(\tilde{E}, \tilde{A}_i)$ 是正则和无脉冲的. 注意到 $\Psi_1 \leqslant 0$, 总存在矩阵 $\bar{\Psi}_1$ 使得 $\Psi_1 = -\bar{\Psi}_1^{\mathrm{T}}\bar{\Psi}_1$. 对矩阵不等式 (6.10) 应用 Schur 补引理, 可得

$$\hat{\Xi}_i = \begin{bmatrix} \hat{\Xi}_{1i} & \hat{\Xi}_{2i} & \tilde{E}^{\mathrm{T}} \mathcal{M}_i \tilde{E} \\ * & \hat{\Xi}_{4i} & \tilde{E}^{\mathrm{T}}(Z_i - \mathcal{M}_i)\tilde{E} \\ * & * & -\tilde{E}^{\mathrm{T}} Z_i \tilde{E} - Q \end{bmatrix} < 0 \tag{6.13}$$

其中

$$
\begin{aligned}
\hat{\Xi}_{1i} = & \sum_{j=1}^{N} \pi_{ij} \tilde{E}^{\mathrm{T}} P_j \tilde{E} + \tilde{E}^{\mathrm{T}} P_i \tilde{A}_i + \tilde{A}_i^{\mathrm{T}} P_i \tilde{E} + S_i R^{\mathrm{T}} \tilde{A}_i \\
& + \tilde{A}_i^{\mathrm{T}} R S_i^{\mathrm{T}} + Q_i + (\tau + 1) Q - \tilde{E}^{\mathrm{T}} Z_i \tilde{E}
\end{aligned}
$$

$$
\hat{\Xi}_{2i} = \tilde{E}^{\mathrm{T}} P_i \tilde{A}_{di} + S_i R^{\mathrm{T}} \tilde{A}_{di} + \tilde{E}^{\mathrm{T}} (Z_i - \mathcal{M}_i) \tilde{E}
$$

$$
\hat{\Xi}_{4i} = -(1 - \mu) Q_i + \tilde{E}^{\mathrm{T}} (-2Z_i + \mathcal{M}_i + \mathcal{M}_i^{T}) \tilde{E}
$$

在 $\hat{\Xi}_i < 0$ 两边都分别左乘 $[I,\ I,\ I]$、右乘 $[I,\ I,\ I]^{\mathrm{T}}$, 则有

$$
\hat{\Xi}_{1i} + \hat{\Xi}_{2i} + \hat{\Xi}_{2i}^{\mathrm{T}} + \hat{\Xi}_{4i} + \tilde{E}^{\mathrm{T}} Z_i \tilde{E} - Q < 0
$$

当 $\tau(t) = 0$ 时, $\mu = 0$, 有

$$
\sum_{j=1}^{N} \pi_{ij} \tilde{E}^{\mathrm{T}} P_j \tilde{E} + (\tilde{E}^{\mathrm{T}} P_i + S_i R^{\mathrm{T}})(\tilde{A}_i + \tilde{A}_{di}) + (\tilde{A}_i + \tilde{A}_{di})^{\mathrm{T}} (\tilde{E}^{\mathrm{T}} P_i + S_i R^{\mathrm{T}})^{\mathrm{T}} < 0 \quad (6.14)
$$

根据文献 [9] 和 [16], 式 (6.14) 确保了 $(\tilde{E},\ \tilde{A}_i + \tilde{A}_{di})$ 在 $\tau(t) = 0$ 时是正则和无脉冲的.

定义一个新的随机过程 $\{(\xi_t,\ r_t),\ t \geqslant 0\}$, 其中 $\{\xi_t = \xi(t + \theta),\ -\tau \leqslant \theta \leqslant 0\}$, 易知 $\{(\xi_t,\ r_t),\ t \geqslant \tau\}$ 是初始状态为 $(\varphi(\cdot),\ r_0)$ 的马尔可夫过程. 对时滞奇异跳变滤波误差系统 (6.3), 构造如下模态相关 L-K 泛函:

$$
V(\xi_t, r_t) = V_1(\xi_t, r_t) + V_2(\xi_t, r_t) + V_3(\xi_t, r_t) + V_4(\xi_t, r_t) + V_5(\xi_t, r_t) \quad (6.15)
$$

其中

$$
V_1(\xi_t, r_t) = \xi^{\mathrm{T}}(t) \tilde{E}^{\mathrm{T}} P(r_t) \tilde{E} \xi(t)
$$

$$
V_2(\xi_t, r_t) = \int_{t-\tau(t)}^{t} \xi^{\mathrm{T}}(s) Q(r_t) \xi(s) \mathrm{d}s
$$

$$
V_3(\xi_t, r_t) = \int_{t-\tau}^{t} \xi^{\mathrm{T}}(s) Q \xi(s) \mathrm{d}s + \int_{t-\tau}^{t} \int_{\beta}^{t} \xi^{\mathrm{T}}(\alpha) Q \xi(\alpha) \mathrm{d}\alpha \mathrm{d}\beta
$$

$$
V_4(\xi_t, r_t) = \tau \int_{-\tau}^{0} \int_{t+\beta}^{t} \dot{\xi}^{\mathrm{T}}(\alpha) \tilde{E}^{\mathrm{T}} Z(r_t) \tilde{E} \dot{\xi}(\alpha) \mathrm{d}\alpha \mathrm{d}\beta
$$

$$
V_5(\xi_t, r_t) = \int_{-\tau}^{0} \int_{\theta}^{0} \int_{t+\beta}^{t} \dot{\xi}^{\mathrm{T}}(\alpha) \tilde{E}^{\mathrm{T}} Z \tilde{E} \dot{\xi}(\alpha) \mathrm{d}\alpha \mathrm{d}\beta \mathrm{d}\theta
$$

令 $\mathcal{L}V$ 为马尔可夫过程 $\{\xi_t,\ r_t\}$ 作用于 $V(\cdot)$ 上的弱无穷小微分算子, 由 $\tilde{E}^{\mathrm{T}}R=0$, 对任意的 $i\in\mathcal{S}$ 和 $t\geqslant\tau$, 可得

$$\mathcal{L}V_1\left(\xi_t,r_t=i\right)=2\xi^{\mathrm{T}}\left(t\right)\left(\tilde{E}^{\mathrm{T}}P_i+S_iR^{\mathrm{T}}\right)\tilde{E}\dot{\xi}\left(t\right)$$

$$+\xi^{\mathrm{T}}\left(t\right)\left(\sum_{j=1}^N\pi_{ij}\tilde{E}^{\mathrm{T}}P_j\tilde{E}\right)\xi\left(t\right) \tag{6.16}$$

$$\mathcal{L}V_2\left(\xi_t,r_t=i\right)\leqslant\xi^{\mathrm{T}}\left(t\right)Q_i\xi\left(t\right)-\left(1-\mu\right)\xi^{\mathrm{T}}\left(t-\tau\left(t\right)\right)Q_i\xi\left(t-\tau\left(t\right)\right)$$

$$+\sum_{j=1}^N\pi_{ij}\int_{t-\tau(t)}^t\xi^{\mathrm{T}}\left(s\right)Q_j\xi\left(s\right)\mathrm{d}s \tag{6.17}$$

$$\mathcal{L}V_3\left(\xi_t\right)=(\tau+1)\xi^{\mathrm{T}}\left(t\right)Q\xi\left(t\right)-\xi^{\mathrm{T}}\left(t-\tau\right)Q\xi\left(t-\tau\right)$$

$$-\int_{t-\tau}^t\xi^{\mathrm{T}}\left(s\right)Q\xi\left(s\right)\mathrm{d}s \tag{6.18}$$

$$\mathcal{L}V_4\left(\xi_t,r_t=i\right)=\tau^2\dot{\xi}^{\mathrm{T}}\left(t\right)\tilde{E}^{\mathrm{T}}Z_i\tilde{E}\dot{\xi}\left(t\right)-\tau\int_{t-\tau}^t\dot{\xi}^{\mathrm{T}}\left(\alpha\right)\tilde{E}^{\mathrm{T}}Z_i\tilde{E}\dot{\xi}\left(\alpha\right)\mathrm{d}\alpha$$

$$+\tau\sum_{j=1}^N\pi_{ij}\int_{-\tau}^0\int_{t+\beta}^t\dot{\xi}^{\mathrm{T}}\left(\alpha\right)\tilde{E}^{\mathrm{T}}Z_j\tilde{E}\dot{\xi}\left(\alpha\right)\mathrm{d}\alpha\mathrm{d}\beta \tag{6.19}$$

$$\mathcal{L}V_5\left(\xi_t\right)=\frac{1}{2}\tau^2\dot{\xi}^{\mathrm{T}}\left(t\right)\tilde{E}^{\mathrm{T}}Z\tilde{E}\dot{\xi}\left(t\right)$$

$$-\int_{-\tau}^0\int_{t+\beta}^t\dot{\xi}^{\mathrm{T}}\left(\alpha\right)\tilde{E}^{\mathrm{T}}Z\tilde{E}\dot{\xi}\left(\alpha\right)\mathrm{d}\alpha\mathrm{d}\beta \tag{6.20}$$

由式 (6.8) 和引理 1.3, 可得

$$-\tau\int_{t-\tau}^t\dot{\xi}^{\mathrm{T}}\left(\alpha\right)\tilde{E}^{\mathrm{T}}Z_i\tilde{E}\dot{\xi}\left(\alpha\right)\mathrm{d}\alpha\leqslant\phi^{\mathrm{T}}(t)\bar{\mathcal{M}}_i\phi(t) \tag{6.21}$$

其中

$$\phi(t)=\begin{bmatrix}\xi^{\mathrm{T}}(t)&\xi^{\mathrm{T}}(t-\tau(t))&\xi^{\mathrm{T}}\left(t-\tau\right)\end{bmatrix}^{\mathrm{T}}$$

$$\bar{\mathcal{M}}_i=\begin{bmatrix}-\tilde{E}^{\mathrm{T}}Z_i\tilde{E}&\tilde{E}^{\mathrm{T}}(Z_i-\mathcal{M}_i)\tilde{E}&\tilde{E}^{\mathrm{T}}\mathcal{M}_i\tilde{E}\\ *&\tilde{E}^{\mathrm{T}}(-2Z_i+\mathcal{M}_i+\mathcal{M}_i^{\mathrm{T}})\tilde{E}&\tilde{E}^{\mathrm{T}}(Z_i-\mathcal{M}_i)\tilde{E}\\ *&*&-\tilde{E}^{\mathrm{T}}Z_i\tilde{E}\end{bmatrix}$$

结合式 (6.6) 和式 (6.7), 当 $\omega(t)=0$ 时, 有

$$\mathcal{L}V\left(\xi_t,r_t=i\right)\leqslant\phi^{\mathrm{T}}\left(t\right)\tilde{\Lambda}_i\phi\left(t\right) \tag{6.22}$$

其中

$$\tilde{\Lambda}_i = \hat{\Xi}_i + \begin{bmatrix} \tilde{A}_i^{\mathrm{T}} \\ \tilde{A}_{di}^{\mathrm{T}} \\ 0 \end{bmatrix} \Delta_i \begin{bmatrix} \tilde{A}_i^{\mathrm{T}} \\ \tilde{A}_{di}^{\mathrm{T}} \\ 0 \end{bmatrix}^{\mathrm{T}}$$

由于 $\Psi_1 = -\bar{\Psi}_1^{\mathrm{T}}\bar{\Psi}_1 \leqslant 0$, 根据 Schur 补引理, 由条件 (6.10) 可知 $\tilde{\Lambda}_i < 0$, 从而存在标量 $\alpha > 0$, 使得对所有的 $\xi(t) \neq 0$, 都有

$$\mathcal{L}V(\xi_t, r_t) < -\alpha|\xi(t)|^2 \tag{6.23}$$

根据文献 [9] 和 [16], 对任意的 $r_t = i \in \mathcal{S}$ 和 $t > 0$, 存在标量 $\delta > 0$, 使得

$$\mathcal{E}\left\{\int_0^t |\xi(s)|^2 \mathrm{d}s\right\} \leqslant \delta\mathcal{E}\left\{\sup_{-2\tau \leqslant t \leqslant 0} |\varphi(t)|^2\right\} \tag{6.24}$$

由定义 1.1, 时滞奇异跳变滤波误差系统 (6.3) 在 $\omega(t) = 0$ 时是随机稳定的. 综上所述, 时滞奇异跳变滤波误差系统 (6.3) 在 $\omega(t) = 0$ 时是随机容许的.

下面证明时滞奇异跳变滤波误差系统 (6.3) 的扩展耗散性. 令

$$\lambda(s) = \tilde{z}^{\mathrm{T}}(s)\Psi_1\tilde{z}(s) + 2\tilde{z}^{\mathrm{T}}(s)\Psi_2\omega(s) + \omega^{\mathrm{T}}(s)\Psi_3\omega(s)$$

则有

$$\mathcal{E}\left\{\int_0^t \lambda(s)\mathrm{d}s\right\} = J(\omega, \tilde{z}, t) = \mathcal{E}\langle\tilde{z}, \Psi_1\tilde{z}\rangle_t + 2\mathcal{E}\langle\tilde{z}, \Psi_2\omega\rangle_t + \mathcal{E}\langle\omega, \Psi_3\omega\rangle_t$$

由前面的讨论可知

$$\mathcal{L}V(\xi_t, r_t) - \lambda(t) \leqslant \tilde{\phi}^{\mathrm{T}}(t)\Lambda_i\tilde{\phi}(t) \tag{6.25}$$

其中

$$\tilde{\phi}(t) = \begin{bmatrix} \xi^{\mathrm{T}}(t) & \xi^{\mathrm{T}}(t - \tau(t)) & \xi^{\mathrm{T}}(t - \tau) & \omega^{\mathrm{T}}(t) \end{bmatrix}^{\mathrm{T}}$$

由式 (6.10) 知, $\Lambda_i < 0$. 因此, 总存在充分小的 $\kappa > 0$ 使得 $\Lambda_i < -\kappa I$. 从而有

$$\mathcal{L}V(\xi_t, r_t) - \lambda(t) \leqslant -\kappa|\tilde{\phi}(t)|^2 \leqslant -\kappa|\xi(t)|^2 \leqslant 0 \tag{6.26}$$

根据 Dynkin 公式, 当 $t \geqslant 0$ 时, 有

$$\mathcal{E}\left\{\int_0^t \lambda(s)\mathrm{d}s\right\} = J(\omega, \tilde{z}, t) \geqslant \mathcal{E}\{V(\xi_t, r_t)\} - V(\xi_0, r_0) \tag{6.27}$$

结合式 (6.5) 和式 (6.15), 则有

$$V(\xi_t, r_t) \geqslant \xi^{\mathrm{T}}(t)\tilde{E}^{\mathrm{T}}P_i\tilde{E}\xi(t) \geqslant \xi^{\mathrm{T}}(t)\tilde{E}^{\mathrm{T}}G\tilde{E}\xi(t) \geqslant 0$$

令

$$\varrho = -V(\xi_0, r_0) - \|\tilde{E}^{\mathrm{T}}G\tilde{E}\| \sup_{-2\tau \leqslant t \leqslant 0} |\varphi(t)|^2 \tag{6.28}$$

对任意 $\forall\, t \geqslant 0$, 有

$$\mathcal{E}\left\{\int_0^t \lambda(s)\mathrm{d}s\right\} = J(\omega, \tilde{z}, t) \geqslant \mathcal{E}\{\xi^{\mathrm{T}}(t)\tilde{E}^{\mathrm{T}}G\tilde{E}\xi(t)\} + \varrho \tag{6.29}$$

为了证明时滞奇异跳变滤波误差系统 (6.3) 满足扩展耗散性, 只需证明对任意的 $t_T \geqslant 0$, 下述不等式成立:

$$J(\omega, \tilde{z}, t_T) - \sup_{0 \leqslant t \leqslant t_T} \mathcal{E}\{\tilde{z}^{\mathrm{T}}(t)\varPhi\tilde{z}(t)\} \geqslant \varrho \tag{6.30}$$

为此, 分 $\|\varPhi\| = 0$ 和 $\|\varPhi\| \neq 0$ 两种情况进行讨论.

当 $\|\varPhi\| = 0$ 时, 式 (6.29) 意味着对 $\forall\, t_T \geqslant 0$, 有

$$\mathcal{E}\left\{\int_0^{t_T} \lambda(s)\mathrm{d}s\right\} = J(\omega, \tilde{z}, t_T) \geqslant \mathcal{E}\{\xi^{\mathrm{T}}(t_T)\tilde{E}^{\mathrm{T}}G\tilde{E}\xi(t_T)\} + \varrho \geqslant \varrho$$

上式和 $\tilde{z}^{\mathrm{T}}(t)\varPhi\tilde{z}(t) = 0$ 保证了式 (6.30) 成立.

当 $\|\varPhi\| \neq 0$ 时, 结合式 (1.10)、式 (1.11) 和式 (6.10), 可得 $\|F_i\| = 0$ 且 $\|\varPsi_1\| + \|\varPsi_2\| = 0$, 则有 $\varPsi_3 > 0$、$\varPsi_1 = 0$ 和 $\varPsi_2 = 0$, 从而有 $\lambda(s) = \omega^{\mathrm{T}}(s)\varPsi_3\omega(s) \geqslant 0$. 应用上述结果及式 (6.29), 对任意的 $t_T \geqslant t \geqslant 0$, 有

$$J(\omega, \tilde{z}, t_T) \geqslant J(\omega, \tilde{z}, t) \geqslant \mathcal{E}\{\xi^{\mathrm{T}}(t)\tilde{E}^{\mathrm{T}}G\tilde{E}\xi(t)\} + \varrho \tag{6.31}$$

进一步, 当 $t > \tau(t)$ 时, 有 $t_T \geqslant t - \tau(t) > 0$. 考虑式 (6.31), 则有

$$J(\omega, \tilde{z}, t_T) \geqslant \mathcal{E}\{\xi^{\mathrm{T}}(t - \tau(t))\tilde{E}^{\mathrm{T}}G\tilde{E}\xi(t - \tau(t))\} + \varrho \tag{6.32}$$

另外, 当 $t \leqslant \tau(t)$ 时, 有 $-\tau \leqslant -\tau(t) \leqslant t - \tau(t) \leqslant 0$, 结合式 (6.27) 和式 (6.28), 可得

$$\mathcal{E}\{\xi^{\mathrm{T}}(t - \tau(t))\tilde{E}^{\mathrm{T}}G\tilde{E}\xi(t - \tau(t))\} + \varrho$$

$$\leqslant \|\tilde{E}^{\mathrm{T}}G\tilde{E}\|\mathcal{E}\{|\xi(t - \tau(t))|^2\} + \varrho$$

$$\leqslant \|\tilde{E}^{\mathrm{T}}G\tilde{E}\| \sup_{-2\tau \leqslant s \leqslant 0} |\varphi(s)|^2 + \varrho$$

$$= -V(\xi_0, r_0) \leqslant J(\omega, \tilde{z}, t_T) \tag{6.33}$$

因此, 对任意的 $t_T \geqslant t \geqslant 0$, 式 (6.32) 总是成立的. 由式 (6.31)、式 (6.32) 和引理 1.9, 对满足 $0 < \hbar < 1$ 的任意常量 $\hbar$, 有

$$J(\omega, \tilde{z}, t_T)$$
$$\geqslant \mathcal{E}\{\hbar \xi^{\mathrm{T}}(t) \tilde{E}^{\mathrm{T}} G \tilde{E} \xi(t) + (1-\hbar) \xi^{\mathrm{T}}(t-\tau(t)) \tilde{E}^{\mathrm{T}} G \tilde{E} \xi(t-\tau(t))\} + \varrho \quad (6.34)$$

考虑到系统 (6.3) 中 $F_i = 0$, 故有

$$\tilde{z}^{\mathrm{T}}(t) \Phi \tilde{z}(t) = -\left[\begin{array}{c} \xi(t) \\ \xi(t-\tau(t)) \end{array}\right]^{\mathrm{T}} \mathbb{R}_i \left[\begin{array}{c} \xi(t) \\ \xi(t-\tau(t)) \end{array}\right] + \hbar \xi^{\mathrm{T}}(t) \tilde{E}^{\mathrm{T}} G \tilde{E} \xi(t)$$
$$+ (1-\hbar) \xi^{\mathrm{T}}(t-\tau(t)) \tilde{E}^{\mathrm{T}} G \tilde{E} \xi(t-\tau(t)) \quad (6.35)$$

这里的 $\mathbb{R}_i \geqslant 0$ 来自式 (6.9), 因此对任意的 $t \geqslant 0$, 有

$$\tilde{z}^{\mathrm{T}}(t) \Phi \tilde{z}(t) \leqslant \hbar \xi^{\mathrm{T}}(t) \tilde{E}^{\mathrm{T}} G \tilde{E} \xi(t) + (1-\hbar) \xi^{\mathrm{T}}(t-\tau(t)) \tilde{E}^{\mathrm{T}} G \tilde{E} \xi(t-\tau(t))$$
$$(6.36)$$

由式 (6.36) 及式 (6.34), 可得

$$J(\omega, \tilde{z}, t_T) \geqslant \mathcal{E}\{\tilde{z}^{\mathrm{T}}(t) \Phi \tilde{z}(t)\} + \varrho \quad (6.37)$$

式 (6.37) 对所有的 $t_T \geqslant t \geqslant 0$ 都成立, 从而有式 (6.30) 成立. 综合上述的 $\|\Phi\| = 0$ 和 $\|\Phi\| \neq 0$ 两种情况, 可知时滞奇异跳变滤波误差系统 (6.3) 满足扩展耗散性. 此外, 当 $\omega(t) = 0$ 时, 由式 (6.36) 可知

$$\mathcal{L}V(\xi_t, r_t) \leqslant \tilde{z}^{\mathrm{T}}(s) \Psi_1 \tilde{z}(s) - \kappa |\xi(t)|^2 \quad (6.38)$$

由于 $\Psi_1 \leqslant 0$, 则有 $\mathcal{L}V(\xi_t, r_t) \leqslant -\kappa |\xi(t)|^2$, 式 (6.38) 证实了式 (6.23) 成立. 因此, 由式 (6.38) 可证明时滞奇异跳变滤波误差系统 (6.3) 在 $\omega(t) = 0$ 是随机稳定的. □

定理 6.2 时滞奇异跳变滤波误差系统 (6.3) 满足随机稳定性和扩展耗散性, 如果对任意的 $i \in \mathcal{S}$ 和给定的标量 $\tau > 0$、$1 > \hbar > 0$ 和 μ, 存在正定矩阵 $\tilde{Q}_1$、$\tilde{Q}_2$、$\tilde{Q}_{1i}$、$\tilde{Q}_{2i}$、$\tilde{Z}_{1i}$、$\tilde{Z}_{2i}$、$\tilde{Z}_1$、$\tilde{Z}_2$、P_{1i}、P_{3i}、G_1、G_3 和矩阵 P_{2i}、G_2、$\hat{R}_1$、$\hat{R}_2$、Y、Y_{1i}、Y_{2i}、Y_{3i}、Y_{4i}、S_{1i}、S_{2i}、S_{3i}、S_{4i}、$\mathcal{M}_{1i}$、$\mathcal{M}_{2i}$、$\mathcal{M}_{3i}$、$\mathcal{M}_{4i}$、$\mathcal{A}_{fi}$、$\mathcal{B}_{fi}$、$\mathcal{C}_{fi}$, 使得下列线性矩阵不等式成立:

$$P_i = \left[\begin{array}{cc} P_{1i} & P_{2i} \\ * & P_{3i} \end{array}\right] > \left[\begin{array}{cc} G_1 & G_2 \\ * & G_3 \end{array}\right] > 0 \quad (6.39)$$

$$\sum_{j=1}^{N} \pi_{ij} \tilde{Q}_{1j} < \tilde{Q}_1, \quad \sum_{j=1}^{N} \pi_{ij} \tilde{Q}_{2j} < \tilde{Q}_2 \quad (6.40)$$

$$\tau \sum_{j=1}^{N} \pi_{ij} \tilde{Z}_{1j} < \tilde{Z}_1, \quad \tau \sum_{j=1}^{N} \pi_{ij} \tilde{Z}_{2j} < \tilde{Z}_2 \tag{6.41}$$

$$\begin{bmatrix} \tilde{Z}_{1i} & 0 & \mathcal{M}_{1i} & \mathcal{M}_{2i} \\ * & \tilde{Z}_{2i} & \mathcal{M}_{3i} & \mathcal{M}_{4i} \\ * & * & \tilde{Z}_{1i} & 0 \\ * & * & * & \tilde{Z}_{2i} \end{bmatrix} > 0 \tag{6.42}$$

$$\mathbb{\bar{R}}_i = \begin{bmatrix} \mathbb{\bar{R}}_{1i} & 0 & \mathbb{\bar{R}}_{2i} \\ * & \mathbb{\bar{R}}_{3i} & \mathbb{\bar{R}}_{4i} \\ * & * & I \end{bmatrix} \geqslant 0 \tag{6.43}$$

$$\Upsilon_i = \begin{bmatrix} \Upsilon_{1i} & \Upsilon_{2i} \\ * & \Upsilon_{3i} \end{bmatrix} < 0 \tag{6.44}$$

$E^{\mathrm{T}} \hat{R}_1 = 0,\ E_f^{\mathrm{T}} \hat{R}_2 = 0,$ 并且 $\hat{R}_1 \in \mathbb{R}^{n \times (n-r_1)}$ 和 $\hat{R}_2 \in \mathbb{R}^{n \times (n-r_2)}$ 是满足的列满秩矩阵, 且

$$\Upsilon_{1i} = \begin{bmatrix} \Upsilon_{1i}^{11} & \Upsilon_{1i}^{12} & \Upsilon_{1i}^{13} & \Upsilon_{1i}^{14} & \Upsilon_{1i}^{15} & \Upsilon_{1i}^{16} \\ * & \Upsilon_{1i}^{21} & \Upsilon_{1i}^{22} & \Upsilon_{1i}^{23} & \Upsilon_{1i}^{24} & \Upsilon_{1i}^{25} \\ * & * & \Upsilon_{1i}^{31} & \Upsilon_{1i}^{32} & \Upsilon_{1i}^{33} & 0 \\ * & * & * & \Upsilon_{1i}^{41} & \Upsilon_{1i}^{42} & 0 \\ * & * & * & * & \Upsilon_{1i}^{51} & \Upsilon_{1i}^{52} \\ * & * & * & * & * & \Upsilon_{1i}^{61} \end{bmatrix} \tag{6.45}$$

$$\Upsilon_{2i} = \begin{bmatrix} E^{\mathrm{T}} \mathcal{M}_{1i} E & E^{\mathrm{T}} \mathcal{M}_{2i} E_f & \Upsilon_{2i}^{13} & L_i^{\mathrm{T}} \bar{\Psi}_1^{\mathrm{T}} \\ E_f^{\mathrm{T}} \mathcal{M}_{3i} E & E_f^{\mathrm{T}} \mathcal{M}_{4i} E_f & \Upsilon_{2i}^{23} & -\mathcal{C}_{fi}^{\mathrm{T}} \bar{\Psi}_1^{\mathrm{T}} \\ 0 & 0 & Y_{3i} B_i + \mathcal{B}_{fi} D_i & 0 \\ 0 & 0 & Y_{4i} B_i + \mathcal{B}_{fi} D_i & 0 \\ E^{\mathrm{T}}(\tilde{Z}_{1i} - \mathcal{M}_{1i})E & -E^{\mathrm{T}} \mathcal{M}_{2i} E_f & -L_{di}^{\mathrm{T}} \Psi_2 & L_{di}^{\mathrm{T}} \bar{\Psi}_1^{\mathrm{T}} \\ -E_f^{\mathrm{T}} \mathcal{M}_{3i} E & E_f^{\mathrm{T}}(\tilde{Z}_{2i} - \mathcal{M}_{4i})E_f & 0 & 0 \end{bmatrix} \tag{6.46}$$

$$\Upsilon_{3i} = \begin{bmatrix} -E^{\mathrm{T}} \tilde{Z}_{1i} E - \tilde{Q}_1 & 0 & 0 & 0 \\ * & -E_f^{\mathrm{T}} \tilde{Z}_{2i} E_f - \tilde{Q}_2 & 0 & 0 \\ * & * & -F_i^{\mathrm{T}} \Psi_2 - \Psi_2^{\mathrm{T}} F_i - \Psi_{\mathrm{T}} & F_i^{\mathrm{T}} \bar{\Psi}_1^{\mathrm{T}} \\ * & * & * & -I \end{bmatrix} \tag{6.47}$$

$$\bar{\mathbb{R}}_{1i} = \hbar\hat{\mathbb{R}}, \quad \hat{\mathbb{R}} = \begin{bmatrix} E^{\mathrm{T}}G_1E & E^{\mathrm{T}}G_2E_f \\ * & E_f^{\mathrm{T}}G_3E_f \end{bmatrix}, \quad \bar{\mathbb{R}}_{2i} = \begin{bmatrix} L_i^{\mathrm{T}}\bar{\Phi}^{\mathrm{T}} \\ -\mathcal{C}_{fi}^{\mathrm{T}}\bar{\Phi}^{\mathrm{T}} \end{bmatrix}$$

$$\bar{\mathbb{R}}_{3i} = (1-\hbar)\hat{\mathbb{R}}, \quad \bar{\mathbb{R}}_{4i} = \begin{bmatrix} L_{di}^{\mathrm{T}}\bar{\Phi}^{\mathrm{T}} \\ 0 \end{bmatrix}$$

$$\Upsilon_{1i}^{11} = \sum_{j=1}^{N}\pi_{ij}E^{\mathrm{T}}P_{1j}E + \tilde{Q}_{1i} + (\tau+1)\tilde{Q}_1 - E^{\mathrm{T}}\tilde{Z}_{1i}E + Y_{1i}A_i + A_i^{\mathrm{T}}Y_{1i}^{\mathrm{T}}$$
$$+ \mathcal{B}_{fi}C_i + C_i^{\mathrm{T}}\mathcal{B}_{fi}^{\mathrm{T}}$$

$$\Upsilon_{1i}^{12} = \sum_{j=1}^{N}\pi_{ij}E^{\mathrm{T}}P_{2j}E_f + \mathcal{A}_{fi} + A_i^{\mathrm{T}}Y_{2i}^{\mathrm{T}} + C_i^{\mathrm{T}}\mathcal{B}_{fi}^{\mathrm{T}}$$

$$\Upsilon_{1i}^{13} = E^{\mathrm{T}}P_{1i} + S_{1i}\hat{R}_1^{\mathrm{T}} - Y_{1i} + A_i^{\mathrm{T}}Y_{3i}^{\mathrm{T}} + C_i^{\mathrm{T}}\mathcal{B}_{fi}^{\mathrm{T}}$$

$$\Upsilon_{1i}^{14} = E^{\mathrm{T}}P_{2i} + S_{2i}\hat{R}_2^{\mathrm{T}} - Y + A_i^{\mathrm{T}}Y_{4i}^{\mathrm{T}} + C_i^{\mathrm{T}}\mathcal{B}_{fi}^{\mathrm{T}}$$

$$\Upsilon_{1i}^{15} = Y_{1i}A_{di} + \mathcal{B}_{fi}C_{di} + E^{\mathrm{T}}\tilde{Z}_{1i}E - E^{\mathrm{T}}\mathcal{M}_{1i}E, \quad \Upsilon_{1i}^{16} = -E^{\mathrm{T}}\mathcal{M}_{2i}E_f$$

$$\Upsilon_{1i}^{21} = \sum_{j=1}^{N}\pi_{ij}E_f^{\mathrm{T}}P_{3j}E_f + \tilde{Q}_{2i} + (\tau+1)\tilde{Q}_2 - E_f^{\mathrm{T}}\tilde{Z}_{2i}E_f + \mathcal{A}_{fi} + \mathcal{A}_{fi}^{\mathrm{T}}$$

$$\Upsilon_{1i}^{22} = E_f^{\mathrm{T}}P_{2i}^{\mathrm{T}} + S_{3i}\hat{R}_1^{\mathrm{T}} - Y_{2i} + \mathcal{A}_{fi}^{\mathrm{T}}$$

$$\Upsilon_{1i}^{23} = E_f^{\mathrm{T}}P_{3i} + S_{4i}\hat{R}_2^{\mathrm{T}} - Y + \mathcal{A}_{fi}^{\mathrm{T}}, \quad \Upsilon_{1i}^{24} = Y_{2i}A_{di} + \mathcal{B}_{fi}C_{di} - E_f^{\mathrm{T}}\mathcal{M}_{3i}E$$

$$\Upsilon_{1i}^{25} = E^{\mathrm{T}}\tilde{Z}_{2i}E_f - E^{\mathrm{T}}\mathcal{M}_{4i}E_f, \quad \Upsilon_{1i}^{31} = -Y_{3i} - Y_{3i}^{\mathrm{T}} + \tau^2\tilde{Z}_{1i} + \frac{1}{2}\tau^2\tilde{Z}_1$$

$$\Upsilon_{1i}^{32} = -Y - Y_{4i}^{\mathrm{T}}, \quad \Upsilon_{1i}^{33} = Y_{3i}A_{di} + \mathcal{B}_{fi}C_{di}, \quad \Upsilon_{1i}^{41} = -Y - Y^{\mathrm{T}} + \tau^2\tilde{Z}_{2i} + \frac{1}{2}\tau^2\tilde{Z}_2$$

$$\Upsilon_{2i}^{13} = Y_{1i}B_i + \mathcal{B}_{fi}D_i - L_i^{\mathrm{T}}\Psi_2, \quad \Upsilon_{2i}^{23} = Y_{2i}B_i + \mathcal{B}_{fi}D_i + \mathcal{C}_{fi}^{\mathrm{T}}\Psi_2$$

$$\Upsilon_{1i}^{51} = -(1-\mu)\tilde{Q}_{1i} - 2E^{\mathrm{T}}\tilde{Z}_{1i}E + E^{\mathrm{T}}(\mathcal{M}_{1i} + \mathcal{M}_{1i}^{\mathrm{T}})E, \quad \Upsilon_{1i}^{42} = Y_{4i}A_{di} + \mathcal{B}_{fi}C_{di}$$

$$\Upsilon_{1i}^{61} = -(1-\mu)\tilde{Q}_{2i} - 2E_f^{\mathrm{T}}\tilde{Z}_{2i}E_f + E_f^{\mathrm{T}}(\mathcal{M}_{4i} + \mathcal{M}_{4i}^{\mathrm{T}})E_f$$

$$\Upsilon_{1i}^{52} = E^{\mathrm{T}}(\mathcal{M}_{2i} + \mathcal{M}_{3i}^{\mathrm{T}})E_f$$

此时, 所期望的模态相依扩展耗散滤波器的参数为

$$A_{fi} = Y^{-1}\mathcal{A}_{fi}, \quad B_{fi} = Y^{-1}\mathcal{B}_{fi}, \quad C_{fi} = \mathcal{C}_{fi} \tag{6.48}$$

证明　由于 $\Phi \geqslant 0$, 则存在矩阵 $\bar{\Phi}$ 使得 $\Phi = \bar{\Phi}^{\mathrm{T}}\bar{\Phi}$. 对式 (6.9) 应用 Schur 补

引理, 则有

$$
\mathbb{R}_i = \begin{bmatrix} \hbar \tilde{E}^{\mathrm{T}} G \tilde{E} & 0 & \tilde{C}_i^{\mathrm{T}} \bar{\Phi}^{\mathrm{T}} \\ * & (1-\hbar)\tilde{E}^{\mathrm{T}} G \tilde{E} & \tilde{C}_{di}^{\mathrm{T}} \bar{\Phi}^{\mathrm{T}} \\ * & * & I \end{bmatrix} \geqslant 0 \tag{6.49}
$$

另外, 令

$$
\Pi_i = \begin{bmatrix} \Pi_{1i} & \Pi_{2i} & \Pi_{3i} & \tilde{E}^{\mathrm{T}} \mathcal{M}_i \tilde{E} & W_i^{\mathrm{T}} \tilde{B}_i - \tilde{C}_i^{\mathrm{T}} \Psi_2 & \tilde{C}_i^{\mathrm{T}} \bar{\Psi}_1^{\mathrm{T}} \\ * & \Pi_{4i} & N_i^{\mathrm{T}} \tilde{A}_{di} & 0 & N_i^{\mathrm{T}} \tilde{B}_i & 0 \\ * & * & \bar{\Xi}_{4i} & \tilde{E}^{\mathrm{T}}(Z_i - \mathcal{M}_i)\tilde{E} & -\tilde{C}_{di}^{\mathrm{T}} \Psi_2 & \tilde{C}_{di}^{\mathrm{T}} \bar{\Psi}_1^{\mathrm{T}} \\ * & * & * & -\tilde{E}^{\mathrm{T}} Z_i \tilde{E} - Q & 0 & 0 \\ * & * & * & * & \bar{\Xi}_{6i} & F_i^{\mathrm{T}} \bar{\Psi}_1^{\mathrm{T}} \\ * & * & * & * & * & -I \end{bmatrix} \tag{6.50}
$$

其中

$$
\Pi_{1i} = \sum_{j=1}^N \pi_{ij} \tilde{E}^{\mathrm{T}} P_j \tilde{E} + Q_i + (\tau+1)Q - \tilde{E}^{\mathrm{T}} Z_i \tilde{E} + W_i^{\mathrm{T}} \tilde{A}_i + \tilde{A}_i^{\mathrm{T}} W_i
$$

$$
\Pi_{2i} = \tilde{E}^{\mathrm{T}} P_i + S_i R^{\mathrm{T}} - W_i^{\mathrm{T}} + \tilde{A}_i^{\mathrm{T}} N_i
$$

$$
\Pi_{3i} = W_i^{\mathrm{T}} \tilde{A}_{di} + \tilde{E}^{\mathrm{T}}(Z_i - \mathcal{M}_i)\tilde{E}
$$

$$
\Pi_{4i} = -N_i - N_i^{\mathrm{T}} + \Delta_i
$$

$$
\bar{\Xi}_{4i} = -(1-\mu)Q_i + \tilde{E}^{\mathrm{T}}(-2Z_i + \mathcal{M}_i + \mathcal{M}_i^{\mathrm{T}})\tilde{E}
$$

$$
\bar{\Xi}_{6i} = -F_i^{\mathrm{T}} \Psi_2 - \Psi_2^{\mathrm{T}} F_i - \Psi_3
$$

令

$$
\Gamma_i = \begin{bmatrix} I & \tilde{A}_i^{\mathrm{T}} & 0 & 0 & 0 & 0 \\ 0 & \tilde{A}_{di}^{\mathrm{T}} & I & 0 & 0 & 0 \\ 0 & 0 & 0 & I & 0 & 0 \\ 0 & \tilde{B}_i^{\mathrm{T}} & 0 & 0 & I & 0 \\ 0 & 0 & 0 & 0 & 0 & I \end{bmatrix}
$$

对式 (6.50) 两边都分别左乘 Γ_i、右乘 Γ_i^{T}, 得到如下 $\bar{\Lambda}_i$:

$$
\bar{\Lambda}_i = \Gamma_i \Pi_i \Gamma_i^{\mathrm{T}} = \begin{bmatrix} \hat{\Xi}_{1i} & \hat{\Xi}_{2i} & \tilde{E}^{\mathrm{T}} \mathcal{M}_i \tilde{E} & \hat{\Xi}_{3i} & \tilde{C}_i^{\mathrm{T}} \bar{\Psi}_1^{\mathrm{T}} \\ * & \hat{\Xi}_{4i} & \tilde{E}^{\mathrm{T}}(Z_i - \mathcal{M}_i)\tilde{E} & \hat{\Xi}_{5i} & \tilde{C}_{di}^{\mathrm{T}} \bar{\Psi}_1^{\mathrm{T}} \\ * & * & -\tilde{E}^{\mathrm{T}} Z_i \tilde{E} - Q & 0 & 0 \\ * & * & * & \hat{\Xi}_{6i} & F_i^{\mathrm{T}} \bar{\Psi}_1^{\mathrm{T}} \\ * & * & * & * & -I \end{bmatrix} + \begin{bmatrix} \tilde{A}_i^{\mathrm{T}} \\ \tilde{A}_{di}^{\mathrm{T}} \\ 0 \\ \tilde{B}_i^{\mathrm{T}} \\ 0 \end{bmatrix} \Delta_i \begin{bmatrix} \tilde{A}_i^{\mathrm{T}} \\ \tilde{A}_{di}^{\mathrm{T}} \\ 0 \\ \tilde{B}_i^{\mathrm{T}} \\ 0 \end{bmatrix}^{\mathrm{T}}
$$

$$(6.51)$$

其中, $\hat{\Xi}_{1i}$、$\hat{\Xi}_{2i}$、$\hat{\Xi}_{4i}$ 来自式 (6.13), 且 $\hat{\Xi}_{3i} = \tilde{E}^{\mathrm{T}} P_i \tilde{B}_i + S_i R^{\mathrm{T}} \tilde{B}_i - \tilde{C}_i^{\mathrm{T}} \Psi_2$, $\hat{\Xi}_{5i} = -\tilde{C}_{di}^{\mathrm{T}} \Psi_2$, $\hat{\Xi}_{6i} = -F_i^{\mathrm{T}} \Psi_2 - \Psi_2^{\mathrm{T}} F_i - \Psi_3$. $\Pi_i < 0$ 意味着 $\bar{\Lambda}_i < 0$, 由 Schur 补引理可知 $\Lambda_i < 0$. 选择如下矩阵:

$$
P_i = \begin{bmatrix} P_{1i} & P_{2i} \\ * & P_{3i} \end{bmatrix}, \quad G = \begin{bmatrix} G_1 & G_2 \\ * & G_3 \end{bmatrix}, \quad W_i^{\mathrm{T}} = \begin{bmatrix} Y_{1i} & Y \\ Y_{2i} & Y \end{bmatrix}
$$

$$
N_i^{\mathrm{T}} = \begin{bmatrix} Y_{3i} & Y \\ Y_{4i} & Y \end{bmatrix}, \quad S_i = \begin{bmatrix} S_{1i} & S_{2i} \\ S_{3i} & S_{4i} \end{bmatrix}, \quad \mathcal{M}_i = \begin{bmatrix} \mathcal{M}_{1i} & \mathcal{M}_{2i} \\ \mathcal{M}_{3i} & \mathcal{M}_{4i} \end{bmatrix}
$$

$$
Q_i = \begin{bmatrix} \tilde{Q}_{1i} & 0 \\ 0 & \tilde{Q}_{2i} \end{bmatrix}, \quad Q = \begin{bmatrix} \tilde{Q}_1 & 0 \\ 0 & \tilde{Q}_2 \end{bmatrix}, \quad Z_i = \begin{bmatrix} \tilde{Z}_{1i} & 0 \\ 0 & \tilde{Z}_{2i} \end{bmatrix}
$$

$$
Z = \begin{bmatrix} \tilde{Z}_1 & 0 \\ 0 & \tilde{Z}_2 \end{bmatrix}, \quad R = \begin{bmatrix} \hat{R}_1 & 0 \\ 0 & \hat{R}_2 \end{bmatrix}
$$

$$(6.52)$$

结合式 (6.5) $\sim$ 式 (6.8), 可得式 (6.39) $\sim$ 式 (6.44). 此时, 所期望的模态相依扩展耗散滤波器 (6.2) 的参数可由式 (6.48) 表示. □

值得注意的是, 奇异滤波器的物理实现比较复杂, 而正则 (正常) 滤波器的物理实现比较容易. 另外, 从实际应用的角度来看, 设计马尔可夫跳变系统模态无关滤波器相对比较简单. 为了易于物理实现和实际应用, 设计如下正则全阶模态无关的扩展耗散滤波器:

$$
\begin{cases} \dot{x}_f(t) = A_f x_f(t) + B_f y(t) \\ z_f(t) = C_f x_f(t) \\ x_f(t) = x_{f0}, \quad t \in [-\tau, 0] \end{cases}
$$

$$(6.53)$$

其中, $x_f(t) \in \mathbb{R}^n$、$z_f(t) \in \mathbb{R}^q$ 分别为滤波器状态向量和滤波器输出信号; A_f、B_f、C_f 为待设计的适维滤波器参数.

将式 (6.1) 和式 (6.53) 增广为如下时滞奇异跳变滤波误差系统:

$$
\begin{cases} \hat{E}\dot{\xi}(t) = \hat{A}_i \xi(t) + \hat{A}_{di} \xi(t - \tau(t)) + \hat{B}_i \omega(t) \\ \tilde{z}(t) = \hat{C}_i \xi(t) + \tilde{C}_{di} \xi(t - \tau(t)) + F_i \omega(t) \\ \xi(t) = \varphi(t), \quad t \in [-\tau, 0] \end{cases}
$$

$$(6.54)$$

$$\hat{E} = \begin{bmatrix} E & 0 \\ 0 & I \end{bmatrix}, \quad \hat{A}_i = \begin{bmatrix} A_i & 0 \\ B_f C_i & A_f \end{bmatrix}, \quad \begin{cases} \hat{A}_{di} = \begin{bmatrix} A_{di} & 0 \\ B_f C_{di} & 0 \end{bmatrix}, \quad \hat{B}_i = \begin{bmatrix} B_i \\ B_f D_i \end{bmatrix} \\ \hat{C}_i = \begin{bmatrix} L_i & -C_f \end{bmatrix} \end{cases}$$

定理 6.3 时滞奇异跳变滤波误差系统 (6.54) 满足随机容许性和扩展耗散性, 如果对任意的 $i \in S$ 和给定的标量 $\tau > 0$、$0 < \hbar < 1$ 和 μ, 存在对称正定矩阵 $\tilde{Q}_1$、$\tilde{Q}_2$、$\tilde{Q}_{1i}$、$\tilde{Q}_{2i}$、$\tilde{Z}_1$、$\tilde{Z}_2$、$\tilde{Z}_{1i}$、$\tilde{Z}_{2i}$、P_{1i}、P_{3i}、G_1、G_3 和矩阵 P_{2i}、G_2、$\hat{R}_1$、$\hat{R}_2$、Y、Y_{1i}、Y_{2i}、Y_{3i}、Y_{4i}、S_{1i}、S_{2i}、S_{3i}、S_{4i}、M_{1i}、M_{2i}、M_{3i}、M_{4i}、A_f、B_f、C_f, 使得线性矩阵不等式 (6.39)~(6.42) 以及 (6.55)、(6.56) 成立.

$$\mathbb{R}_i = \begin{bmatrix} \hat{\mathbb{R}}_{1i} & 0 & \hat{\mathbb{R}}_{2i} \\ * & \hat{\mathbb{R}}_{3i} & \bar{\mathbb{R}}_{4i} \\ * & * & I \end{bmatrix} \geqslant 0 \tag{6.55}$$

$$\hat{\varUpsilon}_i = \begin{bmatrix} \hat{\varUpsilon}_{1i} & \hat{\varUpsilon}_{2i} \\ * & \hat{\varUpsilon}_{3i} \end{bmatrix} < 0 \tag{6.56}$$

$E^{\mathrm{T}} \hat{R}_1 = 0$ 并且 $\hat{R}_1 \in \mathbb{R}^{n \times (n-r_1)}$ 是列满秩矩阵, 且

$$\hat{\varUpsilon}_{1i} = \begin{bmatrix} \hat{\varUpsilon}_{1i}^{11} & \hat{\varUpsilon}_{1i}^{12} & \hat{\varUpsilon}_{1i}^{13} & \hat{\varUpsilon}_{1i}^{14} & \hat{\varUpsilon}_{1i}^{15} & \hat{\varUpsilon}_{1i}^{16} \\ * & \hat{\varUpsilon}_{1i}^{21} & \hat{\varUpsilon}_{1i}^{22} & \hat{\varUpsilon}_{1i}^{23} & \hat{\varUpsilon}_{1i}^{24} & \hat{\varUpsilon}_{1i}^{25} \\ * & * & \hat{\varUpsilon}_{1i}^{31} & \hat{\varUpsilon}_{1i}^{32} & \hat{\varUpsilon}_{1i}^{33} & 0 \\ * & * & * & \hat{\varUpsilon}_{1i}^{41} & \hat{\varUpsilon}_{1i}^{42} & 0 \\ * & * & * & * & \hat{\varUpsilon}_{1i}^{51} & \hat{\varUpsilon}_{1i}^{52} \\ * & * & * & * & * & \hat{\varUpsilon}_{1i}^{61} \end{bmatrix} \tag{6.57}$$

$$\hat{\varUpsilon}_{2i} = \begin{bmatrix} E^{\mathrm{T}} M_{1i} E & E^{\mathrm{T}} M_{2i} & \hat{\varUpsilon}_{2i}^{13} & L_i^{\mathrm{T}} \bar{\varPsi}_1^{\mathrm{T}} \\ M_{3i} E & M_{4i} & \hat{\varUpsilon}_{2i}^{23} & -\mathcal{C}_{fi}^{\mathrm{T}} \bar{\varPsi}_1^{\mathrm{T}} \\ 0 & 0 & Y_{3i} B_i + \mathcal{B}_{fi} D_i & 0 \\ 0 & 0 & Y_{4i} B_i + \mathcal{B}_{fi} D_i & 0 \\ E^{\mathrm{T}}(\tilde{Z}_{1i} - M_{1i}) E & -E^{\mathrm{T}} M_{2i} & -L_{di}^{\mathrm{T}} \varPsi_2 & L_{di}^{\mathrm{T}} \bar{\varPsi}_1^{\mathrm{T}} \\ -M_{3i} E & \tilde{Z}_{2i} - M_{4i} & 0 & 0 \end{bmatrix} \tag{6.58}$$

$$\hat{\varUpsilon}_{3i} = \begin{bmatrix} -E^{\mathrm{T}} \tilde{Z}_{1i} E - \tilde{Q}_1 & 0 & 0 & 0 \\ * & -\tilde{Z}_{2i} - \tilde{Q}_2 & 0 & 0 \\ * & * & -F_i^{\mathrm{T}} \varPsi_2 - \varPsi_2^{\mathrm{T}} F_i - \varPsi_3 & F_i^{\mathrm{T}} \bar{\varPsi}_1^{\mathrm{T}} \\ * & * & * & -I \end{bmatrix} \tag{6.59}$$

$$\hat{\mathbb{R}}_{1i} = \hbar\hat{\mathbb{R}}, \quad \hat{\mathbb{R}} = \begin{bmatrix} E^{\mathrm{T}}G_1E & E^{\mathrm{T}}G_2 \\ * & G_3 \end{bmatrix}, \quad \hat{\mathbb{R}}_{2i} = \begin{bmatrix} L_i^{\mathrm{T}}\bar{\varPhi}^{\mathrm{T}} \\ -\mathcal{C}_f^{\mathrm{T}}\bar{\varPhi}^{\mathrm{T}} \end{bmatrix}$$

$$\hat{\mathbb{R}}_{3i} = (1-\hbar)\hat{\mathbb{R}}, \quad \hat{\mathbb{R}}_{4i} = \begin{bmatrix} L_{di}^{\mathrm{T}}\bar{\varPhi}^{\mathrm{T}} \\ 0 \end{bmatrix}$$

$$\hat{\varUpsilon}_{1i}^{11} = \sum_{j=1}^{N} \pi_{ij}E^{\mathrm{T}}P_{1j}E + \tilde{Q}_{1i} + (\tau+1)\tilde{Q}_1 - E^{\mathrm{T}}\tilde{Z}_{1i}E + Y_{1i}A_i + A_i^{\mathrm{T}}Y_{1i}^{\mathrm{T}}$$
$$+ \mathcal{B}_fC_i + C_i^{\mathrm{T}}\mathcal{B}_f^{\mathrm{T}}$$

$$\hat{\varUpsilon}_{1i}^{12} = \sum_{j=1}^{N} \pi_{ij}E^{\mathrm{T}}P_{2j} + \mathcal{A}_f + A_i^{\mathrm{T}}Y_{2i}^{\mathrm{T}} + C_i^{\mathrm{T}}\mathcal{B}_f^{\mathrm{T}}$$

$$\hat{\varUpsilon}_{1i}^{13} = E^{\mathrm{T}}P_{1i} + S_{1i}\hat{R}_1^{\mathrm{T}} - Y_{1i} + A_i^{\mathrm{T}}Y_{3i}^{\mathrm{T}} + C_i^{\mathrm{T}}\mathcal{B}_f^{\mathrm{T}}$$

$$\hat{\varUpsilon}_{1i}^{14} = E^{\mathrm{T}}P_{2i} - Y + A_i^{\mathrm{T}}Y_{4i}^{\mathrm{T}} + C_i^{\mathrm{T}}\mathcal{B}_f^{\mathrm{T}}$$

$$\hat{\varUpsilon}_{1i}^{15} = Y_{1i}A_{di} + \mathcal{B}_fC_{di} + E^{\mathrm{T}}\tilde{Z}_{1i}E - E^{\mathrm{T}}\mathcal{M}_{1i}E, \quad \hat{\varUpsilon}_{1i}^{16} = -E^{\mathrm{T}}\mathcal{M}_{2i}$$

$$\hat{\varUpsilon}_{1i}^{21} = \sum_{j=1}^{N} \pi_{ij}P_{3j} + \tilde{Q}_{2i} + (\tau+1)\tilde{Q}_2 - \tilde{Z}_{2i} + \mathcal{A}_f + \mathcal{A}_f^{\mathrm{T}}$$

$$\hat{\varUpsilon}_{1i}^{22} = P_{2i}^{\mathrm{T}} + S_{3i}\hat{R}_1^{\mathrm{T}} - Y_{2i} + \mathcal{A}_f^{\mathrm{T}}, \quad \hat{\varUpsilon}_{1i}^{23} = P_{3i} - Y + \mathcal{A}_f^{\mathrm{T}}$$

$$\hat{\varUpsilon}_{1i}^{24} = Y_{2i}A_{di} + \mathcal{B}_fC_{di} - \mathcal{M}_{3i}E, \quad \hat{\varUpsilon}_{1i}^{25} = E^{\mathrm{T}}\tilde{Z}_{2i} - E^{\mathrm{T}}\mathcal{M}_{4i}$$

$$\hat{\varUpsilon}_{1i}^{31} = -Y_{3i} - Y_{3i}^{\mathrm{T}} + \tau^2\tilde{Z}_{1i} + \frac{1}{2}\tau^2\tilde{Z}_1, \quad \hat{\varUpsilon}_{1i}^{32} = -Y - Y_{4i}^{\mathrm{T}}$$

$$\hat{\varUpsilon}_{1i}^{33} = Y_{3i}A_{di} + \mathcal{B}_fC_{di}, \quad \hat{\varUpsilon}_{1i}^{41} = -Y - Y^{\mathrm{T}} + \tau^2\tilde{Z}_{2i} + \frac{1}{2}\tau^2\tilde{Z}_2$$

$$\hat{\varUpsilon}_{1i}^{42} = Y_{4i}A_{di} + \mathcal{B}_fC_{di}$$

$$\hat{\varUpsilon}_{1i}^{51} = -(1-\mu)\tilde{Q}_{1i} - 2E^{\mathrm{T}}\tilde{Z}_{1i}E + E^{\mathrm{T}}(\mathcal{M}_{1i} + \mathcal{M}_{1i}^{\mathrm{T}})E$$

$$\hat{\varUpsilon}_{1i}^{52} = E^{\mathrm{T}}(\mathcal{M}_{2i} + \mathcal{M}_{3i}^{\mathrm{T}}), \quad \hat{\varUpsilon}_{1i}^{61} = -(1-\mu)\tilde{Q}_{2i} - 2\tilde{Z}_{2i} + (\mathcal{M}_{4i} + \mathcal{M}_{4i}^{\mathrm{T}})$$

$$\hat{\varUpsilon}_{2i}^{13} = Y_{1i}B_i + \mathcal{B}_fD_i - L_i^{\mathrm{T}}\varPsi_2, \quad \hat{\varUpsilon}_{2i}^{23} = Y_{2i}B_i + \mathcal{B}_fD_i + \mathcal{C}_f^{\mathrm{T}}\varPsi_2$$

此时, 所期望的扩展耗散滤波器的参数为

$$A_f = Y^{-1}\mathcal{A}_f, \quad B_f = Y^{-1}\mathcal{B}_f, \quad C_f = \mathcal{C}_f \tag{6.60}$$

证明   在式 (6.52) 中, 令 $R = \begin{bmatrix} \hat{R}_1 & 0 \\ 0 & 0 \end{bmatrix}$, 由定理 6.1和定理 6.2, 易证此定理, 在此不再赘述. □

注 6.3   令 $E = E_f = I$, $R = 0$, 则奇异跳变系统 (6.1)、(6.2) 和 (6.3) 均退化为正常的马尔可夫跳变系统. 由定理 6.1 和定理 6.2 提供的方法, 容易实现扩展耗散框架下的马尔可夫跳变模态相关或模态无关正则 (正常) 滤波器设计.

6.1.3   仿真算例

例 6.1   考虑如下石油催化裂化过程 (OCCP) [20]:

$$\begin{cases} \dot{x}_1(t) = R_{11}x_1(t) + R_{12}x_2(t) + B_1u(t) + C_1f(t) \\ 0 = R_{21}x_1(t) + R_{22}x_2(t) + B_2u(t) + C_2f(t) \end{cases} \tag{6.61}$$

其中, $x_1(t)$ 为被调节变量, 如更新温度、风机容量等; $x_2(t)$ 反映效益、策略、运行管理等; $u(t)$ 为调节值; $f(t)$ 为外部干扰.

由于内外部环境不断变化, 此石油催化裂化过程的参数将会不可避免地受到影响, 系统参数的这种变化机制可以用本节所介绍的连续时间马尔可夫过程 $\{r_t\}$ 的跳变来描述[20]. 同时考虑到时变时滞的影响, 令 $f(t) = \omega(t)$, 此 OCCP 系统可以由具有如下参数的时滞奇异跳变系统 (6.1) 来描述:

$$A_1 = \begin{bmatrix} -2.2 & 0.4 \\ 0.5 & -3.0 \end{bmatrix}, \quad A_2 = \begin{bmatrix} -1.6 & 1.1 \\ 2.3 & -3.8 \end{bmatrix}, \quad A_{d1} = \begin{bmatrix} 0.4 & -0.2 \\ 0.6 & 0.4 \end{bmatrix}$$

$$A_{d2} = \begin{bmatrix} 0.2 & -0.2 \\ 0.4 & 0.5 \end{bmatrix}, \quad B_1 = \begin{bmatrix} 0.5 \\ 0.4 \end{bmatrix}, \quad B_2 = \begin{bmatrix} 0.4 \\ 0.3 \end{bmatrix}, \quad \begin{cases} C_1 = \begin{bmatrix} 1.3 & -1.4 \end{bmatrix} \\ C_2 = \begin{bmatrix} 1.1 & -1.3 \end{bmatrix} \end{cases}$$

$$E = \begin{bmatrix} 1 & 0 \\ 0 & 0 \end{bmatrix}, \quad \begin{cases} C_{d1} = \begin{bmatrix} 0.2 & -0.5 \end{bmatrix} \\ C_{d2} = \begin{bmatrix} 0.3 & -0.4 \end{bmatrix} \end{cases}, \quad \begin{cases} L_1 = \begin{bmatrix} 1.2 & 0 \end{bmatrix} \\ L_2 = \begin{bmatrix} 1.4 & 0 \end{bmatrix} \end{cases}, \quad \begin{cases} D_1 = 1.1 \\ D_2 = 1.3 \end{cases}$$

$$E_f = \begin{bmatrix} 1 & 0 \\ 0 & 0 \end{bmatrix}, \quad R_1 = \begin{bmatrix} 0 \\ 1.5 \end{bmatrix}, \quad R_2 = \begin{bmatrix} 0 \\ 1.2 \end{bmatrix}, \quad \begin{cases} \tau = 5.5 \\ \mu = 0.6 \end{cases}, \quad \hbar = 0.2$$

$$\begin{cases} L_{d1} = \begin{bmatrix} -0.6 & 0 \end{bmatrix} \\ L_{d2} = \begin{bmatrix} -0.8 & 0 \end{bmatrix} \end{cases}, \quad \Pi = \begin{bmatrix} -1.2 & 1.2 \\ 0.7 & -0.7 \end{bmatrix}$$

(1) 能量-峰值 $(L_2\text{-}L_\infty)$ 滤波器: 令 $\Phi = 1$, $\Psi_1 = 0$, $\Psi_2 = 0$, $\Psi_3 = \gamma^2$ 且 $\gamma > 0$, 则 $\bar{\Phi} = 1$, $\bar{\Psi}_1 = 0$. 解线性矩阵不等式 (6.39)~(6.44) 和方程 (6.48) 得性能指标

$\gamma = 1.2320$, 所期望的滤波器参数为

$$A_{f1} = \begin{bmatrix} -14.1347 & 9.2088 \\ 7.2084 & -10.3429 \end{bmatrix}, \quad B_{f1} = \begin{bmatrix} -1.3897 \\ 0.7215 \end{bmatrix}, \quad C_{f1} = \begin{bmatrix} -0.8844 & 0 \end{bmatrix}$$

$$A_{f2} = \begin{bmatrix} -14.7261 & 9.7706 \\ 14.4967 & -12.2524 \end{bmatrix}, \quad B_{f2} = \begin{bmatrix} -2.6985 \\ 1.3935 \end{bmatrix}, \quad C_{f2} = \begin{bmatrix} -1.0318 & 0 \end{bmatrix}$$

(2) H_∞ 滤波器: 令 $F_1 = 0.9$, $F_2 = 0.8$, $\Phi = 0$, $\Phi_1 = -1$, $\Phi_2 = 0$, $\Phi_3 = \gamma^2$, $\gamma > 0$ 且 $\varrho = 0$, 则 $\bar{\Phi} = 0$, $\bar{\Psi}_1 = 1$. 解得 $\gamma = 0.7498$, 所期望的滤波器参数为

$$A_{f1} = \begin{bmatrix} -2.8503 & 1.9495 \\ 1.8050 & -3.2108 \end{bmatrix}, \quad B_{f1} = \begin{bmatrix} -0.2135 \\ 0.3742 \end{bmatrix}, \quad C_{f1} = \begin{bmatrix} -1.0815 & 0.7765 \end{bmatrix}$$

$$A_{f2} = \begin{bmatrix} -3.1350 & 2.9657 \\ 4.1607 & -4.7411 \end{bmatrix}, \quad B_{f2} = \begin{bmatrix} -0.4020 \\ 0.1313 \end{bmatrix}, \quad C_{f2} = \begin{bmatrix} -1.5048 & 0.6656 \end{bmatrix}$$

(3) 无源滤波器: 令 $F_1 = 0.9$, $F_2 = 0.8$, $\Phi = 0$, $\Psi_1 = 0$, $\Psi_2 = 1$, $\Psi_3 = \gamma = 1.22$ 和 $\varrho = 0$, 则 $\bar{\Phi} = 0$, $\bar{\Psi}_1 = 0$, 所期望的滤波器参数为

$$A_{f1} = \begin{bmatrix} -2.3756 & -0.0704 \\ 0.7085 & -1.3905 \end{bmatrix}, \quad B_{f1} = \begin{bmatrix} -3.4768 \\ -4.2344 \end{bmatrix}, \quad C_{f1} = \begin{bmatrix} 4.9573 & 2.7626 \end{bmatrix}$$

$$A_{f2} = \begin{bmatrix} -1.8262 & 0.5505 \\ 0.2388 & -0.6711 \end{bmatrix}, \quad B_{f2} = \begin{bmatrix} -2.3125 \\ -2.7385 \end{bmatrix}, \quad C_{f2} = \begin{bmatrix} 1.1503 & 0.2638 \end{bmatrix}$$

(4) 严格 (Q, S, R)-耗散滤波器: 令 $F_1 = 0.9$, $F_2 = 0.8$, $\Phi = 0$, $\Psi_1 = Q = -1$, $\Psi_2 = S = 1$, $\Psi_3 = \gamma = R - \alpha$, $\alpha = 0.2$ 和 $\varrho = 0$, 则 $\bar{\Phi} = 0$, $\bar{\Psi}_1 = 1$. 解得 $\gamma = 0.4472$, $R = \gamma + \alpha = 2.4472$. 所期望的严格 (Q, S, R)-耗散滤波器 (6.2) 参数为

$$A_{f1} = \begin{bmatrix} -0.3489 & 0.4936 \\ 0.9438 & -6.8770 \end{bmatrix}, \quad B_{f1} = \begin{bmatrix} -0.0218 \\ -0.3209 \end{bmatrix}, \quad C_{f1} = \begin{bmatrix} -0.5493 & 1.4180 \end{bmatrix}$$

$$A_{f2} = \begin{bmatrix} -0.2648 & 0.2949 \\ 0.1127 & -1.5074 \end{bmatrix}, \quad B_{f2} = \begin{bmatrix} -0.0401 \\ -0.4966 \end{bmatrix}, \quad C_{f2} = \begin{bmatrix} -0.0257 & 0.8747 \end{bmatrix}$$

(5) 非常严格无源滤波器: 令 $F_1 = 0.9$, $F_2 = 0.8$, $\Phi = 0$, $\Psi_1 = -0.3$, $\Psi_2 = 1$, $\Psi_3 = -\eta$, $\eta > 0$ 且 $\varrho = -1$, 则 $\bar{\Phi} = 0$, $\bar{\Psi}_1 = \sqrt{0.3}$. 解得 $\eta = 0.0692$, 此时, 所期望

的滤波器参数为

$$A_{f1} = \begin{bmatrix} -20.7499 & 9.5572 \\ 0.6374 & -44.8427 \end{bmatrix}, \quad B_{f1} = \begin{bmatrix} -3.2487 \\ -5.6470 \end{bmatrix}, \quad C_{f1} = \begin{bmatrix} 2.0889 & 8.5654 \end{bmatrix}$$

$$A_{f2} = \begin{bmatrix} -38.1067 & 19.4676 \\ 43.9874 & -40.6364 \end{bmatrix}, \quad B_{f2} = \begin{bmatrix} -2.3761 \\ -3.6924 \end{bmatrix}, \quad C_{f2} = \begin{bmatrix} 5.7687 & 8.1835 \end{bmatrix}$$

令初始值 $x(0) = [-0.5 \ 1.1]^{\mathrm{T}}$, $r_t \in \{1, 2\}$, 干扰噪声 $\omega(t) = 0.3 \sin(t) \mathrm{e}^{-0.07t} + U[-0.05, 0.05]$. 图 6.1描述了 $\omega(t) \neq 0$ 时 OCCP 的 H_∞ 滤波器状态轨迹. 图 6.2 呈现了 $\omega(t) \neq 0$ 时 OCCP 的严格 (Q, S, R)-耗散滤波器的状态轨迹. 同样, 可以有效地获得其他性能指标下的仿真结果, 这里不再赘述.

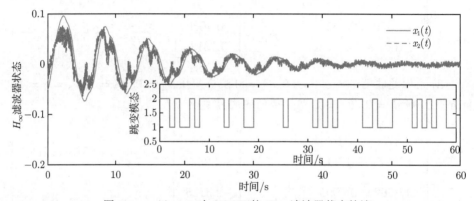

图 6.1　$\omega(t) \neq 0$ 时 OCCP 的 H_∞ 滤波器状态轨迹

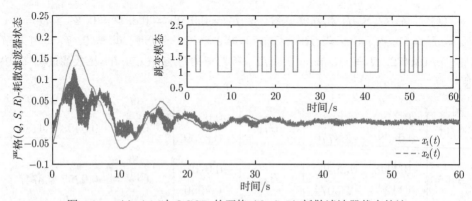

图 6.2　$\omega(t) \neq 0$ 时 OCCP 的严格 (Q, S, R)-耗散滤波器状态轨迹

6.2　统一框架下时滞奇异跳变系统的扩展耗散控制

本节研究时滞奇异跳变系统基于观测器设计的扩展耗散控制问题. 基于松弛 L-K 泛函方法和严格线性矩阵不等式方法, 给出时滞奇异跳变系统随机容许性分析和扩展耗散控制的充分条件. 在此基础上, 设计基于观测器的有记忆 (时滞) 状态反馈控制器, 以保证闭环时滞奇异跳变系统满足随机容许性和扩展耗散性. 最后, 利用数值算例验证所提出的扩展耗散控制器设计方法的有效性.

本节的贡献和创新点概括如下:

(1) 同时设计了观测器和有记忆 (时滞) 状态反馈控制器, 实现了时滞奇异跳变系统的随机容许性和扩展耗散性;

(2) 在统一框架下提出并实现了包含无源、L_2-L_∞、H_∞ 和耗散性能指标的时滞奇异跳变系统扩展耗散控制器设计问题;

(3) 利用松弛 L-K 泛函技术和严格线性矩阵不等式技术, 得到了基于观测器设计的有记忆 (时滞) 状态反馈控制策略和满足闭环时滞奇异跳变系统随机容许性和扩展耗散性条件.

6.2.1　问题描述

给定概率空间 $(\Omega, \mathfrak{F}, \mathcal{P})$, 考虑如下时滞奇异跳变系统:

$$
\begin{cases}
E\dot{x}(t) = A(r_t)x(t) + A_\tau(r_t)x(t - \tau(t)) + B(r_t)u(t) + D(r_t)\omega(t) \\
y(t) = C(r_t)x(t) \\
z(t) = \hat{C}(r_t)x(t) \\
x(t) = \hat{\varphi}(t), \quad t \in [-\tau, 0]
\end{cases}
\tag{6.62}
$$

其中, $x(t) \in \mathbb{R}^n$ 为状态向量; $u(t) \in \mathbb{R}^p$ 为控制输入; $y(t) \in \mathbb{R}^m$ 为量测输出; $z(t) \in \mathbb{R}^q$ 为控制输出; $\omega(t) \in \mathbb{R}^l$ 为外部干扰输入, 且属于 $\mathcal{L}_2[0, +\infty)$; $\hat{\varphi}(t)$ 为定义在 $[-\tau, 0]$ 上的连续初始函数; $E \in \mathbb{R}^{n \times n}$ 为奇异矩阵, 且 $\mathrm{rank}(E) = \sigma < n$.

$\{r_t\}$ 代表马尔可夫跳变过程, 其中 r_t 取值于 $\mathcal{S} = \{1, 2, \cdots, N\}$, 其转移率满足文献 [10] 和 [15] 中的一般条件. 马尔可夫跳变过程 $\{r_t\}$ 的具体性质详见 2.1 节. 时变时滞 $\tau(t)$ 满足 $\dot{\tau}(t) \leqslant s < 1, 0 < \tau(t) \leqslant \tau < \infty$. $A(r_t)$、$B(r_t)$、$D(r_t)$、$\hat{C}(r_t)$、$A_\tau(r_t)$、$C(r_t)$ 是已知的适当维数的常量参数矩阵.

本节针对时滞奇异跳变系统 (6.62), 考虑如下基于观测器设计的有记忆 (时滞) 状态反馈控制器:

$$
\begin{cases}
E\dot{\hat{x}}(t) = A(r_t)\hat{x}(t) + A_\tau(r_t)\hat{x}(t - \tau(t)) + B(r_t)u(t) \\
\qquad\qquad + G(r_t)(y(t) - C(r_t)\hat{x}(t)) \\
u(t) = K(r_t)\hat{x}(t) + K_\tau(r_t)\hat{x}(t - \tau(t))
\end{cases}
\tag{6.63}
$$

其中, $\hat{x}(t)$ 为观测器状态; $G(r_t)$ 为观测器增益; $K(r_t)$ 和 $K_\tau(r_t)$ 为有记忆的 (时滞) 状态反馈控制器增益.

注 6.4 由于经济或工具设备上的限制, 各类动态系统的状态在大多数情况下是不易获得的. 然而, 系统的输入信号和输出信号能够以较低的成本获得[14-18]. 同时, 考虑到时滞在控制器设计中是不可避免的, 本节提出一种能充分利用系统输入、输出信息, 基于观测器设计的有记忆 (时滞) 状态反馈控制策略, 进而实现了扩展耗散控制.

当 $r_t = i \in \mathcal{S}$ 时, 将系统 (6.62) 与 (6.63) 增广为如下闭环时滞奇异跳变系统:

$$
\begin{cases}
E_c\dot{x}_c(t) = A_{ci}x_c(t) + A_{\tau ci}x_c(t - \tau(t)) + D_{ci}\omega(t) \\
z_c(t) = C_{ci}x_c(t) \\
x_{ct} = \Psi(t), \quad \forall\, t \in [-\tau, 0]
\end{cases}
\tag{6.64}
$$

其中, $\Psi(t)$ 是定义在 $[-\tau, 0]$ 上的连续初始值函数.

$e(t) = x(t) - \hat{x}(t)$ 表示状态估计误差, 且有

$$
A_{ci} = \begin{bmatrix} A_i + B_iK_i & -B_iK_i \\ 0 & A_i - G_iC_i \end{bmatrix}, \quad
E_c = \begin{bmatrix} E & 0 \\ 0 & E \end{bmatrix}
$$

$$
A_{\tau ci} = \begin{bmatrix} A_{\tau i} + B_iK_{\tau i} & -B_iK_{\tau i} \\ 0 & A_{\tau i} \end{bmatrix}, \quad
D_{ci} = \begin{bmatrix} D_i \\ D_i \end{bmatrix}
$$

$$
C_{ci} = \begin{bmatrix} \hat{C}_i & 0 \end{bmatrix}, \quad
x_c(t) = \begin{bmatrix} x^{\mathrm{T}}(t) & e^{\mathrm{T}}(t) \end{bmatrix}^{\mathrm{T}}
$$

为了方便设计基于观测器的有记忆状态反馈控制器, 令

$$
\mathcal{A}_{hi} = \begin{bmatrix} A_i & 0 \\ 0 & A_i \end{bmatrix}, \quad
\mathcal{A}_{oi} = \begin{bmatrix} A_{\tau i} & 0 \\ 0 & A_{\tau i} \end{bmatrix}, \quad
\mathcal{I}_2 = \begin{bmatrix} 0 \\ -I \end{bmatrix}
$$

$$
\mathcal{C}_{hi}^{\mathrm{T}} = \begin{bmatrix} 0 \\ C_i^T \end{bmatrix}, \quad
\mathcal{B}_{hi} = \begin{bmatrix} B_i \\ 0 \end{bmatrix}, \quad
\mathcal{D}_{hi} = \begin{bmatrix} D_i \\ D_i \end{bmatrix}, \quad
\mathcal{I}_1^{\mathrm{T}} = \begin{bmatrix} I^{\mathrm{T}} \\ -I^{\mathrm{T}} \end{bmatrix}
$$

因此, 闭环时滞奇异跳变系统 (6.64) 中的参数可以表示为

$$
A_{ci} = \mathcal{A}_{hi} + \mathcal{B}_{hi}K_i\mathcal{I}_1 + \mathcal{I}_2G_i\mathcal{C}_{hi}, \quad
A_{\tau ci} = \mathcal{A}_{oi} + \mathcal{B}_{hi}K_{\tau i}\mathcal{I}_1
$$

考虑奇异矩阵 E_c $(\text{rank}(E_c) = 2\sigma < 2n)$, 根据奇异值分解技术, 一定存在非奇异矩阵 $M \in \mathbb{R}^{2n \times 2n}$ 和 $N \in \mathbb{R}^{2n \times 2n}$, 使得

$$ME_cN = \begin{bmatrix} I_{2\sigma} & 0 \\ 0 & 0 \end{bmatrix}, \quad MA_{ci}N = \begin{bmatrix} A_{ci_1} & A_{ci_2} \\ A_{ci_3} & A_{ci_4} \end{bmatrix} \tag{6.65}$$

其中, $A_{ci_4} \in \mathbb{R}^{(2n-2\sigma) \times (2n-2\sigma)}$.

6.2.2　主要结论

定理 6.4　闭环时滞奇异跳变系统 (6.64) 满足随机容许性, 如果对任意的 $r_t = i \in \mathcal{S}$, 存在矩阵 $\mathcal{W} > 0$、$\mathcal{P}_i > 0$、$\mathcal{Z}_i > 0$、$\mathcal{Q}_i$、R 和 L_i, 使得下述不等式成立:

$$\begin{bmatrix} \mathcal{P}_i + 2\mathcal{Z}_i & 2\mathcal{Z}_iE_c \\ * & 2\tau\mathcal{Q}_i + 2E_c^{\mathrm{T}}\mathcal{Z}_iE_c \end{bmatrix} > 0 \tag{6.66}$$

$$\begin{bmatrix} \mathcal{P}_i + \tau\mathcal{W} & \tau\mathcal{W}E_c \\ * & \tau^2R + \tau E_c^{\mathrm{T}}\mathcal{W}E_c \end{bmatrix} > 0 \tag{6.67}$$

$$\sum_{j=1}^{N} \pi_{ij}\mathcal{Q}_j - R < 0, \quad \sum_{j=1}^{N} \pi_{ij}\mathcal{Z}_j - \mathcal{W} < 0 \tag{6.68}$$

$$\Lambda_{1i} \stackrel{\text{def}}{=\!=} \begin{bmatrix} \kappa_{1i} & \kappa_{2i} \\ * & \kappa_{3i} \end{bmatrix} + \begin{bmatrix} A_{ci}^{\mathrm{T}} \\ A_{\tau ci}^{\mathrm{T}} \end{bmatrix} (\tau\mathcal{Z}_i + 0.5\tau^2\mathcal{W}) \begin{bmatrix} A_{ci}^{\mathrm{T}} \\ A_{\tau ci}^{\mathrm{T}} \end{bmatrix}^{\mathrm{T}} < 0 \tag{6.69}$$

其中

$$\kappa_{1i} = E_c^{\mathrm{T}} \left(\sum_{j=1}^{N} \pi_{ij}\mathcal{P}_j \right) E_c + \text{sym}(A_{ci}^{\mathrm{T}}(\mathcal{P}_iE_c + SL_i)) + \tau R$$

$$+ \mathcal{Q}_i - \tau^{-1}E_c^{\mathrm{T}}\mathcal{Z}_iE_c$$

$$\kappa_{2i} = (\mathcal{P}_iE_c + SL_i)^{\mathrm{T}}A_{\tau ci} + \tau^{-1}E_c^{\mathrm{T}}\mathcal{Z}_iE_c$$

$$\kappa_{3i} = -(1-s)\mathcal{Q}_i - \tau^{-1}E_c^{\mathrm{T}}\mathcal{Z}_iE_c$$

$E_c^{\mathrm{T}}S = 0$ 并且 $S \in \mathbb{R}^{2n \times (2n-2\sigma)}$ 是已知的列满秩矩阵.

证明　令 $x_{ct} = x_c(t+\theta), -\tau \leqslant \theta < 0$, 构建如下 L-K 泛函:

$$V(x_{ct}, r_t, t) = V_1(x_{ct}, r_t, t) + V_2(x_{ct}, r_t, t) + V_3(x_{ct}, t)$$

$$+ V_4(x_{ct}, r_t, t) + V_5(x_{ct}, t) \tag{6.70}$$

其中

$$V_1(x_{ct}, r_t, t) = x_c^{\mathrm{T}}(t) E_c^{\mathrm{T}} \mathcal{P}(r_t) E_c x_c(t)$$

$$V_2(x_{ct}, r_t, t) = \int_{t-\tau(t)}^{t} x_c^{\mathrm{T}}(\alpha) \mathcal{Q}(r_t) x_c(\alpha) \mathrm{d}\alpha$$

$$V_3(x_{ct}, t) = \int_{-\tau(t)}^{0} \int_{t+\beta}^{t} x_c^{\mathrm{T}}(\alpha) R x_c(\alpha) \mathrm{d}\alpha \mathrm{d}\beta$$

$$V_4(x_{ct}, r_t, t) = \int_{-\tau(t)}^{0} \int_{t+\beta}^{t} \dot{x}_c^{\mathrm{T}}(\alpha) E_c^{\mathrm{T}} \mathcal{Z}(r_t) E_c \dot{x}_c(\alpha) \mathrm{d}\alpha \mathrm{d}\beta$$

$$V_5(x_{ct}, t) = \int_{-\tau(t)}^{0} \int_{\theta}^{0} \int_{t+\beta}^{t} \dot{x}_c^{\mathrm{T}}(\alpha) E_c^{\mathrm{T}} \mathcal{W} E_c \dot{x}_c(\alpha) \mathrm{d}\alpha \mathrm{d}\beta \mathrm{d}\theta$$

分别对式 (6.66)、式 (6.67) 两边都分别左乘对角矩阵 $\mathrm{diag}\left\{E_c^{\mathrm{T}}, I\right\}$、右乘 $\mathrm{diag}\{E_c, I\}$, 可得

$$\Lambda_{2i} \stackrel{\mathrm{def}}{=\!=} \begin{bmatrix} E_c^{\mathrm{T}} \mathcal{P}_i E_c + 2 E_c^{\mathrm{T}} \mathcal{Z}_i E_c & 2 E_c^{\mathrm{T}} \mathcal{Z}_i E_c \\ * & 2\tau \mathcal{Q}_i + 2 E_c^{\mathrm{T}} \mathcal{Z}_i E_c \end{bmatrix} \geqslant 0 \qquad (6.71)$$

$$\Lambda_{3i} \stackrel{\mathrm{def}}{=\!=} \begin{bmatrix} E_c^{\mathrm{T}} \mathcal{P}_i E_c + \tau E_c^{\mathrm{T}} \mathcal{W} E_c & \tau E_c^{\mathrm{T}} \mathcal{W} E_c \\ * & \tau^2 R + \tau E_c^{\mathrm{T}} \mathcal{W} E_c \end{bmatrix} \geqslant 0 \qquad (6.72)$$

首先证明 L-K 泛函 (6.70) 的半正定性. 由 $Z_i > 0, \mathcal{W} > 0$, 利用 Jensen 不等式, 易得

$$V_4(x_{ct}, r_t = i, t)$$

$$\geqslant \int_{-\tau(t)}^{0} \left[-\frac{1}{\beta} (x_c(t) - x_c(t+\beta))^{\mathrm{T}} E_c^{\mathrm{T}} \mathcal{Z}_i E_c (x_c(t) - x_c(t+\beta)) \right] \mathrm{d}\beta$$

$$\geqslant \frac{1}{\tau} \int_{t-\tau(t)}^{t} (x_c(t) - x_c(\alpha))^{\mathrm{T}} E_c^{\mathrm{T}} \mathcal{Z}_i E_c (x_c(t) - x_c(\alpha)) \mathrm{d}\alpha$$

$$V_5(x_{ct}, t)$$

$$\geqslant \int_{-\tau(t)}^{0} \int_{\theta}^{0} \left[-\frac{1}{\beta} (x_c(t) - x_c(t+\beta))^{\mathrm{T}} E_c^{\mathrm{T}} \mathcal{W} E_c (x_c(t) - x_c(t+\beta)) \right] \mathrm{d}\beta \mathrm{d}\theta$$

$$\geqslant \frac{1}{\tau} \int_{-\tau(t)}^{0} \int_{t+\beta}^{t} (x_c(t) - x_c(\alpha))^{\mathrm{T}} E_c^{\mathrm{T}} \mathcal{W} E_c (x_c(t) - x_c(\alpha)) \mathrm{d}\alpha \mathrm{d}\beta$$

又因为

$$V_1(x_{ct}, r_t = i, t) \geqslant \frac{1}{2\tau} \int_{t-\tau(t)}^{t} x_c^{\mathrm{T}}(t) E_c^{\mathrm{T}} \mathcal{P}_i E_c x_c(t) \mathrm{d}\alpha$$

$$+ \frac{1}{\tau^2} \int_{-\tau(t)}^{0} \int_{t+\beta}^{t} x_c^{\mathrm{T}}(t) E_c^{\mathrm{T}} \mathcal{P}_i E_c x_c(t) \mathrm{d}\alpha \mathrm{d}\beta$$

因此

$$V(x_{ct}, r_t = i, t) \geqslant \frac{1}{2\tau} \int_{t-\tau(t)}^{t} \begin{bmatrix} x_c(t) \\ -x_c(\alpha) \end{bmatrix}^{\mathrm{T}} \Lambda_{2i} \begin{bmatrix} x_c(t) \\ -x_c(\alpha) \end{bmatrix} \mathrm{d}\alpha$$

$$+ \frac{1}{\tau^2} \int_{-\tau(t)}^{0} \int_{t+\beta}^{t} \begin{bmatrix} x_c(t) \\ -x_c(\alpha) \end{bmatrix}^{\mathrm{T}} \Lambda_{3i} \begin{bmatrix} x_c(t) \\ -x_c(\alpha) \end{bmatrix} \mathrm{d}\alpha \mathrm{d}\beta$$

从而有 $V(x_{ct}, r_t = i, t) \geqslant 0$. 接下来证明闭环时滞奇异跳变系统 (6.64) 是随机稳定的. 选择一个标量 ζ_1, 使其满足如下不等式:

$$\zeta_1 \geqslant \max_{i \in S} \left\{ \lambda_{\max}(E_c^{\mathrm{T}} \mathcal{P}_i E_c), \lambda_{\max}(\mathcal{Q}_i), \lambda_{\max}(R), \lambda_{\max}(\mathcal{Z}_i), \lambda_{\max}(\mathcal{W}) \right\}$$

容易得到

$$V(x_{c0}, r_0, 0) \leqslant \zeta_1 \tilde{V}(x_{c0}, r_0, 0) \tag{6.73}$$

其中

$$\tilde{V}(x_{c0}, r_0, 0) = |x_c(0)|^2 + \int_{-\tau(t)}^{0} |x_c(\alpha)|^2 \mathrm{d}\alpha + \int_{-\tau(t)}^{0} \int_{\beta}^{0} |x_c(\alpha)|^2 \mathrm{d}\alpha \mathrm{d}\beta$$

$$+ \int_{-\tau(t)}^{0} \int_{\beta}^{0} |E_c \dot{x}_c(\alpha)|^2 \mathrm{d}\alpha \mathrm{d}\beta + \int_{-\tau(t)}^{0} \int_{\theta}^{0} \int_{\beta}^{0} |E_c \dot{x}_c(\alpha)|^2 \mathrm{d}\alpha \mathrm{d}\beta \mathrm{d}\theta$$

从而可得

$$\tilde{V}(x_{c0}, r_0, 0) \leqslant |x_c(0)|^2 + \int_{-\tau}^{0} |x_c(\alpha)|^2 \mathrm{d}\alpha + \int_{-\tau}^{0} \int_{-\tau}^{0} |x_c(\alpha)|^2 \mathrm{d}\alpha \mathrm{d}\beta$$

$$+ \int_{-\tau}^{0} \int_{-\tau(t)}^{0} |E_c \dot{x}_c(\alpha)|^2 \mathrm{d}\alpha \mathrm{d}\beta + \int_{-\tau}^{0} \int_{\theta}^{0} \int_{-\tau(t)}^{0} |E_c \dot{x}_c(\alpha)|^2 \mathrm{d}\alpha \mathrm{d}\beta \mathrm{d}\theta$$

$$\leqslant |x_c(0)|^2 + (1+\tau) \int_{-\tau}^{0} |x_c(\alpha)|^2 \mathrm{d}\alpha + (\tau + 0.5\tau^2) \int_{-\tau(t)}^{0} |E_c \dot{x}_c(\alpha)|^2 \mathrm{d}\alpha$$

设 $\zeta_2 = \lambda_{\max}\left(\begin{bmatrix} A_{ci}^{\mathrm{T}} \\ A_{\tau ci}^{\mathrm{T}} \end{bmatrix} \begin{bmatrix} A_{ci} & A_{\tau ci} \end{bmatrix} \right)$, 那么 $|E_c x_c(\alpha)|^2 \leqslant \zeta_2(|x_c(\alpha)|^2 + |x_c(\alpha - \tau(t))|^2)$. 于是

$$\int_{-\tau(t)}^{0} |E_c x_c(\alpha)|^2 \, \mathrm{d}\alpha$$

$$\leqslant \zeta_2 \left(\int_{-\tau(t)}^{0} |x_c(\alpha)|^2 \, \mathrm{d}\alpha + \int_{-\tau(t)}^{0} |x_c(\alpha - \tau(t))|^2 \, \mathrm{d}\alpha \right)$$

$$= \zeta_2 \left(\int_{-\tau(t)}^{0} |x_c(\alpha)|^2 \, \mathrm{d}\alpha + \int_{-2\tau(t)}^{-\tau(t)} |x_c(\alpha)|^2 \, \mathrm{d}\alpha \right)$$

$$= \zeta_2 \int_{-2\tau(t)}^{0} |x_c(\alpha)|^2 \, \mathrm{d}\alpha \leqslant \zeta_2 \int_{-2\tau}^{0} |x_c(\alpha)|^2 \, \mathrm{d}\alpha$$

根据式 (6.64) 中的初始条件, 可以得到 $\int_{-2\tau}^{0} |x_c(\alpha)|^2 \, \mathrm{d}\alpha \leqslant 2\tau \sup\limits_{\theta \in [-\tau,0)} |\Psi(\theta)|^2$, 因此, $V(x_{c0}, r_0, 0) \leqslant \varsigma \sup\limits_{\theta \in [-\tau,0)} |\Psi(\theta)|^2$, 其中 $\varsigma = \zeta_1[1 + (1 + \tau)\tau + \zeta_2(2\tau^2 + \tau^3)]$.

令 $\mathcal{L}V$ 为随机过程 $\{x_{ct}, r_t, t\}$ 作用于 $V(\cdot)$ 上的弱无穷小算子, 则有

$$\mathcal{L}V_1(x_{ct}, r_t = i, t) = x_c^{\mathrm{T}}(t) E_c^{\mathrm{T}} \left(\sum_{j=1}^{N} \pi_{ij} \mathcal{P}_j \right) E_c x_c(t) + \mathrm{sym}(\dot{x}_c^{\mathrm{T}}(t) E_c^{\mathrm{T}} \mathcal{P}_i E_c x_c(t))$$

$$(6.74)$$

由式 (6.68), 可得

$$\mathcal{L}V_2(x_{ct}, r_t = i, t) + \mathcal{L}V_3(x_{ct}, r_t = i, t)$$
$$\leqslant -x_c^{\mathrm{T}}(t - \tau(t))[(1 - s)\mathcal{Q}_i] x_c(t - \tau(t)) + x_c^{\mathrm{T}}(t)(\mathcal{Q}_i + \tau R) x_c(t)$$

$$\mathcal{L}V_4(x_{ct}, r_t = i, t) + \mathcal{L}V_5(x_{ct}, r_t = i, t)$$

$$\leqslant -\int_{t-\tau(t)}^{t} \dot{x}_c^{\mathrm{T}}(\alpha) E_c^{\mathrm{T}} \mathcal{Z}_i E_c \dot{x}(\alpha) \mathrm{d}\alpha + \dot{x}_c^{\mathrm{T}}(t) E_c^{\mathrm{T}} (\tau \mathcal{Z}_i + 0.5\tau^2 \mathcal{W}) E_c \dot{x}_c(t)$$

$$(6.75)$$

应用 Jensen 不等式, 则有

$$-\int_{t-\tau(t)}^{t} \dot{x}_c^{\mathrm{T}}(\alpha) E_c^{\mathrm{T}} \mathcal{Z}_i E_c \dot{x}_c(\alpha) \mathrm{d}\alpha$$

$$\leqslant -\tau^{-1} [x_c(t) - x_c(t - \tau(t))]^{\mathrm{T}} E_c^{\mathrm{T}} \mathcal{Z}_i E_c [x_c(t) - x_c(t - \tau(t))] \qquad (6.76)$$

根据式 (6.74) ~ 式 (6.76), 不难发现

$$\mathcal{L}V(x_{ct}, r_t = i, t)$$

$$\leqslant \begin{bmatrix} x_c^{\mathrm{T}}(t) & x_c^{\mathrm{T}}(t - \tau(t)) \end{bmatrix} \Lambda_{1i} \begin{bmatrix} x_c^{\mathrm{T}}(t) & x_c^{\mathrm{T}}(t - \tau(t)) \end{bmatrix}^{\mathrm{T}} \qquad (6.77)$$

由于 $\Lambda_{1i} < 0$, 存在标量 $\epsilon > 0$ 使得 $\Lambda_1 \leqslant -\epsilon I$, 这表明 $\mathcal{L}V(x_{ct}, i, t) \leqslant -\epsilon |x_c(t)|^2$. 根据 Dynkin 公式, 有 $\mathcal{E}\{V(x_{ct}, r_t, t)\} \leqslant V(x_0, r_0, 0) - \epsilon \mathcal{E}\left\{\int_0^t |x_c(\alpha)|^2 d\alpha\right\}$. 因此

$$\mathcal{E}\left\{\int_0^t |x_c(\alpha)|^2 d\alpha\right\} \leqslant \epsilon^{-1} V(x_0, r_0, 0) \leqslant \varsigma \epsilon^{-1} \sup_{\theta \in [-2\tau, 0)} |\Psi(\theta)|^2$$

令 $\delta = \varsigma \epsilon^{-1}$, 根据定义 1.1, 闭环时滞奇异跳变系统 (6.64) 是随机稳定的.

最后证明闭环时滞奇异跳变系统 (6.64) 满足正则性和无脉冲性. 由于

$$E_c N \hat{I}^T = M^{-1}(ME_c N)\hat{I}^T = 0 \tag{6.78}$$

其中, $\hat{I} = \begin{bmatrix} 0 & I_{2n-2\sigma} \end{bmatrix}$, 因此有

$$\hat{I} N^T \kappa_{1i} N \hat{I}^T = \hat{I} N^T [A_{ci}^T S L_i + L_i^T S^T A_{ci} + \mathcal{Q}_i + \tau R] N \hat{I}^T \tag{6.79}$$

根据式 (6.71) 和式 (6.72), 可以推导出 $2\tau \mathcal{Q}_i + 2E_c^T \mathcal{Z}_i E_c \geqslant 0$ 和 $\tau^2 R + \tau E_c^T W E_c \geqslant 0$. 结合式 (6.78), 得到 $\hat{I} N^T \mathcal{Q}_i N \hat{I}^T \geqslant 0$ 和 $\hat{I} N^T R N \hat{I}^T \geqslant 0$. 再根据式 (6.79), 得到 $\hat{I} N^T \kappa_{1i} N \hat{I}^T \geqslant \hat{I} N^T [A_{ci}^T S L_i + L_i^T S^T A_{ci}] N \hat{I}^T$. 注意到 $\kappa_{1i} < 0$, 这意味着 $\hat{I} N^T \kappa_{1i} N \hat{I}^T < 0$, 因此 $\hat{I} N^T L_i^T S^T A_{ci} N \hat{I}^T$ 非奇异. 根据 $ME_c N + \hat{I}^T \hat{I} = I_{2n}$, 可以得到

$$\hat{I} N^T L_i^T S^T A_{ci} N \hat{I}^T = \hat{I} N^T L_i^T S^T M^{-1}(ME_c N + \hat{I}^T \hat{I}) MA_{ci} N \hat{I}^T \tag{6.80}$$

由于 $E_c^T S = 0$, 式 (6.80) 也可以表示为

$$\hat{I} N^T L_i^T S^T A_{ci} N \hat{I}^T = (\hat{I} N^T L_i^T S^T M^{-1} \hat{I}^T)(\hat{I} MA_{ci} N \hat{I}^T)$$

因此可以得到 $\det(A_{ci_4}) \neq 0$. 不难发现 $\det(\lambda E_c - A_{ci})$ 不恒等于 0 且 $\deg(\det(\lambda E_c - A_{ci})) = \operatorname{rank}(E_c)$. 根据定义 1.1, 闭环时滞奇异跳变系统 (6.64) 是正则的和无脉冲的. □

定理 6.5　闭环时滞奇异跳变系统 (6.64) 满足扩展耗散性, 如果对任意的 $i \in \mathcal{S}$, 给定矩阵 ϕ_1、ϕ_2、ϕ_3 和 ϕ_4 满足定义 1.1 中的条件, $\ker(E_c) \subseteq \cap_{i=1}^{\mathcal{M}} \ker(C_{ci})$, 且存在矩阵 $\mathcal{P}_i > 0$、$W > 0$、$\mathcal{Z}_i > 0$、$\mathcal{Q}_i$、L_i 和 R, 使得式 (6.68) 及下列矩阵不等式成立:

$$\begin{bmatrix} \mathcal{P}_i + 2\mathcal{Z}_i - (C_{ci} NM)^T \phi_4 C_{ci} NM & 2\mathcal{Z}_i E_c \\ * & 2\tau \mathcal{Q}_i + 2E_c^T \mathcal{Z}_i E_c \end{bmatrix} > 0 \tag{6.81}$$

$$\begin{bmatrix} \mathcal{P}_i + \tau\mathcal{W} - (C_{ci}NM)^T\phi_4 C_{ci}NM & \tau\mathcal{W}E_c \\ * & \tau^2 R + \tau E_c^T\mathcal{W}E_c \end{bmatrix} > 0 \qquad (6.82)$$

$$\Lambda_{4i} \stackrel{\text{def}}{=\!=} \begin{bmatrix} \kappa_{1i} + C_{ci}^T\phi_1 C_{ci} & \kappa_{2i} & \kappa_{4i} \\ * & \kappa_{3i} & 0 \\ * & * & -\phi_3 \end{bmatrix} + \begin{bmatrix} A_{ci}^T \\ A_{\tau ci}^T \\ D_{ci}^T \end{bmatrix} (\tau\mathcal{Z}_i + 0.5\tau^2\mathcal{W}) \begin{bmatrix} A_{ci}^T \\ A_{\tau ci}^T \\ D_{ci}^T \end{bmatrix}^T < 0$$

$$(6.83)$$

其中, $\kappa_{4i} = (P_i E_c + SL_i)^T D_{ci} - C_{ci}^T\phi_2$, $E_c^T S = 0$ 并且 $S \in \mathbb{R}^{2n \times (2n-2\sigma)}$ 是给定的列满秩矩阵.

证明　根据条件 (6.65), 易得 $ME_c N = (ME_c N)^2$, 即 $E_c(I - NME_c) = 0$. 根据 $\ker(E_c) \subseteq \cap_{i=1}^N \ker(C_{ci})$, 可以得到 $C_{ci} = C_{ci}NME_c$. 对式 (6.81)、式 (6.82) 两边都分别左乘 $\text{diag}\{E_c^T, I\}$、右乘 $\text{diag}\{E_c, I\}$, 得到

$$\Lambda_{2i} \geqslant \begin{bmatrix} C_{ci}^T\phi_4 C_{ci} & 0 \\ 0 & 0 \end{bmatrix}, \quad \Lambda_{3i} \geqslant \begin{bmatrix} C_{ci}^T\phi_4 C_{ci} & 0 \\ 0 & 0 \end{bmatrix} \qquad (6.84)$$

因而

$$V(x_{ct}, i, t) \geqslant x_c^T(t)C_{ci}^T\phi_4 C_{ci}x_c(t) = z_c^T(t)\phi_4 z_c(t)$$

根据之前的证明, 可以推导出

$$\mathcal{L}V(x_{ct}, r_t = i, t) - J(t) \leqslant \begin{bmatrix} x_c(t) \\ x_c(t - \tau(t)) \\ \omega(t) \end{bmatrix}^T \Lambda_{4i} \begin{bmatrix} x_c(t) \\ x_c(t - \tau(t)) \\ \omega(t) \end{bmatrix}$$

结合条件 (6.83), 可以得到 $J(t) \geqslant \mathcal{L}V(x_{ct}, r_t = i, t)$, 则有

$$\mathcal{E}\left\{\int_0^t J(\alpha)\mathrm{d}\alpha\right\} \geqslant \mathcal{E}\{V(x_{ct}, r_t, t)\} - V(x_{c0}, r_0, 0)$$

设 $\rho = -V(x_{c0}, r_0, 0)$, 显然

$$\mathcal{E}\left\{\int_0^t J(\alpha)\mathrm{d}\alpha\right\} \geqslant \mathcal{E}\left\{z_c^T(t)\phi_4 z_c(t)\right\} + \rho$$

当 $\phi_4 = 0$ 时, 对 $t_f \geqslant 0$, 有

$$\mathcal{E}\left\{\int_0^{t_f} J(\alpha)\mathrm{d}\alpha\right\} \geqslant \rho$$

当 $\phi_4 \neq 0$ 时, 可得 $\phi_1 = 0$ 且 $\phi_2 = 0$. 因此, 对 $t_f \geqslant t$, 可以得到

$$\mathcal{E}\left\{\int_0^{t_f} J(\alpha)\mathrm{d}\alpha\right\} \geqslant \mathcal{E}\left\{\int_0^t J(\alpha)\mathrm{d}\alpha\right\} \geqslant \mathcal{E}\left\{z_c^{\mathrm{T}}(t)\phi_4 z_c(t)\right\} + \rho \tag{6.85}$$

根据定义 1.3, 闭环时滞奇异跳变系统 (6.64) 满足扩展耗散性. $\qquad\square$

定理 6.6 闭环时滞奇异跳变系统 (6.64) 满足随机容许性和扩展耗散性, 如果对任意的 $i \in \mathcal{S}$, 给定标量 $\tilde{\zeta} > 0$, 矩阵 ϕ_1、ϕ_2、ϕ_3、ϕ_4 满足定义 1.1 中的条件, $\ker(E_c) \subseteq \cap_{i=1}^{\mathcal{M}} \ker(C_{ci})$, 且存在矩阵 $\bar{\mathcal{Z}}_i > 0$、$\bar{\mathcal{P}}_i > 0$、$\bar{Y}_i > 0$、$\bar{X}_i > 0$、$\bar{\mathcal{W}} > 0$、$F_i > 0$、$\bar{L}_i$、$\bar{\mathcal{Q}}_i$、$\bar{\mathcal{G}}_i$、$\bar{R}$、$\bar{K}_{\tau i}$、$\bar{K}_i$, 使得 $\bar{\mathcal{Q}}_i < \bar{Y}_i$、$E_c\bar{\mathcal{P}}_i E_c^{\mathrm{T}} < \bar{X}_i$, 以及如下严格线性矩阵不等式成立:

$$\begin{bmatrix} \pi_{ii}\bar{\mathcal{Q}}_i + \bar{R} - \bar{U}_i - \bar{U}_i^{\mathrm{T}} & \hat{M}(\bar{U}_i^{\mathrm{T}}) \\ * & \hat{N}(\bar{Y}_i - \bar{U}_i - \bar{U}_i^{\mathrm{T}}) \end{bmatrix} < 0 \tag{6.86}$$

$$\begin{bmatrix} \pi_{ii}\bar{\mathcal{Z}}_i + \bar{\mathcal{W}} - \bar{U}_i - \bar{U}_i^{\mathrm{T}} & \hat{M}(\bar{U}_i) \\ * & \hat{N}(\bar{\mathcal{Z}}_i - \bar{U}_i - \bar{U}_i^{\mathrm{T}}) \end{bmatrix} < 0 \tag{6.87}$$

$$\begin{bmatrix} \bar{\mathcal{P}}_i + 2\bar{\mathcal{Z}}_i & 2\bar{\mathcal{Z}}_i E_c^{\mathrm{T}} & \bar{\mathcal{P}}_i C_{ci}^{\mathrm{T}}\bar{\phi}_4^{\mathrm{T}} \\ * & 2\tau\bar{\mathcal{Q}}_i + 2E_c\bar{\mathcal{Z}}_i E_c^{\mathrm{T}} & 0 \\ * & * & I \end{bmatrix} > 0 \tag{6.88}$$

$$\begin{bmatrix} \bar{\mathcal{P}}_i + \tau\hat{E}_i & \tau\hat{E}_i E_c^{\mathrm{T}} & \bar{\mathcal{P}}_i C_{ci}^{\mathrm{T}}\bar{\phi}_4^{\mathrm{T}} \\ * & \tau^2(\bar{U}_i + \bar{U}_i^{\mathrm{T}} - \bar{R}) + \tau E_c\hat{E}_i E_c^{\mathrm{T}} & 0 \\ * & * & I \end{bmatrix} > 0 \tag{6.89}$$

$$\begin{bmatrix} \Gamma_i & U_{1i} + \tilde{\zeta}V_{1i} & U_{2i} + \tilde{\zeta}V_{2i} & U_{3i} + \tilde{\zeta}V_{3i} \\ * & -\tilde{\zeta}F_i - \tilde{\zeta}F_i^{\mathrm{T}} & 0 & 0 \\ * & * & -\tilde{\zeta}F_i - \tilde{\zeta}F_i^{\mathrm{T}} & 0 \\ * & * & * & -\tilde{\zeta}F_i - \tilde{\zeta}F_i^{\mathrm{T}} \end{bmatrix} < 0 \tag{6.90}$$

其中

$$\Gamma_i = \begin{bmatrix} \gamma_{1i} & \gamma_{2i} & D_{ci} - \bar{U}_i^{\mathrm{T}}C_{ci}^{\mathrm{T}}\phi_2 & \bar{U}_i^{\mathrm{T}}\mathcal{A}_{hi}^{\mathrm{T}} & \bar{U}_i^{\mathrm{T}}\mathcal{A}_{hi}^{\mathrm{T}} & \gamma_{4i} \\ * & \gamma_{3i} & 0 & \bar{U}_i^{\mathrm{T}}\mathcal{A}_{oi}^{\mathrm{T}} & \bar{U}_i^{\mathrm{T}}\mathcal{A}_{oi}^{\mathrm{T}} & 0 \\ * & * & -\phi_3 & D_{ci}^{\mathrm{T}} & D_{ci}^{\mathrm{T}} & 0 \\ * & * & * & \tau^{-1}(\bar{\mathcal{Z}}_i - \bar{U}_i - \bar{U}_i^{\mathrm{T}}) & 0 & 0 \\ * & * & * & * & -2\tau^{-2}\bar{\mathcal{W}} & 0 \\ * & * & * & * & * & \gamma_{5i} \end{bmatrix}$$

$$\gamma_{1i} = \pi_{ii}E_c\bar{\mathcal{P}}_iE_c^{\mathrm{T}} + \mathrm{sym}(\bar{U}_i^{\mathrm{T}}\mathcal{A}_{hi}^{\mathrm{T}}) + \bar{\mathcal{Q}}_i - \tau^{-1}E_c\bar{\mathcal{Z}}_iE_c^{\mathrm{T}}, \quad \gamma_{2i} = \mathcal{A}_{oi}\bar{U}_i + \tau^{-1}E_c\bar{\mathcal{Z}}_iE_c^{\mathrm{T}}$$

$$\gamma_{3i} = -\bar{\mathcal{Q}}_i - \tau^{-1}E_c\bar{\mathcal{Z}}_iE_c^{\mathrm{T}}, \quad \gamma_{4i} = \begin{bmatrix} \bar{U}_i^{\mathrm{T}}C_{ci}^{\mathrm{T}}\bar{\phi}_1^{\mathrm{T}} & \bar{U}_i^{\mathrm{T}} & \hat{M}(\bar{U}_i^{\mathrm{T}}) \end{bmatrix}$$

$$\gamma_{5i} = \mathrm{diag}\left\{-I, -\tau^{-1}\bar{R}, \hat{N}(\bar{X}_i - \bar{U}_i - \bar{U}_i^{\mathrm{T}})\right\}, \quad \bar{U}_i = \bar{\mathcal{P}}_iE_c^{\mathrm{T}} + \bar{S}\bar{L}_i$$

$$\hat{E}_i = \bar{U}_i + \bar{U}_i^{\mathrm{T}} - \bar{\mathcal{W}}, \quad U_{1i} = \begin{bmatrix} \mathcal{I}_1\bar{U}_i & 0 & 0 & 0 & 0 & 0 \end{bmatrix}^{\mathrm{T}}$$

$$U_{2i} = \begin{bmatrix} \mathcal{C}_{hi}\bar{U}_i & 0 & 0 & 0 & 0 & 0 \end{bmatrix}^{\mathrm{T}}, \quad U_{3i} = \begin{bmatrix} 0 & \mathcal{I}_1\bar{U}_i & 0 & 0 & 0 & 0 \end{bmatrix}^{\mathrm{T}}$$

$$W_{1i} = \begin{bmatrix} \mathcal{B}_{hi}^{\mathrm{T}} & 0 & 0 & \mathcal{B}_{hi}^{\mathrm{T}} & \mathcal{B}_{hi}^{\mathrm{T}} & 0 \end{bmatrix}^{\mathrm{T}}, \quad W_{2i} = \begin{bmatrix} \mathcal{I}_2^{\mathrm{T}} & 0 & 0 & \mathcal{I}_2^{\mathrm{T}} & \mathcal{I}_2^{\mathrm{T}} & 0 \end{bmatrix}^{\mathrm{T}}$$

$$W_{3i} = \begin{bmatrix} \mathcal{B}_{hi}^{\mathrm{T}} & 0 & 0 & \mathcal{B}_{hi}^{\mathrm{T}} & \mathcal{B}_{hi}^{\mathrm{T}} & 0 \end{bmatrix}^{\mathrm{T}}, \quad \phi_1 = \bar{\phi}_1^{\mathrm{T}}\bar{\phi}_1$$

$$V_{1i} = W_{1i}\bar{K}_i, \quad V_{2i} = W_{2i}\bar{G}_i, \quad V_{3i} = W_{3i}\bar{K}_{\tau i}, \quad \phi_4 = \bar{\phi}_4^{\mathrm{T}}\bar{\phi}_4$$

$$\hat{M}(U_i) \overset{\mathrm{def}}{=\!=} \begin{bmatrix} \sqrt{\pi_{i1}}U_i & \cdots & \sqrt{\pi_{i,i-1}}U_i & \sqrt{\pi_{i,i+1}}U_i & \cdots & \sqrt{\pi_{i\mathcal{M}}}U_i \end{bmatrix}$$

$$\hat{N}(U_i) \overset{\mathrm{def}}{=\!=} \mathrm{diag}\left\{U_1, U_2, \cdots, U_{i-1}, U_{i+1}, \cdots, U_{\mathcal{M}}\right\}$$

$E_c\bar{S} = 0$ 并且 $\bar{S} \in \mathbb{R}^{2n \times (2n-2\sigma)}$ 是任意列满秩矩阵.

此时, 扩展耗散控制器和观测器的参数为

$$K_i = \bar{K}_iF_i^{-1}, \quad K_{\tau i} = \bar{K}_{\tau i}F_i^{-1}, \quad G_i = \bar{G}_iF_i^{-1} \tag{6.91}$$

证明 由引理 1.3, 可以得到 $-\bar{U}_i^{\mathrm{T}}\bar{R}^{-1}\bar{U}_i \leqslant \bar{R} - \bar{U}_i - \bar{U}_i^{\mathrm{T}}$ 和 $-\bar{U}_i^{\mathrm{T}}\bar{Y}_i^{-1}\bar{U}_i \leqslant \bar{Y}_i - \bar{U}_i - \bar{U}_i^{\mathrm{T}}$. 因此, 式 (6.86) 可以改写为

$$\begin{bmatrix} \pi_{ii}\bar{Q}_i - \bar{U}_i^{\mathrm{T}}\bar{R}^{-1}\bar{U}_i & \hat{M}(\bar{U}_i^{\mathrm{T}}) \\ * & \hat{N}(-\bar{U}_i\bar{Y}_i^{-1}\bar{U}_i^{\mathrm{T}}) \end{bmatrix} < 0 \tag{6.92}$$

对式 (6.92) 施加 Schur 补引理, 可以得到

$$\bar{U}_i^{\mathrm{T}}\left(\pi_{ii}\bar{U}_i^{-\mathrm{T}}\bar{Q}_i\bar{U}_i^{-1} - \bar{R}^{-1} + \sum_{j \neq i}\pi_{ij}\bar{U}_j^{-\mathrm{T}}\bar{Y}_j\bar{U}_j^{-1}\right)\bar{U}_i < 0 \tag{6.93}$$

又由于 $\bar{Q}_i \leqslant \bar{Y}_i$ 且 $\pi_{ij} \geqslant 0$, 因此

$$\sum_{j=1}^{N}\pi_{ij}\bar{U}_j^{-\mathrm{T}}\bar{Q}_j\bar{U}_j^{-1} - \bar{R}^{-1} < 0 \tag{6.94}$$

令 $\mathcal{Q}_i = \bar{U}_i^{-\mathrm{T}} \bar{\mathcal{Q}}_i \bar{U}_i^{-1}$, $R = \bar{R}^{-1}$, 显然, 式 (6.94) 等价于式 (6.68) 的第一个不等式. 类似地, 根据式 (6.94), 可以得到

$$\sum_{j=1}^{N} \pi_{ij} \bar{U}_j^{-1} \bar{\mathcal{Z}}_j \bar{U}_j^{-\mathrm{T}} - \bar{\mathcal{W}}^{-1} < 0 \tag{6.95}$$

令 $\mathcal{Z}_i = \bar{U}_i^{-1} \bar{\mathcal{Z}}_i \bar{U}_i^{-\mathrm{T}}$ 和 $\mathcal{W} = \bar{\mathcal{W}}^{-1}$, 显然, 式 (6.95) 等价于式 (6.68) 的第二个不等式. 根据式 (6.88), 可以得到

$$\begin{bmatrix} -\bar{\mathcal{P}}_i C_{ci}^{\mathrm{T}} \phi_4 C_{ci} \bar{\mathcal{P}}_i + 2\bar{\mathcal{Z}}_i + \bar{\mathcal{P}}_i & 2\bar{\mathcal{Z}}_i E_c^{\mathrm{T}} \\ * & 2E_c \bar{\mathcal{Z}}_i E_c^{\mathrm{T}} + 2\tau \bar{\mathcal{Q}}_i \end{bmatrix} > 0 \tag{6.96}$$

对式 (6.96) 两边都分别乘以 $\mathrm{diag}\{\bar{U}_i^{-\mathrm{T}} E_c,\ \bar{U}_i^{-\mathrm{T}}\}$ 及其转置, 得到

$$\begin{bmatrix} \bar{U}_i^{-\mathrm{T}} E_c (\bar{\mathcal{P}}_i + 2\bar{\mathcal{Z}}_i - \bar{\mathcal{P}}_i C_{ci}^{\mathrm{T}} \phi_4 C_{ci} \bar{\mathcal{P}}_i) E_c^{\mathrm{T}} \bar{U}_i^{-1} & 2\bar{U}_i^{-\mathrm{T}} E_c \bar{\mathcal{Z}}_i E_c^{\mathrm{T}} \bar{U}_i^{-1} \\ * & \bar{U}_i^{-\mathrm{T}} (2\tau \bar{\mathcal{Q}}_i + 2E_c \bar{\mathcal{Z}}_i E_c^{\mathrm{T}}) \bar{U}_i^{-1} \end{bmatrix} \geqslant 0 \tag{6.97}$$

由 $\bar{U}_i = \bar{S}\bar{L}_i + \bar{\mathcal{P}}_i E_c^{\mathrm{T}}$, 根据引理 1.12, 存在矩阵 $\mathcal{P}_i > 0$ 和 L_i, 使得

$$\bar{U}_i^{-1} = \mathcal{P}_i E_c + S L_i \tag{6.98}$$

由于 $E_c \bar{S} = 0$ 和 $E_c^{\mathrm{T}} S = 0$, 可以得到如下等式:

$$E_c^{\mathrm{T}} \mathcal{P}_i E_c = (\mathcal{P}_i E_c + S L_i)^{\mathrm{T}} E_c = \bar{U}_i^{-\mathrm{T}} E_c \bar{U}_i \bar{U}_i^{-1} = \bar{U}_i^{-\mathrm{T}} E_c \bar{\mathcal{P}}_i E_c^{\mathrm{T}} \bar{U}_i^{-1}$$

$$E_c^{\mathrm{T}} \mathcal{Z}_i E_c = E_c^{\mathrm{T}} \bar{U}_i^{-1} \bar{\mathcal{Z}}_i \bar{U}_i^{-\mathrm{T}} E_c = E_c^{\mathrm{T}} (\mathcal{P}_i E_c + S L_i) \bar{\mathcal{Z}}_i (\mathcal{P}_i E_c + S L_i)^{\mathrm{T}} E_c$$

$$= E_c^{\mathrm{T}} \mathcal{P}_i E_c \bar{\mathcal{Z}}_i E_c^{\mathrm{T}} \mathcal{P}_i E_c = (\mathcal{P}_i E_c + S L_i)^{\mathrm{T}} E_c \bar{\mathcal{Z}}_i E_c^{\mathrm{T}} (\mathcal{P}_i E_c + S L_i)$$

因此

$$E_c^{\mathrm{T}} \mathcal{P}_i E_c = \bar{U}_i^{-\mathrm{T}} E_c \bar{\mathcal{P}}_i E_c^{\mathrm{T}} \bar{U}_i^{-1}, \quad E_c^{\mathrm{T}} \mathcal{Z}_i E_c = \bar{U}_i^{-\mathrm{T}} E_c \bar{\mathcal{Z}}_i E_c^{\mathrm{T}} \mathrm{T} \bar{U}_i^{-1} \tag{6.99}$$

由于 $E_c \bar{S} = 0$, $C_{ci} \bar{S} = 0$ 意味着

$$C_{ci} \bar{\mathcal{P}}_i E_c^{\mathrm{T}} \bar{U}_i^{-1} = C_{ci} (\bar{\mathcal{P}}_i E_c^{\mathrm{T}} + \bar{S} \bar{L}_i) \bar{U}_i^{-1} = C_{ci} \tag{6.100}$$

由于 $\mathcal{Q}_i = \bar{U}_i^{-\mathrm{T}} \bar{\mathcal{Q}}_i \bar{U}_i^{-1}$ 和式 (6.97), 显然, 式 (6.84) 的第一个不等式成立. 根据引理 1.3, 可以得到 $\hat{E}_i = \bar{U}_i + \bar{U}_i^{\mathrm{T}} - \bar{\mathcal{W}} \leqslant \bar{U}_i \bar{\mathcal{W}}^{-1} \bar{U}_i^{\mathrm{T}}$. 利用式 (6.89), 有如下不等式成立:

$$
\begin{bmatrix}
\bar{\mathcal{P}}_i + \tau \bar{U}_i \bar{\mathcal{W}}^{-1} \bar{U}_i^{\mathrm{T}} & \tau \bar{U}_i \bar{\mathcal{W}}^{-1} \bar{U}_i^{\mathrm{T}} E_c^{\mathrm{T}} & \bar{\mathcal{P}}_i C_{ci}^{\mathrm{T}} \bar{\phi}_4^{\mathrm{T}} \\
* & \tau^2 \bar{U}_i^{\mathrm{T}} \bar{R}^{-1} \bar{U}_i + \tau E_c \bar{U}_i \bar{\mathcal{W}}^{-1} \bar{U}_i^{\mathrm{T}} E_c^{\mathrm{T}} & 0 \\
* & * & I
\end{bmatrix} > 0
$$

$$(6.101)$$

结合 $E_c \bar{U}_i = \bar{U}_i^{\mathrm{T}} E_c^{\mathrm{T}}$ 和式 (6.101), 则有式 (6.84) 的第二个不等式成立. 根据引理 1.12 和式 (6.90), 可以得到 $\Gamma_i + \sum\limits_{j=1}^{3} \left\{ \mathrm{sym}(U_{ji} F_i^{-\mathrm{T}} V_{ji}^{\mathrm{T}}) \right\} < 0$ 和

$$
\begin{bmatrix}
\gamma'_{1i} & \gamma'_{2i} & D_{ci} - \bar{U}_i^{\mathrm{T}} C_{ci}^{\mathrm{T}} \phi_2 & \bar{U}_i^{\mathrm{T}} A_{ci}^{\mathrm{T}} & \bar{U}_i^{\mathrm{T}} A_{ci}^{\mathrm{T}} & \gamma_{4i} \\
* & \gamma_{3i} & 0 & \bar{U}_i^{\mathrm{T}} A_{\tau ci}^{\mathrm{T}} & \bar{U}_i^{\mathrm{T}} A_{\tau ci}^{\mathrm{T}} & 0 \\
* & * & -\phi_3 & D_{ci}^{\mathrm{T}} & D_{ci}^{\mathrm{T}} & 0 \\
* & * & * & -\tau^{-1} \bar{U}_i^{\mathrm{T}} \bar{\mathcal{Z}}_i^{-1} \bar{U}_i & 0 & 0 \\
* & * & * & * & -2\tau^{-2} \bar{\mathcal{W}} & 0 \\
* & * & * & * & * & \bar{\gamma}_{5i}
\end{bmatrix} < 0
$$

$$(6.102)$$

其中

$$
\gamma'_{1i} = \pi_{ii} E_c \bar{\mathcal{P}}_i E_c^{\mathrm{T}} + \bar{U}_i^{\mathrm{T}} A_{ci}^{\mathrm{T}} + A_{ci} \bar{U}_i + \bar{\mathcal{Q}}_i - \tau^{-1} E_c \bar{\mathcal{Z}}_i E_c^{\mathrm{T}}
$$

$$
\gamma'_{2i} = A_{\tau ci} \bar{U}_i + \tau^{-1} E_c \bar{\mathcal{Z}}_i E_c^{\mathrm{T}}
$$

$$
\bar{\gamma}_{5i} = \mathrm{diag} \left\{ -I, -\tau^{-1} \bar{R}, \hat{N}(-\bar{U}_i \bar{X}_i^{-1} \bar{U}_i^{\mathrm{T}}) \right\}
$$

根据式 (6.102), 可以得到

$$
\begin{bmatrix}
\bar{\gamma}_{1i} & \gamma'_{2i} & D_{ci} - \bar{U}_i^{\mathrm{T}} C_{ci}^{\mathrm{T}} \phi_2 \\
* & \gamma_{3i} & 0 \\
* & * & -\phi_3
\end{bmatrix}
$$

$$
+ \begin{bmatrix} \bar{U}_i^{\mathrm{T}} A_{ci}^{\mathrm{T}} \\ \bar{U}_i^{\mathrm{T}} A_{\tau ci}^{\mathrm{T}} \\ D_{ci}^{\mathrm{T}} \end{bmatrix} (\tau \bar{U}_i^{-1} \bar{\mathcal{Z}}_i \bar{U}_i^{-\mathrm{T}} + 0.5\tau^2 \bar{\mathcal{W}}^{-1}) \begin{bmatrix} \bar{U}_i^{\mathrm{T}} A_{ci}^{\mathrm{T}} \\ \bar{U}_i^{\mathrm{T}} A_{\tau ci}^{\mathrm{T}} \\ D_{ci}^{\mathrm{T}} \end{bmatrix}^{\mathrm{T}} < 0
$$

$$(6.103)$$

其中

$$
\bar{\gamma}_{1i} = \gamma'_{1i} + \bar{U}_i^{\mathrm{T}} C_{ci}^{\mathrm{T}} \phi_1 C_{ci} \bar{U}_i + \tau \bar{U}_i^{\mathrm{T}} \bar{R}^{-1} \bar{U}_i + \bar{U}_i^{\mathrm{T}} \left(\sum_{j \neq i} \pi_{ij} \bar{U}_j^{-\mathrm{T}} \bar{X}_j \bar{U}_j^{-1} \right) \bar{U}_i
$$

注意到 $E_c \bar{\mathcal{P}}_i E_c^{\mathrm{T}} < \bar{X}_i$, 因此 $\sum\limits_{j \neq i} \pi_{ij} \bar{U}_j^{-\mathrm{T}} E_c \bar{\mathcal{P}}_j E_c^{\mathrm{T}} \bar{U}_j^{-1} \leqslant \sum\limits_{j \neq i} \pi_{ij} \bar{U}_j^{-\mathrm{T}} \bar{X}_j \bar{U}_j^{-1}.$

对式 (6.103) 两边都分别乘以 $\mathrm{diag}\left\{\bar{U}_i^{-\mathrm{T}}, \bar{U}_i^{-\mathrm{T}}, I\right\}$ 及其转置, 可得

$$
\begin{bmatrix}
\bar{\Gamma}_{1i} + C_{ci}^{\mathrm{T}}\phi_1 C_{ci} & U_i^{\mathrm{T}} A_{\tau ci} + \tau^{-1} E_c^{\mathrm{T}} \mathcal{Z}_i E_c & U_i^{\mathrm{T}} D_{ci} - C_{ci}^{\mathrm{T}}\phi_2 \\
* & -\mathcal{Q}_i - \tau^{-1} E_c^{\mathrm{T}} \mathcal{Z}_i E_c & 0 \\
* & * & -\phi_3
\end{bmatrix}
$$

$$
+ \begin{bmatrix} A_{ci}^{\mathrm{T}} \\ A_{\tau ci}^{\mathrm{T}} \\ D_{ci}^{\mathrm{T}} \end{bmatrix} (\tau \mathcal{Z}_i + 0.5\tau^2 \mathcal{W}) \begin{bmatrix} A_{ci}^{\mathrm{T}} \\ A_{\tau ci}^{\mathrm{T}} \\ D_{ci}^{\mathrm{T}} \end{bmatrix}^{\mathrm{T}} < 0 \tag{6.104}
$$

其中, $U_i = \bar{U}_i^{-1} = \mathcal{P}_i E_c + S L_i$, $\bar{\Gamma}_{1i} = E_c^{\mathrm{T}}\left(\sum_{j=i}^{N} \pi_{ij} \mathcal{P}_j\right) E_c + A_{ci}^{\mathrm{T}} U_i + U_i^{\mathrm{T}} A_{ci} + \mathcal{Q}_i + \tau R - \tau^{-1} E_c^{\mathrm{T}} \mathcal{Z}_i E_c$.

根据定理 6.4 和定理 6.5, 闭环时滞奇异跳变系统 (6.64) 满足随机容许性和扩展耗散性, 扩展耗散控制器和观测器的参数由式 (6.91) 给出. □

6.2.3 仿真算例

例 6.2 考虑具有两个模态和如下参数的时滞奇异跳变系统:

$$
A_1 = \begin{bmatrix} 2 & -1 \\ 10 & -1.9 \end{bmatrix}, \quad A_{\tau 1} = \begin{bmatrix} -0.06 & 0.02 \\ 0.05 & 0.01 \end{bmatrix}, \quad A_2 = \begin{bmatrix} 3 & -5 \\ 11 & -2.5 \end{bmatrix}
$$

$$
A_{\tau 2} = \begin{bmatrix} 0.02 & 0.01 \\ 0.01 & 0.07 \end{bmatrix}, \quad B_1 = \begin{bmatrix} -4 & 14 \\ 2 & -3 \end{bmatrix}, \quad B_2 = \begin{bmatrix} -2 & 9 \\ 1 & -1 \end{bmatrix}
$$

$$
C_1 = \begin{bmatrix} -6 & 0 \\ 1 & 0 \end{bmatrix}, \quad C_2 = \begin{bmatrix} -2 & 0 \\ -6 & 0 \end{bmatrix}, \quad E = \begin{bmatrix} 1 & 0 \\ 0 & 0 \end{bmatrix}, \quad \hat{C}_1 = \begin{bmatrix} -4 & 0 \\ 1 & 0 \end{bmatrix}
$$

$$
\hat{C}_2 = \begin{bmatrix} -2 & 0 \\ -6 & 0 \end{bmatrix}, \quad D_1 = \begin{bmatrix} 0.004 & -0.004 \\ -0.006 & 0.003 \end{bmatrix}, \quad D_2 = \begin{bmatrix} -0.002 & 0.002 \\ 0.008 & 0.003 \end{bmatrix}
$$

$$
\tau = 0.1, \quad s = 0.6, \quad \varrho = 1, \quad \Pi = \begin{bmatrix} -0.3 & 0.3 \\ 0.7 & -0.7 \end{bmatrix}, \quad \omega(t) = 5.5\mathrm{e}^{-0.1}\sin(0.8t)
$$

(1) H_∞ 性能: 令 $\phi_1 = I$、$\phi_2 = 0$、$\phi_3 = \gamma^2 I$、$\phi_4 = 0$. 求解线性矩阵不等式 (6.86)~(6.90), 可得 $\gamma = 0.1414$. 所期望的控制器和观测器参数为

$$
K_1 = \begin{bmatrix} -0.0093 & -0.0360 \\ -0.0030 & -0.0110 \end{bmatrix}, \quad K_{\tau 1} = \begin{bmatrix} -0.0164 & -0.0093 \\ -0.0051 & -0.0030 \end{bmatrix}
$$

$$K_2 = \begin{bmatrix} -0.0063 & -0.0190 \\ -0.0022 & -0.0049 \end{bmatrix}, \quad K_{\tau 2} = \begin{bmatrix} -0.0081 & -0.0031 \\ -0.0026 & -0.0009 \end{bmatrix}$$

$$G_1 = \begin{bmatrix} -0.8577 & 0.1948 \\ -0.7741 & 0.1758 \end{bmatrix}, \quad G_2 = \begin{bmatrix} -0.3594 & -1.0365 \\ -0.3301 & -0.9520 \end{bmatrix}$$

(2) L_2-L_∞ 性能: 设 $\phi_1 = 0$、$\phi_2 = 0$、$\phi_3 = \gamma^2 I$、$\phi_4 = I$. 求解线性矩阵不等式 (6.86)~(6.90), 可得 $\gamma = 0.0557$, 所期望的控制器和观测器参数为

$$K_1 = \begin{bmatrix} -0.0033 & -0.0083 \\ -0.0010 & -0.0025 \end{bmatrix}, \quad K_{\tau 1} = \begin{bmatrix} -0.0049 & -0.0025 \\ -0.0014 & -0.0008 \end{bmatrix}$$

$$K_2 = \begin{bmatrix} -0.6626 & -0.8631 \\ -0.2212 & -0.1897 \end{bmatrix}, \quad K_{\tau 2} = \begin{bmatrix} -0.4347 & 0.0778 \\ -0.1390 & 0.0326 \end{bmatrix}$$

$$G_1 = \begin{bmatrix} -0.8146 & 0.1802 \\ -0.9993 & 0.2211 \end{bmatrix}, \quad G_2 = \begin{bmatrix} -0.2856 & -0.7557 \\ -0.2937 & -0.7771 \end{bmatrix}$$

(3) 无源性能: 设 $\phi_1 = 0$、$\phi_2 = I$、$\phi_3 = \gamma I$、$\phi_4 = 0$. 求解线性矩阵不等式 (6.86)~(6.90), 可得 $\gamma = 0.1042$. 所期望的控制器和观测器参数为

$$K_1 = \begin{bmatrix} -0.1304 & -0.5218 \\ -0.0420 & -0.1593 \end{bmatrix}, \quad K_{\tau 1} = \begin{bmatrix} -0.2347 & -0.1286 \\ -0.0732 & -0.0418 \end{bmatrix}$$

$$K_2 = \begin{bmatrix} -0.1567 & -0.2525 \\ -0.0501 & -0.0615 \end{bmatrix}, \quad K_{\tau 2} = \begin{bmatrix} -0.1462 & -0.1061 \\ -0.0446 & -0.0279 \end{bmatrix}$$

$$G_1 = \begin{bmatrix} -0.8165 & 0.1823 \\ -1.0045 & 0.2243 \end{bmatrix}, \quad G_2 = \begin{bmatrix} -0.2854 & -0.7558 \\ -0.2936 & -0.7775 \end{bmatrix}$$

(4) 耗散性能: 设 $\phi_1 = I$、$\phi_2 = I$、$\phi_3 = I - \gamma I$、$\phi_4 = 0$. 求解线性矩阵不等式 (6.86)~(6.90), 可得 $\gamma = 0.8882$. 所期望的控制器和观测器参数为

$$K_1 = \begin{bmatrix} -0.0463 & -0.1917 \\ -0.0150 & -0.0585 \end{bmatrix}, \quad K_{\tau 1} = \begin{bmatrix} -0.8480 & -0.4660 \\ -0.2650 & -0.1519 \end{bmatrix}$$

$$K_2 = \begin{bmatrix} -0.5987 & -0.9603 \\ -0.1916 & -0.2340 \end{bmatrix}, \quad K_{\tau 2} = \begin{bmatrix} -0.5637 & -0.4039 \\ -0.1721 & -0.1058 \end{bmatrix}$$

$$G_1 = \begin{bmatrix} -0.8165 & 0.1823 \\ -1.0045 & 0.2243 \end{bmatrix}, \quad G_2 = \begin{bmatrix} -0.2854 & -0.7558 \\ -0.2936 & -0.7775 \end{bmatrix}$$

表 6.1 呈现的是不同时滞对应不同性能下的性能指标. 令 $x_0 = [0.05\ 0.03]^{\mathrm{T}}$, 图 6.3 和图 6.4 分别描绘了在 H_∞ 控制器下闭环时滞奇异跳变系统 (6.64) 的状态轨迹、观测器状态轨迹.

表 6.1　不同时滞 τ 对应不同性能下的性能指标 γ

参数	$\tau = 0.05$	$\tau = 0.10$	$\tau = 0.15$
H_∞	0.0402	0.0425	0.1424
L_2-L_∞	0.0214	0.0313	0.0541
无源	0.0109	0.0208	0.1101
耗散	0.8420	0.8211	0.7854

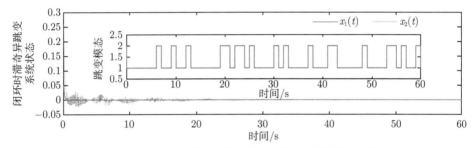

图 6.3　H_∞ 控制器下闭环时滞奇异跳变系统状态轨迹

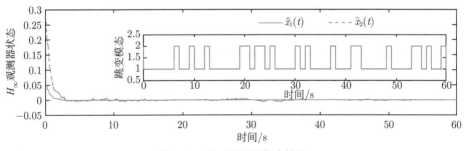

图 6.4　H_∞ 观测器状态轨迹

参 考 文 献

[1]　Kavikumar R, Sakthivel R, Liu Y R. Design of H_∞-based sampled-data control for fuzzy Markov jump systems with stochastic sampling[J]. Nonlinear Analysis: Hybrid Systems, 2021, 41: 101041.

[2]　Xu Z W, Wu Z G, Su H Y, et al. Energy-to-peak filtering of semi-Markov jump systems with mismatched modes[J]. IEEE Transactions on Automatic Control, 2020, 65(10): 4356-4361.

[3] Yan Z G, Song Y X, Park J H, et al. Finite-time H_2/H_∞ control for linear Itô stochastic Markovian jump systems: Mode-dependent approach[J]. IET Control Theory & Applications, 2020, 14(20): 3557-3567.

[4] Dong S L, Wu Z G, Su H Y, et al. Asynchronous control of continuous-time nonlinear Markov jump systems subject to strict dissipativity[J]. IEEE Transactions on Automatic Control, 2019, 64(3): 1250-1256.

[5] Sathishkumar M, Liu Y C. Hybrid-triggered reliable dissipative control for singular networked cascade control systems with cyber-attacks[J]. Journal of the Franklin Institute, 2020, 357(7): 4008-4033.

[6] Zhuang G M, Su S F, Xia J W, et al. HMM-based asynchronous H_∞ filtering for fuzzy singular Markovian switching systems with retarded time-varying delays[J]. IEEE Transactions on Cybernetics, 2021, 51(3): 1189-1203.

[7] Xu S Y, van Dooren P, Stefan R, et al. Robust stability and stabilization for singular systems with state delay and parameter uncertainty[J]. IEEE Transactions on Automatic Control, 2002, 47(7): 1122-1128.

[8] Wu Z G, Su H Y, Shi P, et al. Analysis and Synthesis of Singular Systems with Time-Delays[M]. Berlin: Springer, 2013.

[9] Xu S Y, Lam J. Robust Control and Filtering of Singular Systems[M]. Berlin: Springer, 2006.

[10] Zhang B Y, Zheng W X, Xu S Y. Filtering of Markovian jump delay systems based on a new performance index[J]. IEEE Transactions on Circuits and Systems I: Regular Papers, 2013, 60(5): 1250-1263.

[11] Feng Z G, Zheng W X. On extended dissipativity of discrete-time neural networks with time delay[J]. IEEE Transactions on Neural Networks and Learning Systems, 2015, 26(12): 3293-3300.

[12] Lee T H, Park M J, Park J H, et al. Extended dissipative analysis for discrete stochastic neural networks with time-varying delays[J]. IEEE Transactions on Neural Networks and Learning Systems, 2014, 25(10): 1936-1941.

[13] Shen H, Park J H, Zhang L X, et al. Robust extended dissipative control for sampled-data Markov jump systems[J]. International Journal of Control, 2014, 87(8): 1549-1564.

[14] Sathishkumar M, Sakthivel R, Wang C, et al. Non-fragile filtering for singular Markovian jump systems with missing measurements[J]. Signal Processing, 2018, 142(C): 125-136.

[15] Chen W H, Cheng L P, Lu X M. Observer-based feedback stabilization of Lipschitz nonlinear systems in the presence of asynchronous sampling and scheduling protocols[J]. Nonlinear Analysis: Hybrid Systems, 2019, 33: 282-299.

[16] Xu S Y, Chen T W, Lam J. Robust H_∞ filtering for uncertain Markovian jump systems with mode-dependent time delays[J]. IEEE Transactions on Automatic Control, 2003, 48(5): 900-907.

[17] Zhuang G M, Xu S Y, Zhang B Y, et al. Unified filters design for singular Markovian jump systems with time-varying delays[J]. Journal of the Franklin Institute, 2016, 353(15): 3739-3768.

[18] Mao X R. Exponential stability of stochastic delay interval systems with Markovian switching[J]. IEEE Transactions on Automatic Control, 2002, 47(10): 1604-1612.

[19] Chen W H, Guan Z H, Lu X. Delay-dependent output feedback stabilisation of Markovian jump system with time-delay[J]. IEE Proceedings—Control Theory and Applications, 2004, 151(5): 561-566.

[20] Dai L. Singular Control Systems[M]. Berlin: Springer, 1989.

[21] Xu S Y, Feng G. Brief paper: New results on H_∞ control of discrete singularly perturbed systems[J]. Automatica, 2009, 45(10): 2339-2343.

[22] Long S H, Zhong S M, Liu Z J. Stochastic admissibility for a class of singular Markovian jump systems with mode-dependent time delays[J]. Applied Mathematics and Computation, 2012, 219(8): 4106-4117.

[23] Zheng M J, Yang S H, Li L N, Sliding mode control for fuzzy Markovian jump singular system with time-varying delay[J]. International Journal of Control, Automation and Systems, 2019, 17(7): 1677-1686.

[24] Zhuang G M, Ma Q, Zhang B Y, et al. Admissibility and stabilization of stochastic singular Markovian jump systems with time delays[J]. Systems & Control Letters, 2018, 114: 1-10.

[25] Xia Y Q, Li L, Mahmoud M S, et al. H_∞ filtering for nonlinear singular Markovian jumping systems with interval time-varying delays[J]. International Journal of Systems Science, 2012, 43(2): 272-284.

[26] Liu G B, Park J H, Xu S Y, et al. Robust non-fragile H_∞ fault detection filter design for delayed singular Markovian jump systems with linear fractional parametric uncertainties[J]. Nonlinear Analysis: Hybrid Systems, 2019, 32: 65-78.

[27] Wang Y Y, Shi P, Wang Q B, et al. Exponential H_∞ filtering for singular Markovian jump systems with mixed mode-dependent time-varying delay[J]. IEEE Transactions on Circuits and Systems I: Regular Papers, 2013, 60(9): 2440-2452.

第 7 章　时滞 Itô 随机奇异跳变系统容许性分析与反馈控制

随机现象普遍存在于诸多实际领域, 如数理金融、生物工程、信号处理、网络化控制、航空航天等. 基于随机数学等学科的大力推动, 经过近几十年的交叉融合, 随机控制逐渐发展为现代控制理论极其重要的研究前沿. 由日本数学家 Itô 提出的 Itô 微分方程刻画的随机系统已经成为随机控制领域极为重要的研究方向[1,2]. 由于环境噪声、内部和外部随机干扰等随机因素在动态系统中不可被忽视, Itô 随机系统在工程、生物、金融、经济、信息、控制、系统科学、计算机等学科中受到了广泛关注[3,4].

马尔可夫跳变系统是一类重要的随机混杂系统, 可以清晰地描述具有参数或结构突变的实际动态系统[5-7]. 另外, 奇异系统与正则系统相比, 可以更自然地刻画状态耦合和实际静态代数约束[8-16]. 近年来, 奇异跳变系统和 Itô 随机奇异跳变系统[17-24] 备受学者的积极关注, 鲁棒 H_∞ 反馈控制、基于观测器设计的反馈控制、滤波器设计、无源性分析和无源化问题、非线性 Itô 随机奇异跳变系统镇定等方面的成果陆续涌现[25-31].

值得注意的是, Itô 随机奇异跳变系统的研究中存在一些亟须解决的关键挑战: 如何定义 Itô 随机奇异跳变系统解的存在唯一性 (正则性); 如何定义无内部脉冲性; 如何选择合适的 Lyapunov 候选泛函, 并恰当地利用 Itô 公式证明 Itô 随机奇异跳变系统的容许性. 需要指出的是, 现有文献要么直接假定 Itô 随机奇异跳变系统的正则性或者解的存在唯一性, 要么完全忽略扩散项的关键作用. 利用 Kronecker 积和 H-表示技术, 通过将 Itô 随机奇异跳变系统转化为确定性奇异系统, 文献 [28] 研究了 Itô 随机奇异跳变系统的均方容许性. 基于文献 [28], 文献 [29] 研究了 Itô 随机奇异跳变系统的均方容许性和最优控制问题, 但其中扩散项的关键作用被忽略掉.

最近, 文献 [30] 和 [31] 给出了随机奇异跳变系统满足解存在唯一性的新条件, 并利用 H-表示技术将 Itô 随机奇异跳变系统转化为确定性奇异系统. 然而, 文献 [28]～[31] 中的充分条件与时滞无关. 此外, 文献 [28]、[30] 和 [31] 中的 Kronecker 积和 H-表示技术仅用来分析 Itô 随机奇异跳变系统的容许性, 目前不能被用来设计相关系统的控制器、观测器或滤波器. 因此, 探究时滞 Itô 随机奇异跳变系统和时滞 Itô 随机奇异跳变系统正则性和无内部脉冲性, 寻找满足容许性的一般性条件, 应用更有效的技术来研究相应的控制和设计综合问题是亟须聚焦和深入研究的前沿热点课题.

本章针对时滞 Itô 随机奇异跳变系统, 给出实现正则性和无内部脉冲性的更一般性条件, 研究容许性分析和基于状态反馈的镇定控制问题. 通过构造随机 L-K 泛函, 并应用广义 Itô 公式, 在严格线性矩阵不等式框架下得到了时滞 Itô 随机奇异跳变系统容许性的新条件. 所设计的状态反馈控制器保证了闭环时滞 Itô 随机奇异跳变系统的容许性. 利用 RLC 电路系统、石油催化裂化过程 (OCCP) 算例验证所提出的控制技术的有效性和实用性.

7.1　时滞 Itô 随机奇异跳变系统容许性分析

本节研究时滞 Itô 随机奇异跳变系统的容许性问题, 给出时滞 Itô 随机奇异跳变系统满足正则性和无内部脉冲性的更一般性的条件. 通过构造随机 L-K 泛函, 应用广义 Itô 公式, 在严格线性矩阵不等式框架下得到了时滞 Itô 随机奇异跳变系统容许性的新条件. 利用 RLC 电路系统验证容许性条件的正确性和有效性.

本节的主要贡献和创新点概括如下:

(1) 提出了时滞 Itô 随机奇异跳变系统满足正则性和无内部脉冲性的更一般性的条件;

(2) 利用慢快分解技术、奇异值分解技术证明了时滞 Itô 随机奇异跳变系统的正则性和无脉冲性;

(3) 构建了体现状态时滞信息和马尔可夫跳变模态信息的随机 L-K 泛函, 利用广义 Itô 公式和系统等价技术, 在严格线性矩阵不等式框架下给出了时滞 Itô 随机奇异跳变系统容许性的新条件.

7.1.1　问题描述

给定完备概率空间 $(\Omega, \mathfrak{F}, \mathcal{P})$, 考虑以下时滞 Itô 随机奇异跳变系统:

$$
\begin{cases}
E(r_t)\,\mathrm{d}x(t) = (A(r_t)x(t) + A_d(r_t)x(t - \tau(t)) + C(r_t)u(t))\mathrm{d}t \\
\qquad\qquad\quad + B(r_t)x(t)\,\mathrm{d}\varpi(t) \\
x(t) = \phi(t), \quad \forall\, t \in [-\bar{\tau},\, 0]
\end{cases}
\tag{7.1}
$$

其中, $x(t) \in \mathbb{R}^n$ 为状态向量; $u(t) \in \mathbb{R}^m$ 为控制输入; $\phi(t)$ 为连续初始函数; $\varpi(t)$ 为定义在完备概率空间 $(\Omega, \mathfrak{F}, \mathcal{P})$ 上的一维标准布朗运动, 本节中 $\mathrm{d}\varpi(t)$ 和 $x(t)$ 线性无关且满足以下性质:

$$
\mathcal{E}\{\mathrm{d}\varpi(t)\} = 0, \quad \mathcal{E}\{\mathrm{d}^2\varpi(t)\} = \mathrm{d}t
\tag{7.2}
$$

$\{r_t\}$ 是在有限集 $\mathcal{S} = \{1,\, 2,\, \cdots,\, N\}$ 中取值的右连续马尔可夫过程, 且与 $\varpi(t)$ 线性无关. $\Pi = [\pi_{ij}]_{N \times N}$ 为转移率矩阵, 转移率满足文献 [1]、[5] 和 [28] 中的一般条件. 马尔可夫过程 $\{r_t\}$ 的具体性质详见 2.1 节.

$\tau(t)$ 是时变时滞的并且满足:

$$0 \leqslant \tau(t) \leqslant \bar{\tau} < \infty, \quad \dot{\tau}(t) \leqslant \mu < 1 \tag{7.3}$$

其中, $\bar{\tau}$ 和 μ 为标量.

矩阵 $E(r_t) \in \mathbb{R}^{n \times n}$ 是奇异的, 且 $\operatorname{rank}(E(r_t)) = r < n$. 简便起见, 在后续中, 当任意 $r_t = i \in \mathcal{S}$ 时, $L(r_t)$ 记为 L_i, $E(r_t)$ 记为 E_i.

对时滞 Itô 随机奇异跳变系统 (7.1), 当 $u(t) = 0$ 时, 得到如下时滞 Itô 随机奇异跳变系统:

$$\begin{cases} E(r_t)\,\mathrm{d}x(t) = (A(r_t)\,x(t) + A_d(r_t)\,x(t - \tau(t)))\mathrm{d}t + B(r_t)\,x(t)\,\mathrm{d}\varpi(t) \\ x(t) = \phi(t), \quad \forall\, t \in [-\bar{\tau},\, 0] \end{cases} \tag{7.4}$$

为了保证时滞 Itô 随机奇异跳变系统 (7.4) 的容许性, 首先给出以下条件.

条件 7.1 时滞 Itô 随机奇异跳变系统 (7.1) 中的参数, 对任意 $r_t = i \in \mathcal{S}$, 存在可逆矩阵 $M_i \in \mathbb{R}^{n \times n}$、$N \in \mathbb{R}^{n \times n}$ 满足下列条件之一:

(a) $\quad M_i E_i N = \begin{bmatrix} I_{n_1} & 0 \\ 0 & \mathcal{J}_{in_2} \end{bmatrix}, \quad M_i A_i N = \begin{bmatrix} \tilde{A}_{i1} & 0 \\ 0 & I_{n_2} \end{bmatrix}$

$\qquad\quad M_i A_{di} N = \begin{bmatrix} \tilde{A}_{di1} & \tilde{A}_{di2} \\ 0 & 0 \end{bmatrix}, \quad M_i B_i N = \begin{bmatrix} \tilde{B}_{i1} & \tilde{B}_{i2} \\ 0 & 0 \end{bmatrix}$

(b) $\quad M_i E_i N = \begin{bmatrix} I_r & 0 \\ 0 & 0 \end{bmatrix}, \quad M_i A_i N = \begin{bmatrix} \hat{A}_{i1} & \hat{A}_{i2} \\ \hat{A}_3 & \hat{A}_4 \end{bmatrix}$

$\qquad\quad M_i A_{di} N = \begin{bmatrix} \hat{A}_{di1} & \hat{A}_{di2} \\ 0 & 0 \end{bmatrix}, \quad M_i B_i N = \begin{bmatrix} \hat{B}_{i1} & \hat{B}_{i2} \\ 0 & 0 \end{bmatrix}$

(c) $\quad M_i E_i N = \begin{bmatrix} I_r & 0 \\ 0 & 0 \end{bmatrix}, \quad M_i A_i N = \begin{bmatrix} \check{A}_{i1} & \check{A}_{i2} \\ 0 & \check{A}_{i3} \end{bmatrix}$

$\qquad\quad M_i A_{di} N = \begin{bmatrix} \check{A}_{di1} & \check{A}_{di2} \\ 0 & 0 \end{bmatrix}, \quad M_i B_i N = \begin{bmatrix} \check{B}_{i1} & \check{B}_{i2} \\ 0 & \check{B}_{i3} \end{bmatrix}$

其中, $\mathcal{J}_{in_2} \in \mathbb{R}^{n_2 \times n_2}$ 为幂零矩阵, 其幂零指数由 h 表示, 此时, $\mathcal{J}_{in_2}^h = 0$; $I_{n_1} \in \mathbb{R}^{n_1 \times n_1}$, $I_{n_2} \in \mathbb{R}^{n_2 \times n_2}$, $I_r \in \mathbb{R}^{r \times r}$, $n_1 + n_2 = n$; $\tilde{A}_{i1}$、$\tilde{A}_{di1}$、$\tilde{B}_{i1} \in \mathbb{R}^{n_1 \times n_1}$, $\tilde{A}_{di2}$、

$\check{B}_{i2} \in \mathbb{R}^{n_1 \times n_2}$, $\hat{A}_{i1}$、$\hat{A}_{di1}$、$\hat{B}_{i1}$、$\check{A}_{i1}$、$\check{A}_{di1}$、$\check{B}_{i1} \in \mathbb{R}^{r \times r}$, $\hat{A}_{i2}$、$\hat{A}_{di2}$、$\hat{B}_{i2}$、$\check{A}_{i2}$、$\check{A}_{di2}$、$\check{B}_{i2} \in \mathbb{R}^{r \times (n-r)}$, $\hat{A}_4$ 和 $\check{B}_{i3}$ 是非奇异矩阵.

注 7.1　在文献 [30] 和 [31] 中, Itô 随机奇异跳变系统的无脉冲性是通过 $\deg(\det(sE_i - A_i)) = \mathrm{rank}(E_i)$ 来定义的. 由于文献 [9] 中的极点配置方法不适用于 Itô 随机奇异跳变系统, 本节对 Itô 随机奇异跳变系统 (7.4) 的正则性和无脉冲性给出了如下定义.

引理 7.1　基于具有 $\mathcal{J}_{in_2} = 0$ 的条件 7.1, Itô 随机奇异跳变系统 (7.4) 满足正则性和无脉冲性.

证明　设 $\zeta(t) = N^{-1}x(t) = \begin{bmatrix} \zeta_1^{\mathrm{T}}(t) & \zeta_2^{\mathrm{T}}(t) \end{bmatrix}^{\mathrm{T}}$, $\zeta_1(t) \in \mathbb{R}^{n_1}$, $\zeta_2(t) \in \mathbb{R}^{n_2}$, $\zeta(t) = \varphi(t), \forall\, t \in [-\bar{\tau}, 0]$. 基于条件 7.1(a), 当 $r_t = i \in \mathcal{S}$ 时, Itô 随机奇异跳变系统 (7.4) 等价于

$$
\begin{aligned}
\mathrm{d}\zeta_1(t) = {}& (\tilde{A}_{i1}\zeta_1(t) + \tilde{A}_{di1}\xi_1(t - \tau(t)) + \tilde{A}_{di2}\xi_2(t - \tau(t)))\mathrm{d}t \\
& + (\tilde{B}_{i1}\xi_1(t) + \tilde{B}_{i2}\xi_2(t))\mathrm{d}\varpi(t)
\end{aligned} \tag{7.5}
$$

且

$$
\mathcal{J}_{in_2}\mathrm{d}\zeta_2(t) = \zeta_2(t)\,\mathrm{d}t \tag{7.6}
$$

根据文献 [9], 得到

$$
\begin{cases}
\mathrm{d}\zeta_1(t) = (\tilde{A}_{i1}\zeta_1(t) + \tilde{A}_{di1}\xi_1(t - \tau(t)))\mathrm{d}t + \tilde{B}_{i1}\xi_1(t)\,\mathrm{d}\varpi(t) \\
\zeta_2(t) = 0
\end{cases} \tag{7.7}
$$

由文献 [1]~[3] 可知, 式 (7.7) 的解是无脉冲的, 则式 (7.4) 的解也是无脉冲的. 注意到 $\mathrm{rank}(E_i) = r < n$, 当 $\mathcal{J}_{in_2} = 0$ 时, $n_1 = r$, $n_2 = n - r$.

设 $\xi(t) = N^{-1}x(t) = \begin{bmatrix} \xi_1^{\mathrm{T}}(t) & \xi_2^{\mathrm{T}}(t) \end{bmatrix}^{\mathrm{T}}$, $\xi_1(t) \in \mathbb{R}^r$, $\xi_2(t) \in \mathbb{R}^{n-r}$, $\xi(t) = \varphi(t), \forall\, t \in [-\bar{\tau}, 0]$. 基于条件 7.1(b), 当 $r_t = i \in \mathcal{S}$ 时, 系统 (7.4) 等价于

$$
\begin{cases}
\mathrm{d}\xi_1(t) = (\hat{A}_{i1}\xi_1(t) + \hat{A}_{i2}\xi_2(t) + \hat{A}_{di1}\xi_1(t - \tau(t)) + \hat{A}_{di2}\xi_2(t - \tau(t)))\mathrm{d}t \\
\qquad\quad + (\hat{B}_{i1}\xi_1(t) + \hat{B}_{i2}\xi_2(t))\mathrm{d}\varpi(t) \\
0 = (\hat{A}_3\xi_1(t) + \hat{A}_4\xi_2(t))\mathrm{d}t
\end{cases} \tag{7.8}
$$

由于 $\hat{A}_4$ 是非奇异的, 系统 (7.8) 可以写为

$$
\begin{cases}
\mathrm{d}\xi_1(t) = [(\hat{A}_{i1} - \hat{A}_{i2}\hat{A}_4^{-1}\hat{A}_3)\xi_1(t) + (\hat{A}_{di1} - \hat{A}_{di2}\hat{A}_4^{-1}\hat{A}_3)\xi_1(t - \tau(t))]\mathrm{d}t \\
\qquad\quad + (\hat{B}_{i1} - \hat{B}_{i2}\hat{A}_4^{-1}\hat{A}_3)\xi_1(t)\,\mathrm{d}\varpi(t) \\
\xi_2(t) = -\hat{A}_4^{-1}\hat{A}_3\xi_1(t)
\end{cases} \tag{7.9}
$$

由文献 [1]~[3], 式 (7.9) 存在唯一解且是无脉冲的, 则式 (7.4) 也存在唯一解且是无脉冲的.

基于条件 7.1(c), 当 $r_t = i \in \mathcal{S}$ 时, Itô 随机奇异跳变系统 (7.4) 等价于

$$
\begin{cases}
\mathrm{d}\xi_1(t) = (\check{A}_{i1}\xi_1(t) + \check{A}_{i2}\xi_2(t) + \check{A}_{di1}\xi_1(t-\tau(t)) + \check{A}_{di2}\xi_2(t-\tau(t)))\mathrm{d}t \\
\qquad\qquad + (\check{B}_{i1}\xi_1(t) + \check{B}_{i2}\xi_2(t))\mathrm{d}\varpi(t) \\
0 = \check{A}_{i3}\xi_2(t)\,\mathrm{d}t + \check{B}_{i3}\xi_2(t)\,\mathrm{d}\varpi(t)
\end{cases}
\tag{7.10}
$$

由于 $\check{B}_{i3}$ 是非奇异的, 系统 (7.10) 可以写为

$$
\begin{cases}
\mathrm{d}\xi_1(t) = (\check{A}_{i1}\xi_1(t) + \check{A}_{i2}\xi_2(t) + \check{A}_{di1}\xi_1(t-\tau(t)) + \check{A}_{di2}\xi_2(t-\tau(t)))\mathrm{d}t \\
\qquad\qquad + (\check{B}_{i1}\xi_1(t) + \check{B}_{i2}\xi_2(t))\mathrm{d}\varpi(t) \\
0 = \check{B}_{i3}^{-1}\check{A}_{i3}\xi_2(t)\,\mathrm{d}t + \xi_2(t)\,\mathrm{d}\varpi(t)
\end{cases}
\tag{7.11}
$$

由文献 [1] 和 [3], 得到 $\mathrm{d}t\mathrm{d}t = \mathrm{d}t\mathrm{d}\varpi(t) = \mathrm{d}\varpi(t)\mathrm{d}t = 0$, $\mathrm{d}\varpi(t)\mathrm{d}\varpi(t) = \mathrm{d}t$, 那么系统 (7.11) 等价于

$$
\begin{cases}
\mathrm{d}\xi_1(t) = (\check{A}_{i1}\xi_1(t) + \check{A}_{di1}\xi_1(t-\tau(t)))\mathrm{d}t + \check{B}_{i1}\xi_1(t)\,\mathrm{d}\varpi(t) \\
\xi_2(t) = 0
\end{cases}
\tag{7.12}
$$

由文献 [1]~[3], 系统 (7.12) 存在唯一解且是无脉冲的, 则系统 (7.4) 也存在唯一解且是无脉冲的.

综合上述三种情况, 基于具有 $\mathcal{J}_{in_2} = 0$ 的条件 7.1, Itô 随机奇异跳变系统 (7.4) 有唯一的无脉冲解. $\square$

7.1.2 主要结论

本节先研究 Itô 随机奇异跳变系统在满足条件 7.1 时的容许性.

定理 7.1 基于具有 $\mathcal{J}_{in_2} = 0$ 的条件 7.1, Itô 随机奇异跳变系统 (7.4) 满足随机容许性, 如果对所有的 $r_t = i \in \mathcal{S}$, 存在矩阵 $P_i > 0$、$Q > 0$ 和 S_i, 使得下列矩阵不等式成立:

$$
\Xi_i = \begin{bmatrix} \Xi_{1i} & \Xi_{2i} \\ \Xi_{2i}^{\mathrm{T}} & -(1-\mu)Q \end{bmatrix} < 0
\tag{7.13}
$$

其中, $\Xi_{1i} = \mathrm{sym}(E_i^{\mathrm{T}}P_iA_i + S_iR_i^{\mathrm{T}}A_i) + \sum_{j=1}^{N}\pi_{ij}E_j^{\mathrm{T}}P_jE_j + B_i^{\mathrm{T}}P_iB_i + Q$; $\Xi_{2i} = E_i^{\mathrm{T}}P_iA_{di} + S_iR_i^{\mathrm{T}}A_{di}$, $E_i^{\mathrm{T}}R_i = 0$ 并且 $R_i \in \mathbb{R}^{n\times(n-r)}$ 是列满秩矩阵.

证明 存在可逆矩阵 $M_i \in \mathbb{R}^{n \times n}$、$N \in \mathbb{R}^{n \times n}$ 使得条件 7.1 中具有 $\mathcal{J}_{in_2} = 0$ 的条件 7.1 中的 (a)、(b) 或 (c) 成立. 因此, 根据定义 1.1, Itô 随机奇异跳变系统 (7.4) 是正则和无脉冲的.

首先, 考虑条件 7.1(c). 存在非奇异矩阵 H 使得 $M_i^{-T} R_i H^{-1} = \begin{bmatrix} 0 & I \end{bmatrix}^{\mathrm{T}}$. 令

$$HS_i^{\mathrm{T}}N = \begin{bmatrix} S_{i1}^{\mathrm{T}} & S_{i2}^{\mathrm{T}} \end{bmatrix}, \quad M_i^{-\mathrm{T}}P_iM_i^{-1} = \begin{bmatrix} P_{i11} & P_{i12} \\ P_{i12}^{\mathrm{T}} & P_{i22} \end{bmatrix}, \quad N^{\mathrm{T}}QN = \begin{bmatrix} Q_{11} & Q_{12} \\ Q_{12}^{\mathrm{T}} & Q_{22} \end{bmatrix}.$$

用矩阵 $\begin{bmatrix} N & 0 \\ 0 & N \end{bmatrix}$ 对式 (7.13) 实行合同变换, 可得

$$\hat{\Xi}_i = \begin{bmatrix} \check{\Xi}_{1i} & \star & P_{i11}\check{A}_{di1} & \star \\ \star & \star & \star & \star \\ \check{A}_{di1}^{\mathrm{T}}P_{i11} & \star & -(1-\mu)Q_{11} & \star \\ \star & \star & \star & \star \end{bmatrix} < 0 \tag{7.14}$$

其中

$$\check{\Xi}_{1i} = \mathrm{sym}(P_{i11}\check{A}_{i1}) + Q_{11} + \sum_{j=1}^{N}\pi_{ij}P_{j11} + \check{B}_{i1}^{\mathrm{T}}P_{i11}\check{B}_{i1}$$

对式 (7.14) 两边都分别乘以矩阵 $\begin{bmatrix} I & 0 & 0 & 0 \\ 0 & 0 & I & 0 \end{bmatrix}$ 及其逆, 可得

$$\tilde{\Xi}_i = \begin{bmatrix} \check{\Xi}_{1i} & P_{i11}\check{A}_{di1} \\ \check{A}_{di1}^{\mathrm{T}}P_{i11} & -(1-\mu)Q_{11} \end{bmatrix} < 0 \tag{7.15}$$

由于 $\xi(t) = N^{-1}x(t) = \begin{bmatrix} \xi_1^{\mathrm{T}}(t) & \xi_2^{\mathrm{T}}(t) \end{bmatrix}^{\mathrm{T}}$, $\xi_1(t) \in \mathbb{R}^r$, $\xi_2(t) \in \mathbb{R}^{n-r}$, 且 Itô 随机奇异跳变系统 (7.4) 等价于系统 (7.12), 所以 Itô 随机奇异跳变系统 (7.4) 是随机稳定的当且仅当系统 (7.12) 是随机稳定的.

现在, 基于条件 7.1(c), 证明正则随机系统 (7.12) 是随机稳定的. 由 $\{\xi_{1t} = \xi_1(t+\theta), -\bar{\tau} \leqslant \theta \leqslant 0\}$, 定义一个新的随机马尔可夫过程 $\{(\xi_{1t}, r_t), t \geqslant \bar{\tau}\}$. 构造如下体现时变时滞信息和马尔可夫跳变模态信息的随机 L-K 泛函:

$$V(\xi_1(t), r_t) = \xi_1^{\mathrm{T}}(t)P_{11}(r_t)\xi_1(t) + \int_{t-\tau(t)}^{t}\xi_1^{\mathrm{T}}(s)Q_{11}\xi_1(s)\mathrm{d}s \tag{7.16}$$

由广义 Itô 公式, 得到

$$\mathcal{L}V\left(\xi_1(t), r_t = i\right)$$

$$= \xi_1^{\mathrm{T}}(t)\left(\mathrm{sym}(P_{i11}\check{A}_{i1}) + Q_{11} + \sum_{j=1}^{N}\pi_{ij}P_{j11} + \check{B}_{i1}^{\mathrm{T}}P_{i11}\check{B}_{i1}\right)\xi_1(t)$$

$$+\,\mathrm{sym}(\xi_1^{\mathrm{T}}(t)P_{i11}\check{A}_{di1}\xi_1(t-\tau(t))) - (1-\mu)\xi_1^{\mathrm{T}}(t-\tau(t))Q_{11}\xi_1(t-\tau(t))$$

$$= \left[\begin{array}{cc} \xi_1^{\mathrm{T}}(t) & \xi_1^{\mathrm{T}}(t-\tau(t)) \end{array}\right]\tilde{\Xi}_i\left[\begin{array}{c} \xi_1(t) \\ \xi_1(t-\tau(t)) \end{array}\right] \tag{7.17}$$

结合不等式 (7.15), 可得 $\mathcal{L}V\left(\xi_1(t), r_t = i\right) < 0$. 因此, 存在一个标量 $\alpha > 0$, 使得对所有的 $i \in \mathcal{S}$, $\mathcal{L}V\left(\xi_1(t), r_t = i\right) \leqslant -\alpha|\xi_1(t)|^2$. 再根据广义 Itô 公式, 有

$$\mathcal{E}\left\{V\left(\xi_1(t), r_t = i\right)\right\} - \mathcal{E}\left\{V\left(\xi_1(0), r_0\right)\right\} = \mathcal{E}\left\{\int_0^t \mathcal{L}V\left(\xi_1(s), r_s\right)\mathrm{d}s\right\}$$

$$\leqslant -\alpha\mathcal{E}\left\{\int_0^t \xi_1^{\mathrm{T}}(s)\xi_1(s)\mathrm{d}s\right\} \tag{7.18}$$

这意味着

$$\mathcal{E}\left\{\int_0^t \xi_1^{\mathrm{T}}(s)\xi_1(s)\mathrm{d}s\right\} \leqslant \frac{1}{\alpha}V\left(\xi_1(0), r_0\right) \tag{7.19}$$

考虑上述结论和系统 (7.12), 得到

$$\mathcal{E}\left\{\int_0^t \xi^{\mathrm{T}}(s)\xi(s)\mathrm{d}s\right\} \leqslant \beta\left\|\varphi(t)\right\|_{\bar{\tau}}^2 \tag{7.20}$$

其中, β 是一个有限正标量.

注意到 $x(t) = N\xi(t)$, 存在常数 $\gamma > 0$, 使得

$$\mathcal{E}\left\{\int_0^t x^{\mathrm{T}}(s)x(s)\mathrm{d}s\right\} \leqslant \gamma\left\|\phi(t)\right\|_{\bar{\tau}}^2 \tag{7.21}$$

式 (7.21) 意味着 Itô 随机奇异跳变系统 (7.4) 是随机稳定的. 根据定义 1.1, 结合 Itô 随机奇异跳变系统 (7.4) 是正则、无脉冲的, 可以得到 Itô 随机奇异跳变系统 (7.4) 基于条件 7.1(c) 是随机容许的.

其次, 考虑条件 7.1(a). 当 $\mathcal{J}_{in_2} = 0$ 时, 系统 (7.7) 和 (7.12) 有相同的结构. 类似于上述证明, 容易证明系统 (7.4) 是随机容许的.

最后, 基于条件 7.1(b), 存在可逆矩阵 $M_i \in \mathbb{R}^{n \times n}$、$N \in \mathbb{R}^{n \times n}$, 满足以下条件:

$$M_i E_i N = \begin{bmatrix} I_r & 0 \\ 0 & 0 \end{bmatrix}, \quad M_i A_i N = \begin{bmatrix} \hat{A}_{i1} & \hat{A}_{i2} \\ \hat{A}_3 & \hat{A}_4 \end{bmatrix}$$

$$M_i A_{di} N = \begin{bmatrix} \hat{A}_{di1} & \hat{A}_{di2} \\ 0 & 0 \end{bmatrix}, \quad M_i B_i N = \begin{bmatrix} \hat{B}_{i1} & \hat{B}_{i2} \\ 0 & 0 \end{bmatrix}$$

注意到 $\Xi_i < 0$, 则 $\Xi_{1i} < 0$, 可以得到

$$\text{sym}(E_i^{\mathrm{T}} P_i A_i + S_i R_i^{\mathrm{T}} A_i) + \sum_{j=1}^{N} \pi_{ij} E_j^{\mathrm{T}} P_j E_j < 0$$

上式意味着 (E_i, A_i) 是正则和无脉冲的. 由于 $\hat{A}_4$ 是非奇异的, 令

$$\bar{M}_i = \begin{bmatrix} I & -\hat{A}_{i2} \hat{A}_4^{-1} \\ 0 & \hat{A}_4^{-1} \end{bmatrix} M_i, \quad \bar{N} = N \begin{bmatrix} I & 0 \\ -\hat{A}_4^{-1} \hat{A}_3 & I \end{bmatrix}$$

和 $\varsigma(t) = \bar{N}^{-1} x(t) = \begin{bmatrix} \varsigma_1^{\mathrm{T}}(t) & \varsigma_2^{\mathrm{T}}(t) \end{bmatrix}^{\mathrm{T}}$, $\varsigma_1(t) \in \mathbb{R}^r$, $\varsigma_2(t) \in \mathbb{R}^{n-r}$, $\varsigma(t) = \nu(t), \forall t \in [-\bar{\tau}, 0]$. 当 $r_t = i \in \mathcal{S}$ 时, 系统 (7.4) 等价于

$$\begin{cases} \mathrm{d}\varsigma_1(t) = [\bar{A}_{i1} \varsigma_1(t) + \bar{A}_{di1} \varsigma_1(t - \tau(t))]\mathrm{d}t + \bar{B}_{i1} \varsigma_1(t) \, \mathrm{d}\varpi(t) \\ \varsigma_2(t) = 0 \end{cases} \tag{7.22}$$

其中, $\bar{A}_{i1} = \hat{A}_{i1} - \hat{A}_{i2} \hat{A}_4^{-1} \hat{A}_3$; $\bar{A}_{di1} = \hat{A}_{di1} - \hat{A}_{di2} \hat{A}_4^{-1} \hat{A}_3$; $\bar{B}_{i1} = \hat{B}_{i1} - \hat{B}_{i2} \hat{A}_4^{-1} \hat{A}_3$.

根据文献 [1]~[3], 系统 (7.22) 存在唯一解且是无脉冲的, 则系统 (7.4) 存在唯一解且是无脉冲的.

现在, 基于条件 7.1(b), 证明正则随机系统 (7.22) 是随机稳定的. 由 $\{\varsigma_{1t} = \varsigma_1(t + \theta), -\bar{\tau} \leqslant \theta \leqslant 0\}$, 定义随机马尔可夫过程 $\{(\varsigma_1(t), r_t), t \geqslant \bar{\tau}\}$. 选择如下蕴含时变时滞信息和马尔可夫跳变模态信息的随机 L-K 泛函:

$$V(\varsigma_{1t}, r_t) = \varsigma_1^{\mathrm{T}}(t) \bar{P}_{11}(r_t) \varsigma_1(t) + \int_{t-\tau(t)}^{t} \varsigma_1^{\mathrm{T}}(s) \bar{Q}_{11} \varsigma_1(s) \mathrm{d}s \tag{7.23}$$

由广义 Itô 公式, 类似于式 (7.17) ~ 式 (7.21), 正则随机系统 (7.22) 基于条件 7.1(b) 是随机稳定的. 因此, Itô 随机奇异跳变系统 (7.4) 基于条件 7.1(b) 是随机稳定的.

综上所述, 根据定义 1.1, Itô 随机奇异跳变系统 (7.4) 基于条件 7.1 满足随机容许性. □

注 7.2   为了证明时滞 Itô 随机奇异跳变系统 (7.4) 是随机稳定的, 定理 7.1 的证明中采用了系统等价法. 基于条件 7.1, Itô 随机奇异跳变系统 (7.4) 转化为正则随机系统, 然后选取了蕴含时变时滞和马尔可夫跳变模态信息的随机 L-K 泛函来证明正则随机系统的随机稳定性. 事实上, 当满足矩阵不等式 (7.13) 时, 通过构造随机 L-K 泛函 (7.24) 可以直接证明时滞 Itô 随机奇异跳变系统 (7.4) 的随机稳定性:

$$V(x_t, r_t) = x^{\mathrm{T}}(t) E^{\mathrm{T}}(r_t) P_{r_t} E(r_t) x(t) + \int_{t-\tau(t)}^{t} x^{\mathrm{T}}(s) Qx(s)\mathrm{d}s \tag{7.24}$$

定理 7.2   Itô 随机奇异跳变系统 (7.4) 满足随机稳定性, 如果对所有的 $i \in \mathcal{S}$, 存在矩阵 $P_i > 0$、$Q > 0$ 和 S_i, 使得矩阵不等式 (7.13) 成立.

证明   由 $\{x_t = x(t+\theta),\ -\bar{\tau} \leqslant \theta \leqslant 0\}$, 定义随机马尔可夫过程 $\{(x_t, r_t),\ t \geqslant \bar{\tau}\}$. 基于随机 L-K 泛函 (7.24), 根据广义 Itô 公式, 且 $\mathrm{d}\varpi(t)$ 和 $x(t)$ 线性无关, $\mathrm{d}t\mathrm{d}t = \mathrm{d}t\mathrm{d}\varpi(t) = \mathrm{d}\varpi(t)\mathrm{d}t = 0$, $\mathrm{d}\varpi(t)\mathrm{d}\varpi(t) = \mathrm{d}t$, 则有

$$\mathcal{E}\{\mathcal{L}V(x_t, r_t)\}$$

$$= \frac{\mathcal{E}\{\mathrm{d}V(x_t, r_t)\}}{\mathrm{d}t}$$

$$= 2x^{\mathrm{T}}(t)(E_i^{\mathrm{T}}P_i + S_i R_i^{\mathrm{T}})\frac{\mathcal{E}\{E_i \mathrm{d}x(t)\}}{\mathrm{d}t} + \frac{\mathrm{d}x^{\mathrm{T}}(t) E_i^{\mathrm{T}}P_i E_i \mathrm{d}x(t)}{\mathrm{d}t}$$

$$+ x^{\mathrm{T}}(t) Qx(t) - (1-\mu)x^{\mathrm{T}}(t-\tau(t))Qx(t-\tau(t)) + \sum_{j=1}^{N} \pi_{ij} V(x, t, j)$$

$$= x^{\mathrm{T}}(t)\left(\mathrm{sym}(E_i^{\mathrm{T}}P_i A_i + S_i R_i^{\mathrm{T}} A_i) + \sum_{j=1}^{N} \pi_{ij} E_j^{\mathrm{T}} P_j E_j + B_i^{\mathrm{T}} P_i B_i + Q\right) x(t)$$

$$+ \mathrm{sym}[x^{\mathrm{T}}(t)(E_i^{\mathrm{T}} P_i A_{di} + S_i R_i^{\mathrm{T}} A_{di})x(t-\tau(t))] - (1-\mu)x^{\mathrm{T}}(t-\tau(t))$$

$$\times Qx(t-\tau(t)) = \left[\begin{array}{cc} x^{\mathrm{T}}(t) & x^{\mathrm{T}}(t-\tau(t)) \end{array}\right] \Xi_i \left[\begin{array}{cc} x^{\mathrm{T}}(t) & x^{\mathrm{T}}(t-\tau(t)) \end{array}\right]^{\mathrm{T}} \tag{7.25}$$

因为 $\Xi_i < 0$, 则对于所有的 $[x^{\mathrm{T}}(t)\ \ x^{\mathrm{T}}(t-\tau(t))]^{\mathrm{T}} \neq 0$, 有 $\mathcal{E}\{\mathcal{L}V(x_t, r_t)\} = \dfrac{\mathcal{E}\{\mathrm{d}V(x_t, r_t)\}}{\mathrm{d}t} < 0$.

根据定理 7.1 的证明, 可以得到

$$\mathcal{E}\{V(x_t, r_t)\} - \mathcal{E}\{V(x_0, r_0)\} = \mathcal{E}\left\{\int_0^t \mathcal{L}V(x_s, r_s)\mathrm{d}s\right\}$$

$$\leqslant -\tilde{\alpha}\mathcal{E}\left\{\int_0^t x^{\mathrm{T}}(s)x(s)\mathrm{d}s\right\}$$

则

$$\mathcal{E}\left\{\int_0^t x^{\mathrm{T}}(s)x(s)\mathrm{d}s\right\} \leqslant \frac{1}{\tilde{\alpha}}V(x_0, r_0) \leqslant \tilde{\beta}\|\phi(t)\|_{\tilde{\tau}}^2 \tag{7.26}$$

其中, $\tilde{\alpha}$、$\tilde{\beta}$ 是有限正标量. 由定义 1.1 中的式 (1.2), 时滞 Itô 随机奇异跳变系统 (7.4) 满足随机稳定性. □

注 7.3　为了正确计算 $\mathrm{d}x(t)$, 对于 L-K 泛函 (7.24), 选择 $x^{\mathrm{T}}(t)E_i^{\mathrm{T}}P_iE_ix(t)$, 而不是使用 $x^{\mathrm{T}}(t)E_i^{\mathrm{T}}P_ix(t)$, 其中 $E_i^{\mathrm{T}}P_i = P_iE_i \geqslant 0$. 如文献 [30] 所指出, 在广义 Itô 公式中可以由式 (1.25) 容易计算 $\mathrm{d}x^{\mathrm{T}}(t)E_i^{\mathrm{T}}P_iE_i\mathrm{d}x(t)$, 然而不能计算 $\mathrm{d}x^{\mathrm{T}}(t)E_i^{\mathrm{T}}P_i\mathrm{d}x(t)$. 上述分析说明了确定性奇异跳变系统与 Itô 随机奇异跳变系统的区别. 遗憾的是, 到目前为止, 很少有文献考虑到这个问题, 甚至在一些文献中忽略了确定性奇异跳变系统与 Itô 随机奇异跳变系统本质上的差异.

注 7.4　当 $\tau(t) = \tau$ 时, 时变时滞 $\tau(t)$ 退化为定常时滞 τ, 则 $\dot{\tau}(t) = \dot{\tau} = \mu = 0$. 本节的结果对定常时滞 Itô 随机奇异跳变系统仍然成立. 基于本节给出的具有 $\mathcal{J}_{in_2} = 0$ 的条件 7.1, 容易证明定常时滞和无时滞 Itô 随机奇异跳变系统满足随机容许性.

7.1.3　仿真算例

例 7.1　考虑 RLC 电路系统[7,9,11], 其中 $i(t)$ 表示电流, $u(t)$ 表示控制输入, R、L 和 C 分别表示电阻、电感和电容, 并且分别用 $u_R(t)$、$u_L(t)$、$u_C(t)$ 来表示它们的电压. 开关以随机马尔可夫可变的方式从一个位置跳变到另一个位置. 当 $r_t = i \in S$ 时, 分别用 L_i 和 C_i 表示电感和电容. 根据基尔霍夫定律, 可以得到如下 RLC 电路方程:

$$\begin{bmatrix} 1 & 0 & 0 & 0 \\ -1 & 0 & 1 & 0 \\ 0 & 0 & 0 & 0 \\ 0 & 0 & 0 & 0 \end{bmatrix} \begin{bmatrix} \dot{i}(t) \\ \dot{u}_L(t) \\ \dot{u}_C(t) \\ \dot{u}_R(t) \end{bmatrix} = \begin{bmatrix} 0 & \dfrac{1}{L_i} & 0 & 0 \\ \dfrac{1}{C_i} & -\dfrac{1}{L_i} & 0 & 0 \\ -R & 0 & 0 & 0.1 \\ 0 & 0.1 & 0.1 & 0.1 \end{bmatrix} \begin{bmatrix} i(t) \\ u_L(t) \\ u_C(t) \\ u_R(t) \end{bmatrix}$$

$$+ \begin{bmatrix} 0 \\ 0 \\ 0 \\ -0.1 \end{bmatrix} u(t) \tag{7.27}$$

令 $x(t) = \begin{bmatrix} i^{\mathrm{T}}(t) & u_L^{\mathrm{T}}(t) & u_C^{\mathrm{T}}(t) & u_R^{\mathrm{T}}(t) \end{bmatrix}^{\mathrm{T}}$, $u(t) = 0$, 且系统受到随机噪声

的干扰, 根据文献 [1] 和 [3], 则 RLC 电路系统 (7.27) 可写为如下 Itô 随机奇异跳变系统:

$$
\begin{bmatrix} 1 & 0 & 0 & 0 \\ -1 & 0 & 1 & 0 \\ 0 & 0 & 0 & 0 \\ 0 & 0 & 0 & 0 \end{bmatrix} \mathrm{d}x(t) = \begin{bmatrix} 0 & \dfrac{1}{L_i} & 0 & 0 \\ \dfrac{1}{C_i} & -\dfrac{1}{L_i} & 0 & 0 \\ -R & 0 & 0 & 0.1 \\ 0 & 0.1 & 0.1 & 0.1 \end{bmatrix} x(t)\mathrm{d}t + B_i x(t)\mathrm{d}\varpi(t)
$$

$$(7.28)$$

令 $R = 0.1\mathrm{k}\Omega$, $L_1 = 2.5\mathrm{H}$, $L_2 = 4\mathrm{H}$, $L_3 = 2\mathrm{H}$, $C_1 = 25\mu\mathrm{F}$, $C_2 = 40\mu\mathrm{F}$, $C_3 = 20\mu\mathrm{F}$, 则 RLC 电路 (7.28) 可以通过具有以下参数的时滞 Itô 随机奇异跳变系统 (7.4) 进行描述:

$$
A_1 = \begin{bmatrix} 0 & 0.4 & 0 & 0 \\ 0.04 & -0.4 & 0 & 0 \\ -0.1 & 0 & 0 & 0.1 \\ 0 & 0.1 & 0.1 & 0.1 \end{bmatrix}, \quad
A_2 = \begin{bmatrix} 0 & 0.25 & 0 & 0 \\ 0.025 & -0.25 & 0 & 0 \\ -0.1 & 0 & 0 & 0.1 \\ 0 & 0.1 & 0.1 & 0.1 \end{bmatrix}
$$

$$
A_3 = \begin{bmatrix} 0 & 0.5 & 0 & 0 \\ 0.05 & -0.5 & 0 & 0 \\ -0.1 & 0 & 0 & 0.1 \\ 0 & 0.1 & 0.1 & 0.1 \end{bmatrix}, \quad
B_1 = \begin{bmatrix} 0.02 & -0.02 & 0.1 & 0.2 \\ 0.04 & -0.02 & 0 & -0.03 \\ 0 & 0 & 0 & 0 \\ 0 & 0 & 0 & 0 \end{bmatrix}
$$

$$
B_2 = \begin{bmatrix} 0.1 & -0.03 & 0.1 & 0.03 \\ 0.03 & -0.2 & 0.1 & -0.2 \\ 0 & 0 & 0 & 0 \\ 0 & 0 & 0 & 0 \end{bmatrix}, \quad
B_3 = \begin{bmatrix} 0.03 & -0.02 & -0.1 & -0.02 \\ 0.02 & -0.03 & 0.2 & -0.1 \\ 0 & 0 & 0 & 0 \\ 0 & 0 & 0 & 0 \end{bmatrix}
$$

$$
C_1 = C_2 = C_3 = \begin{bmatrix} 0 & 0 & 0 & -0.1 \end{bmatrix}^{\mathrm{T}}, \quad
R_1 = R_2 = R_3 = \begin{bmatrix} 0 & 0 & 1 & 0 \\ 0 & 0 & 0 & 0.7 \end{bmatrix}^{\mathrm{T}}
$$

$$
E_1 = E_2 = E_3 = \begin{bmatrix} 1 & 0 & 0 & 0 \\ -1 & 0 & 1 & 0 \\ 0 & 0 & 0 & 0 \\ 0 & 0 & 0 & 0 \end{bmatrix}, \quad
\Pi = \begin{bmatrix} -0.7 & 0.5 & 0.2 \\ 0.4 & -0.8 & 0.4 \\ 0.5 & 0.1 & -0.6 \end{bmatrix}
$$

$$\tau(t) = 0, \quad \mu = 0, \quad A_{d1} = A_{d2} = A_{d3} = 0$$

令初始条件 $x(0) = [\ 1.2\quad -2.4\quad 1.3\quad 1.1\ ]^{\mathrm{T}}$, $r_0 = 3$, $r_t \in \{1,2,3\}$. 图 7.1 描述了 RLC 电路系统 (7.28) 的状态轨迹.

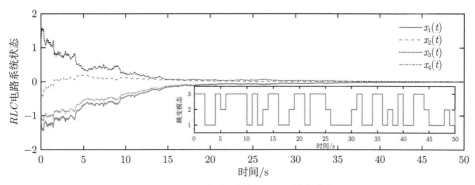

图 7.1　RLC 电路系统 (7.28) 的状态轨迹

7.2　时滞 Itô 随机奇异跳变系统状态反馈控制

本节针对 7.1 节中的时滞 Itô 随机奇异跳变系统 (7.1), 设计模态相关的状态反馈控制器使得闭环时滞 Itô 随机奇异跳变系统满足随机容许性 (包括正则性、无脉冲性和稳定性). 利用 OCCP 仿真算例验证所提出的设计方法的有效性和实用性.

7.2.1　问题描述

针对时滞 Itô 随机奇异跳变系统 (7.1), 设计如下马尔可夫跳变模态相关的状态反馈控制器:

$$u(t) = K_{r_t}x(t), \quad K_{r_t} \in \mathbb{R}^{m \times n} \tag{7.29}$$

将上述状态反馈控制器应用到时滞 Itô 随机奇异跳变系统 (7.1), 对任意的 $r_t = i \in \mathcal{S}$, 可以得到如下闭环时滞 Itô 随机奇异跳变系统:

$$\begin{cases} E_i \mathrm{d}x(t) = [(A_i + C_i K_i)x(t) + A_{di}x(t - \tau(t))]\mathrm{d}t + B_i x(t)\,\mathrm{d}\varpi(t) \\ x(t) = \phi(t), \quad \forall\, t \in [-\bar{\tau},\, 0] \end{cases} \tag{7.30}$$

7.2.2　主要结论

定理 7.3　基于具有 $\mathcal{J}_{in_2} = 0$ 的条件 7.1, 时滞 Itô 随机奇异跳变系统 (7.4) 满足随机容许性, 如果对于所有的 $r_t = i \in \mathcal{S}$, 存在非奇异矩阵 $\bar{P}_i > 0$、$\bar{Q} > 0$ 和 $\hat{P}_i$、S_i, 使得下列线性矩阵不等式成立:

$$\Upsilon_i = \begin{bmatrix} \Upsilon_{1i} & A_{di}\hat{P}_i & \hat{P}_i^{\mathrm{T}}B_i^{\mathrm{T}} & \hat{P}_i^{\mathrm{T}}W_i & \hat{P}_i^{\mathrm{T}} \\ * & \Upsilon_{2i} & 0 & 0 & 0 \\ * & * & -\bar{P}_i & 0 & 0 \\ * & * & * & -\bar{J}_i & 0 \\ * & * & * & * & -\bar{Q} \end{bmatrix} < 0 \qquad (7.31)$$

其中

$$\Upsilon_{1i} = \mathrm{sym}\left(A_i\hat{P}_i + \frac{1}{2}\pi_{ii}\hat{P}_i^{\mathrm{T}}E_i^{\mathrm{T}}\right), \quad \Upsilon_{2i} = (1-\mu)(\bar{Q} - \hat{P}_i - \hat{P}_i^{\mathrm{T}})$$

$$W_i = [\sqrt{\pi_{i1}}E_1^{\mathrm{T}} \ \sqrt{\pi_{i2}}E_2^{\mathrm{T}} \ \cdots \ \sqrt{\pi_{i(i-1)}}E_{i-1}^{\mathrm{T}} \ \cdots \ \sqrt{\pi_{i(i+1)}}E_{i+1}^{\mathrm{T}} \ \cdots \ \sqrt{\pi_{iN}}E_N^{\mathrm{T}}]$$

$$\bar{J}_i = -\mathrm{diag}\{\bar{P}_1, \bar{P}_2, \cdots, \bar{P}_{i-1}, \bar{P}_{i+1}, \cdots, \bar{P}_N\}, \quad \hat{P}_i^{-1} = \bar{P}_i^{-1}E_i + R_iS_i^{\mathrm{T}}$$

$E_i^{\mathrm{T}}R_i = 0$ 并且 $R_i \in \mathbb{R}^{n \times (n-r)}$ 是列满秩的任意矩阵.

证明 令 $\tilde{P}_i = P_iE_i + R_iS_i^{\mathrm{T}}$, $\bar{P}_i = P_i^{-1}$, 根据 Schur 补引理, 定理 7.1 中的 $\Xi_i < 0$ 等价于

$$\begin{bmatrix} \mathrm{sym}(\tilde{P}_i^{\mathrm{T}}A_i) + Q + \pi_{ii}E_i^{\mathrm{T}}\tilde{P}_i & \tilde{P}_i^{\mathrm{T}}A_{di} & B_i^{\mathrm{T}} & W_i \\ * & -(1-\mu)Q & 0 & 0 \\ * & * & -\bar{P}_i & 0 \\ * & * & * & -\bar{J}_i \end{bmatrix} < 0 \qquad (7.32)$$

用 $\mathrm{diag}\{\tilde{P}_i^{-1}, \tilde{P}_i^{-1}, I, I\}$ 对矩阵不等式 (7.32) 实行合同变换, 可得

$$\begin{bmatrix} \Xi_i & A_{di}\tilde{P}_i^{-1} & \tilde{P}_i^{-\mathrm{T}}B_i^{\mathrm{T}} & \tilde{P}_i^{-\mathrm{T}}W_i \\ * & -(1-\mu)\tilde{P}_i^{-\mathrm{T}}Q\tilde{P}_i^{-1} & 0 & 0 \\ * & * & -\bar{P}_i & 0 \\ * & * & * & -\bar{J}_i \end{bmatrix} < 0 \qquad (7.33)$$

其中, $\Xi_i = \mathrm{sym}\left(\tilde{P}_i^{-\mathrm{T}}A_i^{\mathrm{T}} + \frac{1}{2}\pi_{ii}\tilde{P}_i^{-\mathrm{T}}E_i^{\mathrm{T}}\right) + \tilde{P}_i^{-\mathrm{T}}Q\tilde{P}_i^{-1}$. 令 $\hat{P}_i = \tilde{P}_i^{-1}$, $\bar{Q} = Q^{-1}$, 由 $(Q^{-1} - \hat{P}_i)^{\mathrm{T}}Q(Q^{-1} - \hat{P}_i) \geqslant 0$, 可得到 $-\hat{P}_i^{\mathrm{T}}Q\hat{P}_i \leqslant \bar{Q} - \hat{P}_i^{\mathrm{T}} - \hat{P}_i$. 因此, 条件 (7.13) 可以由矩阵不等式 (7.31) 推导出来. 因此, 基于具有 $\mathcal{J}_{in_2} = 0$ 的条件 7.1, 时滞 Itô 随机奇异跳变系统 (7.4) 满足随机容许性. □

定理 7.4 基于具有 $\mathcal{J}_{in_2} = 0$ 的条件 7.1 和状态反馈控制器 (7.29), 闭环时滞 Itô 随机奇异跳变系统 (7.30) 满足随机容许性, 如果对任意的 $i \in \mathcal{S}$, 存在矩阵

$\bar{P}_i > 0$、$\bar{Q} > 0$ 和 $\hat{P}_i$、S_i、Y_i，使得下列线性矩阵不等式成立：

$$
\hat{\Upsilon}_i = \begin{bmatrix} \hat{\Upsilon}_{1i} & A_{di}\hat{P}_i & \hat{P}_i^{\mathrm{T}}B_i^{\mathrm{T}} & \hat{P}_i^{\mathrm{T}}W_i & \hat{P}_i^{\mathrm{T}} \\ * & \Upsilon_{2i} & 0 & 0 & 0 \\ * & * & -\bar{P}_i & 0 & 0 \\ * & * & * & -\bar{J}_i & 0 \\ * & * & * & * & -\bar{Q} \end{bmatrix} < 0 \tag{7.34}
$$

其中

$$
\hat{\Upsilon}_{1i} = \mathrm{sym}\left(A_i\hat{P}_i + C_iY_i + \frac{1}{2}\pi_{ii}\hat{P}_i^{\mathrm{T}}E_i^{\mathrm{T}}\right), \quad \Upsilon_{2i} = (1-\mu)(\bar{Q} - \hat{P}_i - \hat{P}_i^{\mathrm{T}})
$$

$$
W_i = [\sqrt{\pi_{i1}}E_1^{\mathrm{T}} \ \sqrt{\pi_{i2}}E_2^{\mathrm{T}} \ \cdots \ \sqrt{\pi_{i(i-1)}}E_{i-1}^{\mathrm{T}} \ \cdots \ \sqrt{\pi_{i(i+1)}}E_{i+1}^{\mathrm{T}} \ \cdots \ \sqrt{\pi_{iN}}E_N^{\mathrm{T}}]
$$

$$
\bar{J}_i = -\mathrm{diag}\{\bar{P}_1, \bar{P}_2, \cdots, \bar{P}_{i-1}, \bar{P}_{i+1}, \cdots, \bar{P}_N\}, \quad \hat{P}_i^{-1} = \bar{P}_i^{-1}E_i + R_iS_i^{\mathrm{T}}
$$

$E_i^{\mathrm{T}}R_i = 0$ 并且 $R_i \in \mathbb{R}^{n \times (n-r)}$ 是列满秩的任意矩阵.

此时，所期望的状态反馈控制器增益为 $K_i = Y_i\hat{P}_i^{-1} = Y_i(\bar{P}_i^{-1}E_i + R_iS_i^{\mathrm{T}})$.

证明　将上述状态反馈控制器增益应用到闭环时滞 Itô 随机奇异跳变系统 (7.30)，得到矩阵不等式 (7.31). 根据定理 7.3，易得闭环时滞 Itô 随机奇异跳变系统 (7.30) 满足随机容许性. □

7.2.3 仿真算例

例 7.2　考虑例 3.1 所示的 OCCP，根据文献 [30] 和 [31]，考虑到随机环境和状态时滞因素，当 $r_t = i \in \mathcal{S}$ 时，OCCP (3.23) 演化为如下时滞 Itô 随机奇异跳变系统：

$$
\begin{bmatrix} 1 & 0 \\ 0 & 0 \end{bmatrix} \mathrm{d}x(t) = (A_ix(t) + A_{di}x(t-\tau(t)) + C_iu(t))\mathrm{d}t + B_i\mathrm{d}\varpi(t) \tag{7.35}
$$

借鉴文献 [31] 中例 1 的参数并考虑到时滞的影响，OCCP(7.35) 可以用具有以下参数的时滞 Itô 随机奇异跳变系统 (7.4) 来描述：

$$
A_1 = \begin{bmatrix} -0.5 & 0.8 \\ 0.4 & 0.5 \end{bmatrix}, \quad A_{d1} = \begin{bmatrix} 0.3 & -0.3 \\ 0 & 0 \end{bmatrix}, \quad B_1 = \begin{bmatrix} 0.2 & 0.2 \\ 0 & 0 \end{bmatrix}
$$

$$
A_2 = \begin{bmatrix} -0.4 & 0.2 \\ 0.3 & 0.2 \end{bmatrix}, \quad A_{d2} = \begin{bmatrix} 0.2 & -0.2 \\ 0 & 0 \end{bmatrix}, \quad B_2 = \begin{bmatrix} 0.1 & 0.2 \\ 0 & 0 \end{bmatrix}
$$

$$C_1 = \begin{bmatrix} -10 \\ -10.1 \end{bmatrix}, \quad E_1 = E_2 = \begin{bmatrix} 1 & 0 \\ 0 & 0 \end{bmatrix}, \quad \Pi = \begin{bmatrix} -0.6 & 0.6 \\ 0.5 & -0.5 \end{bmatrix}$$

$$C_2 = \begin{bmatrix} -10 \\ -10.2 \end{bmatrix}, \quad R_1 = R_2 = \begin{bmatrix} 0 \\ 1 \end{bmatrix}, \quad \bar{\tau} = 3.5, \quad \mu = 0.15$$

求解定理 7.4 中的线性矩阵不等式 (7.34), 所期望的状态反馈控制器参数为

$$K_1 = \begin{bmatrix} 0.0329 & 0.2489 \end{bmatrix}, \quad K_2 = \begin{bmatrix} 0.0321 & 0.2227 \end{bmatrix} \tag{7.36}$$

令初始条件 $x(0) = \begin{bmatrix} -0.5 & 0.2 \end{bmatrix}^{\mathrm{T}}$. 图 7.2 描述了在定理 7.4 的条件下闭环 OCCP (7.35) 的状态轨迹.

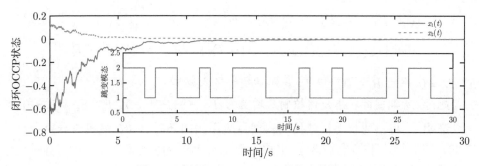

图 7.2   闭环 OCCP (7.35) 的状态轨迹

参 考 文 献

[1]   Mao X R, Yuan C G. Stochastic Differential Equations with Markovian Switching[M]. London: Imperial College Press, 2006.

[2]   Mao X R. Stochastic Differential Equations and Their Applications[M]. Chichester: Horwood Publishing, 1997.

[3]   Øksendal B. Stochastic Differential Equations: An Introduction with Applications[M]. 6th ed. Berlin: Springer, 2003.

[4]   Mao X R, Lam J, Huang L R. Stabilisation of hybrid stochastic differential equations by delay feedback control[J]. Systems and Control Letters, 2008, 57(11): 927-935.

[5]   Zhang B Y, Zheng W X, Xu S Y. Filtering of Markovian jump delay systems based on a new performance index[J]. IEEE Transactions on Circuits and Systems I: Regular Papers, 2013, 60(5): 1250-1263.

[6]   Kao Y G, Xie J, Wang C H, et al. Stabilization of singular Markovian jump systems with generally uncertain transition rates[J]. IEEE Transactions on Automatic Control, 2014, 59(9): 2604-2610.

[7]　Wang G, Zhang Q. Robust control of uncertain singular stochastic systems with Marko-vian switching via proportional-derivative state feedback[J]. IET Control Theory & Applications, 2012, 6(8): 1089-1096.

[8]　Takaba K. Robust H^2 control of descriptor system with time-varying uncertainty[J]. International Journal of Control, 1998, 71(4): 559-579.

[9]　Dai L. Singular Control Systems[M]. Berlin: Springer, 1989.

[10]　Lewis F L. A survey of linear singular systems[J]. Circuits, Systems and Signal Pro-cessing, 1986, 5(1): 3-36.

[11]　Boukas E K. Control of Singular Systems with Random Abrupt Changes[M]. Berlin: Springer, 2008.

[12]　Barbosa K A, Cipriano A. Robust H_∞ filter design for singular systems with time-varying uncertainties[J]. IET Control Theory & Applications, 2011, 5(9): 1085-1091.

[13]　Xu S Y, Lam J. Robust Control and Filtering of Singular Systems[M]. Berlin: Springer, 2006.

[14]　Duan G R. Analysis and Design of Descriptor Linear Systems[M]. New York: Springer, 2010.

[15]　Ma Y C, Gu N N, Zhang Q L. Non-fragile robust H_∞ control for uncertain discrete-time singular systems with time-varying delays[J]. Journal of the Franklin Institute, 2014, 351(6): 3163-3181.

[16]　Wu Z G, Su H Y, Shi P, et al. Analysis and Synthesis of Singular Systems with Time-Delays[M]. Berlin: Springer, 2013.

[17]　Ma S P, Boukas E K, Chinniah Y. Stability and stabilization of discrete-time singular Markov jump systems with time-varying delay[J]. International Journal of Robust and Nonlinear Control, 2010, 20(5): 531-543.

[18]　Long S H, Zhong S M, Liu Z J. Robust stochastic stability for a class of singular systems with uncertain Markovian jump and time-varying delay[J]. Asian Journal of Control, 2013, 15(4): 1102-1111.

[19]　Wang J R, Wang H J, Xue A K, et al. Delay-dependent H_∞ control for singular Markovian jump systems with time delay[J]. Nonlinear Analysis: Hybrid Systems, 2013, 8: 1-12.

[20]　Zhang Y Q, Shi P, Nguang S K, et al. Robust finite-time H_∞ control for uncertain discrete-time singular systems with Markovian jumps[J]. IET Control Theory & Applications, 2014, 8(12): 1105-1111.

[21]　Lin J X, Fei S M, Shen J. Delay-dependent H_∞ filtering for discrete-time singular Markovian jump systems with time-varying delay and partially unknown transition probabilities[J]. Signal Processing, 2011, 91(2): 277-289.

[22]　Wang Y Y, Shi P, Wang Q B, et al. Exponential filtering for singular Markovian jump systems with mixed mode-dependent time-varying delay[J]. IEEE Transactions on Circuits and Systems I: Regular Papers, 2013, 60(9): 2440-2452.

[23] Lv H, Zhang Q L, Ren J C. Reliable dissipative control for a class of uncertain singular markovian jump systems via hybrid impulsive control[J]. Asian Journal of Control, 2016, 18(2): 539-548.

[24] Xia Y Q, Boukas E K, Shi P, et al. Stability and stabilization of continuous-time singular hybrid systems[J]. Automatica, 2009, 45(6): 1504-1509.

[25] Han C S, Wu L G, Shi P, et al. Passivity and passification of T-S fuzzy descriptor systems with stochastic perturbation and time delay[J]. IET Control Theory & Applications, 2013, 7(13): 1711-1724.

[26] Gao Z W, Shi X Y. Observer-based controller design for stochastic descriptor systems with Brownian motions[J]. Automatica, 2013, 49(7): 2229-2235.

[27] Boukas E K. Stabilization of stochastic singular nonlinear hybrid systems[J]. Nonlinear Analysis: Theory, Methods & Applications, 2006, 64(2): 217-228.

[28] Huang L R, Mao X R. Stability of singular stochastic systems with Markovian switching[J]. IEEE Transactions on Automatic Control, 2011, 56(2): 424-429.

[29] Zhang Q L, Xing S Y. Stability analysis and optimal control of stochastic singular systems[J]. Optimization Letters, 2014, 8(6): 1905-1920.

[30] Zhang W H, Zhao Y, Sheng L. Some remarks on stability of stochastic singular systems with state-dependent noise[J]. Automatica, 2015, 51: 273-277.

[31] Zhao Y, Zhang W H. New results on stability of singular stochastic Markov jump systems with state-dependent noise[J]. International Journal of Robust and Nonlinear Control, 2016, 26(10): 2169-2186.